国家出版基金项目
NATIONAL PUBLICATION FOUNDATION

行波堆理论及安全分析

苏光辉 张大林 田文喜 巫英伟 秋穗正 著

行波堆理论及安全分析

苏光辉 张大林 田文喜 巫英伟 秋穗正 著

西安交通大学出版社
XI'AN JIAOTONG UNIVERSITY PRESS
国 家 一 级 出 版 社
全国百佳图书出版单位

图书在版编目(CIP)数据

行波堆理论及安全分析 / 苏光辉等著. —西安:西安交通大学出版社,2021.12

ISBN 978-7-5693-2413-6

Ⅰ. ①行… Ⅱ. ①苏… Ⅲ. ①反应堆-核工程 ②核安全 Ⅳ. ①TL3 ②TL7

中国版本图书馆 CIP 数据核字(2021)第 263518 号

书　　名　行波堆理论及安全分析
　　　　　XINGBODUI LILUN JI ANQUAN FENXI
著　　者　苏光辉　张大林　田文喜　巫英伟　秋穗正
策划编辑　田　华
责任编辑　田　华
责任校对　李　文
责任制图　马紫茵
装帧设计　程文卫　伍　胜

出版发行　西安交通大学出版社
　　　　　(西安市兴庆南路1号　邮政编码 710048)
网　　址　http://www.xjtupress.com
电　　话　(029)82668357　82667874(市场营销中心)
　　　　　(029)82668315(总编办)
传　　真　(029)82668280
印　　刷　中煤地西安地图制印有限公司

开　　本　720 mm×1000 mm　1/16　**印张** 24.75　**彩页** 2　**字数** 454 千字
版次印次　2021 年 12 月第 1 版　2021 年 12 月第 1 次印刷
书　　号　ISBN 978-7-5693-2413-6
定　　价　298.00 元

如发现印装质量问题,请与本社市场营销中心联系。
订购热线:(029)82667874
投稿热线:(029)82664954
读者信箱:190293088@qq.com

序1

世界上第一座真正意义上的核电站——奥布宁斯克核电站于1954年在苏联的卡卢加州建成，开启了人类和平利用核能的时代，至今已有60余年。目前核裂变能作为一种清洁安全的能源已经在世界范围内取得了广泛的应用，截至2021年6月，世界范围内正在运行的核动力反应堆共有450座，提供了约15%的电力供应，成为世界能源消费，特别是电力供应不可或缺的重要组成部分。但核裂变能的可持续发展仍面临着一些挑战，包括核燃料匮乏及有效利用，核废料的处置，民众对安全性的接受程度等。根据国际原子能机构预测，目前世界范围内探明的可开采的核燃料仅可供使用约80年，且数百个压水堆机组持续产生的大量核废料积累也给后处理带来严峻挑战，因此核燃料的高效利用及核废料的有效处置已经是制约目前以压水堆为主的核动力反应堆可持续发展的重要技术瓶颈。因此新一代反应堆如第四代核能系统设计中大都采用快中子谱堆芯设计，并采用闭式核燃料循环体系，以提高核燃料利用率。在众多的新概念核反应堆中，行波堆(Traveling Wave Reactor，TWR)由于其新颖的概念设计、集核燃料增殖与嬗变功能于一体、简化核废料后处理等卓越理念设计而受到广泛关注。

行波堆概念的雏形最早由萨维利·范伯格(Saweli Feinberg)在20世纪50年代提出：核燃料中可形成自持并稳定传播的增殖-燃烧波，这种机理可用于建造长寿期、高燃料利用率的核反应堆。1989年，列夫·费奥克基斯托夫(Lev Feokistov)证明了无限的U-Pu介质中存在这种增殖-燃烧波。1996年，美国“氢弹之父”爱德华·泰勒(Edward Teller)提出了一种自动控制的反应堆概念：增殖-燃烧波从堆芯的一端点燃，并沿堆芯轴向缓慢传播，只需要贫铀或钍燃料，不需要核燃料的富集和后处理。之后行波堆的研究进入快速发展时期。2006年，比尔·盖茨(Bill Gates)创建了泰拉能源公司(Terra Power)，集合了爱达荷国家实验室(INL)、阿贡国家实验室(ANL)、橡树岭国家实验室(ORNL)、洛斯阿拉莫斯国家实验室(LANL)、麻省理工学院(MIT)、加州大学伯克利分校(UCB)等美国著名实验室和科研院校从核燃料、堆芯设计及初步安全分析等方面开展行波堆的研究工作，将行波堆的研究在全世界范围内推向新的高潮。近年来。我国一些核科学院所和高校也针对行波堆开展了卓有成效的研究。

堆芯物理设计是实现行波堆概念的关键，国际上初期采用增殖-燃烧波沿堆芯轴向缓慢传播的方式设计行波堆，与蜡烛燃烧的形象很相似。但物理设计上遇到了相当大的困难，后改为增殖-燃烧波沿径向缓慢传播的模式进行设计，亦称驻波堆（Stationing Wave Reactor，SWR），核燃料在堆芯中心燃烧，堆芯边缘增殖核燃料，经过一个燃耗周期的燃烧，通过径向倒料，将边缘新增殖的核燃料移到中间进一步燃烧，而中间的燃料移到边缘进行增殖，如此反复，不断加深燃料的燃耗，以充分利用核燃料。这种设计与金属燃料钠冷快中子增殖堆类似，物理上比较容易实现。中美两国科学家和工程师共同研讨了这个方案，并建议先建电功率为 600 MW 行波堆示范核电站，基本具备 18～24 个月倒一次料，10 年更换一次料的条件，辐照损伤达到 200 DPA，目前已有的燃料和相关材料（例如燃料包壳材料 HT9）可满足示范工程的要求。在示范工程的基础上开发电功率为 1200 MW 商用行波堆核电站，辐照损伤将超过 500 DPA，核燃料利用率亦将超过 40%。

西安交通大学核反应堆热工水力研究室（XJTU－NuTheL）在国家自然科学基金杰出青年基金项目、国家自然科学基金“先进核裂变能的燃料增殖与嬗变”重大研究计划培育项目等支持下，在充分借鉴和吸收国内外已有研究成果基础上，自主开发了适用于钠冷行波堆的设计软件 MCORE 和热工安全分析软件 THACS 等分析工具，并通过与国际基准题对比以及参与国际原子能机构（IAEA）的合作课题对软件的适用性和准确性进行了验证。基于验证的软件，他们通过大量的设计计算和优化分析提出了轴向及径向等多种倒料策略的行波堆堆芯设计和安全系统设计，提出的行波反应堆 TRAF 设计在核燃料增殖与嬗变方面性能卓越，燃料利用率高达 30%，远高于现有压水堆 1%的燃料利用率水平。用于嬗变核燃料的行波堆嬗变支持比可达 14（一座行波堆可以嬗变 14 座同功率压水堆产生的核废料）。这些工作都是非常具有开创性的，开发的相关软件对其他新堆型的设计也具有重要的借鉴和参考价值，相关工作从核反应堆堆芯物理热工设计的核心机制层面表明了行波堆技术的可行性，所提出的 TRAF 等行波堆设计是非常值得期待的新堆型设计，对未来我国先进核能系统研发及核燃料循环设计具有重要借鉴意义。

行波堆设计中的另一个关键技术是高燃耗核燃料组件和高辐照机构材料的研

发。由于高燃耗燃料元件内将聚集大量裂变气体，使燃料元件包壳承受很大的内压，为此商用行波堆的燃料组件将设计成开口型的，在内压升高时打开释放阀，降低时阀门自动关闭，从而减轻裂变气体对包壳的压力，保持燃料组件的完整性。同时，释放出来的裂变气体应该在钠冷环路里或覆盖气体中进行捕集，不会释放到环境中。

行波堆理念有创新性，能够明显地提高核燃料的利用，并显著减少后处理的要求，同时将燃料增殖与嬗变功能结合于一体，极大地简化了核废料的最终处置。但行波堆的发展仍面临巨大的技术挑战，包括高燃耗核燃料设计、耐辐照核材料研发、反应堆启动问题、堆芯功率及热力学分布不均匀导致的稳定性问题等，这些问题都有待于广大科研工作者们去积极追求和探索，为人类提供清洁安全的能源。

我非常高兴地看到，西安交通大学核反应堆热工水力研究室的同仁们，将他们多年来开展的新概念行波堆方面的相关研究工作整理成专著，我相信该专著对我国从事先进核能系统设计的科研工作者具有重要的参考价值，我非常乐意为之作序并将其推荐给大家。

（中国工程院院士 叶奇蓁）

2021.10.20

序2

近年来，我国核电事业得到了比较快速的发展，为了改变我国现有能源结构、增强能源安全、缓解环境压力及实现减排目标，我国也制定了庞大的核电中长期发展规划。伴随着世界核电发展的进程，制约核电可持续发展的瓶颈问题日益凸显：核燃料的供给问题、核废料（贫铀和乏燃料）的处置问题以及核扩散的风险等。之前，国际核能界比较统一的观点是“分离式解决方案”，即采用快中子反应堆实现核燃料的增殖和采用闭式燃料循环体系实现核废料的后处理。近年来一种历久弥新的反应堆概念进入了人们的视野，为核电的大规模可持续发展提供了一个“一体化解决方案”，这就是行波堆（Traveling Wave Reactor，TWR）。

行波堆是一种可实现原位自持增殖和燃耗的先进反应堆概念，它通过中子俘获反应将可转换核素（如^{238}U或^{232}Th）转化成易裂变核素（如^{239}Pu或^{233}U）后进行裂变反应。在行波堆中，只需在局部装载少量的用于“点火”的易裂变核素，核燃料即可从该处裂变启动，裂变产生的富余中子将周围的可转换核素（贫铀、乏燃料回收铀或者天然铀）转化成易裂变核素（新的核燃料），当达到一定浓度之后，形成裂变反应，同时开始深度燃耗在原位生成的核燃料，形成行波，行波以增殖波先行、燃烧波后续，一次性装料可以持续运行数十年。行波堆将整个闭式燃料循环在同一个反应堆内实现，大大简化了核燃料循环路径，提高了铀资源利用率，并避免了核扩散的风险。

行波堆由于其极高的燃料利用率（燃耗可高达60%）、简单的核燃料循环路径、防核扩散的高安全性和高经济性，在世界范围内得到了广泛的关注。比尔·盖茨先生于2006年创建了泰拉能源公司，致力于行波堆的开发研究工作；我于2009年促成了比尔·盖茨先生的中国行，推动行波堆概念在中国的研究。西安交通大学核反应堆热工水力研究室（XJTU－NuTheL）是我国最早研究行波堆的单位之一，早在2008年就派出博士生赴欧洲进行行波堆的理论和数值研究，后在国家自然科学基金杰出青年基金项目、国家自然科学基金“先进核裂变能的燃料增殖与嬗变”重大研究计划培养项目、IAEA 国际钠冷快堆基准题等研究的支持下，经过十余年的深入研究和积淀，形成一部高学术水平的，也是我国首部专门介绍行波堆研究的专著。本书首先详细回顾和总结了行波堆的研究现状，包括轴向和径向行波堆的理论研究和数值模拟，以及相关的稳态和瞬态热工水力特性分析；然后分上、中、下三个篇章系统介绍了研究室在轴向行波堆、径向行波堆及行波堆稳态和瞬态热工水力特性方面的研究成果：开发了具有自主知识产权的行波堆设计软件 MCORE 和热工安全分析软件 TIIACS 等分析工具，提出了名为“TRAF”的行波堆堆芯设计和安全系统设计，该设计实现了行波堆卓越的核燃料增殖和嬗变性能。本书许多研究内容是作者原创性研究成果的总结，不仅有详实的理论推导和分析，细致的程序开发和研究，还有考虑工程及现实可行性的设计研发，具有重要的学术意义和应用价值。

本书的研究有助于提高我国广大科研工作者对行波堆基本原理、特性及设计的认识水平，拓展相关研究领域的科技人员在先进核能系统研究上思考的深度和广度，亦可为有志从事先进核电技术研究的大学生和研究生提供良好的入门和进阶参考。我很期待这部学术专著的出版，并将其推荐给大家。

（上海核工程研究设计院院长 郑明光）

2021.10.10

前言

随着世界核能事业的发展，核能已成为世界能源结构的重要组成部分。我国为了优化能源结构，早日实现碳达峰、碳中和的双碳目标，制定了“安全高效发展核电”策略，坚持“以我为主、中外合作”的方针，抓紧三代核电自主化依托项目建设，推进完全自主化第四代先进核电技术的研发。目前我国投入商业运行的核电机组共50台，在建机组13台，核电约占全国发电量的4.94%。

行波堆作为一种革新性的反应堆为核能的可持续发展提供了一个“一体化解决方案”。行波堆可使用贫铀和水堆乏燃料，使用少量富集铀点燃，即可达到很高的燃耗，其乏燃料可直接进行深埋而不需要进行后处理，解决了乏燃料的处置问题，并杜绝了核扩散的风险。同时，行波堆可继承大量现有快堆的成熟经验和技术，极大地提高了行波堆的工程可实现性。如果行波堆能够变成现实，将解决阻碍核能发展的核心问题，可以有效利用核燃料资源以及高放射性乏燃料，进而解决困扰人类多年的能源问题。

围绕行波堆的基本理论与安全分析，作者及课题组经过多年的科学研究工作，取得了一些突破性的进展，已经建立起较为完善的研究方法与理论体系。本书是在归纳、整理和总结作者多年来的研究成果的基础上完成的一部学术专著。同时，为了尽可能全面地反映国际研究动态，书中也介绍了其他研究者的成果。

本书分上中下三篇，共10章。作者分工如下：苏光辉教授撰写第1、2、3、4章，张大林教授撰写第5、6、7章，田文喜教授撰写第8章，巫英伟教授撰写第9章，秋穗正教授撰写第10章。全书由苏光辉教授统稿。

本书第1章对核能发展所面临的关键问题、行波堆的原理以及行波堆的研究现状进行了概述，并阐述了行波堆在解决现有核能问题所具有的先天优势及行波堆技术的可行性。

第2～4章介绍了轴向行波堆的理论研究、数值模拟以及轴向行波堆策略的应用。通过建立基本数学物理模型，研究了增殖-燃烧波的稳态特性，并基于球床堆研究了轴向倒料策略的增殖-燃烧波特性。通过建立输运-燃耗耦合模型，研究了钠冷行波堆的启动特性、轴向倒料堆芯的物理特性以及堆芯物理特性随倒料周期的变化规律。结合第四代堆研究成果，介绍了轴向行波堆策略在钠冷快堆、超临界水冷快堆、高温气冷堆以及铅铋快堆上的应用，从基础理论层面揭示了轴向行波堆的物理本质，并全面展示了其应用前景。

第5～8章介绍了径向行波堆理论研究、数值模拟、行波堆优化以及基于径向行波堆的锕系核素(Minor Actinide，MA)嬗变特性研究，展现了径向行波堆的物理本质和工程可实现性，同时展示了基于行波堆技术的核燃料循环的先进性。通过建立基本数学物理模型，研究了由外向内和由内向外的径向增殖-燃烧波，并对上述倒料方式的堆芯特性进行了对比分析。介绍了径向步进式倒料策略，并对其进行了数值模拟。通过材料的优化选择、设定堆芯设计准则、优化燃料组件参数，从倒料方式和倒料周期两方面对径向倒料行波堆进行优化设计，分析了堆芯平衡态物理特性以及堆芯物理特性随倒料周期的变化。基于优化设计的径向倒料行波堆，在均匀装载的方式下研究了行波堆的MA嬗变特性，包括不同MA质量分数下的嬗变效率以及MA对堆芯物理特性和安全参数的影响规律。

第9章和第10章介绍了行波堆堆芯稳态热工水力特性分析和不同行波堆系统的安全分析，揭示了行波堆高功率峰因子下的堆芯热工水力特性和系统安全特性。

本书的工作先后得到国家自然科学基金杰出青年基金项目(11125522)、国家自然科学基金“先进核裂变能的燃料增殖与嬗变”重大研究计划培育项目(91126009)、国家自然科学基金青年科学基金项目(11105103)、教育部“长江学者”创新团队发展计划(IRT1280)、中国核动力研究设计院、中国原子能科学研究院、上海核工程研究设计院等的支持。

中国工程物理研究院刘汉刚研究员、西北核技术研究所江新标研究员、中国原子能科学研究院杨红义研究员为本书的出版撰写了热情洋溢的推荐信。中国工程院叶奇蓁院士和国家电投核能总工程师、“国和一号”总设计师郑明光博士在百忙中为本书作序，作者在此特别感谢。

特别说明的是，从作者所在课题组毕业的历届硕士和博士研究生，对本书的形成做出了贡献，由于人员众多，在此不具体列出名单。在书稿排版、整理及校对等方面，郑美银博士等付出了艰辛的劳动，在此一并表示衷心的感谢。

在本书即将出版之际，非常感谢大力支持与帮助本书出版的单位和同仁。

行波堆涉及学科众多，限于我们的学识水平，书中错误和不足之处在所难免，深切希望使用本书的兄弟院校师生及各研究、设计和生产单位的广大读者、专家学者批评指正。

作　者

2021年11月

符号表

拉丁字母

符号	含义
A	面积/m^2
BU	裂变重核百分比
C	嬗变量/($kg \cdot GW^{-1} \cdot a^{-1}$)
D	扩散系数
	直径/m
D_e	水力学直径/m
E	中子能量/eV
F	裂变反应率
G	质量流速/($kg \cdot m^{-2} \cdot s^{-1}$)
H	螺距/m
K	局部阻力系数
K_D	多普勒反馈系数
M	质量/kg
N	核素密度/m^{-3}
N_A	堆芯燃料组件数目
Nu	努塞特数
P	功率/W
	燃料棒间距/m
Pe	佩克莱数
P_e	润湿周长/m
Pr	普朗特数
Q_f	裂变引起的中子产生率
Q_k	流量分区组件功率/W
R	核反应率/($m^{-3} \cdot s^{-1}$)
	嬗变效率/%
	半径/m
Re	雷诺数
S	中子源强
T	温度/K

续表

U_h	加热周长/m
V	体积/m^3
W	质量流量/($kg \cdot s^{-1}$)
W_k	流量分区质量流量/($kg \cdot s^{-1}$)
W_t	堆芯总质量流量/($kg \cdot s^{-1}$)
d	直径/m
f	散射函数
	摩擦阻力系数
g	重力加速度/($m \cdot s^{-2}$)
	中子能群
h	冷却剂焓/($J \cdot kg^{-1}$)
k_{eff}	有效中子增殖因数
k_p	只考虑瞬发中子时的有效中子倍增因子
k_∞	无限中子增殖因数
n/n'	中子能群
P	压力/Pa
ΔP	压差/Pa
q	线功率密度/($W \cdot m^{-1}$)
r	空间位置
	半径/m
s	金属绕丝直径/m
t	时间/s
Δt	时间段/s
u	轴向速度/($m \cdot s^{-1}$)
v	径向速度/($m \cdot s^{-1}$)
w	湍流搅混流量/($kg \cdot s^{-1}$)
w_f	有效裂变能量/W
x	坐标轴/m
y	坐标轴/m
z	坐标轴/m

希腊字母

Σ_a	宏观吸收截面/m^{-1}
Σ_f	宏观裂变截面/m^{-1}
Σ_{tr}	宏观输运截面/m^{-1}
Φ	真实中子注量率/$(cm^{-2} \cdot s^{-1})$
Ω	中子运动方向
α	松弛因子
β_{eff}	有效缓发中子份额
γ	裂变产额
ε	收敛判断准则
κ	热导率/$(W \cdot m^{-1} \cdot K^{-1})$
κ_e	等效换热系数/$(W \cdot m^{-2} \cdot K^{-1})$
λ	衰变常数
ν	有效裂变中子数
ξ	堆芯旁流系数
	坐标轴/m
ρ	密度/$(kg \cdot m^{-3})$
	反应性
σ_a	微观吸收截面/m^2
σ_c	微观辐射俘获截面/m^2
σ_f	微观裂变截面/m^2
φ	中子通量/$(cm^{-2} \cdot s^{-1})$
χ	裂变能谱
ψ	中子注量率/ cm^{-2}

上标

DOP	多普勒
Na	钠
i	核素种类

下标

<table>
<tr><td>BP</td><td>可燃毒物</td></tr>
<tr><td>BOEC</td><td>平衡循环初始时刻</td></tr>
<tr><td>BOL</td><td>燃料循环初始时刻</td></tr>
<tr><td>EOL</td><td>燃料循环终了时刻</td></tr>
<tr><td>FP</td><td>裂变产物</td></tr>
<tr><td>HM</td><td>重核</td></tr>
<tr><td>a</td><td>吸收反应</td></tr>
<tr><td>av</td><td>平均参数</td></tr>
<tr><td>c</td><td>辐射俘获反应</td></tr>
<tr><td>co</td><td>包壳外表面参数</td></tr>
<tr><td>ex</td><td>冷却剂通道出口参数</td></tr>
<tr><td rowspan="2">f</td><td>裂变反应</td></tr>
<tr><td>燃料芯块参数</td></tr>
<tr><td>fo</td><td>燃料外表面参数</td></tr>
<tr><td>g</td><td>核反应</td></tr>
<tr><td rowspan="3">i</td><td>核素种类</td></tr>
<tr><td>冷却剂通道标号</td></tr>
<tr><td>径向编号</td></tr>
<tr><td>in</td><td>冷却剂通道入口参数</td></tr>
<tr><td rowspan="2">j</td><td>核素种类</td></tr>
<tr><td>轴向控制体编号</td></tr>
<tr><td rowspan="2">k</td><td>核素种类</td></tr>
<tr><td>流量分区编号</td></tr>
<tr><td>l</td><td>核素种类</td></tr>
<tr><td>m</td><td>燃耗区</td></tr>
<tr><td>max</td><td>最大值</td></tr>
<tr><td>min</td><td>最小值</td></tr>
</table>

续表

w1	内部子通道
w2	边子通道
w3	角子通道

缩略词

ACS	Air Cooling System	空气冷却系统
ADS	Accelerate Driven System	加速器驱动次临界系统
ANL	Argonne National Laboratory	阿贡国家实验室
BOC	Beginning of Cycle	循环初始时刻
BOEC	Beginning of Equilibrium Cycle	平衡循环初始时刻
BOL	Beginning of Life	寿期初
BWR	Boiling Water Reactor	沸水堆
CEFR	China Experimental Fast Reactor	中国实验快堆
CFD	Computational Fluid Dynamics	计算流体力学
CIADS	China Initiative Accelerator Driven System	加速器驱动嬗变研究装置
CIAE	China Institute of Atomic Energy	中国原子能科学研究院
CF	Conversion Factor	转换因子
DNB	Depature of Nucleate Boiling	偏离核态沸腾
EU	European Union	欧盟
ESFR	European Sodium Cooled Fast Reactor	欧洲钠冷快堆
FBR	Fast Breeder Reactor	快中子增殖反应堆
FP	Fission Products	裂变产物
	Full Power	满功率
HM	Heavy Metal	重金属
HWR	Heary Water Reactor	重水堆
IAEA	International Atomic Energy Agency	国际原子能机构
IHX	Intermediate Heat Exchanger	中间换热器
INL	Idaho National Laboratory	爱达荷国家实验室

续表

INPRO	International Project on Innovative Nuclear Reactors and Fuel Cycles	创新型核反应堆和燃料循环国际项目
LANL	Los Alamos National Laboratory	洛斯阿拉莫斯国家实验室
LB	Local Blockage	局部堵流
LBE	Lead Bismuth Eutectic	铅铋合金
LEU	Low Enrichment Uranium	低富集度铀燃料
LLFP	Long Lived Fission Products	长寿命裂变产物
LWR	Light Water Reactor	轻水堆
LWGR	Light Water Cooled Graphite Moderated Reactor	水冷石墨反应堆
MA	Minor Actinide	锕系核素
MIT	Massachusetts Institute of Technology	麻省理工学院
MPI	Message Passing Interface	消息传递接口
MOX	Mixed OXide	混合氧化物
NEA	Nuclear Energy Agency	国际原子能机构
OECD	Organization for Economic Cooperation Development	经济合作与发展组织
ORNL	Oka Ridge National Laboratory	橡树岭国家实验室
PHWR	Pressurized Heavy Water Reactor	加压重水反应堆
PWR	Pressurized Water Reactor	压水堆
RVCS	Reactor Vessel Cooling System	堆容器冷却系统
SCWFR	Super-Critical Water-cooled Fast Reactor	超临界水冷快堆
SCWR	Super-Critical Water-cooled Reactor	超临界水冷堆
SFR	Sodium-cooled Fast Reactor	钠冷快堆
STWR	Sodium-cooled Traveling Wave Reactor	钠冷行波堆
TD	Theoretical Density	理论密度
TRAF	TWR with Radil Fule Shuffling Strategy	径向倒料行波堆
TRISO	TRI-Structural is O-tropic	三结构同向性型
TWR	Traveling Wave Reactor	行波堆
UCB	University of California Berkeley	加州大学伯克利分校
ULOF	Unprotected Loss of Flow	无保护失流
ULOHS	Unprotected Loss of Heat Sink	无保护失热阱
UNLV	University of Nevada Las Vegas	内华达大学拉斯维加斯分校
UOX	Uranium OXide	铀氧化物
USDRW	Unprotected Shut Down Rods Withdrawal	无保护弹棒

目 录

下篇 热工安全特性

>>> 第 1 章　行波堆概述

1.1 背景及意义

我国电力能源供应长期以来以火电为主，核电所占比例较低。《BP 世界能源统计年鉴》（2015 年版）统计显示[1]，2014 年我国一次能源中煤炭、石油和天然气等化石能源占比达到 89.16%，而其它清洁能源占比仅为 10.84%，高比例的化石能源结构给我国带来巨大的环境问题。根据我国原环境保护部《2014 中国环境状况公报》[2]，在全国开展空气质量新标准检测的 161 个城市中，仅有 16 个城市空气质量年均值达标，145 个城市空气质量超标，其中 PM2.5 达标城市仅为 12.2%，PM10 达标城市仅为 21.6%；此外，全国有 470 个城市开展了降雨检测，酸雨城市比例为 29.8%，酸雨频率为 17.4%。随着政府和民众环境意识的增强，国家能源战略结构将逐步进行调整。第 21 届联合国气候大会中，中国提出二氧化碳排放在 2030 年左右达到峰值并争取尽早达峰，单位国内生产总值二氧化碳排放比 2005 年下降 60%～65%，非化石能源占一次能源消费比例达到 20%左右。为提高我国非化石能源的比例，发展清洁、高效的核能已成为政府和民众的共识，政府一再加大对核电的投入。截至 2021 年 6 月，我国已运行机组达到 50 台，总装机容量为 51746 MW（电功率）；在建机组为 13 台，总装机容量为 13826 MW（电功率）；拟建机组为 18 台。2013 年国务院《能源发展“十二五”规划》[3]提出安全高效地发展核电，加快建设现代核电产业体系，打造核电强国，并将上述目标提前至 2015 年。2015 年 10 月，中国核电集团中标英国欣克利角核电项目，中国自主研发的第三代核电技术也将应用于英国。中国核电快速发展的同时，也在世界核电舞台扮演着越来越重要的角色。

虽然核能的大规模发展令人鼓舞，但仍在核资源的有效利用、高放射性核废料排放以及乏燃料处理等方面存在严峻的考验。目前，世界核电以轻水堆（Light Water Reactor，LWR）为主，约占 85.0%。轻水堆的铀资源利用率很低，不到 1.0%[4]。根据经济合作与发展组织核能机构（Organization for Economic Cooperation Development, Nuclear Energy Agency,OECD/NEA)和国际原子能机构(International Atomic Energy Agency,IAEA) 2014 年统计[5],2011 年以后新发现的铀资源量增加了7.0%,约为目前全世界核电机组10年的使用量,但绝大部分新增的铀资源需要高昂的开采费用。截至2012年底,开采费用低于130美元·kg^{-1}的金属铀为5902900 t,比2010年底增加了10.8%;开采费用低于260美元·kg^{-1}的金属铀为7635200 t,比2010年底增加了7.6%。虽然探明的铀资源总储量有所增加,但开采费用低于80美元·kg^{-1}的金属铀比2011年底降低了36.0%。根据2012年铀使用量来看,已探明的铀资源仅能提供全世界120年的使用量。根据IAEA统计显示[6],截至2014年底世界核电已累计运行16096堆年,全世界乏燃料储量超过280000 t重金属(Heavy Metal, HM)。近年来世界乏燃料的累积产量、储量和后处理量情况如图1-1所示[7],可见累积产量和储存量都迅速增加,虽然后处理量也有所增加,但增速较慢。目前,全世界乏燃料年产量接近10700 t重金属,其中大约8700 t重金属被长期储存,约2000 t重金属被后处理。对于占世界核电机组总数超过96%的轻水堆(LWR)、重水堆(HWR)以及水冷石墨反应堆(LWGR),电功率为1 GW的典型燃耗和年乏燃料产量如表1-1所示[8]。电功率为1 GW的压水堆(Pressurized Water Reactor, PWR)燃耗达到50 GW·d/t并冷却5年后,其乏燃料中次锕系核素(Minor Actinide, MA)约为20 kg,长寿命裂变产物(Long Lived Fission Products, LLFP)约为30 kg。裂变产物及其活化产物放射性毒性降低到天然铀矿水平需要约一千年,而锕系核素及其子体放射性活度降低到天然铀矿水平则需要超过十万年[9]。

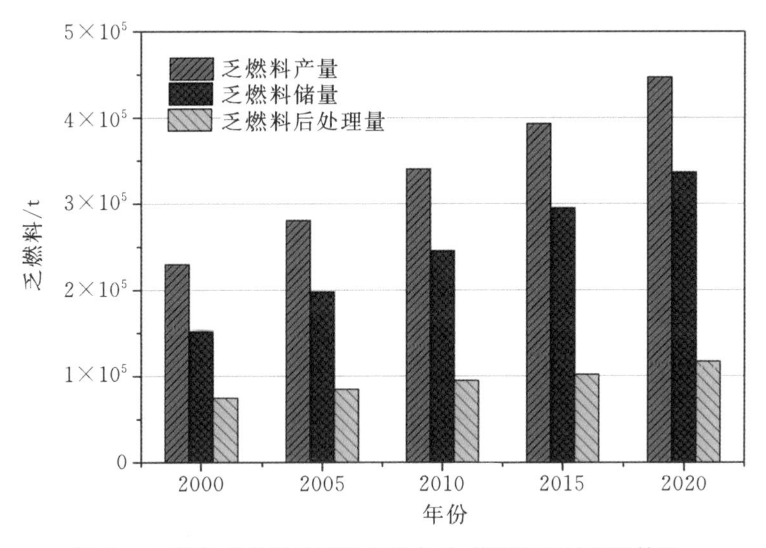

图1-1 近年来世界乏燃料累积产量、储量和后处理量情况

表1-1　三种典型堆型1 GW(电功率)燃耗下年乏燃料产量

反应堆种类	典型燃耗/(GW·d·t^{-1})	乏燃料年产量/t
轻水堆	50.0	20.0
重水堆	7.0	140.0
石墨慢化堆	15.0	65.0

由此可见，目前世界铀资源的有效利用、高放射性核废料排放以及乏燃料处理形势严峻。虽然已探明的铀资源储量有所增加，但目前使用的多为开采费用低的铀资源；按目前铀资源的储量以及核能在一次能源中的占比来看，核能不可能作为长期的替代能源。随着核能的大规模发展，乏燃料产量将会迅速增加，而目前世界范围内乏燃料的后处理占比过低，深埋处理对地质要求高且存在安全隐患。目前，国际核能界针对核燃料的供应和乏燃料的处理比较统一的观点是“分离式解决方案”，采用快中子增殖反应堆(Fast Breeder Reactor, FBR)实现核燃料的增殖，采用加速器驱动次临界系统(Accelerator Driven sub-critical System, ADS)实现乏燃料的嬗变。IAEA创新型核反应堆和燃料循环国际项目(International Project on Innovative Nuclear Reactor and Fuel Cycles, INPRO)公布的先进闭式核燃料循环如图1-2所示[10]。我国核电可持续发展目标就是建立在“热堆—快堆—聚变堆”的核电发展战略和“分离嬗变”的核燃料循环技术路线之上的。中国将实验快堆工程(China Experimental Fast Reactor, CEFR)列入“863计划”，并于2011年7月21日成功实现并网发电；目前，中国原子能科学研究院(China Institute of Atomic Energy, CIAE)已启动钠冷快堆示范工程项目(CFR600)。中国两次将ADS研究列入“973计划”；2011年1月中国科学院战略性先导科技专项“未来先进核裂变能——ADS嬗变系统”获批立项；目前，国务院发布的《国家重大科技基础设施建设中长期规划(2012—2030)》[11]批准了加速器驱动嬗变研究装置(China Initiative Accelerator Driven System, CIADS)立项，CIADS是世界上首个兆瓦级加速器驱动次临界装置，将使我国率先掌握加速器驱动次临界系统集成和乏燃料嬗变技术。

先进核燃料闭式循环体系能实现核燃料的增殖和乏燃料的有效处理，降低高放射性废物的排放。然而，基于快堆和加速器驱动次临界装置的闭式燃料循环技术依赖于乏燃料的后处理，目前，世界上拥有商业后处理厂的国家有法国(2000 t·a^{-1})、日本(0.7 t·a^{-1})、俄罗斯(401 t·a^{-1})和英国(2400 t·a^{-1})，总计约4800 t·a^{-1}，而我国并没有建成商业级的乏燃料后处理厂[12]。乏燃料处理量远低于产量，核燃料资源的有效利用以及高放射性乏燃料的处理依然是限

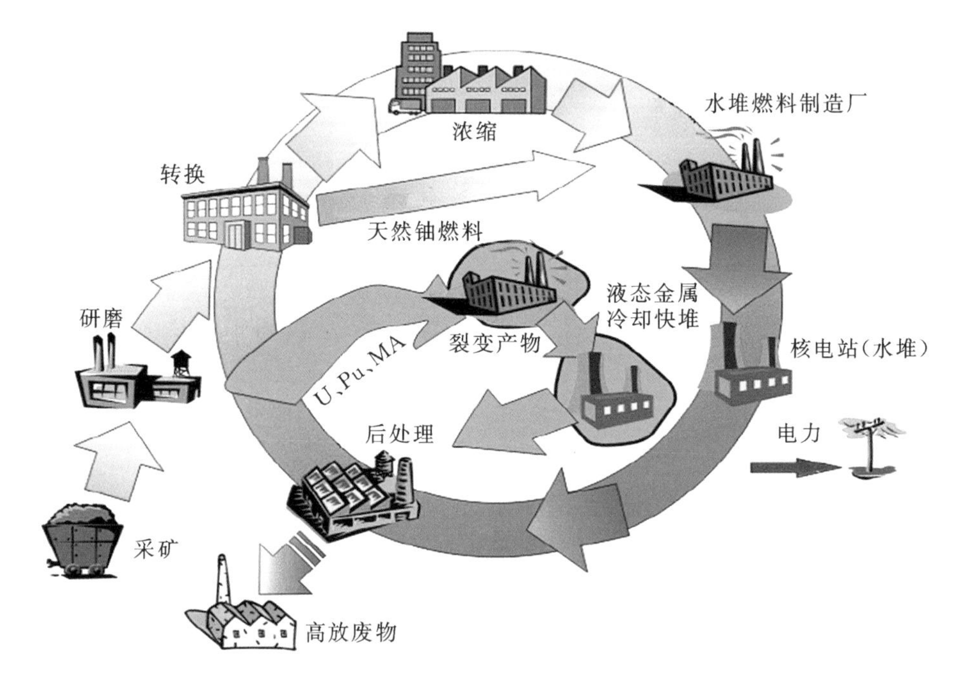

图 1-2　先进闭式核燃料循环简图

制核能可持续发展的技术瓶颈。近来,一种革新性反应堆概念进入人们的视野,为核能的可持续发展提供了“一体化解决方案”,这就是行波堆(Traveling Wave Reactor, TWR)。行波堆概念来源于增殖-燃烧堆,利用富集点火区域裂变反应产生的富余中子使增殖区域内的可裂变核燃料增殖,经过一段过渡期后在堆芯中形成自持的增殖-燃烧波,堆芯不再需要添加易裂变核燃料而能维持临界。^{238}U和^{232}Th均可用作可裂变材料,如图 1-3 所示。

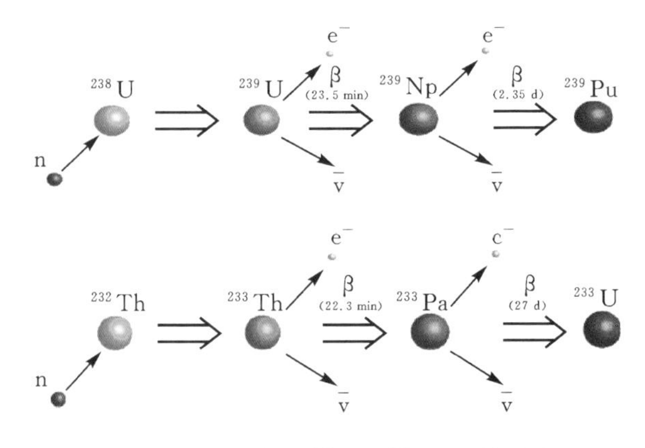

图 1-3　可裂变材料^{238}U和^{232}Th的利用原理

根据堆芯设计及倒料策略的不同，增殖-燃烧波可沿堆芯轴向和径向传播。在轴向行波堆中，核燃料从堆芯的一端点燃，堆芯达到自持稳定之后，中子通量和功率沿堆芯轴向呈稳定分布，并以一定的速度沿堆芯轴向移动。在径向行波堆中，核燃料从堆芯中部点燃，不断沿堆芯径向添加增殖核燃料从而在堆芯径向形成自持的增殖-燃烧波，中子通量和功率沿堆芯径向呈稳定分布，也有学者将这种形式的行波堆称为驻波堆。根据行波堆的机理和特点，可以发现其具有如下的优点。

(1)高燃料利用率。现有的研究结果表明，行波堆燃耗能达到30%，甚至60%的燃料利用率，与现在运行的压水堆和常规快堆相比，行波堆能在很大程度上提高核燃料的利用率。

(2)简单的核燃料循环。行波堆可实现增殖-燃烧一体化，只需少量富集核燃料点燃，即可实现稳定的燃烧，对新鲜燃料的要求低，可直接使用贫铀或水堆乏燃料；行波堆的高燃料利用率使得单位产能所产生的乏燃料大大降低，因此可以采用一次通过的核燃料循环方式。

(3)防止核扩散。现有研究表明，行波堆在寿期初装载足够的核燃料后，整个反应堆运行期间，燃耗的增加并不会导致反应性的降低，反应堆可长期稳定运行，乏燃料无需后处理，因此可有效地保证核燃料的可控性，能够在很大程度上降低核扩散的风险。

(4)高经济性。行波堆在启动后可直接使用贫铀或轻堆乏燃料，相对于使用富集铀的水堆和常规快堆，行波堆的核燃料成本显著降低；另一方面，行波堆简单的核燃料循环降低了乏燃料后处理的成本，进一步提高了行波堆的经济性。

(5)潜在的嬗变能力。行波堆本质上是快堆，堆芯能谱硬，与常规快堆相似，可用于次锕系核素和长寿命裂变产物的嬗变。

针对目前制约核能发展的核燃料资源的有效利用以及高放射性乏燃料的处理问题，行波堆是一种全新的解决方案，综合了“一次通过”燃料循环方式、技术方案简单以及“闭式燃料循环”高铀资源利用率和低乏燃料排放的特点。由于行波堆先进的燃料利用特性，国内外学者对行波堆开展了大量的理论分析和数值模拟。

1.2 国内外研究现状

20世纪50年代，萨维利·范伯格(Saveli Feinberg)[13]在ICPUAE会议上首次提出核燃料中可形成自持并稳定传播的增殖-燃烧波，这种机理可用于建造长寿期、高燃料利用率的反应堆。1989年，列夫·费奥克基斯托夫(Lev Feoktistov)[14]证明了无限的U-Pu介质中存在这种增殖-燃烧波。1996年的国际新型核能系统

(International Conference on Emerging Nuclear Energy Systems, ICENES)会议上,美国“氢弹之父”爱德华·泰勒(Edward Teller)[15]提出了一种自动控制的反应堆概念:增殖-燃烧波从堆芯的一端点燃,并沿堆芯轴向缓慢传播;只需要贫铀或钍燃料,不需要核燃料的富集和后处理。之后,行波堆的研究进入快速发展时期。2006年,比尔·盖茨(Bill Gates)参与投资了泰拉能源公司(Terra Power),集合了爱达荷国家实验室(Idaho National Laboratory, INL)、阿贡国家实验室(Argonne National Laboratory,ANL)、橡树岭国家实验室(Oka Ridge National Laboratory, ORNL)、洛斯阿拉莫斯国家实验室(LANL)、麻省理工学院(Massachusetts Institute of Technology, MIT)、加州大学伯克利分校(University of California Berkeley, UCB)、内华达大学拉斯维加斯分校(University of Nevada Las Vegas,UNLV)等美国著名实验室和科研院校从核燃料、堆芯设计及初步安全分析等方面开展行波堆的研究工作,将行波堆的研究热潮推向高峰。

1.2.1 轴向行波堆

1. 物理特性

(1)增殖-燃烧波。

Teller等[15]在ICENES会议上提出一种自持增殖和燃烧的Th-U循环反应堆,堆芯包括点火区和增殖-燃烧波传播的增殖区,如图1-4所示。点火区采用Th和富集的易裂变核素^{233}U,增殖区采用Th;堆芯中心区域填充泡沫状的Be以提高中子的产生率。采用TART95程序模拟结果表明,增殖-燃烧波沿堆芯轴向移动,速度约为0.5 $cm \cdot a^{-1}$,点火区燃耗可达到65.0%;增殖区燃耗也能超过50.0%。

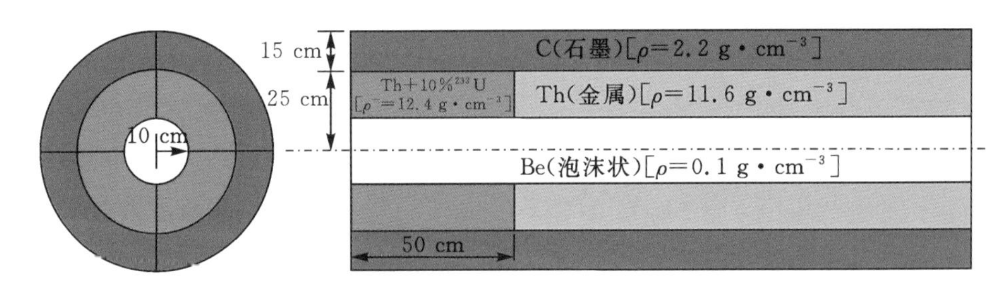

图1-4 Teller的行波堆概念设计

Sekimoto等[16]建立了点火区采用Pu或富集铀,增殖区采用天然铀或贫铀的铅铋冷却堆模型,通过求解多群扩散方程和燃耗方程,开展数值模拟。研究发现,燃烧区域以4.0 $cm \cdot a^{-1}$的速度沿堆芯轴向移动,燃耗可达40.0%。在稳态时,燃料的核素密度、中子通量和功率密度分布以恒定的速率沿堆芯轴向移动，且分布形状保持稳定，就像蜡烛的燃烧过程一样，Sekimoto 形象地将这种燃耗策略称之为 CANDLE(Constant Axial shape of Neutron flux, nuclide densities and power shape During Life of Energy production)，如图 1－5 所示。如果采用 U－Pu 燃料循环：在燃耗区域前沿，天然铀吸收中子，^{238}U 转换为^{239}Pu；在燃烧区^{239}Pu 裂变，产生中子和能量，其它锕系核素也由于辐射俘获反应不断产生并裂变；^{238}U 核素密度沿燃烧区前沿到后端缓慢降低，裂变产物逐步累积，^{239}Pu 和其它锕系核素逐步增加并在某一区域达到峰值；燃烧过的区域由于裂变产物的核素密度过高而不能达到临界。CANDLE 燃耗策略具有如下的优势：①燃耗高于现有轻水堆和快堆，可达 30％～40％；②堆芯剩余反应性为零，因此不需要反应性控制系统；③堆芯的功率峰因子和反应性等参数不随燃耗变化，因此堆芯在不同的燃耗状态下可采用相同的运行策略；④堆芯径向功率分布不随燃耗变化，可进行更彻底的优化，降低径向功率峰因子；⑤新鲜燃料的无限中子增殖因数小于 1，因此新鲜燃料的运输将更加简便和安全，发生临界事故的概率更低；⑥核燃料不需要进行浓缩，乏燃料不需要进行后处理。

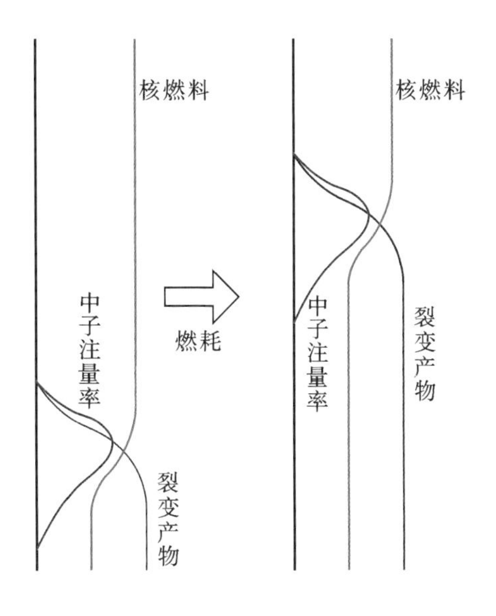

图 1－5 CANDLE 燃耗策略

由于行波堆的诸多优势，不同学者针对行波堆开展了大量的研究工作。Van Dam[17-19]在给定抛物线型燃耗方程和二次功率反馈项的条件下，通过求解一维中子扩散方程对核燃料中的孤立波(增殖-燃烧波)开展了研究，并在一维平板中获得了孤立波解。研究结果发现，通过外中子源辐照新核燃料可在初始状态为次临界的核燃料中点燃孤立波，k_∞会逐步增大；当k_∞高于1时，核燃料就会达到临界；在孤立波前沿，k_∞由于增殖反应或可燃毒物（Burnalle Poison，BP）的消耗而增大；之后k_∞由于易裂变核素的燃耗而降低；孤立波的特性由核燃料的初始曲率以及设定的燃耗曲线确定。与此同时，Seifritz[21-22]在不考虑反馈的条件下，通过求解一维中子扩散方程和简化的燃耗方程得到了不对称的孤立波解。

Fomin等[23]建立了非稳态中子扩散方程、燃耗方程和缓发中子先驱核动力学方程相耦合的模型来研究快堆中增殖-燃烧波的点燃和传播特性。计算模型为一维两区均匀U-Pu循环反应堆，冷却剂为钠，结构材料为铁；不考虑温度反馈，采用径向曲率模型考虑中子的径向泄漏；堆芯左侧通过外中子源照射以启动堆芯。研究结果证明了在堆芯形成自发增殖-燃烧波的可行性，Pu的平衡浓度需要达到临界值才能使增殖-燃烧波稳定传播；如果在10 d之后关闭外中子源，将会导致堆芯的积分中子通量发生阻尼震荡，约20 d之后堆芯能自发抵消这种扰动。之后，Fomin等[24]对不同半径和高度的圆柱形堆芯开展研究，证明了关闭外中子源之后能在堆芯增殖区形成稳定的增殖-燃烧波。例如，对于长度为5.0 m、半径为1.1 m、电功率为2 GW、设计寿命为15 a的堆芯，在稳定情况下其中子通量能达到2×10^{16} $cm^{-2}\cdot s^{-1}$，燃耗能超过50%，增殖-燃烧波的传播速度约为22 $cm\cdot a^{-1}$。当堆芯半径增大时，中子通量、堆芯功率以及增殖-燃烧波的速度也会相应增大；关闭外中子源引起的中子通量畸变会由于反应性反馈而自动消除。刚直等[25]的研究结果同样表明，在点火区和增殖区引入微小扰动的情况下，经过一定时间的运行之后，堆芯k_{eff}、功率分布和核素密度分布等参数均重新达到稳定，且与扰动前的传播特性相比，扰动后的反应性、增殖-燃烧波等均保持一致，增殖-燃烧波不存在明显的相位差，证明了增殖-燃烧波的自稳特性。

Chen等[26-31]通过建立单群扩散方程耦合简化的燃耗方程且不考虑反馈效应的模型来研究行波堆中的孤立波，采用伽利略变换求解渐近稳态的孤立波传播速度。由于忽略了反馈效应，中子通量的幅值可为任意值。研究发现，孤立波存在的物理机制如下：新鲜燃料初始为次临界，中子辐照引起可裂变核素的增殖使得燃料达到临界，之后随着燃耗的进行而再次为次临界。Chen等[26-27]研究发现，对于具有典型快堆参数的行波堆，其最大中子通量为3×10^{15} $cm^{-2}\cdot s^{-1}$，孤立波传播速度为5 $cm\cdot a^{-1}$；而在Chen等[31]的研究中，孤立波的传播速度为3.5 $cm\cdot a^{-1}$，这是由最大中子通量以及初始扩散系数不同引起的。Chen等[26-27]对比分析了一维和多维模型的模拟结果，发现在相同的最大中子通量条件下，一维模型的孤立波传播速度为18.5 $cm\cdot a^{-1}$，而在多维模型中为24.8 $cm\cdot a^{-1}$。

梁金刚等[32]采用输运-燃耗耦合程序 MCBurn 对 Th－U 循环的增殖-燃烧波特性开展研究，结果表明主要核素密度沿堆芯轴向分布表现出孤立波特性。汤华鹏等[33]通过对行波堆燃耗原理的数值求解来研究行波堆的燃烧机理。堆芯热功率为 1000 MW，堆芯高度为 2.3 m，内外区半径分别为 0.825 m 和1.65 m，内区燃料为天然金属铀，外区燃料为富集度为 2.7％的金属铀。研究结果证明了堆芯中能形成自持稳定的增殖-燃烧波，堆芯热工参数均在安全范围内；行波堆燃耗策略的主要挑战在于经过 60 a 满功率运行，燃料最高燃耗达到 57％，包壳材料最大辐照损伤超过 600 DPA(Displacement Per Atom)，高性能的核燃料和包壳材料是限制行波堆发展的主要技术瓶颈。孙伟等[34]从中子扩散方程和燃耗方程出发，建立了行波堆一维简化模型，从理论上获得了孤立波解。沈道祥等[35]对比分析了金属钠、铅铋和氦气作为冷却剂和金属、氮化物为行波堆核燃料以及反射层厚度对 k_{eff} 的影响。研究结果表明，采用金属燃料、氦气冷却并增加反射层厚度时中子经济性最佳。

(2)轴向行波堆的优化。

①堆芯启动。Fomin 等[23-24]的研究表明，通过外中子源可启动行波堆堆芯，在堆芯一端安装外中子源，在核燃料辐照一段时间后关闭外中子源能在堆芯增殖区形成稳定的增殖-燃烧波；同时，由于堆芯固有的反馈效应，关闭外中子源引起的中子通量振荡会快速消除。

Teller 等[15]、Sekimoto 等[36]和 Ohoka 等[37]通过在点火区域装载易裂变核素来启动行波堆堆芯。Sekimoto 等[36]通过调整堆芯各控制体的^{238}U 核素密度使得各控制体易裂变核素的产生率相同，之后调整各控制体的^{235}U 和铌核素密度控制各部位的 k_{∞}。研究结果表明，k_{eff}随时间振荡，但振动的最大幅值为 0.0008；功率分布形状几乎保持不变，并以恒定的速度沿堆芯轴向移动。Ohoka 等[37]在高温气冷堆中采用相同的方法启动堆芯。研究结果表明：反应性波动在 0.7 a 时最大，为 1.7％；由于增殖-燃烧区中重核的辐射俘获截面、裂变能谱以及有效裂变中子数与点火区域替换掉的^{235}U 不同，因此点火区域的中子通量过高。

娄磊等[38]对行波堆的点火区域进行优化设计，点火区^{235}U 最大核素密度采用增殖区稳定的^{239}Pu 核素密度，沿堆芯轴向的分布采用功率分布曲线；^{238}U 核素密度采用增殖区稳定的核素密度；通过计算结果调整^{235}U 的最大核素密度值和^{238}U 核素密度值。采用 MVP－BURN 程序进行数值计算，结果表明，整个寿期内 k_{eff}和功率密度分布基本维持平稳运行。孙伟等[34]设计了热功率为 2000 MW 的钠冷行波堆堆芯，燃料采用U－Pu－10％Zr合金，包壳材料采用 HT－9 钢，启堆区轴向长度由行波堆稳定运行时燃烧区的长度确定，启堆区采用分段设计，启堆区各区的易裂变核素密度由稳定运行后各区的核素密度计算得到。研究结果表明，采用合适的启堆区长度、燃料成分和富集轴向分区设计，能有效地实现全寿期内反应性基本不变、中子通量分布形状也保持不变，并以一定的速度沿轴向传播。

②轴向倒料策略。在行波堆中，为保证堆芯的长时间运行并包络整个增殖-燃烧波，需设计较长的堆芯，理论上堆芯为无限长。长堆芯将引起大堆芯压降，且很难保证堆芯轴向的结构稳定性，从而限制了行波堆的工程实现性。根据相对运动理论，在固定堆芯的情况下功率和中子通量分布沿堆芯轴向的移动与固定功率和中子通量分布而燃料沿堆芯轴向移动是等效的。Chen 等[30]创造性地提出了行波堆轴向倒料策略，如图 1-6 所示。在堆芯为有限长度的情况下维持稳定的增殖-燃烧波，从而增强了行波堆的工程可实现性。

Chen 等[30]将轴向倒料策略运用到 Th-U 循环的球床堆中，堆芯设定为有限长度，新鲜燃料和乏燃料持续从堆芯的一端装载和另一端卸载。采用单群扩散方程耦合简化的燃耗方程开展理论分析，在给定堆芯新鲜燃料组分和堆芯长度的情况下调整燃料的移动速度以使堆芯满足临界条件。研究结果表明，在一维模型下存在孤立波解；如果减小燃料移动速度，则需要增大堆芯长度，否则稳态堆芯将无法满足临界条件；当堆芯为无限长时，燃料的移动速度为无限小，堆芯燃耗将会达到最大；在优化的堆芯设计下，燃料的移动速度为 9.8 $cm \cdot a^{-1}$，堆芯的最大燃耗为 10.8%；当堆芯长度超过一定值之后，堆芯的最大燃耗将接近无限堆芯的最大燃耗。张大林等[39]基于钠冷快堆，采用 ERANOS 程序开展了行波堆轴向倒料策略研究，一维和二维的计算结果表明：a. 渐近稳态 k_{eff} 随倒料周期呈抛物线变化，而燃耗随倒料周期线性增加；b. 由于径向曲率的影响，二维渐近稳态 k_{eff} 比一维结果降低了 3.0%；c. 在相同倒料周期下，二维渐近稳态燃耗比一维结果降低了 15.0%，二维能达到的最大燃耗为 46.0%；d. 功率峰随倒料周期的增加而从燃料出口侧向入口侧移动。Chen 等[40]和张大林等[41]将轴向倒料策略运用到超临界水冷堆中。

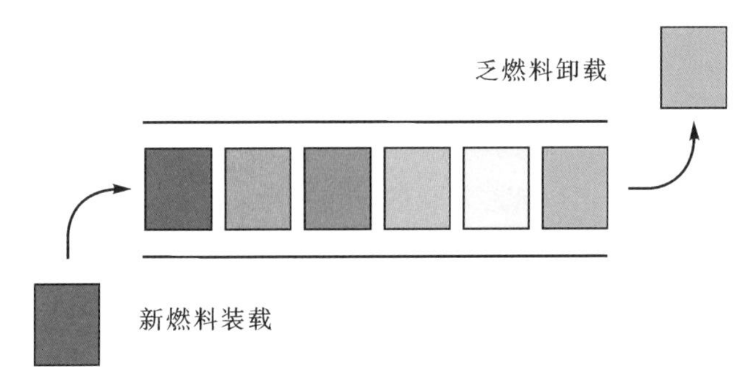

图 1-6　行波堆轴向倒料策略

③包壳完整性。当行波堆运行时，包壳长时间在高注量率快中子辐照下的完

整性问题以及裂变气体大量释放的燃料棒高内压问题给行波堆的工程实现带来技术障碍。Nagata 等[42-43]提出更换包壳策略,如图 1-7 所示。

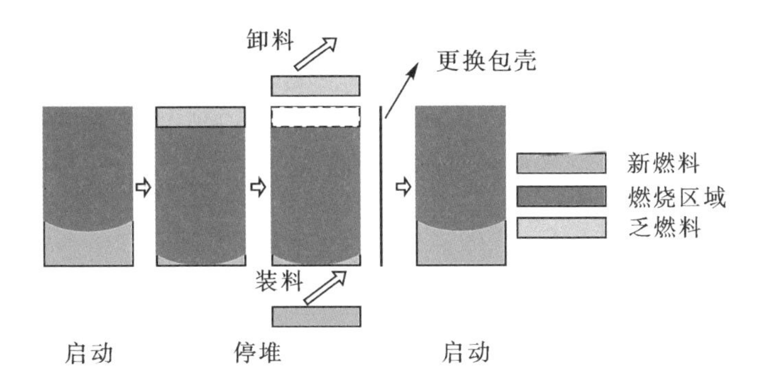

图 1-7　更换包壳策略示意图

Nagata 等[42]只更换辐照损伤大的燃料棒包壳,这种更换策略不能保证堆芯长时间的运行。之后,Nagata 等[43]改为在快中子通量为 $5.0\times10^{23}\ cm^{-2}\cdot s^{-1}$下运行 3700 d 时更换堆芯所有燃料棒包壳。在这种策略下,包壳的更换在堆芯停堆时进行,全部燃料从堆芯移出并更换为新包壳,在该过程中排除裂变气体。Okawa 等[44]也在其行波堆研究中采用了更换包壳策略。

Sekimoto 等[45]提出 MOTTO(Multi-channel-Once-Through-Then-Out)策略来解决行波堆包壳完整性和堆芯高度问题。MOTTO 策略中,在每个燃料循环初始阶段调整各径向区域的卸料量,由于堆芯中心区域功率密度更高因而卸料量更大。通过 MOTTO 策略,堆芯高度成功降低到 1.6 m,卸料燃耗为42.6%,在最大快中子通量为 $5.0\times10^{23}\ cm^{-2}\cdot s^{-1}$下反应性波动为 0.0007。

④功率峰展平。

在行波堆中,由于外围区域的中子通量低于中心区域,因此外围区域^{239}Pu的产生率低于中心区域,导致功率峰因子较大,给堆芯热工水力设计带来很大挑战。Okawa 等[44]和 Sekimoto 等[46]通过在内堆芯区域添加适当的钍来展平行波堆功率峰。钍资源为铀资源的 3~4 倍,将^{232}Th转换为^{233}U与将^{238}U转换为^{239}Pu相似:

$$^{232}Th \xrightarrow{(n,\gamma)} {}^{233}Th \xrightarrow[23.4\ min]{\beta^-} {}^{239}Pa \xrightarrow[27\ d]{\beta^-} {}^{233}U \qquad (1-1)$$

如果在内堆芯添加适当的钍,则中子通量在内堆芯与外堆芯交界处为零,这样可以降低内堆芯功率密度,同时降低堆芯有效中子倍增因数。首先,调整内堆芯 Th-U-10%Zr 燃料区域半径和钍的装料量,保证堆芯临界和低的功率峰因子;其次,调整外堆芯 U-10%Zr 燃料的装料量,以使内外堆芯交界处的功率变化为零。Okawa

等[44]成功将钠冷行波堆的轴向和径向功率峰因子从 1.87 和 2.34 降低到 1.44 和 2.13；最大包壳温度和燃料温度分别为 587 ℃和 802 ℃，均在设计限值以下；燃烧区的传播速度比参考堆芯低。Sekimoto 等[46]通过在半径为 0.8 m 的内堆芯添加 22%的钍，成功将径向功率峰因子从 1.815 降低到 1.416。

Nagata 等[43]将 MOTTO 策略用于降低功率峰因子，通过堆芯各区径向功率分布调整卸料量，从而在内堆芯维持较低的功率峰因子。事实上，Chen 等[30]和张大林等[39]提出的轴向倒料策略也可通过调整倒料周期来降低堆芯功率峰因子。

2. 轴向行波堆策略的应用

(1)铅铋快堆。

Sekimoto 等[17,47-49]提出 CANDLE 燃耗策略时设计的即为铅铋冷却行波堆。堆芯主要参数如下：热功率为 3000 MW，堆芯半径为 2.0 m，反射层厚度为 0.5 m，堆芯高度为 8.0 m，燃料采用 U－10%Zr 合金，包壳材料采用 HT－9，燃料的体积分数为 50.0%。采用多群扩散方程耦合燃耗方程模型模拟圆柱形堆芯，采用坐标转换方法求解增殖-燃烧波的传播速度。研究结果表明，堆芯稳态 k_{eff} 为 1.020，增殖-燃烧波传播速度为 4.14 cm・a^{-1}，最大燃耗为 40.6%；但中子通量在堆芯径向外区迅速降低，这不利于中子经济性，可通过在堆芯外围天然铀区域添加易裂变核素的方式加以改善；^{238}U 核素密度沿堆芯轴向逐渐降低，其在中心区域由于中子通量更高而降低更快；^{239}Pu 核素密度先增大，之后达到峰值，最后随^{238}U 而降低。Sekimoto 等[50]调整堆芯燃料富集度后，堆芯稳态 k_{eff} 为 1.003，增殖-燃烧波传播速度为 4.25 cm・a^{-1}，最大燃耗为 38.2%；Sekimoto 等[51]将堆芯增大到 2.5 m，采用氮化物做燃料后，堆芯稳态 k_{eff} 为 1.0082，增殖-燃烧波传播速度为 3.1 cm・a^{-1}，最大燃耗为 40.0%。

Nagata 等[43]设计了热功率为 1500 MW 的铅铋冷却行波堆，堆芯半径为2.0 m，反射层厚度为 0.5 m，采用 MOTTO 将堆芯高度降低为 1.8 m。研究结果表明，当更换包壳周期为 3700 d 时，堆芯平均线功率密度约为 300 W・cm^{-1}。

(2)高温气冷堆。

Ohoka 等[37]指出，将行波堆燃耗策略运用到高温气冷堆中具有如下优势：①由于使用涂敷燃料颗粒，堆芯可满足高燃耗要求；②结构材料石墨具有较高的热容，且在高温下能保持完整性；③冷却剂氦为惰性气体，化学性质稳定。对于行波堆，新鲜燃料的初始 k_{∞} 小于 1，之后随着可裂变核素辐照后转换为易裂变核素而增大到临界，最后随着燃耗以及裂变产物的累积而小于 1。对于热堆，无论天然铀还是富集铀，其 k_{∞} 均不能从小于 1 而增大到大于 1。因此，Ohoka 等[37,52]、Ismail 等[53]和 Liem 等[54]在堆芯中布置富集的易裂变核燃料和可燃毒物，可燃毒物核素密度比易裂变核素先降低，如图1－8所示，这样核燃料 k_∞ 的变化趋势与行波堆相同。

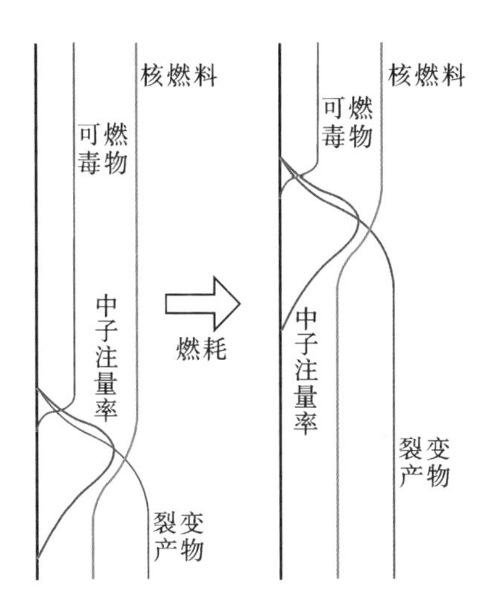

图1－8 高温气冷堆型行波堆中中子通量和核素密度分布

Ohoka等[37]将天然钆布置在燃料球中作为可燃毒物，通过调整天然钆的浓度、铀的富集度以及燃料栅距分析参数的敏感性。当燃料富集度为15％、钆浓度为3.0％及燃料栅距为6.0 cm时，堆芯中实现了行波堆的燃耗策略，燃烧波传播速度为29.0 cm·a^{-1}：① 当钆浓度增大时，燃烧波传播速度降低，k_∞ 降低，燃耗增大，对于高钆浓度情况，k_∞ 和中子通量变化更剧烈；②当铀富集度增大时，燃烧波速度降低，k_∞ 和燃耗增大，对于高铀富集度情况，k_∞ 变化更剧烈，k_∞ 和中子通量分布变宽；③当燃料栅距增加时，中子能谱变软，因此，k_∞ 和燃耗增大，而燃烧波传播速度增大，燃料装载量降低，对于宽燃料栅距情况，k_∞ 和中子通量分布变宽。研究结果表明，可通过调整堆芯参数来控制燃烧波的传播速度和卸料燃耗。Ohoka等[52]开展了堆芯启动过程和稳态的研究，调整稳态的钆浓度以使宏观吸收截面相同，用^{235}U替代稳态的重核以使宏观裂变截面相同，用钕替代稳态的裂变产物。研究结果表明，启动过程的反应性在0.7 a时波动最大，为1.7％。Ismail等[53]对Th－U循环的高温气冷堆开展研究，堆芯装载易裂变核素^{235}U和^{233}U，以及可裂变核素^{232}Th。研究结果表明，Th－U循环的高温气冷堆能达到很高的燃耗，约6.0％～13.7％，比U－Pu循环的燃耗约高36％～45％；Th－U循环的燃烧波传播速度较低，对于高度为8 m的堆芯，其堆芯寿期比U－Pu循环堆芯长约25％～30％。Liem等[54]对现有的小功率Th－U循环和U－Pu循环高温气冷堆开展研究，堆芯参数如下：热功率为25 MW，堆芯寿期为10年，填料因子为25.0％，燃料富集度为8％；对于铀燃料，堆芯高度为 4.1 m，对于钍燃料，堆芯高度为 2.9 m。研究结果表明，钍燃料堆芯燃烧波传播速度约为 40 $cm \cdot a^{-1}$，燃耗能达到 5.2%；铀燃料堆芯燃烧波传播速度约为 30 $cm \cdot a^{-1}$，燃耗能达到 7.6%。

(3)长寿命小堆。

虽然大功率反应堆具有更高的经济性，然而大功率反应堆只能建设在能源需求量大的地区。对于能源需求较小的局部地区，小功率长寿期反应堆更为切合。因此，Sekimoto 等[55]和 Yan 等[56-57]将行波堆燃耗策略运用到小功率长寿期反应堆上。

由于小功率反应堆中子泄漏率更大，将行波堆燃耗策略运用到小功率反应堆比运用到大功率反应堆中更为困难。因此，Yan 等[56-57]运用燃料-冷却剂比更大的管壳式燃料棒来增强内堆芯的中子经济性。堆芯的热功率为 200 MW，堆芯半径和高度分别为 1.0 m 和 2.0 m，采用铅铋作冷却剂、氮化铀作核燃料，冷却剂通道直径为 0.453 cm，包壳厚度为 0.0035 cm，燃料棒栅距为 1.132 cm，堆芯入口和出口温度分别为 600 K 和 800 K。研究结果表明，增殖-燃烧波的传播速度小于 1.0 $cm \cdot a^{-1}$，卸料燃耗约为 40%，中子通量和核素密度分布以固定的速度沿堆芯轴向移动。

(4)超临界水冷堆。

在超临界水冷堆中，堆芯出口冷却剂密度仅为入口的 1/10。堆芯出口区域的中子能谱比堆芯入口区域更硬，核燃料在入口区域裂变，在出口区域增殖，这表明能在超临界水冷堆中形成稳定的增殖-燃烧波。Chen 等[40]和张大林等[41]将行波堆燃耗策略运用到超临界水冷堆中。超临界水冷堆中冷却剂密度的剧烈变化将导致能谱和宏观截面的显著变化，因此在超临界水冷行波堆分析中需要考虑物理-热工耦合。

Chen 等[40]采用单群扩散方程耦合简化的燃耗方程开展研究，并考虑物理-热工耦合，物理部分给热工部分提供功率分布，热工部分给物理部分提供材料的温度和密度。研究结果表明：在 U－Pu 燃料循环下，如果不添加可燃毒物，氧化物核燃料中不能形成增殖-燃烧波，因为堆芯能谱不够硬以使得有效裂变中子数 η 大于 2；在一维模型中，Th－U 循环堆芯存在增殖-燃烧波，其传播速度为 4.5 $cm \cdot a^{-1}$，渐近稳态燃耗约为 33%；堆芯温度反馈系数为 -62×10^{-5} K^{-1}。张大林等[41]在超临界水冷堆中对比了 Th－U 循环和 U－Pu 循环。研究结果表明，如果采用未富集的核燃料，Th－U 循环和 U－Pu 循环中均不能形成增殖-燃烧波；U－Pu 循环中启堆区域功率分布更窄，且功率密度更大，Th－U 循环的最大功率密度为 157 $W \cdot cm^{-1}$，而 U－Pu 循环的最大功率密度为 260 $W \cdot cm^{-1}$，这表明 Th－U 循环在避免传热恶化方面比 U－Pu 循环更具优势；Th－U 循环卸料燃耗为 15.9%，而 U－Pu 循环卸料燃耗为13.0%;Th-U循环多普勒反馈系数比U-Pu循环的大两倍,且Th-U循环具有较大的负空泡反应性反馈系数和冷却剂温度反馈系数,而U-Pu循环的空泡反应性反馈系数和冷却剂温度反馈系数均为正值,这表明Th-U循环超临界水冷快堆比U-Pu循环堆具有更高的事故安全性。

(5)钠冷快堆。

钠冷快堆具有多年的研究和运行经验,钠冷快堆的成熟技术能方便的运用到行波堆燃耗策略中。Ellis等[58]、Weaver等[59-60]、Touran等[61]和Yan等[62-63]对钠冷行波堆开展了研究。

Weaver等[59-60]设计了热功率为300 MW和1000 MW的钠冷行波堆,采用MCNPX-CINDER90程序开展物理分析。六面体堆芯宽度为4 m,高度为5 m,堆芯活性区高度约为3 m,采用U-7.5%Zr合金作燃料,75%有效密度。研究结果表明,在上述堆芯设计下,堆芯燃耗需要达到28%以上才能形成稳定的增殖-燃烧波;当限制堆芯燃耗小于30.0%时,由于堆芯中还剩余一定数量的易裂变核燃料,增殖-燃烧波能在抵达堆芯边缘时发生反转,而在高燃耗下增殖-燃烧波传播方向不会发生反转。Touran等[61]设计了热功率为1200 MW的钠冷行波堆,堆芯活性区高度为2.5 m,燃料组件数目为517。研究结果表明,堆芯平衡态初始时刻k_{eff}为1.0733,平衡态终了时刻k_{eff}为1.0352,平均燃耗为37.5%。

Yan等[62-63]对工程可行的大型钠冷行波堆堆芯概念设计和燃料优化设计进行分析,并对行波堆的运行和控制进行研究。研究结果表明,优化设计可实现从开始启堆就得到展平的径向中子通量分布,并随着燃烧而自动调整为更平坦的平衡态分布;行波堆长期燃烧的状态可通过堆芯优化设计预先设定,启堆时与平衡态之间的偏离可通过燃烧自动纠正;行波堆的固有安全特性能够有效地保证其安全性。

3.轴向行波堆热工水力特性

鲁剑超等[64]基于计算流体力学(Computational Fluid Dynamics,CFD)方法对行波堆燃料组件结构开展优化设计,对比分析了绕丝和围桶结构对温度场分布的影响。研究发现,绕丝可在一定程度上减小组件截面温差,减小绕丝螺距能进一步减小组件截面温差,但效果有限;在燃料组件围桶设置塞条结构可大幅减小组件截面温差。卢川等[65]基于CFD方法对行波堆燃料组件燃烧区热工流体特性开展研究。研究发现,燃料组件内冷却剂温度随轴向高度增加逐渐升高,同时具有逐渐向中心区域聚集的效应,组件出口区域截面冷却剂温度分布很不均匀,中心区域与外围区域最大温差超过100 ℃。

Yan等[66]对小功率长寿期铅铋行波堆开展了系统安全分析。反应堆一回路系统为池式,泵设置在堆芯底部,为堆芯提供强迫循环压头,堆芯入口和出口温度分别为 600 K 和 800 K,分析了四种典型事故,包括无保护失流(Unprotected Loss of Flow,ULOF)事故、无保护弹棒(Unprotected Shut Down Rods Withdrawal,USDRW)事故、无保护失热阱(Unprotected Loss of Heat Sink, ULOHS)事故以及局部堵流(Local Blockage, LB)事故。在事故初始时刻,总衰变功率设定为 13.3 MW,约为总功率 200 MW 的 6.65%。在 ULOF 事故中,自然循环在堆芯冷却中具有重要作用,堆芯温度比稳态温度高,但均在设计限值之下;在 SDRW 事故中,假定泵失去电源,换热器二次侧失去冷却剂,研究结果表明,堆芯依然能保持安全,热池和冷池是保证堆芯安全的重要部件,是唯一的热阱;在 ULOHS 事故中,热阱失去的速度不会对结果造成显著影响,在该事故中需要开启堆容器冷却系统(Reactor Vessel Cooling System, RVCS);在 LB 事故中,堆芯局部燃料棒温度只会在 10 s 内升高 150 K 左右,不会对整个堆芯造成显著影响。研究结果表明,小功率长寿期铅铋冷却行波堆具有很好的固有安全性。

苏光辉等[67]针对超临界水冷行波堆的概念设计和运行特点,开发了超临界水冷行波堆事故与瞬态安全分析程序 STAT。研究结果表明,在稳态分析中对堆芯高度进行敏感性分析,堆芯高度需要大于 3.0 m 才能使燃料棒包壳温度满足低于 650 ℃的正常运行限值;在失流事故中,堆芯高度设置为 3.4 m,启动压力控制系统,关闭主蒸汽温度控制系统和功率控制系统,延迟 30 s 启动辅助给水系统,辅助给水最大流量为 50 $kg \cdot s^{-1}$,发现包壳峰值温度为 1129.3 ℃,低于安全限值,主泵惰转时间、辅助给水延迟时间和辅助给水流量等对包壳峰值温度的影响较大。

1.2.2 径向行波堆

径向倒料行波堆燃耗策略由泰拉能源公司提出。径向倒料行波堆中增殖-燃烧波不沿堆芯轴向从一端传播到另一端,而是核燃料不断从堆芯径向装载和卸料,从而在堆芯径向维持稳定的增殖-燃烧波,以此保证功率和中子通量沿堆芯径向呈稳定分布。

1. 泰拉能源的研发工作

泰拉能源公司设计了商业堆功率量级的钠冷行波堆泰拉能源反应堆计划(Terra Power Reactor Plant,TPRP)[58]的核电站。该堆使用增殖能力更强的金属燃料,采用抗辐照性能更好的 HT-9 钢作为包壳材料,冷却剂选用液态金属钠。TPRP 堆芯的设计寿命为 40 a,电站设计寿命为 60 a,单位千瓦造价低于三代改进型压水堆,建造周期为 57 个月。为能够尽快完成行波堆的工程建设,泰拉能源公司设计了验证堆功率量级的泰拉一号(TP-1)[61,68-69],用来检验关键设备的性能。TPRP 和 TP-1 堆芯参数对比如表1-2所示。

表 1-2 TPRP 和 TP-1 堆芯参数对比

参数	TPRP	TP-1
堆芯热功率/MW	3000	1200
电功率/MW	1249/1151	500
热效率/%	41.6/38.4	41.6
堆芯入口温度/K	360	360
堆芯出口温度/K	510	510

TPRP 和 TP-1 堆芯包含两种类型的燃料组件，布置在内堆芯的富集点火组件用于堆芯的启动，布置在外堆芯的贫铀或天然铀组件用于堆芯燃耗过程中的增殖，通过合理的倒料策略以确保反应堆运行足够的时间，TPRP 和 TP-1 的堆芯设计如图 1-9 所示。在反应堆启堆时会有一定的剩余反应性，由于增殖的原因剩余反应性会增大，剩余反应性由控制棒补偿。经过一段时间的运行，当堆芯反应性降低到一定程度时，进行停堆倒料：将高燃耗的组件移动到堆芯外围区域，并将经过一定增殖的贫铀或天然铀组件移动到堆芯内侧。组件的倒料主要有三个功能：①控制堆芯功率分布和组件的燃耗，确保堆芯材料在可承受的范围之内；②控制堆芯反应性；③延长堆芯寿期。

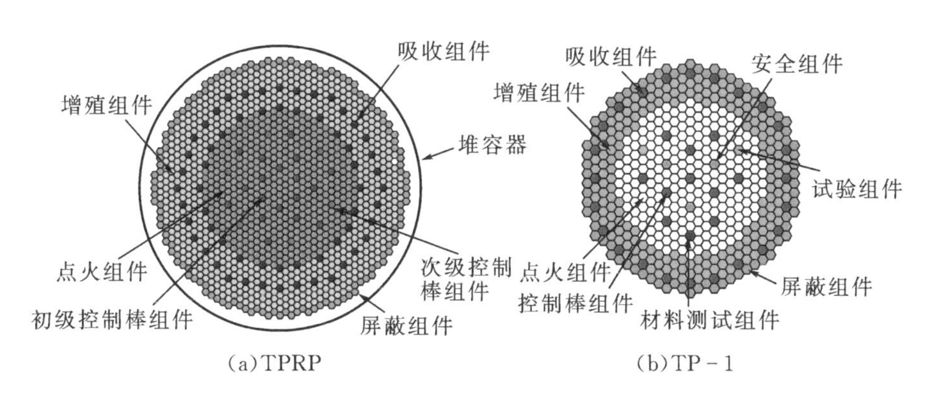

图 1-9 TPRP 和 TP-1 堆芯设计简图

TPRP 和 TP-1 以钠冷快堆为依托，采用回路式布置，堆本体结构如图 1-10 所示[70]，将堆芯浸泡在钠池中，钠池被反应堆保护容器包围以防止钠泄漏；泵将冷池中的液钠注入堆芯，在强迫循环下钠流经堆芯和新型中间热交换器换热后进入冷池；二次侧利用螺旋式蒸汽发生器产生过热蒸汽，推动汽轮机发电。反应堆在无外电源的情况下依靠堆容器冷却系统和空气冷却系统为堆芯提供冷却。泰拉能源计划将钠冷行波堆设计的与传统快堆一致，以降低其审批时间。

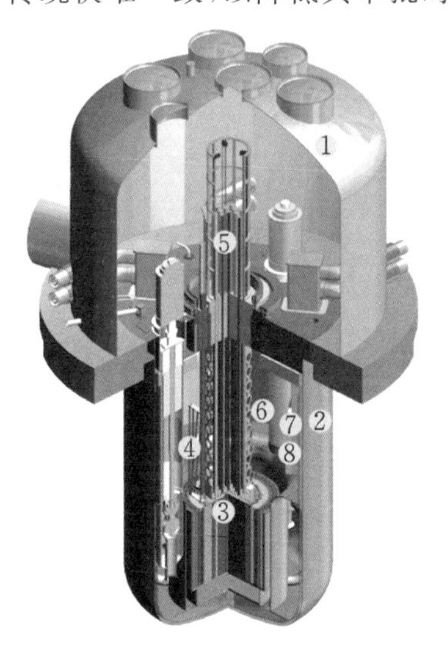

1—穹顶；2—反应堆保护容器；3—堆芯；4—堆内燃料处理机械；5—控制和安全棒；
6—主钠池；7—中间热交换器；8—辅助反应堆冷却系统。
图 1-10　TPRP 和 TP-1 堆本体结构

2. **堆芯物理特性研究**

Chen 等[71-72]通过单群扩散方程耦合简化的燃耗方程对一维模型和二维模型的径向倒料行波堆机理进行了理论分析。堆芯采用 U-Pu 循环，新鲜燃料采用 ^{238}U以研究直接使用贫铀的可行性。在一维模型中，最大特征中子流强为 2.6236 b^{-1}，k_{eff}为 1.00376，卸料燃耗为 55.3%，燃料的移动速度为 1.548 cm·a^{-1}，功率沿堆芯径向呈 M 形分布；^{238}U 核素密度沿堆芯径向不断减小，而^{239}Pu 核素密度沿堆芯径向先增大到 10%左右，然后不断减小；裂变产物(Fission Products，FP)和其它重核核密度沿堆芯径向从零不断增大；由外向内和由内向外倒料策略的对比表明，由外向内的倒料策略具有更高的燃料利用率。在二维模型中，最大燃耗为48.8%，平均燃耗为 34.6%，k_{eff}为 1.0223，燃料的移动速度为 1.1 cm·a^{-1}；由于堆芯中心区域中子通量更高，因而中心区域燃耗更高，这导致中子通量呈镰刀形分布。

张大林等[73-75]首先在钠冷快堆上开展径向倒料行波堆数值模拟，之后将该策略运用到欧洲钠冷快堆(European Sodium Cooled Fast Reactor，ESFR)上。在其研究中，采用 ECCOS 程序处理 JEFFE3.1 数据库得到各核素的宏观截面，采用 ERANOS 程序对径向倒料行波堆燃耗策略开展中子学和燃耗计算。燃耗策略如下：堆芯沿径向划分成一定数量的同心圆环，燃料沿堆芯径向向内或向外不断倒料，新鲜燃料从第一个同心圆环载入，乏燃料从最后一个同心圆环卸载，如图 1-11

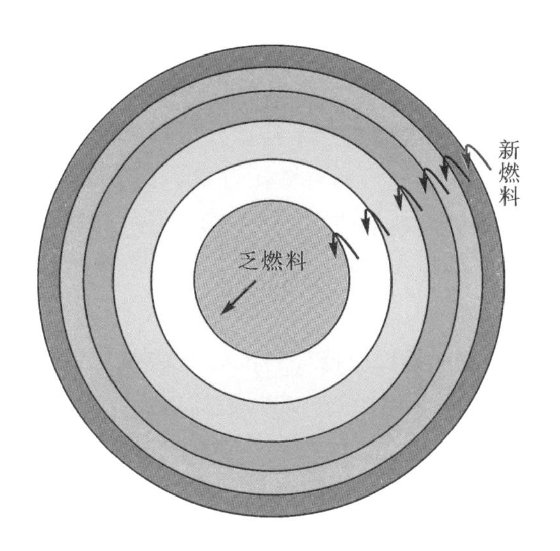

图 1-11　径向倒料行波堆策略简图

所示。研究结果表明：① 渐近稳态 k_{eff} 随特征中子流强呈抛物线变化，而燃耗则线性增大，当特征中子流强为 15.15 b^{-1} 时，渐近稳态 k_{eff} 为1.0028，平均卸料燃耗为28.4%；②堆芯功率峰随特征中子流强的增大从燃料入口向燃料出口移动，功率峰因子随特征中子流强的增大而减小，当特征中子流强为 15.15 b^{-1} 时，功率峰因子为4.41；③中子通量呈镰刀形分布。张大林等[76-77]对径向倒料行波堆渐近稳态进行数值模拟，对比分析了不同倒料周期对堆芯渐近稳态 k_{eff}、卸料燃耗以及功率分布的影响。研究发现：①倒料周期在 300～1800 d 反应堆渐近稳态可达到临界；②倒料周期满足堆芯临界条件的最大燃耗可达 38.0%。

Greenspan 等[4]对径向倒料行波堆的可行性和经济性开展研究，从中子平衡性角度揭示了径向倒料行波堆稳定运行所需的最小燃耗为 19.4%，能达到的最大燃耗为 42.5%；当堆芯运行在最低燃耗时，堆芯有 4%的年增长率，本世纪末行波堆的电功率将会达到 1000 GW，而启动这些行波堆的富集燃料只能维持现有轻水堆 10 a 的运行，证明了行波堆在核燃料利用方面的经济性。Heidet 等[78]对热功率为 3000 MW 的径向倒料行波堆维持稳定增殖-燃烧波所需的最低燃耗进行研究，对于铅铋冷却行波堆，所需的最低燃耗为 29.0%，最大卸料燃耗为 40.0%。Heidet 等[79]对比分析了不同组件设计和采用不同冷却剂时径向倒料行波堆所能达到的最大功率。研究结果表明，对于铋冷行波堆，最大功率随栅径比的增大而增大；在相同栅径比下，最大功率随燃料棒数目的减少而增大；如果要达到钠冷行波堆的功率水平，PbLi 冷却剂的栅径比需要从 1.112 增大到 1.24，而铅铋合金(Lead Bismuth Eutectic，LBE)则需要增大到 1.30；LBE 和 PbLi 冷却剂的堆芯要维持稳定的增殖-

燃烧波所需的最低燃耗分别为29.0%和21.0%，而采用Pb做冷却剂时则为22.5%；LBE和PbLi冷却剂的堆芯所能达到的最大燃耗分别为45.0%和55.0%。Heidet等[80]对径向倒料行波堆的倒料策略进行了优化设计：在简单的由外向内倒料策略中，当倒料周期为2.17 a时，卸料燃耗为20.4%，平衡态k_{eff}为1.035，径向功率峰因子为7.32；在优化的倒料策略中，在约20.0%的卸料燃耗时，径向功率峰因子为2.58；通过倒料策略的优化，成功地降低了径向功率峰因子，降低了热工水力设计的难度。

陈其昌等[81]基于泰拉能源反应堆计划堆芯对增殖-燃烧一体化快堆插花式倒料方案进行研究。堆芯热功率为3000 MW，设计寿命为60 a，燃料为U-5%Zr合金；将一部分增殖组件分散布置在堆芯高中子通量区域，以保证增殖组件的快速增殖，同时保持堆芯在整个寿期内具有稳定的功率分布。研究结果验证了增殖-燃烧一体化快堆在概念上的可行性，另一方面验证了采用一次装料定期倒料的燃料管理方式可实现堆芯的稳定运行。之后，陈其昌等[82]提出双向递推式倒料方案的一体化增殖-燃烧堆概念，堆芯中心为燃烧区，燃料组件由内向外依次倒料，而在堆芯外围是增殖组件，由外向内依次倒料，保持堆芯在整个反应堆寿期内具有稳定的功率分布。研究结果表明，双向递推堆芯在全寿期内堆芯反应性、功率和中子通量分布更加平稳，有利于堆芯热工水力和控制系统的设计；堆芯中心维持较低的功率密度，燃烧区内形成环状功率峰，与插花式方案相比，堆芯最大功率密度更低。

孙伟等[83]针对行波堆燃耗深、轴向非均匀性强的特点，基于六角形节块法开发了宏观燃耗程序HANDF-E，并采用径向倒料行波堆算例对HANDF-E程序进行了深燃耗验证计算。之后，孙伟等[84]设计了寿期为60 a、倒料周期为10 a、热功率为2000 MW的径向倒料行波堆堆芯，从燃料组件布置、增殖组件布置和堆芯活性区高度等方面探究了影响行波堆长寿期性能的关键参数。

娄磊等[85]对径向倒料行波堆进行堆芯概念设计研究，对比分析了低泄漏布料方案和棋盘式布料方案。研究发现，低泄漏布置方案的最大线功率密度发生在堆芯的最内侧，达到122 kW·m^{-1}，而棋盘式布料方案最大线功率密度出现在偏外围区域，为47 kW·m^{-1}。之后，郑友琦等[86]对基于行波堆技术的一次通过式燃料循环和常规闭式燃料循环进行对比分析。研究结果表明，一次通过式燃料循环直接从天然铀富集获取燃料，省略了钚燃料的回收和制造，大大降低了核燃料的成本；堆芯的剩余反应性更大，卸料燃耗更大；由于核素成分显著变化，堆芯安全性能恶化；增殖比小于闭式燃料循环，但单位发电量的天然铀消耗量远远小于现有压水堆。

郑美银等[87]对径向倒料钠冷行波堆开展初步概念设计研究。研究结果表明，堆芯在倒料运行2 a后达到渐近稳态，卸料组件的燃耗为15.0%～30.0%。对堆芯高径比的分析表明，堆芯初始 k_{eff} 随堆芯高度和直径的增大而增大，最终达到平衡；平衡态 k_{eff} 随堆芯高度和直径先增大后减小；最大功率密度、峰值燃耗随堆芯高度和半径的增大而减小。之后，郑美银等[88]对径向倒料行波堆的倒料策略进行优化设计。研究结果表明，外向内和内向外倒料堆芯平衡态 k_{eff} 均随倒料周期呈抛物线变化，外向内倒料堆芯在小倒料周期下具有优势；外向内倒料堆芯径向功率峰因子随倒料周期增大而降低，内向外倒料堆芯内径向功率峰因子随倒料周期增大而升高；外向内倒料周期在全寿期内功率分布变化较大；综合考虑堆芯反应性、功率峰因子和全寿期内功率分布的变化，最终确定倒料周期为 500 a 的内向外倒料堆芯为最优设计。郑美银等[89]基于设计的径向倒料行波堆开展初步的锕系核素(Minor Actinide, MA)嬗变研究，对比分析了不同 MA 质量分数下的嬗变效率和嬗变量，以及 MA 的添加对堆芯安全参数的影响。研究结果表明，嬗变效率随质量分数呈抛物线变化，嬗变量随质量分数线性增大；MA 加入堆芯后导致堆芯能谱硬化，功率和中子通量降低；MA 加入堆芯后导致堆芯有效缓发中子份额、多普勒反馈和空泡反应性反馈等安全参数恶化；行波堆表现出与快堆相似的 MA 嬗变特性。

3. 径向行波堆热工水力特性

韦宏洋等[90]对钠冷行波堆 TP－1 堆芯热工水力单通道与子通道分析方法开展对比分析。研究结果表明，8 号组件为堆内最热通道，单通道分析程序计算的组件出口平均温度为 588.6 ℃，而子通道程序计算的 8 号组件出口最高温度为 618.3 ℃，最低温度为 560.2 ℃，相差 58.1 ℃，可见行波堆中冷却剂温度分布极不均匀。

韦宏洋等[91]在开发的钠冷行波堆瞬态安全分析程序 TAST 的基础上对钠冷行波堆 TP－1 开展稳态和瞬态安全分析：稳态计算结果与设计值符合良好；失流事故发生后，冷却剂的最高温度低于沸腾温度 890 ℃，燃料中心温度在事故后持续下降，远低于熔化温度，包壳温度上升较大，低于熔化温度，但安全裕度较小；反应性引入事故发生后，燃料和冷却剂温度均有所上升，但最终趋于稳定，反应堆固有的反馈效应在事故中对瞬态安全起关键作用。

郑美银等[89]基于开发的稳态钠冷快堆堆芯热工水力分析程序对设计的径向倒料钠冷行波堆开展流量分配和温度分布计算。研究结果表明，经过优化设计的径向倒料钠冷行波堆寿期初及平衡循环热通道的燃料和包壳最高温度均在设计限值以下，并具有较大的安全裕度。陈静等[92]基于多孔介质模型对钠冷行波堆 TP－1 堆芯稳态温度场和流场开展数值模拟，采用多孔介质模型对 TP－1 全堆芯进行建模。研究结果表明，由于堆芯功率分布极不均匀，导致堆内冷却剂温度分布极不均匀，无论在径向还是轴向均出现很大的温差。黄思洋等[93]基于点堆中子动力学模型和 CFD 方法开展 TP－1 堆芯物理-热工耦合特性和安全特性研究。研究结果表明，堆芯稳态运行时，冷却剂最高温度出现在堆芯内侧组件，虽距离钠沸腾有一定的裕量，但仍比一般快堆偏低；在反应性引入事故中，引入反应性的大小和引入时间会影响堆芯功率变化，堆芯关键参数均有一定的安全裕度，由于功率分布的极度不均匀性，因此在堆芯不同位置上温度和冷却剂密度等参数在时间和空间上均有很大差别；在失流事故中，由于没有启动停堆保护系统，冷却剂最高温度超过沸腾温度，因此，在失流事故中必须启动停堆保护系统。

张媛媛等[94]基于钠冷快堆系统结构采用“堆跟机”运行方案开展了1500 MW径向倒料行波堆控制系统仿真研究，给系统添加反应性扰动、一回路流量扰动、二回路流量扰动及负荷扰动。研究结果表明，“堆跟机”方案各参数满足理论要求，反应堆运行情况良好。

1.3 本书的主要内容

本书的主要内容包括：首先，详细回顾了行波堆的研究现状，包括轴向和径向行波堆的理论研究和数值模拟，以及相关的稳态和瞬态热工水力特性分析；之后介绍了轴向行波堆的物理特性，包括轴向行波堆稳态和轴向倒料策略的理论和数值模拟，以及行波堆策略在钠冷快堆、超临界水冷快堆、高温气冷堆和铅铋快堆上的应用；之后介绍了径向倒料行波堆的物理特性，包括径向倒料行波堆的理论和数值模拟研究，行波堆倒料策略的优化设计，以及基于优化设计行波堆的MA嬗变特性研究；最后介绍了行波堆的稳态和事故瞬态热工水力特性研究，包括行波堆子通道分析、堆芯流量分配分析以及基于CFD和多孔介质方法的行波堆组件和堆芯稳态热工水力分析，基于CFD和多孔介质方法钠冷行波堆事故安全分析，基于程序自开发的超临界水冷行波堆和钠冷快堆的事故安全分析。

参考文献

[1]DUDLEY B. BP Statistical Review of World Energy[R]. London:[s. n.],2015.

[2]中华人民共和国环境保护部. 中国环境状况公报[R]. 北京：中华人民共和国环境保护部，2014.

[3]国务院办公厅. 能源发展“十二五”规划[R]. 北京：国务院办公厅，2013.

[4]GREENSPAN E, HEIDET F. Energy sustainability and economic stability with Breed and Burn reactors[J]. Progress in Nuclear Energy, 2011, 53(7): 794 - 799.

[5]VANCE R. Uranium 2014: resources, production and demand[J]. NEA News, 2014, 32(1/2): 26.

[6]International Atomic Energy Agency. Nuclear Power Reactors in the World[R]. Vienna: IAEA, 2015.

[7]International Atomic Energy Agency. Spent Fuel Reprocessing Options: IAEA - TECDOC - 1587 [R]. Vienna: IAEA, 2008.
[8]FEIVESON H, MIAN Z, RAMANA M V, et al. Managing spent fuel from nuclear power reactors: Experience and lessons from around the world[M]. International Panel on Fissile Materials, 2011.
[9]International Atomic Energy Agency. Options for management of spent fuel and radioactive waste for countries developing new nuclear power programs[R]. Vienna: IAEA, 2013.
[10]BUSURIN Y. International project on innovative nuclear reactors and fuel cycles[R]. Vienna: IAEA, 2005.
[11]佚名. 国家重大科技基础设施建设中长期规划(2012—2030 年)[J]. 信息技术与信息化, 2013(2):8.
[12]李冠兴. 我国核燃料循环产业面临的挑战和机遇[J]. 铀矿地质, 2008, 24 (5): 257 - 267.
[13]FEINBERG S M, KUNEGIN E P. Discussion comment: Proceedings of the International Conference on the Peaceful Uses of Atomic Energy, Geneva, Switzerland, 1958 [C]. New York: United Nations, 1958.
[14]FEOKTISTOV L P. Neutron - induced fission wave[J]. Soviet Physics Doklady, 1989, 34: 1071 - 1073.
[15]TELLER E, ISHIKAWA M, Wood L. Completely automated nuclear reactors for long-term operation[R]. Lawrence Livermore National Lab. , 1996.
[16]SEKIMOTO H, RYU K, YOSHIMURA Y. CANDLE: the new burnup strategy[J]. Nuclear Science and Technology, 2001, 139: 306 - 317.
[17]VANDAM H. The self-stabilizing criticality wave reactor[C]// Proceedings ICENES 2000, Petten, The Netherlands, September 2000. 2000: 188 - 197.
[18]VANDAM H. Self-stabilizing criticality waves[J]. Annals of Nuclear Energy, 2000, 27 (16): 1505 - 1521.
[19]VANDAM H. Flux distributions in stable criticality waves[J]. Annals of Nuclear Energy, 2003, 30(15): 1495 - 1504.
[20]SEIFRITZ W. Non-linear burn-up waves in opaque neutron absorbers[J]. Kerntechnik, 1995, 60: 185 - 188.
[21]SEIFRITZ W. Solitary burn-up waves in a multiplying medium[J]. Kerntechnik, 2000, 65: 5 - 6.
[22]SEIFRITZ W. Complete integration of the non-linear burn-up equation yt-vksin(y)=0[J]. Chaos Solition & Fractals, 2000, 11(7): 1145 - 1147.
[23]FOMIN S P, MEL'NIK Y P, PILIPENKO V, et al. Investigation of self-organization of the non-linear nuclear burning regime in fast neutron reactors[J]. Annals of Nuclear Energy, 2005, 32(13): 1435 - 1456.
[24]FOMIN S P, MEL'NIK Y P, PILIPENKO V , et al. Initiation and propagation of nuclear burn-

ing wave in fast reactor[J]. Progress in Nuclear Energy, 2008, 50(2-6): 163-169.
[25]刚直,柯国土. 行波堆自稳特性分析[J]. 原子能科学技术, 2014, 48(6): 1072-1076.
[26]CHEN X N, KIEFHABER E, MASCHEK W. Neutronic model and its solitary wave solutions for CANDLE reactor [J]. Proceeding of ICENES, 2005: 21-26.
[27]CHEN X N , MASCHEK W . Transverse buckling effects on solitary burn-up waves[J]. Annals of Nuclear Energy, 2005, 32(12): 1377-1390.
[28]CHEN X N , MASCHEK W . Nuclear solitary wave[C] // PAMM: Proceedings in Applied Mathematics and Mechanics. Berlin: WILEY - VCH Verlag, 2008, 8(1): 10489-10490.
[29]CHEN X N , MASCHEK W . From CANDLE reactor to pebble-bed reactor[C] // Proc. of PHYSOR2006, Vancouver, Canada, 2006.
[30]CHEN X N , KIEFHABER E , MASCHEK W . Fundamental burn-up mode in a pebble-bed type reactor[J]. Progress in Nuclear Energy, 2008, 50(2-6): 219-224.
[31]CHEN X N, KIEFHABER E , Zhang D. Fundamental solution of nuclear solitary wave[J]. Energy Conversion and Management, 2012, 59: 40-49.
[32]梁金刚, 王侃, 余纲林, 等. 一种钍基行波堆的物理特性研究: 中国核学会 2013 年学术年会论文集[C]. 北京: 中国原子能出版社, 2013.
[33]汤华鹏, 严明宇, 卢川, 等. 行波堆燃烧机理研究[J]. 核动力工程, 2013, 34(增刊 1): 221-224.
[34]孙伟, 李庆, 倪东洋, 等. 轴向行波堆堆芯设计[J]. 原子能科学技术, 2015, 49: 94-99.
[35]沈道祥, 张尧立, 郭奇勋, 等. 不同材料对行波堆有效增殖因数的影响因数分析[J]. 厦门大学学报, 2015, 54(5): 614-618.
[36]SEKIMOTO H, MIYASHITA S. Startup of “Candle” burnup in fast reactor from enriched uranium core[J]. Energy Conversion and Management, 2006, 47: 272-278.
[37]OHOKA Y, SEKIMOTO H. Application of CANDLE burn-up to block-type high temperature gas cooled reactor[J]. Nuclear Engineering and Design, 2004, 229: 15-23.
[38]娄磊,吴宏春,曹良志,等.行波堆初步概念设计研究: [C]// 反应堆数值计算与粒子输运学术会议暨反应堆物理会议. 2010.
[39]ZHANG D L, CHEN X N, GABRIELLI F, et al. Numerical studies of axial fuel shuffling [C] // International Conference on Emerging Nuclear Energy Systems, San Francisco, USA, 2011.
[40]CHEN X N, ZHANG D L, MASCHEK W, et al. Solitary breeding/burning waves in a supercritical water cooled fast reactor[J]. Energy Conversion and Management, 2010, 51 (9): 1792-1798.
[41]ZHANG D L, CHEN X N, GABRIELLI F . Numerical studies of the nuclear traveling waves in a supercritical water cooled fast reactor[J]. Progress in Nuclear Energy, 2011, 53 (7): 806-813.
[42]NAGATA A, SEKIMOTO H. Analysis of reclading in CANDLE reactor[C] // 15th Inter-

national Conference on Nuclear Engineering, Nagoya, Japan, 2007.

[43]NAGATA A, TAKAKI N, SEKIMOTO H . A feasible core design of lead bismuth eutectic cooled CANDLE fast reactor[J]. Annals of Nuclear Energy, 2009, 36(5): 562 - 566.

[44]OKAWA T, NAKAYAMA S, SEKIMOTO H. Design study on power flattening to sodium cooled large-sacle CANDLE burning reactor with using thorium fuel[C]// International Conference on Nuclear Engineering, Xi'an, China, 2010.

[45]SEKIMOTO H, NAGATA A. Performance optimization of the CANDLE reactor for nuclear energy sustainability[J]. Energy Conversion and Management, 2010, 51: 1788 - 1791.

[46]SEKIMOTO H, NAKAYAMA S, TAGUCHI H, et al. Power flattening for sodium cooled metallic fuel "CANDLE" reactor by adding thorium in inner core[C]// The Physics of Reactors Conference, Pittsburgh, Pennsylvania, USA, 2010.

[47]SEKIMOTO H, RYU K. A new reactor burnup concept "CANDLE"[C]// The Physics of Reactors Conference, pittsburgh, Pennsylvania, USA, 2000.

[48]SEKIMOTO H, RYU K. Feasibility study on CANDLE new burnup strategy[J]. Transactions of the American Nuclear Society, 2000, 82: 207 - 208.

[49]SEKIMOTO H, UDAGAWA Y. Effects of fuel and coolant temperatures and neutron fluence on CANDLE burnup calculation[J]. Journal of Nuclear Science and Technology, 2006, 43: 189 - 197.

[50]SEKIMOTO H. Application of CANDLE burnup strategy for future nuclear energy utilization[J]. Progress in Nuclear Energy, 2005, 47: 91 - 98.

[51]SEKIMOTO H, NATATA A. "CANDLE" burnup regime after LWR regime[J]. Progress in Nuclear Energy, 2008, 50: 109 - 113.

[52]OHOKA Y, WATANABE T, SEKIMOTO H. Simulation study on CANDLE burnup applied to block-type high temperature gas coold reactor[J]. Progress in Nuclear Energy, 2005, 47: 292 - 299.

[53]ISMAIL, OHOKA Y, LIEM P H, et al. Long life small CANDLE-HTGRs with thorium [J]. Annals of Nuclear Energy, 2007, 34: 120 - 129.

[54]LIEM P H, ISMAIL, SEKIMOTO H. Small high temperature gas-cooled reactors with innovative nuclear burning[J]. Progress in Nuclear Energy, 2008, 50: 251 - 256.

[55]SEKIMOTO H, YAN M. Design study on small CANDLE reactor[J]. Energy Conversion and Management, 2008, 49: 1868 - 1872.

[56]YAN M, SEKIMOTO H. Study on small long-life LBE cooled faster reactor with CANDLE burn-up-Part I: Steady state research[J]. Progress in Nuclear Energy, 2008, 50: 286 - 289.

[57]YAN M, SEKIMOTO H. Design research of small long life CANDLE fast reactor[J]. Annals of Nuclear Energy, 2008, 35: 18 - 36.

[58]ELLIS T, PETROSKI R, HEJZLAR P, et al. Traveling-wave reactors: a truly sustainable and full-scale resource for global energy needs[C]// International Congress on Advances in

Nuclear Power Plants, San Diego, CA, USA, 2010.
[59]WEAVER K D, GILLELAND J, AHLFELD C, et al. A once-through fuel cycle for fast reactors [J]. Journal of Engineering for Gas Turbines and Power, 2010, 132 (10): 1-6.
[60]WEAVER K D, AHLFELD C, GILLELAND J, et al. Extending the nuclear fuel cycle with travelign wave reactors[C]//Proceedings of Global, Paris, France, 2009.
[61]TOURAN N, CHEATHAM J, PETROSKI R. Model biases in high-burnup fast reactor simulation[C]// Advances in Reactor Physics, Knoxville, Tennessee, USA, 2012.
[62]YAN M, ZHANG Y, CHAI X. Optimized design and discussion on middle and large CANDLE reactors[J]. Sustainability, 2012, 4(6): 1888-1907.
[63]严明宇，陈彬，冯琳娜，等. 行波堆堆芯设计初步研究[J]. 核动力工程，2015，36(4)：32-36.
[64]鲁剑超，卢川，严明宇. 基于CFD方法的行波堆燃料组件结构优化设计研究[J]. 核动力工程，2013，34(6)：27-30.
[65]卢川，严明宇，鲁剑超. 基于CFD方法的行波堆燃料组件燃烧区热工流体特性研究[J]. 原子能科学技术，2013，47(12)：2243-2248.
[66]YAN M, SEKIMOTO H. Safety analysis of small long life CANDLE fast reactor[J]. Annals of Nuclear Energy, 2008, 35: 813-828.
[67]苏光辉，田文喜，秋穗正，等. 超临界水冷行波堆安全分析程序开发[C]//首届中国工程院/国家能源局能源论坛，北京，中国，2010.
[68]AHLFELD C, BURKE T, ELLIS T, et al. Conceptual design of a 500MWe traveling wave demonstration reactor plant[C]//International Congress on Advances in Nuclear Power Plants, Nice, France, 2011.
[69]CHEATHAM J, TRUONG B, TOURAN N, et al. Fast reactor design using the advanced reactor modeling interface[C]//21st Internaltion Conference on Nuclear Engineering, Chengdu,China, 2013.
[70]Addressing Nuclear Energy's Challenges[EB/OL]. http://terrapower.com/.
[71]CHEN X N, ZHANG D L, MASCHEK W. Theoretical modeling of radial standing wave reactor[C]//International Conference on Emerging Nuclear Energy Systems, San Francisco, USA, 2011.
[72]CHEN X N, ZHANG D L, MASCHEK W. Fundamental burn-up modes of radial fuel shuffling[C]//International Conference on Mathematics and Computational Methods Applied to Nuclear Science and Engineering, Rio de Janeiro, Brazil, 2011.
[73]ZHANG D L, CHEN X N, GABRIELLI F. Numerical studies of radial fuel shuffling in a traveling wave reactor[C]//Proceedings of GLOBAL, Makuhari, Japan, 2011.
[74]ZHANG D L, CHEN X N, FLAD M, et al. Theoretical and numerical studies of TWR based on ESFR core design[C]//International Conference on Nuclear and Renewable Energy Resources, Istanbul, Turkey, 2012.

[75]ZHANG D L, CHEN X N, FLAD M, et al. Theoretical and numerical studies of TWR based on ESFR core design[J]. Energy Conversion and Management, 2013, 72: 12-18.

[76]张大林，安洪振，田文喜，等. 径向步进倒料行波堆的渐进稳态特性研究[J]. 核科学技术与工程，2014，14(6):9-12.

[77]张大林，郑美银，田文喜，等. 径向步进倒料行波堆的数值研究[J]. 原子能科学技术，2015，49(4)：694-699.

[78]HEIDET F, GREENSPAN E. Neutron balance analysis for sustainability of Breed and Burn reactors[J]. Nuclear Science and Engineering, 2012, 171: 13-31.

[79]HEIDET F, GREENSPAN E . Feasibility of lead cooled breed and burn reactors[J]. Progress in Nuclear Energy, 2012, 54: 75-80.

[80]HEIDET F, GREENSPAN E. Performance of large breed and burn core[J]. Nuclear Technology, 2013, 181: 381-407.

[81]陈其昌，司胜义. 增殖燃烧一体化快堆插花式倒料方案研究[J]. 原子能科学技术，2013，47(11)：2092-2097.

[82]陈其昌，赵金坤，司胜义. 一体化增殖燃烧堆双向递推式倒料方案研究[J]. 核科学与工程，2015，35(1)：56-63.

[83]孙伟，李庆，王侃. 基于六角形节块法的行波堆燃耗程序 HANDF-E[J]. 原子能科学技术，2013，47：376-380.

[84]孙伟，李庆，王侃. 行波堆堆芯设计及倒料策略研究[J]. 中国科学技术进展报告核能动力分卷，2013，3：646-651.

[85]娄磊，曹良志，吴宏春，等. 径向倒料式驻波堆堆芯概念设计[J]. 原子能科学技术，2014，48(3)：401-406.

[86]郑友琦，吴宏春. 基于一次通过式和闭式燃料循环的快堆堆芯概念设计研究[J]. 核动力工程，2014，35(2)：41-43.

[87]ZHENG M Y, TIAN W X, CHU X, et al. Preliminary design study of a board type radial fuel shuffling sodium cooled breed and burn reactor core[J]. Nuclear Engineering and Design, 2014, 278: 679-685.

[88]ZHENG M Y, TIAN W X, ZHANG D L, et al. Performance of radial fuel shuffling sodium cooled breed and burn reactor core[J]. Annals of Nuclear Energy, 2016, 96: 363-376.

[89]ZHENG M Y, TIAN W X, ZHANG D L, et al. Minor actinide transmutation in a board type sodium cooled breed and burn reactor core[J]. Annals of Nuclear Energy, 2015, 81: 41-49.

[90]韦宏洋，田文喜，丛腾龙，等. 行波堆 TP-1 堆芯热工水力单通道与子通道分析方法研究[J]. 原子能科学技术，2013，47(12)：2261-2266.

[91]韦宏洋，丛腾龙，田文喜等. 钠冷行波堆 TP-1 瞬态安全分析[J]. 原子能科学技术，2013，47(11)：2020-2025.

[92]陈静，田文喜，韦宏洋，等. 基于多孔介质模型的行波堆 TP-1 堆芯稳态温度场与流场数值模拟[J]. 原子能科学技术，2013，47(11)：1966-1970.

[93]黄思洋，张大林，丛腾龙，等. 基于FLUENT软件耦合点堆中子动力学模型的行波堆热工水力分析[J]. 中国科技论文，2015，10(11)：1253-1257.
[94]张嫒嫒，段天英，冯伟伟，等. 1500MW驻波堆控制系统仿真研究[J]. 核科学与工程，2014，34(1)：34-43.

上篇

轴向行波堆

>>>第2章　轴向行波堆理论

Van Dam[1-4]、Seifritz[5-7]、Fomin[8-9]、Chen 等[10-15]和刚直等[16]对轴向行波堆开展了大量的理论研究，本章给出了轴向行波堆的简化数学物理模型，解释了行波堆中增殖-燃烧波的本质，并为后续行波堆的数值模拟研究奠定了理论基础。

2.1　增殖-燃烧波稳态特性

2.1.1　基本数学物理模型

行波堆通过中子俘获反应将可转换核素(如^{238}U或^{232}Th)转换成易裂变核素(如^{239}Pu或^{233}U)首先实现核燃料的增殖，随后通过裂变反应燃烧在原位生成的燃料，形成行波，行波中增殖波先行燃烧波后续，即为增殖-燃烧波，在对其进行理论或数值研究时，需要建立时空相关中子动力学-燃耗耦合计算的物理模型。在理论研究方面，本书针对核反应堆最典型的U－Pu转换燃耗链(见图2－1)，建立了基本的中子扩散模型和燃耗模型：

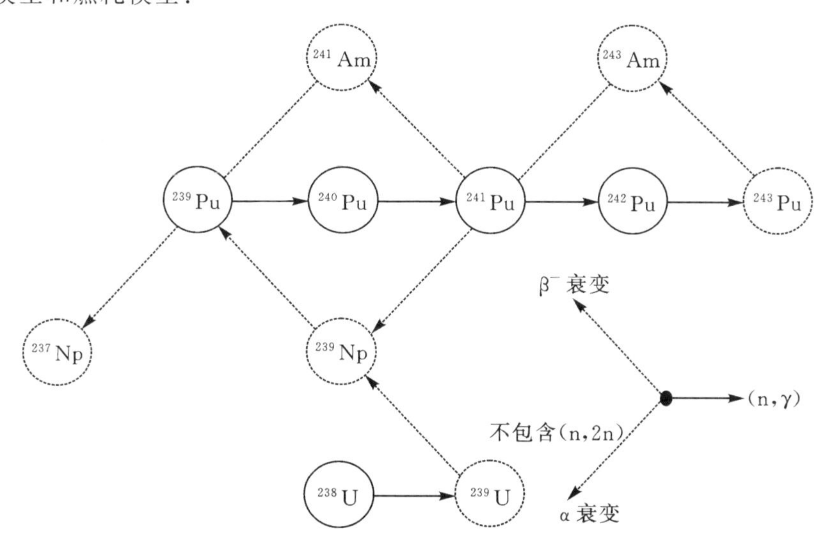

图2－1　燃耗理论计算模型中U－Pu转换燃耗链

$$\frac{1}{v}\frac{\partial\varphi}{\partial t}=\nabla\cdot(D\nabla\varphi)+\nu\Sigma_{\mathrm{f}}\varphi-\Sigma_{\mathrm{a}}\varphi-\gamma\Sigma_{\mathrm{a}}\varphi^{2} \tag{2-1}$$

式中：φ 为中子通量；v 为平均中子速度；D 为扩散系数；ν 为平均每次裂变产生的中子数；Σ_{f} 和 Σ_{a} 分别为宏观裂变截面和吸收截面；γ 与其前面的负号共同表征负的功率反馈系数。

对应图 2－1 所示燃耗链，假设初始燃料中仅包含^{238}U、^{239}Pu 和可燃毒物，则燃耗模型如下：

$$\frac{\partial N_{8}}{\partial t}=-N_{8}\sigma_{\mathrm{a},8}\varphi \tag{2-2}$$

$$\frac{\partial N_{\mathrm{BP}}}{\partial t}=-N_{\mathrm{BP}}\sigma_{\mathrm{a},\mathrm{BP}}\varphi \tag{2-3}$$

$$\frac{\partial N_{i}}{\partial t}=-N_{i}\sigma_{\mathrm{a},i}\varphi+N_{i-1}\sigma_{\mathrm{c},i-1}\varphi,\quad i=9,\cdots,12 \tag{2-4}$$

$$\frac{\partial N_{\mathrm{FP}}}{\partial t}=\sum_{i=8}^{12}N_{i}\sigma_{\mathrm{f},i}\varphi \tag{2-5}$$

式中：N 表示核素密度；σ_{a} 、σ_{c} 和 σ_{f} 分别表示微观吸收截面、捕获截面和裂变截面；下标 BP,8,…,12 依次对应可燃毒物、^{238}U、^{239}Pu、^{240}Pu、^{241}Pu 和^{242}Pu；FP 表示裂变产物。

方程形式上是非常简单的单群中子扩散方程，如果不考虑最后一项的反馈并将方程中的 Σ_{a} 等宏观截面视为常数，可以非常容易获得其解析解。但在行波堆的增殖-燃烧波研究时，方程中的宏观截面是与材料各组分的核素密度密切相关的，这些核素密度可以通过方程进行求解，因此中子扩散方程需与燃耗方程耦合求解，耦合的关系表达如下：

$$\Sigma_{\mathrm{a}}=\sum_{n}N_{n}\sigma_{\mathrm{a},n},\quad \nu\Sigma_{\mathrm{f}}=\sum_{n}N_{n}\nu_{n}\sigma_{f,n},\quad D=\frac{1}{3\Sigma_{\mathrm{tr}}},\quad \Sigma_{\mathrm{tr}}=\sum_{n}N_{n}\sigma_{\mathrm{tr},n} \tag{2-6}$$

2.1.2 模型的理论求解

为对上述数学物理模型进行求解，首先定义中子注量率如下：

$$\psi(t)=\int_{t_0}^{t}\varphi(t)\,\mathrm{d}t \tag{2-7}$$

假设初始燃料中三类核素的核素密度分别为 $N_{8,0}$ 、$N_{\mathrm{BP},0}$ 和 $N_{9,0}$ ，则 BP 和^{238}U 对应的燃耗方程以及^{239}Pu 对应的方程可以直接积分获得：

$$N_{8}=N_{8,0}\mathrm{e}^{-\sigma_{\mathrm{a},8}\psi} \tag{2-8}$$

$$N_{\mathrm{BP}}=N_{\mathrm{BP},0}\mathrm{e}^{-\sigma_{\mathrm{a},\mathrm{BP}}\psi} \tag{2-9}$$

$$N_{9}=N_{9,0}\mathrm{e}^{-\sigma_{\mathrm{a},9}\psi}+N_{8,0}\frac{\sigma_{\mathrm{c},8}}{\sigma_{\mathrm{a},9}-\sigma_{\mathrm{a},8}}\left[\mathrm{e}^{-\sigma_{\mathrm{a},8}\psi}-\mathrm{e}^{-\sigma_{\mathrm{a},9}\psi}\right] \tag{2-10}$$

而初始核素密度为零的核素^{240}Pu、^{241}Pu 和^{242}Pu 可以通过下面的积分形式计算获得：

$$N_{i}=\mathrm{e}^{-\sigma_{\mathrm{a},i}\psi}\int_{0}^{\psi}N_{i-1}\sigma_{\mathrm{c},i-1}(t)\,\mathrm{e}^{\sigma_{\mathrm{a},i}\psi}\,\mathrm{d}\psi \tag{2-11}$$

类似的，初始裂变产物(FP)的核素密度也为零，可采用如下的积分形式进行计算：

$$N_{\mathrm{FP}}=\mathrm{e}^{\sigma_{\mathrm{a,FP}}\psi}\sum_{i=8}^{12}\int_0^{\psi}N_i\varphi_{\mathrm{f},i}(t)\mathrm{e}^{\sigma_{\mathrm{a,FP}}\psi}\mathrm{d}\psi \tag{2-12}$$

通过积分得到^{240}Pu 的核素密度随中子注量率的变化如下：

$$\begin{aligned}N_{10}(\psi)=&N_{8,0}\frac{\sigma_{\mathrm{c},8}}{\sigma_{\mathrm{a},9}-\sigma_{\mathrm{a},8}}\left[\frac{\sigma_{\mathrm{c},9}}{\sigma_{\mathrm{a},10}-\sigma_{\mathrm{a},8}}(\mathrm{e}^{-\sigma_{\mathrm{a},8}\psi}-\mathrm{e}^{-\sigma_{\mathrm{a},10}\psi})\right]-\frac{\sigma_{\mathrm{c},9}}{\sigma_{\mathrm{a},10}-\sigma_{\mathrm{a},9}}(\mathrm{e}^{-\sigma_{\mathrm{a},9}\psi}-\mathrm{e}^{-\sigma_{\mathrm{a},10}\psi})+\\&N_{9,0}\frac{\sigma_{\mathrm{c},9}}{\sigma_{\mathrm{a},10}-\sigma_{\mathrm{a},9}}[\mathrm{e}^{-\sigma_{\mathrm{a},9}\psi}-\mathrm{e}^{-\sigma_{\mathrm{a},10}\psi}]\end{aligned} \tag{2-13}$$

^{241}Pu 的核素密度随中子注量率的变化如下：

$$\begin{aligned}N_{11}(\psi)=&N_{8,0}\frac{\sigma_{\mathrm{c},8}}{\sigma_{\mathrm{a},9}-\sigma_{\mathrm{a},8}}\Bigg[\frac{\sigma_{\mathrm{c},9}\sigma_{\mathrm{c},10}}{(\sigma_{\mathrm{a},10}-\sigma_{\mathrm{a},8})(\sigma_{\mathrm{a},11}-\sigma_{\mathrm{a},8})}(\mathrm{e}^{-\sigma_{\mathrm{a},8}\psi}-\mathrm{e}^{-\sigma_{\mathrm{a},11}\psi})-\\&\frac{\sigma_{\mathrm{c},9}\sigma_{\mathrm{c},10}}{(\sigma_{\mathrm{a},10}-\sigma_{\mathrm{a},9})(\sigma_{\mathrm{a},11}-\sigma_{\mathrm{a},9})}(\mathrm{e}^{-\sigma_{\mathrm{a},9}\psi}-\mathrm{e}^{-\sigma_{\mathrm{a},11}\psi})-\\&\frac{\sigma_{\mathrm{c},10}}{\sigma_{\mathrm{a},11}-\sigma_{\mathrm{a},10}}\left(\frac{\sigma_{\mathrm{c},9}(\sigma_{\mathrm{a},8}-\sigma_{\mathrm{a},9})}{(\sigma_{\mathrm{a},10}-\sigma_{\mathrm{a},8})(\sigma_{\mathrm{a},10}-\sigma_{\mathrm{a},9})}\right)(\mathrm{e}^{-\sigma_{\mathrm{a},10}\psi}-\mathrm{e}^{-\sigma_{\mathrm{a},11}\psi})\Bigg]+\\&N_{9,0}\frac{\sigma_{\mathrm{c},9}}{\sigma_{\mathrm{a},10}-\sigma_{\mathrm{a},9}}\left[\left(\frac{\sigma_{\mathrm{c},10}}{\sigma_{\mathrm{a},11}-\sigma_{\mathrm{a},9}}\right)(\mathrm{e}^{-\sigma_{\mathrm{a},9}\psi}-\mathrm{e}^{-\sigma_{\mathrm{a},11}\psi})-\right.\\&\left.\frac{\sigma_{\mathrm{c},10}}{\sigma_{\mathrm{a},11}-\sigma_{\mathrm{a},10}}(\mathrm{e}^{-\sigma_{\mathrm{a},10}\psi}-\mathrm{e}^{-\sigma_{\mathrm{a},11}\psi})\right]\end{aligned} \tag{2-14}$$

^{242}Pu 的核素密度随中子注量率的变化如下：

$$\begin{aligned}N_{12}(\psi)=&\\&N_{8,0}\frac{\sigma_{\mathrm{c},8}}{\sigma_{\mathrm{a},9}-\sigma_{\mathrm{a},8}}\Bigg\{\frac{\sigma_{\mathrm{c},9}\sigma_{\mathrm{c},10}\sigma_{\mathrm{c},11}}{(\sigma_{\mathrm{a},10}-\sigma_{\mathrm{a},8})(\sigma_{\mathrm{a},11}-\sigma_{\mathrm{a},8})(\sigma_{\mathrm{a},12}-\sigma_{\mathrm{a},8})}(\mathrm{e}^{-\sigma_{\mathrm{a},8}\psi}-\mathrm{e}^{-\sigma_{\mathrm{a},12}\psi})-\\&\frac{\sigma_{\mathrm{c},9}\sigma_{\mathrm{c},10}\sigma_{\mathrm{c},11}}{(\sigma_{\mathrm{a},10}-\sigma_{\mathrm{a},9})(\sigma_{\mathrm{a},11}-\sigma_{\mathrm{a},9})(\sigma_{\mathrm{a},12}-\sigma_{\mathrm{a},9})}(\mathrm{e}^{-\sigma_{\mathrm{a},9}\psi}-\mathrm{e}^{-\sigma_{\mathrm{a},12}\psi})-\\&\frac{\sigma_{\mathrm{c},9}(\sigma_{\mathrm{a},8}-\sigma_{\mathrm{a},9})}{(\sigma_{\mathrm{a},10}-\sigma_{\mathrm{a},8})(\sigma_{\mathrm{a},10}-\sigma_{\mathrm{a},9})}\ \frac{\sigma_{\mathrm{c},10}\sigma_{\mathrm{c},11}}{(\sigma_{\mathrm{a},11}-\sigma_{\mathrm{a},10})(\sigma_{\mathrm{a},12}-\sigma_{\mathrm{a},10})}(\mathrm{e}^{-\sigma_{\mathrm{a},10}\psi}-\mathrm{e}^{-\sigma_{\mathrm{a},12}\psi})-\\&\frac{\sigma_{\mathrm{c},11}}{\sigma_{\mathrm{a},12}-\sigma_{\mathrm{a},11}}\Bigg[\frac{\sigma_{\mathrm{c},9}\sigma_{\mathrm{c},10}}{(\sigma_{\mathrm{a},10}-\sigma_{\mathrm{a},8})(\sigma_{\mathrm{a},11}-\sigma_{\mathrm{a},8})}-\frac{\sigma_{\mathrm{c},9}\sigma_{\mathrm{c},10}}{(\sigma_{\mathrm{a},10}-\sigma_{\mathrm{a},9})(\sigma_{\mathrm{a},11}-\sigma_{\mathrm{a},9})}-\\&\left(\frac{\sigma_{\mathrm{c},10}}{\sigma_{\mathrm{a},11}-\sigma_{\mathrm{a},10}}\right)\frac{\sigma_{\mathrm{c},9}(\sigma_{\mathrm{a},8}-\sigma_{\mathrm{a},9})}{(\sigma_{\mathrm{a},10}-\sigma_{\mathrm{a},8})(\sigma_{\mathrm{a},10}-\sigma_{\mathrm{a},9})}\Bigg](\mathrm{e}^{-\sigma_{\mathrm{a},11}\psi}-\mathrm{e}^{-\sigma_{\mathrm{a},12}\psi})\Bigg\}+\\&N_{9,0}\frac{\sigma_{\mathrm{c},9}}{\sigma_{\mathrm{a},10}-\sigma_{\mathrm{a},9}}\Bigg[\frac{\sigma_{\mathrm{c},10}\sigma_{\mathrm{c},11}}{(\sigma_{\mathrm{a},11}-\sigma_{\mathrm{a},9})(\sigma_{\mathrm{a},12}-\sigma_{\mathrm{a},9})}(\mathrm{e}^{-\sigma_{\mathrm{a},9}\psi}-\mathrm{e}^{-\sigma_{\mathrm{a},12}\psi})-\\&\frac{\sigma_{\mathrm{c},10}\sigma_{\mathrm{c},11}}{(\sigma_{\mathrm{a},11}-\sigma_{\mathrm{a},10})(\sigma_{\mathrm{a},12}-\sigma_{\mathrm{a},10})}(\mathrm{e}^{-\sigma_{\mathrm{a},10}\psi}-\mathrm{e}^{-\sigma_{\mathrm{a},12}\psi})-\\&\frac{\sigma_{\mathrm{c},11}}{\sigma_{\mathrm{a},12}-\sigma_{\mathrm{a},11}}\left(\frac{\sigma_{\mathrm{c},10}(\sigma_{\mathrm{a},9}-\sigma_{\mathrm{a},10})}{(\sigma_{\mathrm{a},11}-\sigma_{\mathrm{a},9})(\sigma_{\mathrm{a},11}-\sigma_{\mathrm{a},10})}\right)(\mathrm{e}^{-\sigma_{\mathrm{a},11}\psi}-\mathrm{e}^{-\sigma_{\mathrm{a},12}\psi})\Bigg]\end{aligned} \tag{2-15}$$

由于 FP 对中子注量率的积分结果表达式很长，将其按照燃耗链各核素^{238}U、^{239}Pu、^{240}Pu、^{241}Pu 和^{242}Pu 对其贡献分五项进行表达，首先^{238}U 对其贡献可表达如下：

$$N_{8,0}\ \frac{\sigma_{f,8}}{\sigma_{a,FP}-\sigma_{a,8}}\left[e^{-\sigma_{a,8}\psi}-e^{-\sigma_{a,FP}\psi}\right] \tag{2-16}$$

^{239}Pu 对 FP 的贡献可表示为：

$$N_{8,0}\left(\frac{\sigma_{c,8}}{\sigma_{a,9}-\sigma_{a,8}}\right)\left[\frac{\sigma_{f,9}}{(\sigma_{a,FP}-\sigma_{a,8})}(e^{-\sigma_{a,8}\psi}-e^{-\sigma_{a,FP}\psi})-\right.$$

$$\left.\frac{\sigma_{f,9}}{(\sigma_{a,FP}-\sigma_{a,9})}(e^{-\sigma_{a,9}\psi}-e^{-\sigma_{a,FP}\psi})\right]+N_{9,0}\ \frac{\sigma_{f,9}}{\sigma_{a,FP}-\sigma_{a,9}}(e^{-\sigma_{a,9}\psi}-e^{-\sigma_{a,FP}\psi}) \tag{2-17}$$

^{240}Pu 对 FP 贡献的表达式为：

$$N_{8,0}\ \frac{\sigma_{c,8}}{\sigma_{a,9}-\sigma_{a,8}}\left\{\frac{\sigma_{c,9}}{(\sigma_{a,10}-\sigma_{a,8})}\left[\frac{\sigma_{f,10}}{(\sigma_{a,FP}-\sigma_{a,8})}(e^{-\sigma_{a,8}\psi}-e^{-\sigma_{a,FP}\psi})-\right.\right.$$

$$\left.\frac{\sigma_{f,10}}{(\sigma_{a,FP}-\sigma_{a,10})}(e^{-\sigma_{a,10}\psi}-e^{-\sigma_{a,FP}\psi})\right]-$$

$$\frac{\sigma_{c,9}}{(\sigma_{a,10}-\sigma_{a,9})}\left[\frac{\sigma_{f,10}}{(\sigma_{a,FP}-\sigma_{a,9})}(e^{-\sigma_{a,9}\psi}-e^{-\sigma_{a,FP}\psi})-\right.$$

$$\left.\left.\frac{\sigma_{f,10}}{(\sigma_{a,FP}-\sigma_{a,10})}(e^{-\sigma_{a,10}\psi}-e^{-\sigma_{a,FP}\psi})\right]\right\}+N_{9,0}\times 系数 \tag{2-18}$$

式中：系数指式(2-17)中 $N_{8,0}$ 的系数。

^{241}Pu 对 FP 的贡献可表达为：

$$N_{8,0}\ \frac{\sigma_{c,8}}{\sigma_{a,9}-\sigma_{a,8}}\left\{\frac{\sigma_{c,9}}{\sigma_{a,10}-\sigma_{a,8}}\ \frac{\sigma_{c,10}}{\sigma_{a,11}-\sigma_{a,8}}\left[\frac{\sigma_{f,11}}{\sigma_{a,FP}-\sigma_{a,8}}(e^{-\sigma_{a,8}\psi}-e^{-\sigma_{a,FP}\psi})-\right.\right.$$

$$\left.\frac{\sigma_{f,11}}{(\sigma_{a,FP}-\sigma_{a,11})}(e^{-\sigma_{a,11}\psi}-e^{-\sigma_{a,FP}\psi})\right]-$$

$$\frac{\sigma_{c,9}}{\sigma_{a,10}-\sigma_{a,9}}\ \frac{\sigma_{c,10}}{\sigma_{a,11}-\sigma_{a,9}}\left[\frac{\sigma_{f,11}}{\sigma_{a,FP}-\sigma_{a,9}}(e^{-\sigma_{a,9}\psi}-e^{-\sigma_{a,FP}\psi})-\right.$$

$$\left.\frac{\sigma_{f,11}}{(\sigma_{a,FP}-\sigma_{a,11})}(e^{-\sigma_{a,11}\psi}-e^{-\sigma_{a,FP}\psi})\right]-$$

$$\frac{\sigma_{c,10}}{\sigma_{a,11}-\sigma_{a,10}}\ \frac{\sigma_{c,9}(\sigma_{a,8}-\sigma_{a,9})}{(\sigma_{a,10}-\sigma_{a,8})(\sigma_{a,10}-\sigma_{a,9})}\left[\frac{\sigma_{f,11}}{\sigma_{a,FP}-\sigma_{a,10}}(e^{-\sigma_{a,10}\psi}-e^{-\sigma_{a,FP}\psi})-\right.$$

$$\left.\left.\frac{\sigma_{f,11}}{(\sigma_{a,FP}-\sigma_{a,11})}(e^{-\sigma_{a,11}\psi}-e^{-\sigma_{a,FP}\psi})\right]\right\}+N_{9,0}\times 系数 \tag{2-19}$$

式中：系数指式(2-18) 中 $N_{8,0}$ 的系数。

^{242}Pu 对 FP 的贡献表示为：

$$N_{8,0}\ \frac{\sigma_{c,8}}{\sigma_{a,9}-\sigma_{a,8}}\left\{\frac{\sigma_{c,9}}{\sigma_{a,10}-\sigma_{a,8}}\ \frac{\sigma_{c,10}}{\sigma_{a,11}-\sigma_{a,8}}\ \frac{\sigma_{c,11}}{\sigma_{a,12}-\sigma_{a,8}}\left[\frac{\sigma_{f,12}}{\sigma_{a,FP}-\sigma_{a,8}}(e^{-\sigma_{a,8}\psi}-e^{-\sigma_{a,FP}\psi})-\right.\right.$$

$$\left.\frac{\sigma_{f,12}}{(\sigma_{a,FP}-\sigma_{a,12})}(e^{-\sigma_{a,12}\psi}-e^{-\sigma_{a,FP}\psi})\right]-$$

$$\frac{\sigma_{c,9}}{\sigma_{a,10}-\sigma_{a,9}}\ \frac{\sigma_{c,10}}{\sigma_{a,11}-\sigma_{a,9}}\ \frac{\sigma_{c,11}}{\sigma_{a,12}-\sigma_{a,9}}\left[\frac{\sigma_{f,12}}{\sigma_{a,FP}-\sigma_{a,9}}(e^{-\sigma_{a,9}\psi}-e^{-\sigma_{a,FP}\psi})-\right.$$

$$\frac{\sigma_{f,12}}{(\sigma_{a,FP}-\sigma_{a,12})}(e^{-\sigma_{a,12}\psi}-e^{-\sigma_{a,FP}\psi})\Bigg]-$$

$$\frac{\sigma_{c,9}(\sigma_{a,8}-\sigma_{a,9})}{(\sigma_{a,10}-\sigma_{a,8})(\sigma_{a,10}-\sigma_{a,9})}\frac{\sigma_{c,10}}{\sigma_{a,11}-\sigma_{a,10}}\frac{\sigma_{c,11}}{\sigma_{a,12}-\sigma_{a,10}}\Bigg[\frac{\sigma_{f,12}}{\sigma_{a,FP}-\sigma_{a,10}}(e^{-\sigma_{a,10}\psi}-$$

$$e^{-\sigma_{a,FP}\psi})-\frac{\sigma_{f,12}}{(\sigma_{a,FP}-\sigma_{a,12})}(e^{-\sigma_{a,12}\psi}-e^{-\sigma_{a,FP}\psi})-$$

$$\frac{\sigma_{c,11}}{\sigma_{a,12}-\sigma_{a,11}}\Bigg[\frac{\sigma_{c,9}\sigma_{c,10}}{(\sigma_{a,10}-\sigma_{a,8})(\sigma_{a,11}-\sigma_{a,8})}-\frac{\sigma_{c,9}\sigma_{c,10}}{(\sigma_{a,10}-\sigma_{a,9})(\sigma_{a,11}-\sigma_{a,9})}-$$

$$\left(\frac{\sigma_{c,10}}{\sigma_{a,11}-\sigma_{a,10}}\right)\frac{\sigma_{c,9}(\sigma_{a,8}-\sigma_{a,9})}{(\sigma_{a,10}-\sigma_{a,8})(\sigma_{a,10}-\sigma_{a,9})}\Bigg]\Bigg[\frac{\sigma_{f,12}}{\sigma_{a,FP}-\sigma_{a,11}}(e^{-\sigma_{a,11}\psi}-e^{-\sigma_{a,FP}\psi})-$$

$$\frac{\sigma_{f,12}}{\sigma_{a,FP}-\sigma_{a,12}}(e^{-\sigma_{a,12}\psi}-e^{-\sigma_{a,FP}\psi})+N_{9,0}\times\text{系数}\tag{2-20}$$

式中：系数指式(2-19)中 $N_{8,0}$的系数。

如果燃耗链截断到^{239}Pu，则 FP 核素密度的表达式可简化为：

$$N_{FP}=-N_{8,0}\left(\frac{\sigma_{c,8}}{\sigma_{a,9}-\sigma_{a,8}}\right)\left(\frac{\sigma_{f,9}}{\sigma_{a,FP}-\sigma_{a,9}}\right)[e^{-\sigma_{a,9}\psi}-e^{-\sigma_{a,FP}\psi}]+$$
$$N_{8,0}\left[\frac{\sigma_{f,8}}{\sigma_{a,FP}-\sigma_{a,8}}+\left(\frac{\sigma_{c,8}}{\sigma_{a,9}-\sigma_{a,8}}\right)\left(\frac{\sigma_{f,9}}{\sigma_{a,FP}-\sigma_{a,8}}\right)\right]\times$$
$$[e^{-\sigma_{a,8}\psi}-e^{-\sigma_{a,FP}\psi}]+N_{9,0}\frac{\sigma_{f,9}}{\sigma_{a,FP}-\sigma_{a,9}}[e^{-\sigma_{a,9}\psi}-e^{-\sigma_{a,FP}\psi}]\tag{2-21}$$

需要指出的是，从式(2-8)～式(2-9)可以非常明显地看出：计算燃耗链中所有核素密度仅是中子注量率的函数，或者说它们不是时间和空间的显示函数，而是通过中子注量率隐性表现出来的。另外，观察中子扩散与燃耗的耦合关系式，可以发现 Σ_a、$v\Sigma_f$ 和 D 也都只是中子注量率 ψ 的函数。

为了针对中子扩散方程求解行波堆增殖-燃烧波的渐近稳定模态(Asymptotic Steady State)，首先定义了“宏观净中子产生截面”F 函数：

$$F(\psi)=\nu\Sigma_f(\psi)-\Sigma_a(\psi)\tag{2-22}$$

从而也可以定义其微观截面 f 函数和无限增殖系数 k_∞ 如下：

$$f(\psi)=\frac{F(\psi)}{N_A},k_\infty(\psi)=\frac{\nu\Sigma_f(\psi)}{\Sigma_a(\psi)}\tag{2-23}$$

假设行波堆中增殖-燃烧波的运行速度为 u，将方程中的时空变量进行伽利略变换：

$$\zeta=z+ut,x=x,y=y;t=t\tag{2-24}$$

上述变换意味着，移动坐标系 $Oxy\zeta$ 在原固定坐标系的 z 负方向以速度 u 运动，x 和 y 坐标保持不变。方程(2-1)伽利略变换后的瞬态项中由于含有的 u/v 量级在 10^{-10}量级上，可以忽略，因此在移动坐标上的方程变成如下的准静态方程：

$$\nabla\cdot(D(\psi)\nabla\varphi)\varphi+N_Af(\psi)\varphi=0\tag{2-25}$$

其中，在静态坐标中的 $\varphi(x,y,z,t)$ 变为移动坐标中的 $\varphi(x,y,\zeta)$，而中子注量率可以表示成如下的积分形式：

$$\psi = \int_{-\infty}^{t} \varphi(x,y,z,t)\,\mathrm{d}t = \frac{1}{u}\int_{-\infty}^{\zeta} \varphi(x,y,\zeta)\,\mathrm{d}\zeta \tag{2-26}$$

此方程也隐含了中子通量 φ 与中子注量率 ψ 之间的微分关系，以及 φ 与增殖-燃烧波速度 u 的正比关系：

$$\varphi(x,y,\zeta) = u\frac{\partial}{\partial \zeta}\psi(x,y,\zeta) \tag{2-27}$$

在一维坐标下，方程可写成如下形式：

$$\frac{\partial}{\partial \zeta}\left(D(\psi)\frac{\partial}{\partial \zeta}\varphi\right) + N_{\mathrm{A}} f(\psi)\varphi = 0 \tag{2-28}$$

在 $(-\infty,\zeta)$ 区间内对方程进行积分，同时采用基本的条件 $\varphi_{\zeta} = 0|_{\zeta=-\infty}$ 和 $\varphi\mathrm{d}\zeta = u\mathrm{d}\psi$，可得：

$$D(\psi)\frac{\partial}{\partial \zeta}\varphi + uN_{\mathrm{A}}\int_{0}^{\psi} f(\psi)\,\mathrm{d}\psi = 0 \tag{2-29}$$

为了方便进一步求解，定义 f 函数的积分为 g 函数：

$$g(\psi) = \int_{0}^{\psi} f(\psi)\,\mathrm{d}\psi \tag{2-30}$$

则方程可以表示为：

$$\frac{\partial}{\partial \zeta}\varphi + uN_{\mathrm{A}}\frac{g(\psi)}{D(\psi)} = 0 \tag{2-31}$$

方程两边同时乘以 φ，再次在 $(-\infty,\zeta)$ 区间内进行积分，同时使用基本边界条件 $\varphi_{\zeta} = 0|_{\zeta=-\infty}$ 可以得到：

$$\frac{1}{2}\varphi^{2} + u^{2}N_{\mathrm{A}}\int_{0}^{\psi}\frac{g(\psi)}{D(\psi)}\mathrm{d}\psi = 0 \tag{2-32}$$

式中的第二项依然仅是中子注量率的函数，因此定义 h 函数：

$$h(\psi) = \int_{0}^{\psi} D_{0}\frac{g(\psi)}{D(\psi)}\mathrm{d}\psi \tag{2-33}$$

至此，从微分方程求解角度，即可认为建立的中子扩散方程已经得到了完全求解，结果可以在相平面 (ψ,ψ_{ζ}) 上表示为：

$$\psi_{\zeta} = \sqrt{-2\frac{N_{\mathrm{A}}}{D_{0}}h(\psi)} \tag{2-34}$$

或者在以 ψ 为参数函数的相平面 $(\varphi,\varphi_{\zeta})$ 上表示为：

$$\varphi = u\sqrt{-2\frac{N_{\mathrm{A}}}{D_{0}}h(\psi)},\ \varphi_{\zeta} = -uN_{\mathrm{A}}\frac{g(\psi)}{D(\psi)} \tag{2-35}$$

尽管 Van Dam[1-4] 和 Seifritz[5-7] 基于简化模型的研究已经初步证实了行波堆中增殖-燃烧波问题的理论可解性，而本书获得的增殖-燃烧波基准解更具通用性，可作为其基础模态解，另外本书也证实了对于更为复杂的燃耗方程，增殖-燃烧波基本解的存在性。

2.1.3　典型钠冷快堆中的增殖-燃烧波基本解

上两节介绍了行波堆增殖-燃烧波的理论建模和基本解的求解方法，下面将上述理论和方法应用于典型的钠冷行波堆，通过图表展示直观的结果。本书选用的典型钠冷行波堆的基本参数如表2-1所示，对应材料的单群微观截面面积列于表2-2中。

表2-1　典型钠冷行波堆的基本参数

参数	数值	参数	数值
初始燃料类型	MOX*	结构材料	80%Fe+20%Cr
燃料体积分数	50%	燃料理论密度	10.95 g/cm³
冷却剂体积分数	30%	冷却剂理论密度	0.83 g/cm³
结构材料体积分数	20%	结构材料理论密度	7.70 g/cm³

注：* MOX为混合氧化物，Mixed Oxide。

表2-2 典型钠冷行波堆中材料的单群微观截面面积(单位：b)

核素	$\nu\sigma_f$	σ_f	σ_a	σ_{tr}
^{238}U	0.142	0.051	0.404	8.181
^{239}Pu	5.878	2.007	2.481	8.593
^{240}Pu	1.104	0.367	1.093	8.384
^{241}Pu	8.663	2.894	3.337	8.713
^{242}Pu	0.827	0.269	0.695	8.404
^{239}Pu(FP)	0	0	0.4973	11.92
O	0	0	0.00126	3.104
Nat. B4C(BP)	0	0	2.054	15.42
^{23}Na	0	0	0.00180	3.728
钢(80%Fe+20%Cr)	0	0	0.008674	3.533

从表2-1的参数可以很容易得到各核素密度的初始值，根据式(2-8)至式(2-21)可以直接计算获得图2-1燃耗链中各核素密度随中子注量率的变化曲线如图2-2所示，其中图2-2(a)为核素^{238}U、^{239}Pu和FP的密度随中子注量率的变化，而图2-2(b)为核素^{240}Pu、^{241}Pu、^{242}Pu和BP的密度随中子注量率的变化。由图2-2可以看出^{238}U由于中子捕获作用，随着中子注量率的增加而逐渐降低；裂变产物对FP与^{238}U的变化规律相反，随中子注量率逐渐升高，这是由于在反应堆内裂变产物一直处于积累的状态；^{239}Pu随着中子注量率先升高后降低，这是因为

随着中子注量率增大，^{238}U通过中子捕获转换为^{239}Pu，实现^{239}Pu的持续增殖，当^{239}Pu增长到一定程度(富集度达到一定的浓度)开始裂变燃耗自身，之后逐渐降低；^{240}Pu、^{241}Pu和^{242}Pu与^{239}Pu表现出类似的特征趋势；而可燃毒物BP在反应堆内一直处于燃耗的状态，因此呈现逐渐降低的趋势。图2-2中，1 b=10^{-28} m^2。

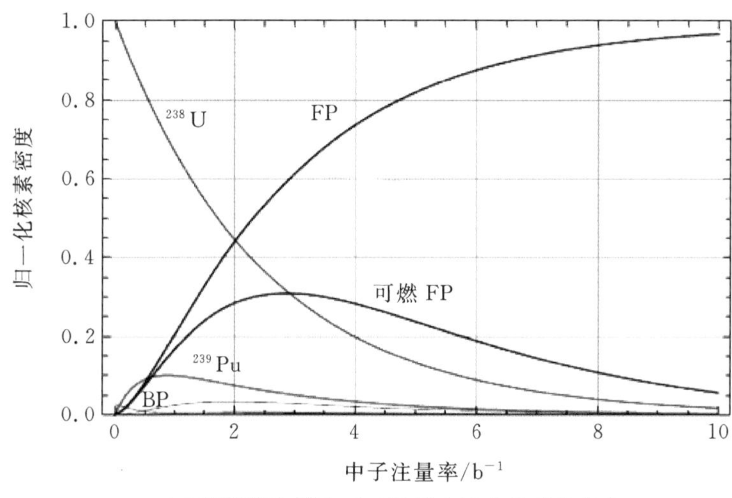

(a)核素^{238}U、^{239}Pu和FP随中子注量率的变化

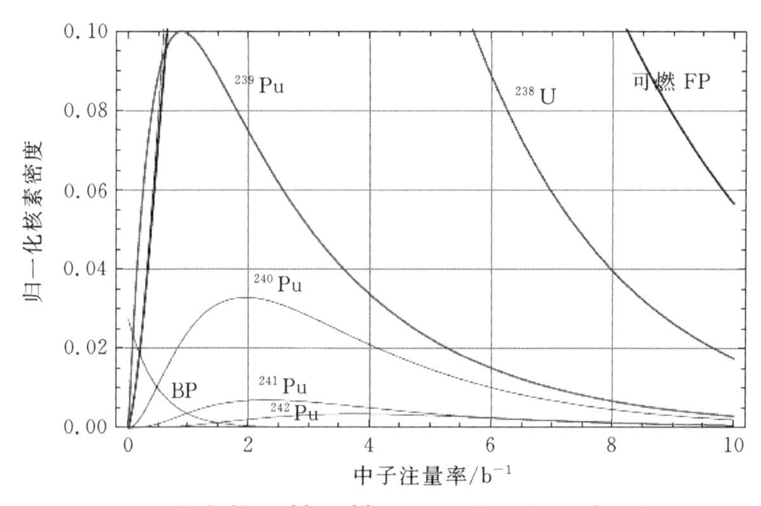

(b)核素^{240}Pu、^{241}Pu、^{242}Pu和BP随中子注量率的变化

图2-2 典型钠冷行波堆中主要核素的燃耗解

在2.1.2节中，在求解中子扩散方程时，定义了三个过程函数f、g和h函数，由最终的增殖-燃烧波基本解析式(2-34)和式(2-35)可知，此时的中子通量在(φ,φ_ζ)相空间上应该是从$(\varphi=0,\varphi_\zeta=0)$开始并最终闭合于此点的同宿轨道，而

要实现这个基本解，三个过程函数必须满足一定的条件：f 函数在初始装料和深度燃耗下必须为负值（次临界），而中间阶段要有一段正值（超临界）以保证整体的临界特性，即 f 函数呈现从负开始先增长后降低到负的小山形结构；g 函数是 f 函数的积分，要使得系统整体临界，其分布于横坐标下部的面积必须等于上部的面积，即整体积分为零；h 函数因为是 g 函数的积分，因此积分的末点必须与横坐标相切（数值上恰好等于零）。图 2－3 为钠冷行波堆增殖-燃烧波基本解条件下三个过程函数曲线的示例，满足上述条件。

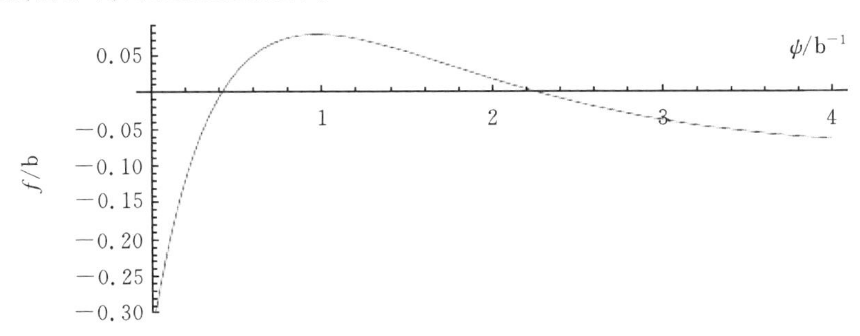

(a) f 函数随中子注量率的变化

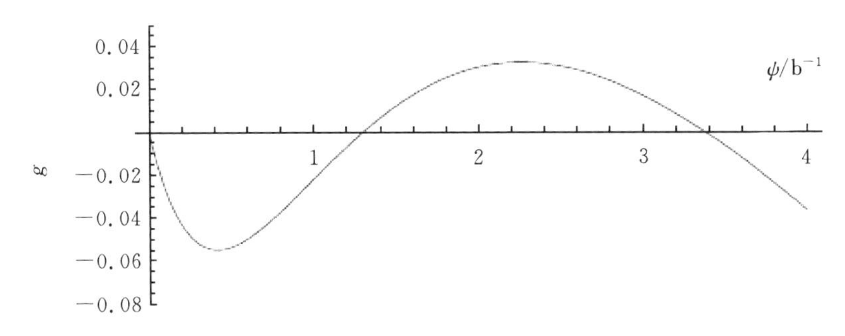

(b) g 函数随中子注量率的变化

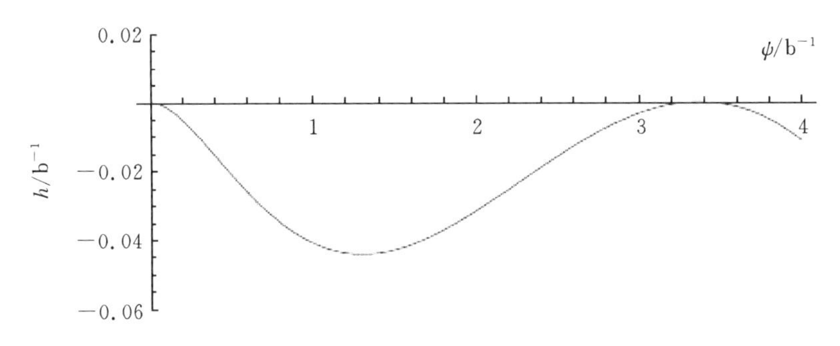

(c) h 函数随中子注量率的变化

图 2－3　钠冷行波堆增殖-燃烧波基本解条件下三个过程函数曲线

当三个过程函数 f、g 和 h 函数满足上述增殖-燃烧波基本解存在的条件时，中子通量在 (φ, φ_ζ) 相空间上呈现从 $(\varphi = 0, \varphi_\zeta = 0)$ 开始并最终闭合于此点的同宿轨道，图 2-4 为在归一化相空间 $(\varphi/\varphi_{max}, \varphi_\zeta/(uN_A/D_0))$ 上的同宿轨道。

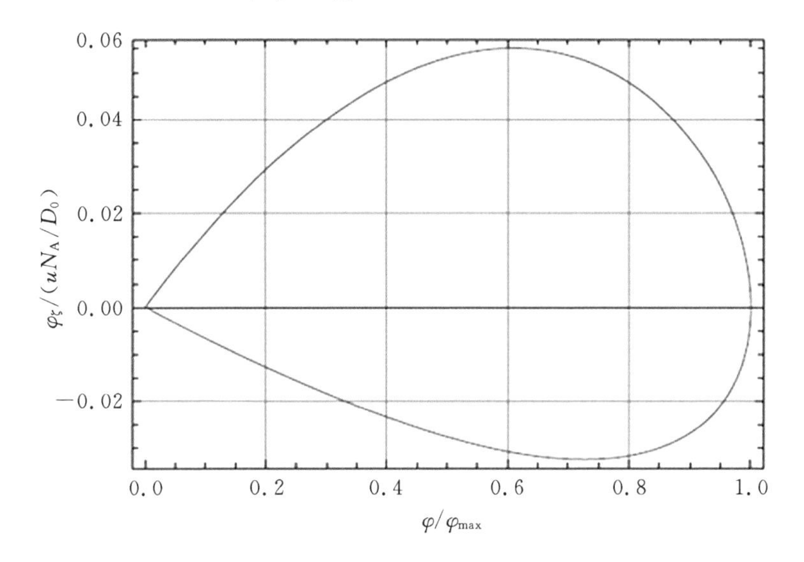

图 2-4 归一化相空间 $[\varphi/\varphi_{max}, \varphi_\zeta/(uN_A/D_0)]$ 的同宿轨道

当行波堆增殖-燃烧波基本存在时，可以得到符合行波堆基本特征的中子通量、功率以及各核素核密度的空间分布。图 2-5 给出了移动坐标中归一化中子通

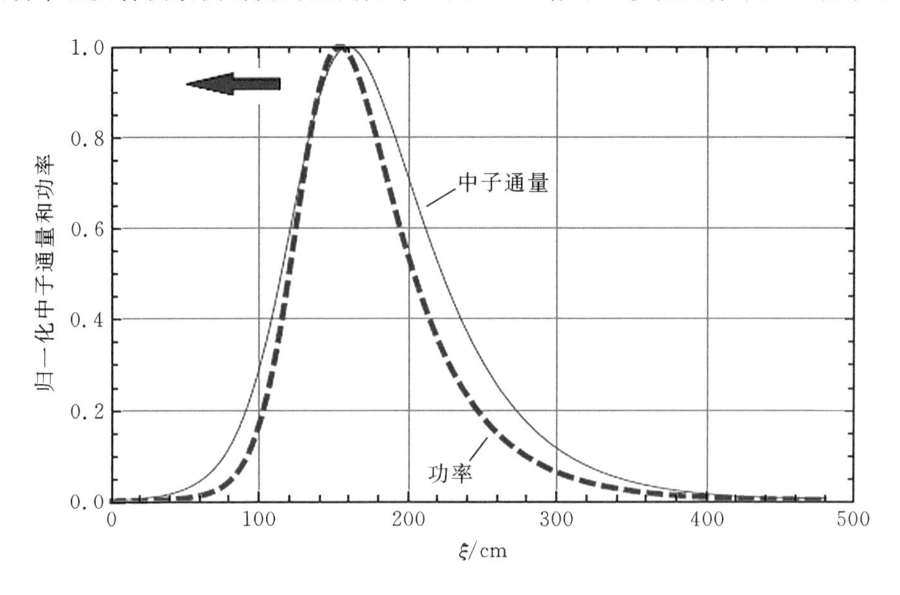

图 2-5 归一化中子通量和功率的空间分布

量和功率的空间分布，其中虚线为功率分布、实线为中子通量分布，红色箭头表示了增殖-燃烧波的运行方向。由图2-5可以看出二者在空间上呈非对称分布，即在增殖-燃烧波运动方向的前端变化更为陡急，这是因为行波堆增殖-燃烧波的前端为增殖区，^{238}U的增殖使得易裂变核素^{239}Pu富集度更高、裂变截面Σ_f更大，而其后端^{239}Pu逐渐燃烧并产生裂变产物Σ_f更小，与图2-6中的^{239}Pu核素密度的空间分布对照分析，可以发现中子通量或功率的峰值出现在^{239}Pu核素密度的峰值区间。

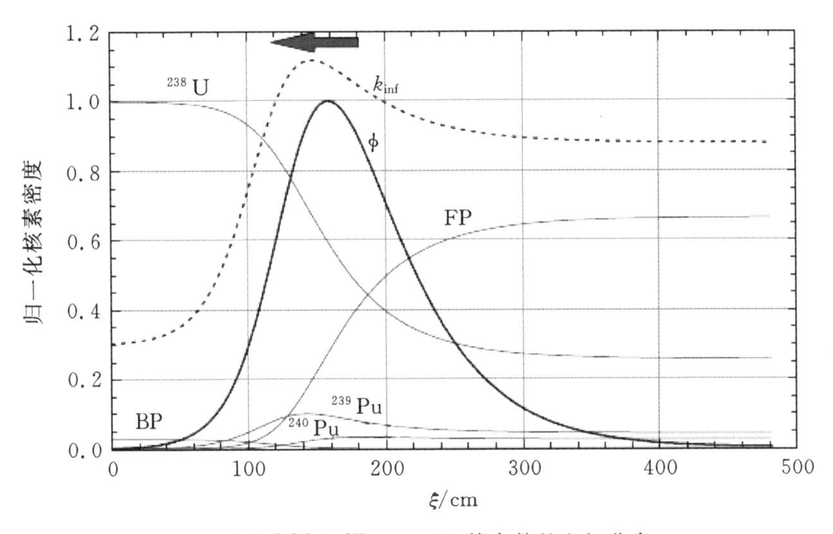

(a)核素^{238}U、^{239}Pu和FP等参数的空间分布

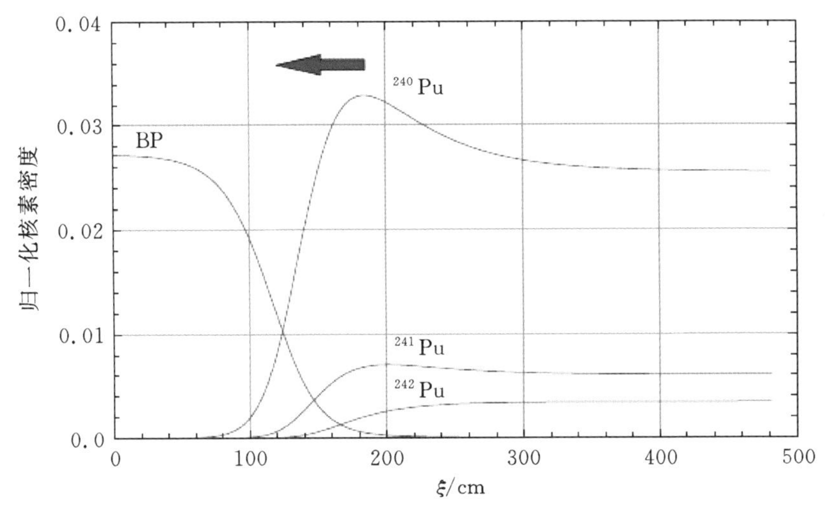

(b)核素^{240}Pu、^{241}Pu、^{242}Pu和BP的空间分布

图2-6　典型钠冷行波堆中主要核素的空间分布

图 2-6 给出了移动坐标中主要核素的归一化核素密度的空间分布，同样红色箭头表示增殖-燃烧波的运行方向，在其前端布置的是新鲜燃料。因此，由图可以看出转换材料^{238}U从堆芯的左端到右端呈现从 1 逐渐降低最后到达稳定的趋势；相反地，裂变产物对从堆芯左端从 0 开始逐渐增长达到稳定。这是因为初始装料（新鲜燃料）时全部为^{238}U，即归一化的^{238}U为 1，而初始燃料中无裂变产物，因此 FP 初始为 0，在增殖-燃烧波运行过程中，^{238}U因逐渐转化为^{239}Pu而不断降低，而 FP 由于^{239}Pu的裂变而逐步积累。^{239}Pu、^{240}Pu、^{241}Pu以及^{242}Pu呈现出先增长后降低的趋势，这是因为反应堆初装料只有^{238}U，这几种核素是在^{238}U转换过程中形成的，尤其是^{239}Pu是由^{238}U直接转换而来，在增殖-燃烧波的前端不断积累（升高趋势），而在波后端开始燃烧消耗（降低趋势）。可燃毒物与^{238}U类似，其在堆内是逐渐燃烧消耗的，因此从堆芯的左端逐渐减少并最终燃烧殆尽。另外，图 2-6(a)中同时以虚线给出了 k_{inf}（即 k_{∞}）的空间分布，可以看出在增殖-燃烧波的前端（新鲜燃料区），k_{inf}很小（远远小于 1），而随着增殖效应的增强 k_{inf}逐渐增大并超过 1，在^{239}Pu核素密度的峰值区间内达到最大值之后减小至 1 以下，并达到稳定值，k_{inf}这一特征完全满足行波堆中 k_{inf}的分布规律。

2.2 轴向倒料策略

2.2.1 基本数学物理模型

1. 中子扩散方程

无外中子源的一维单群扩散方程：

$$\frac{d}{dx}\left(D\frac{d}{dx}\right)\varphi+\nu\Sigma_f\varphi-\Sigma_a\varphi=0 \tag{2-36}$$

式中：φ 为中子通量；D 为扩散系数；ν 为平均每次裂变产生的中子数；Σ_f 和 Σ_a 分别为宏观裂变截面和宏观吸收截面。由于燃料的移动速度远小于中子的平均速度，因而忽略了由于燃料移动引起的对流项。

轴向倒料行波堆不同于 CANDLE 堆，燃料理论上不需要无限长，因此需要设定合理的边界条件。对于裸堆：

$$\varphi+d\frac{d}{dn}\varphi=0, x=0 \text{ 和 } l, d=\frac{2}{3\Sigma_{tr}} \tag{2-37}$$

式中：n 为边界处外法线向量；d 为外推距离；Σ_{tr} 为宏观输运截面。假定燃料以速度 u 沿轴向从左向右移动，新鲜燃料从 $x=0$ 处装载，从 $x=l$ 处卸载，如图 2-7 所示。

图2-7 一维轴向倒料行波堆简图

方程(2-36)中的系数与燃耗相关,数学上是一个斯特姆-利乌维尔本征值问题。零本征值对应于反应堆中的临界状态,可通过选择合适的燃料组分和堆芯尺寸得到零本征值。

2.燃耗方程

考虑热谱下的Th-U循环的燃耗链,只考虑^{232}Th、^{233}U、^{234}U、^{235}U和典型的裂变产物(FP)。忽略自然放射性衰变和(n,2n)过程。这样,简化的燃耗链(见图2-8)的燃耗方程如下:

$$\frac{\partial N_2}{\partial t}=-N_2\sigma_{a,2}\varphi,\quad \frac{\partial N_i}{\partial t}=-N_i\sigma_{a,i}\varphi+N_{i-1}\sigma_{c,i-1}\varphi,\quad i=3,4,5$$
$$\frac{\partial N_{FP}}{\partial t}=-N_{FP}\sigma_{a,FP}\varphi+\sum_{i=2,3,4,5}N_i\sigma_{f,i}\varphi \tag{2-38}$$

式中:N_i为核素i的核素密度;$\sigma_{a,i}$、$\sigma_{c,i}$和$\sigma_{f,i}$为核素i的宏观吸收、俘获和裂变截面。

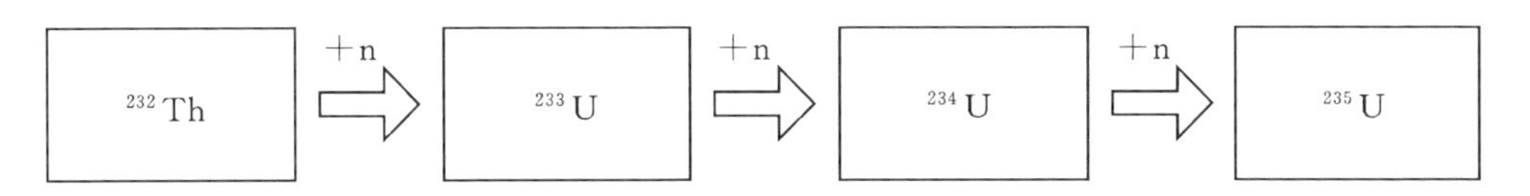

图2-8 简化的Th-U循环燃耗链

3.扩散方程和燃耗方程的耦合

在扩散方程中,宏观系数是随时间和空间变化的,它们取决于随燃耗变化的核素成分。扩散方程通过宏观系数Σ_a、Σ_f、Σ_{tr}和D与燃耗方程相耦合:

$$\Sigma_a=\sum_i N_i\sigma_{a,i},\quad \nu\Sigma_f=\sum_i N_i\sigma_{f,i},\quad \Sigma_{tr}=\sum_i N_i\sigma_{tr,i},\quad D=\frac{1}{3\Sigma_{tr}} \tag{2-39}$$

燃耗方程为扩散方程提供宏观系数,扩散方程为燃耗方程提供中子通量。表2-3给出了麦克斯韦能谱下平均的宏观截面。虽然给定的值不是真实反应堆中的截面值,但能说明各截面的量级关系,足以用于理论分析。

表 2-3 麦克斯韦平均能谱下的宏观截面值

截面	^{232}Th	^{233}U	^{234}U	^{235}U	FP
ν	2.21	2.49	2.37	2.42	0
σ_f/m^2	0	468	0.407	505	0
σ_c/m^2	6.55	41.8	90.5	86.4	35.4

2.2.2 理论模型的求解

1.燃耗方程求解

方程可以采用解析或数值的方法进行求解。由于忽略了自然放射性衰变过程,所有核素的核素密度 N_i 可表示为中子注量率 ψ 的函数:

$$N_i = N_i(\psi), \psi = \int_0^t \varphi \mathrm{d}t \tag{2-40}$$

假定新鲜燃料中只包含^{232}Th 和^{233}U。因而,初始总核素密度为 $N_0 = N_{2,0} + N_{3,0}$。当富集度为 3%($N_{3,0}/N_0 = 0.03$)时,方程的解如图 2-9 所示。

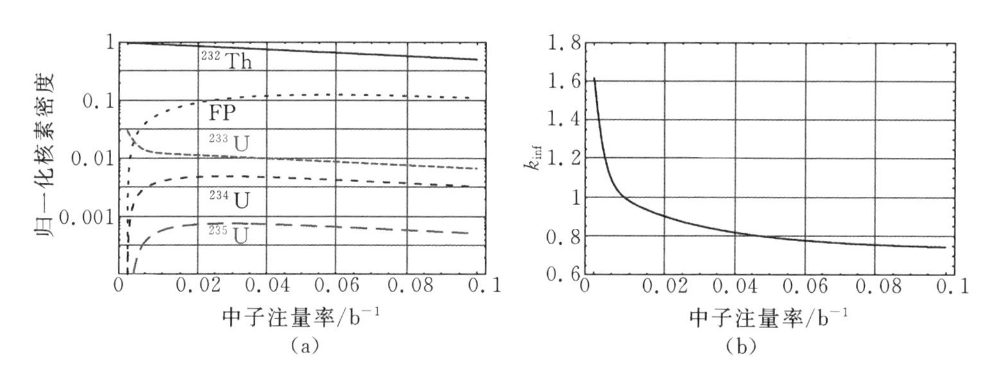

图 2-9 燃料富集度为 3.0%时燃耗方程的解

2.扩散方程的解

燃料停留的时间 t 、燃料的位置 x 以及燃料的移动速度 u 之间存在如下关系:

$$u = \frac{\mathrm{d}x}{\mathrm{d}t} \tag{2-41}$$

因此,方程中:

$$\psi(x) = \frac{1}{u}\int_0^x \varphi \mathrm{d}x \tag{2-42}$$

宏观净产生截面:

$$f(\psi) = \nu\Sigma_f(\psi) - \Sigma_a(\psi) \tag{2-43}$$

均为燃耗方程解的已知函数。

方程可写为：

$$\frac{\mathrm{d}}{\mathrm{d}x}\left(D(\psi)\frac{\mathrm{d}}{\mathrm{d}x}\varphi\right)+f(\psi)\varphi=0 \tag{2-44}$$

这是二重解析可积分方程。先在$(0,x)$区间内积分，方程两边乘以 φ 后再次在$(0,x)$区间内积分。定于如下函数：

$$g(\psi)=\int_0^{\psi}f(\psi)\mathrm{d}\psi,\quad h(\psi)=\int_0^{\psi}\frac{g(\psi)}{D(\psi)}\mathrm{d}\psi,\quad E(\psi)=\int_0^{\psi}\frac{D_0}{D(\psi)}\mathrm{d}\psi \tag{2-45}$$

则第一次积分得到：

$$\frac{\mathrm{d}}{\mathrm{d}x}\varphi=\frac{D_0}{D(\psi)}\left(\frac{\mathrm{d}}{\mathrm{d}x}\varphi\right)_{x=0}-u\frac{g(\psi)}{D(\psi)} \tag{2-46}$$

第二次积分得到：

$$\varphi^2=\varphi_0{}^2+2u\left(\frac{\mathrm{d}}{\mathrm{d}x}\varphi\right)_{x=0}E(\psi)-2u^2h(\psi) \tag{2-47}$$

对于动态系统，通过参数函数 ψ 替换方程(2－46)和(2－47)中的相平面(φ,φ_x)，微分方程即可得到完全求解。$\psi(x)$ 可通过 $u\psi_x=\varphi(\psi)$ 进行求解，因而 $\varphi(x)$ 可以得到求解。

通常 k_∞ 在一些 ψ 区间或空间内必须大于 1，这样反应堆才会维持在临界状态。如果堆芯长度 l 已知，燃料的移动速度可通过临界条件确定。

3. **变量和参数的正规化**

需要求解的空间变量为中子通量 φ、中子注量率 ψ 和核素 i 的核素密度 N_i。选择 D_0，$\sigma_{a,0}=\Sigma_{a,0}/N_0$ 和 $N_0=\sum_i N_{i,0}$ 为基础的尺寸变量用于正规化，其中下标 0 表示堆芯入口或 $\psi=0$ 的新鲜燃料。自由参数可为堆芯入口处的 φ_0 以及燃料移动速度 u，堆芯长度为衍生参数。

在对 φ 和 ψ 进行正规化的过程中，导出一个典型的时间尺度，$t_0=1/(\varphi_0\sigma_{a,0})$。扩散长度为 $l_0=\sqrt{D_0/\Sigma_{a,0}}$。因此，典型的燃料移动速度为 $u_0=(\varphi_0/N_0)\sqrt{\Sigma_{a,0}/(3\Sigma_{tr,0})}$，可见 u_0 正比于 φ_0，而反比于 N_0。基础变量和导出的空间尺度如表 2－4 所示。

表 2－4　基础变量和导出的空间尺度

参数	φ_0	N_0	$\sigma_{a,0}$	l_0	t_0	u_0
单位	$cm^{-2}\cdot s^{-1}$	cm^{-3}	b	cm	s	$cm\cdot a^{-1}$
数值	5×10^{13}	3.5×10^{21}	21.65	0.399	9.238×10^{8}	0.15017

通过正规化后，扩散方程为：

$$\frac{\mathrm{d}}{\mathrm{d}X}\left(\frac{D(\psi)}{D_0}\frac{\mathrm{d}}{\mathrm{d}X}\Phi\right)+F(\psi)\Phi=0 \tag{2-48}$$

式中：F 为正规化的净产生截面。

4. 耦合求解

通过将燃耗方程的解 $F(\psi)$ 代入扩散方程的解中进行耦合求解。假定宏观输运截面为常数，可表示为 $\Sigma_{\mathrm{tr}}=c\Sigma_{\mathrm{a},0}$，在当前的示例中 $c=3$。这样，$D=D_0=1/(3\Sigma_{\mathrm{tr}})$，$d/l=2/3$；无量纲边界条件为 $(\Phi_x)_0=K\Phi_0$，$(\Phi_x)_L=-K\Phi_L$，其中 $K=l_0/d$。方程和的无量纲形式可写为：

$$\frac{\mathrm{d}}{\mathrm{d}X}\Phi=K-UG(\psi)\text{，其中 }G(\psi)=\int_0^{\psi}F(\psi)\mathrm{d}\psi \tag{2-49}$$

$$\Phi^2=1+2UK\psi-2U^2H(\psi)\text{，其中 }H(\psi)=\int_0^{\psi}G(\psi)\mathrm{d}\psi \tag{2-50}$$

正规化之后，只剩下了无量纲的燃料移动速度 U 和堆芯长度 L 需要解决。在给定了 U 之后，存在一个 L 值使得堆芯临界。很容易发现有两个极端的情况：一种是当 U 为无限大时，堆芯将装满新鲜燃料，在这种情况下堆芯为无限小，燃耗为零；另一种是当 U 为无限小，L 为无限大，在这种情况下堆内会形成局部的孤立波，燃耗达到最大。在孤立波解中：

$$\Phi=0,\frac{\partial}{\partial x}\Phi=0\text{，当 }\psi=\psi_{\max} \tag{2-51}$$

2.2.3 球床堆中的增殖-燃烧波

将 Φ_x 和 Φ 视作方程(2-49)和(2-50)中 ψ 的参数函数，则很容易在(Φ,Φ_x)相平面上呈现方程的解。对于几种典型的 U，方程的解如图 2-10 所示。堆芯两侧的边界条件在相平面中为两条直线，方程解从一条直线开始到另一条直线结束。堆芯进出口的中子通量由解曲线和边界线的交点确定。

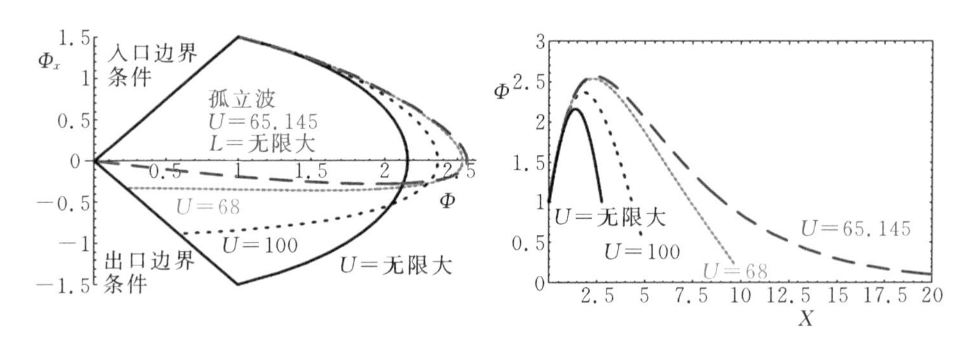

图 2-10 燃料富集度为 3.0%时(Φ,Φ_x)相平面和(X,Φ)物理平面上的解

燃料移动速度 U、堆芯长度 L 以及燃耗的关系如图 2-11 所示。当燃料的移动速度降低，则堆芯长度必须增大，否则堆芯会处于亚临界状态。当堆芯长度增大到无限大时，燃料的移动速度将会达到极小值，堆芯内会形成孤立的中子通量分布，燃耗将会达到最大值。在本计算示例中，燃料的最小移动速度为 $U_{min}=65.145$，即 $9.8\ cm \cdot a^{-1}$；最大燃耗为 $BU_{max}=10.82\%$（原子核数百分比）。需要注意的是，当 $L>15$ 时，最大燃耗与最低燃耗差别不大。

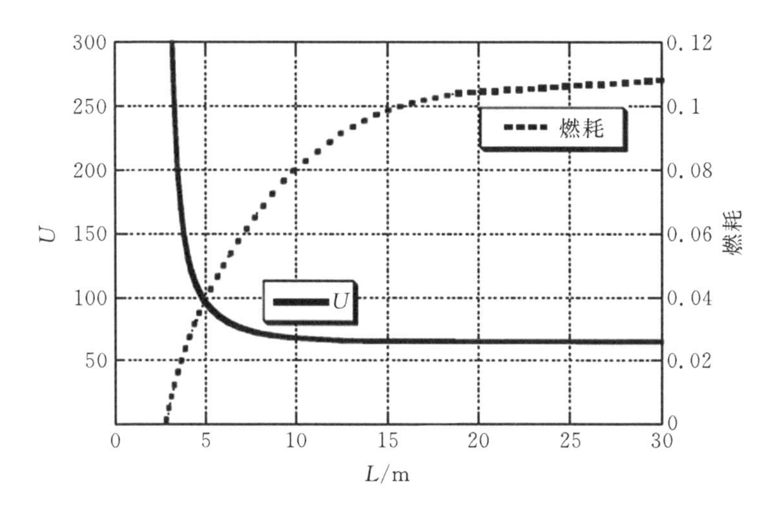

图 2-11　燃料移动速度 U、燃耗与堆芯长度 L 的关系

孤立波解下的核素密度分布如图 2-12 所示。

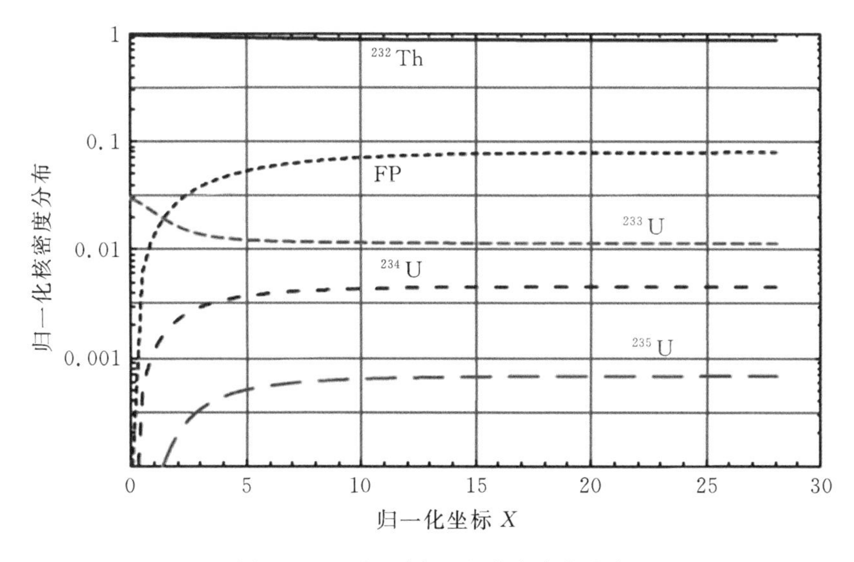

图 2-12　孤立波解下的核素密度分布

参考文献

[1]VANDAM H. The self-stabilizing criticality wave reactor[C]//International Conference on Emerging Nuclear Energy Systems, Petten, Netherlands, 2000: 188 - 197.

[2]VANDAM H. Self-stabilizing criticality waves[J]. Annals of Nuclear Energy, 2000, 27: 1505 - 1521.

[3]VANDAM H. The nuclear candle: self-stabilizing criticality wave reactor[C]//Colloquium of Institute for Nuclear and Energy Technologies, Forschungszentrum Karlsruhe, 2002.

[4]VANDAM H. Flux distributions in stable criticality waves[J]. Annals of Nuclear Energy, 2003, 30: 1495 - 1504.

[5]SEIFRITZ W. Non-linear burn-up waves in opaque neutron absorbers[J]. Kerntechnik, 1995, 60: 185 - 188.

[6]SEIFRITZ W. Solitary burn-up waves in a multiplying medium[J]. Kerntechnik, 2000, 65: 5 - 6.

[7]SEIFRITZ W. Complete integration of the non-linear burn-up equation yt-νksin(y)[J]. Chaos Solition & Fractals, 2000, 11: 1145 - 1147.

[8]FOMIN S P, MELNIK Y P, PILIPENKO V V, et al. Investigation of self-organization of the non-linear nuclear burning regime in fast neutron reactors[J]. Annals of Nuclear Energy, 2005, 32: 1435 - 1456.

[9]FOMIN S P, MELNIK Y P, PILIPENKO V V, et al. Initiation and propagation of nuclear burning wave in fast reactor[J]. Progress in Nuclear Energy, 2008, 50: 163 - 169.

[10]CHEN X N, KIEFHABER E, MASHEK W. Neutronic model and its solitary wave solutions for CANDLE reactor[C]//International Conference on Emerging Nuclear Energy Systems, Brussels, Belgium, 2005.

[11]CHEN X N, MASCHEK W. Transverse buckling effects on solitary burn-up waves[J]. Annals of Nuclear Energy, 2005, 32: 1377 - 1390.

[12]CHEN X N, MASCHEK W. Nuclear solitary wave[C]//Conference of Global Chinese Scholars on Hydrodynamics, 2008.

[13]CHEN X N, MASCHEK W. From CANDLE reactor to pebble-bed reactor[C]//The Physics of Reactors, Vancouver, Canada, 2006.

[14]CHEN X N, KIEFHABER E, MASCHEK W. Fundamental burn-up mode in a pebble-bed type reactor[J]. Progress in Nuclear Energy, 2008, 50: 219 - 224.

[15]CHEN X N, KIEFHABER E, ZHANG D L. Fundamental solution of nuclear solitary wave [J]. Energy Conversion and Management, 2012, 59: 40 - 49.

[16]刚直,柯国土.行波堆自稳特性分析[J].原子能科学技术,2014,48(6):1072 - 1076.

>>>第 3 章　轴向行波堆数值模拟

3.1　增殖-燃烧波启动特性

3.1.1　输运-燃耗耦合程序开发及验证

1. 输运-燃耗耦合

(1)输运方程求解。

从中子平衡可以推导出中子在介质中的稳态输运方程[1]为：

$$\Omega \cdot \nabla\varphi + \Sigma_t(\boldsymbol{r},E)\varphi = \int_0^\infty\int_{4\pi}\Sigma_s(\boldsymbol{r},E')f(\boldsymbol{r},E'\to E,\Omega'\to\Omega)\varphi(\boldsymbol{r},E',\Omega')\mathrm{d}E'\mathrm{d}\Omega' + Q_f(\boldsymbol{r},E,\Omega) + S(\boldsymbol{r},E,\Omega) \quad (3-1)$$

式中：φ 为中子通量；Σ_t 为总反应截面；$\boldsymbol{r}$ 为空间位置；Σ_s 为宏观散射截面；f 为散射函数；E'为碰撞前中子的能量；E 为碰撞后中子的能量；Ω'为碰撞前中子的运动方向；Ω 为碰撞后中子的运动方向；Q_f 为裂变反应引起的中子产生率；S 为中子源强。

求解中子输运问题的方法可分为“确定论方法”和“非确定论方法”。“非确定论方法”利用一系列的随机数来模拟中子在介质中的运动行径，追踪每个中子的历史，然后对获得的信息加以分析。该方法对解决复杂几何形状区域及中子截面随能量变化复杂的情况有突出的优势，并能获得精确的结果。

MCNP[2]程序是“非确定论方法”中使用最为广泛的程序，常用来校核其它“确定论方法”程序的正确性。MCNP 程序是由美国洛斯阿拉莫斯国家实验室(LANL)研制的大型、多功能三维多粒子(中子、光子、电子及其耦合)输运程序，其中，中子能量范围为 10^{-5} eV～20 MeV，光子能量范围为 1 keV～100 MeV，电子能量范围为 1 eV～1000 MeV。消息传递接口(Message Passing Interface, MPI)并行化的 MCNP 程序可以有效地提高计算速度。随着计算机技术的发展，MCNP 程序也广泛运用于新型反应堆的设计[3-5]。本书采用 MCNP 程序求解中子输运方程，并开展其它堆芯物理参数的计算。

(2)燃耗方程求解。

在反应堆物理计算中最重要的两个方面为确定燃料成分随时间的变化以及特征参数随燃耗的变化。某核素的变化率等于单位体积内的产生率与消失率之差，核素通用形式的燃耗方程为：

$$\frac{\mathrm{d}N_i}{\mathrm{d}t}=\Sigma_j\gamma_{ji}\sigma_{\mathrm{f},i}N_j\varphi+\Sigma_k\sigma_{\mathrm{c},k\to i}N_k\varphi+\Sigma_l\lambda_{l\to i}N_l-(\sigma_{\mathrm{f},i}N_i\varphi+\sigma_{\mathrm{a},i}N_i\varphi+\lambda_{i,j}N_i) \tag{3-2}$$

式中：N_i 为核素 i 的核素密度；$\mathrm{d}N_i/\mathrm{d}t$ 为核素 i 密度随时间的变化率；$\Sigma_j\gamma_{ji}\sigma_{\mathrm{f},i}N_j\varphi$ 为单位体积内核素 i 由其它核素裂变引起的产生率；$\Sigma_k\sigma_{\mathrm{c},k\to i}N_k\varphi$ 为单位体积内核素 i 由嬗变引起的产生率；$\Sigma_l\lambda_{l\to i}N_l$ 为单位体积内核素 i 由衰变引起的产生率；$\sigma_{\mathrm{f},i}N_i\varphi$ 为单位体积内核素 i 由裂变引起的消失率；$\sigma_{\mathrm{a},i}N_i\varphi$ 为单位体积内核素 i 吸收引起的消失率；$\lambda_{i,j}N_i$ 为单位体积内核素 i 由衰变引起的消失率。

燃耗计算方法研究始于 20 世纪初期，Bateman 提出采用线性子链方法求解燃耗方程。较为成熟的商业化燃耗计算程序出现在二十世纪六七十年代，例如 ORIGEN[6] 和 CINDER[7] 等。ORIGEN2 程序是单能群点燃耗计算程序，由美国橡树岭国家实验室开发，可用于放射性同位素的产生和衰变计算，是目前世界范围内使用最广泛的燃耗计算程序之一。该程序考虑了 1700 种核素，分别为 130 种锕系核素、850 种裂变产物以及 720 种活化产物。ORIGEN2 程序采用单能群中子数据库进行计算，可采用功率和中子注量率两种模式，提供了多个截面、衰变以及产额数据库，以增加其适用性，可用于压水堆、沸水堆、钠冷快堆和熔盐堆等的燃耗计算。核素密度随时间的变化可由该程序求解。

(3)耦合方式。

在堆芯设计和燃料管理计算中，燃耗计算是十分必要的。随着燃耗的推进，堆芯各核素密度及堆芯能谱都会发生变化，进而导致各核素反应截面的变化。即方程中，各系数和核素截面在整个计算过程中是随时间变化的。因此，要准确求解该方程，需要将时间步长细化，并假定各时间步内各系数和核素截面保持不变，通过给定每个时间步的系数和截面，推进燃耗计算。

MCNP 程序不能计算反应堆的燃耗问题，而 ORIGEN2 程序能够胜任；ORIGEN2 程序能计算核素的燃耗和衰变过程，但不能计算与几何外形相关的数据，如功率分布、中子注量率分布和反应性等。因此，通过输入输出数据交换接口耦合 MCNP 程序和 ORIGEN 程序，MCNP 程序输出结果经过处理可得到相应燃耗下各燃耗区的功率和中子注量率以及各核素的反应截面，之后由 ORIGEN2 程序计算燃耗或衰变，这样就能计算反应堆的整个燃耗过程。

目前，国内外针对 MCNP 和 ORIGEN 的耦合开展了广泛的研究，包括美国爱达荷国家实验室开发的 MOCUP[8]、洛斯阿拉莫斯国家实验室开发的 Monteburns[9] 和清华大学开发的 MCBurn[10] 等。此外，国际上也开发了使用 MCNP 输出结果并添加核素转换和衰变计算功能模块进行燃耗计算的程序，如美国桑迪亚国家实验室(Sandia National Laboratories，SNL)开发的 BURNCAL[11] 以及日本原子能研究所开发的 MVP - BURN[12] 等。

为实现中子输运和燃耗的耦合计算，基于 MCNP 和 ORIGEN2 开发了具有自主知识产权的耦合分析程序 MCORE，程序中 MCNP 程序统计得到反应率、各燃耗区的中子注量率、能量沉积和反应率，通过耦合程序数据处理进行功率分配、计算得到真实中子注量率及各种反应截面，ORIGEN 程序得到各燃耗区各核素的密度。具体的方法为，采用 MCNP 计算某时刻的反应性、中子注量率和功率分布，并计算主要锕系核素和裂变产物的(n,γ)截面、(n,f)截面、(n,2n)截面、(n,3n)截面、(n,α)截面和(n,p)截面；自动形成各燃耗区截面替换文件(TAPE3)和 ORIGEN 输入文件(TAPE5)，然后用 TAPE3 替换 ORIGEN 本身数据库中的对应值，再利用 ORIGEN 计算某一时间段各燃耗区的燃耗，得到同位素成分；自动形成下一时刻 MCNP 的输入文件，再运行 MCNP。如此交替计算来模拟堆芯的燃耗过程，运行简图如图 3 - 1 所示。

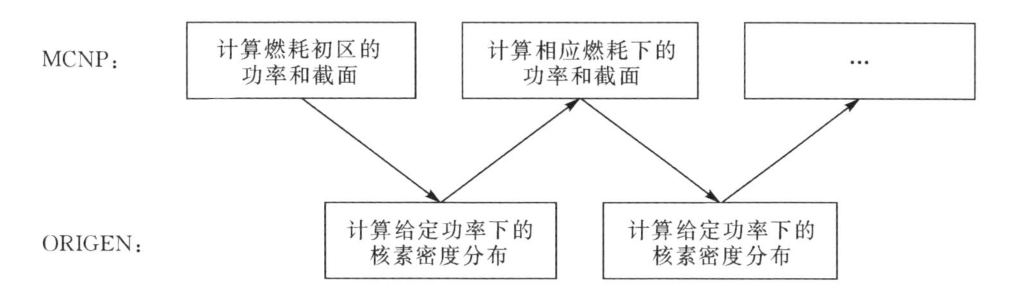

图 3 - 1　输运燃耗耦合运行简图

(4)核素选择。

耦合程序考虑的核素种类对计算结果至关重要。考虑的核素种类过多会显著降低程序的计算效率，且对计算精度的改善也未必显著。目前，核素的选择分为两种方法，定核素法和自选核素法。MCBurn 系统采用自选核素法，而 MOCUP 和 Monteburns 等系统均采用定核素法。自选核素法能灵活选择核素，而不依靠程序开发者的经验，能最大限度提高计算效率且保证足够的精度；但自选核素法需要材料卡定义每个燃耗区所考虑的核素，由于 MCNP 材料卡数目的限制，耦合系统能计算的燃耗区受到限制，而定核素法则不存在该问题。就目前的计算结果来看，只要选择合适的核素，定核素法也能达到足够的计算精度；虽然牺牲了一定的计算效率，但能简化 MCNP 输入文件，且对增加燃耗区有很大作用。

MCNP 为 ORIGEN 传递的主要信息为核素的单群微观截面，本书开发的

MCORE 程序只计算对结果影响很大的核素，其中主要包括：裂变核素，如^{235}U、^{239}Pu 等；核密度较大的锕系核素及裂变产物，如^{238}U、^{240}Pu、^{135}Cs、^{150}Sm 及^{153}Eu 等；中子吸收截面较大的核素，如^{135}Xe 和^{149}Sm 等。此外，还考虑了影响堆芯能谱的结构材料及冷却剂材料核素，如^{1}H、^{12}C、^{23}Na 及^{56}Fe 等。本程序以 SRAC2006 程序[13]燃耗链为基础，充分借鉴 MOCUP 程序开发经验，在不影响计算速度的前提下尽量计算较多的核素，主要考虑了 20 多种锕系核素（见图 3－2）和 50 多种裂变产物及中子吸收截面较大的核素（见图 3－3）。

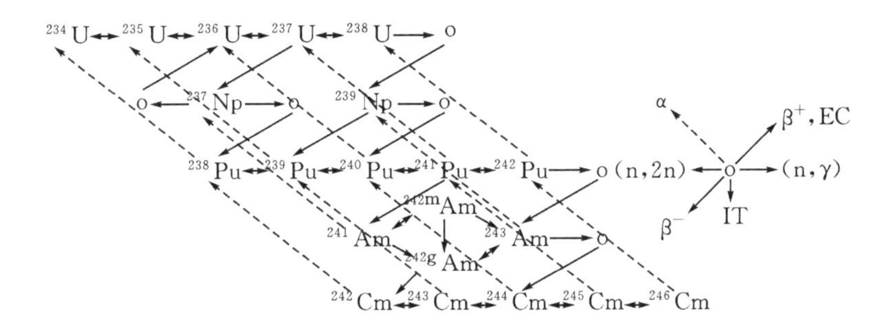

图 3－2　锕系核素燃耗链

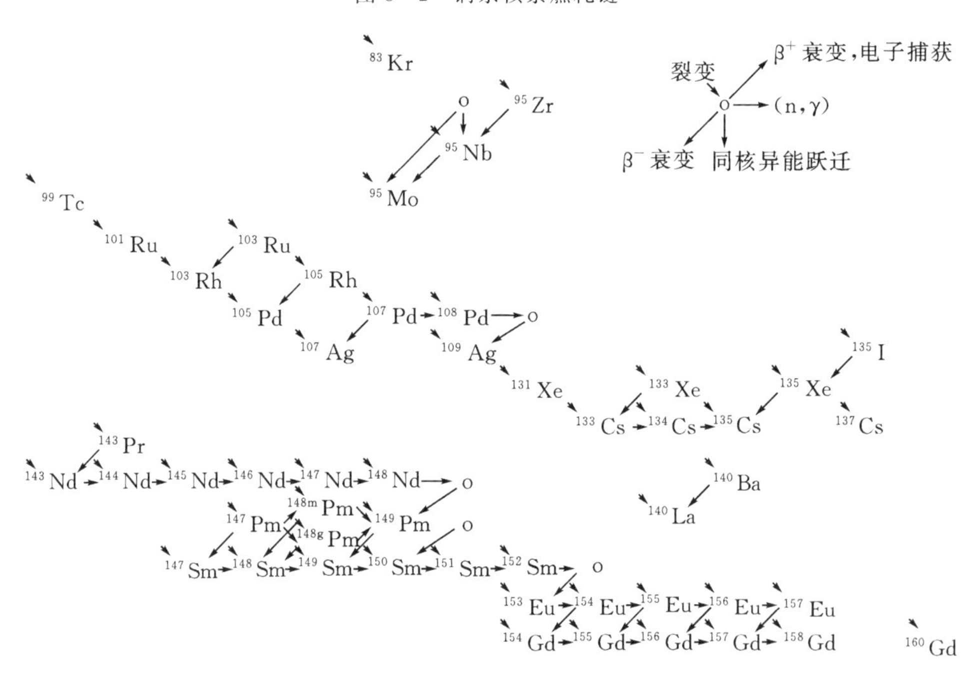

图 3－3　裂变产物和可燃毒物燃耗链

MCNP 使用的截面数据以 ENDF/B－Ⅶ[14]数据库为基础，采用 NJOY99[15]程序处理得到六个不同温度（300 K、600 K、900 K、1200 K、1500 K 和 1800 K）下的连续能谱数据库，处理流程如图 3－4 所示。

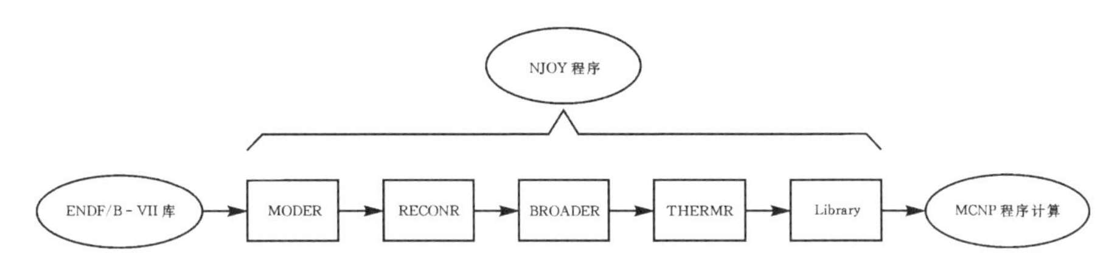

图 3 - 4 MCNP 程序数据库制作流程

(5)步长设置。

合适的时间步长设置,对耦合程序的计算结果有很大影响。耦合程序的运行时间取决于 MCNP 的运行次数,步长设置的过短势必会增加 MCNP 的运行次数,降低计算效率;但步长设置的过长则会降低 ORIGEN2 的计算精度。MOCUP 系统对热堆的计算内步长推荐为 3 d,对快堆的计算内步长推荐为 10 d,否则同位素 Pu、Am 及 Cm 的计算结果误差将会很大。

为保证 MCORE 程序有足够的计算精度并且尽量缩短计算时间,计算过程中采用了与 MCBurn 系统和 Monteburns 系统相类似的处理方法,即"改进预测步"方法,如图 3 - 5 所示。每一燃耗步计算过程中,先运行 ORIGEN 至该步长中间时

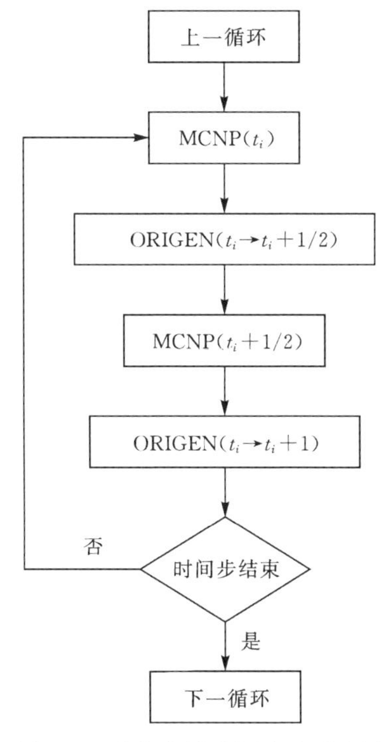

图 3 - 5 "改进预测步"方法示意图

刻,得到各燃耗区各核素的密度信息,形成 MCNP 输入文件;在时间步长中间时刻运行 MCNP,获得各燃耗区的功率和中子注量率,形成各燃耗区截面替换文件;利用该截面替换文件和时间步初始时刻的核素密度信息,在步长初始时刻运行 ORIGEN 至全步长。在“改进预测步”方法中,实际使用的是时间步长内的平均功率或中子注量率以及各核素的截面信息,比采用时间步初始时刻的信息计算结果更为准确,能在相同计算精度的情况下增大时间步长,减小 MCNP 的运行次数。采用此方法后,MCORE 程序对快堆计算时内步长可设置为 15 d。

(6)MCORE 输入输出。

MCORE 程序计算中需要通过数据交换接口在 MCNP 和 ORIGEN2 间进行实时的数据交换,在程序内部处理 MCNP 和 ORIGEN2 的输出数据,并自动生成 MCNP 和 ORIGN2 的输入文件。数据交换的重点是保证 MCNP 和 OREIGN2 各燃耗区的对应,以及各核素截面数据的对应。

①MCORE 输入文件。MCORE 程序初始运行时需要提供计算模型的整体信息文件、流程和时间步长控制文件、MCNP 的初始运行文件、各燃耗区初始核素密度信息文件、各燃耗区体积信息文件、重要核素和结构材料核素在 MCNP 和 ORIGEN2 输入输出中的编号信息文件。对于需要进行燃料管理的计算模型,还需要提供燃料管理策略信息文件以及新装载组件的核素密度信息文件。各文件信息如下。

INPUT:计算模型整体信息文件,包含计算模型的总功率、燃耗区的划分信息、计算中考虑的重要核素和结构材料核素数量信息、能谱控制信息、ORIGEN2 使用的截面信息编号以及燃料管理策略类型。

CONTROL:流程和时间步长控制文件,包含计算的总循环次数、各循环内的时间步长信息以及燃料管理策略信息。

INP:MCNP 输入文件。

MCG:MCNP 输入文件的固定格式部分。

ADENSIO:各燃耗区初始重要核素密度信息文件。

ADENSN:各燃耗区初始结构材料核素密度信息文件。

MVF:各燃耗区体积信息文件。

NIDATA:重要核素在 MCNP 和 ORIGEN2 输入输出中的编号信息文件。

NNDATA:结构材料在 MCNP 和 ORIGEN2 输入输出中的编号信息文件。

SHUFFLE:燃料管理策略信息文件。

NEWADI:新装载组件的重要核素密度信息文件。

NEWADN:新装载组件的结构材料核素密度信息文件。

②MCORE 输出文件。MCORE 程序运行过程中会形成大量的输出文件，包括各时间步初始时刻和中间时刻的反应性、功率分布、中子注量率分布、燃耗分布以及核素密度分布等文件。如此多文件的合理存储能方便用户对输出结果的处理。本书采用批处理方法自动形成各时间步各种类型文件的存储文件夹，将不同时间步的文件存储到对应文件夹下。输出文件主要包括以下几种。

KEFF：反应性输出文件，主要包含反应性及其误差信息、瞬发中子代时间以及有效裂变中子数信息。

POWER：功率分布输出文件，主要包含各燃耗区的功率密度信息。

NFLUX：中子注量率分布输出文件。

TBURNUP：燃耗分布输出文件。

ADENSIO：重要核素密度分布输出文件。

③生成 MCNP 输入文件。MCNP 的输入文件由栅元卡、几何卡和数据卡三部分构成。其中，栅元卡主要包含各燃耗区的总核素密度信息以及几何信息，几何卡主要包含形成各燃耗区所需的曲面信息，数据卡主要包含中子源信息、各燃耗区的体积信息、各燃耗区的详细核素种类及其密度信息。

在燃耗的推进过程中，计算模型的几何信息、中子源信息、各燃耗区的体积信息以及各燃耗区的详细核素种类等不会发生变化，这部分信息在 MCNP 的输入部分是固定不变的，而各燃耗区详细核密度信息不断发生变化。因此，MCNP 的输入文件可分为固定部分和变化部分。为简化 MCORE 程序自动形成 MCNP 输入文件的难度，设定了固定部分输入文件 MCG，形成 MCNP 输入文件时只需在固定部分之后添加变化的各燃耗区核素密度信息即可。

在栅元卡部分，如果采用各燃耗区的总核素密度而不是总质量进行计算时，总核密度会随着燃耗的进行不断变化。在深燃耗计算中，如果不考虑总核素密度的变化，计算结果会有很大误差。MOCUP、Monteburns 和 MCBurn 中均未有考虑总核素密度变化的描述。MCORE 程序考虑了各燃耗区总核素密度的变化，采用"C STOP"关键字区分活性区和非活性区，在自动形成 MCNP 输入文件的过程中，只更改"C STOP"之前活性区的总核素密度信息。

④读取 MCNP 输出文件。MCNP 程序运行完成后，会形成用于保存有效中子增殖因数、中子注量率分布、功率分布、各种反应率信息的文件。MCORE 程序需要正确的读取该文件中的信息，并加以处理，为 ORIGEN2 程序提供输入信息。MCORE 程序需要从 MCNP 输出文件中读取有效中子增殖因数、中子注量率分布、功率分布以及各种反应率等信息，而 MCNP 输出文件中包含的信息远不止这些。为正确读取所需的数据，需要确定所需信息的位置以及数据量的

大小。

MCORE程序采用搜索关键字的方式确定所需信息的位置，关键字需要和所需信息一一对应，因此关键字必须是整个输出文件中特有的或用户已知关键字的出现次序。由于MCNP程序输出格式固定，当在输入文件中确定输出信息之后，各所需信息的位置相应固定。MCNP程序首先输出反应性信息，包括有效中子增殖因数及其误差、缓发中子代时间和有效裂变中子数；之后输出统计卡（Tally）信息。针对有效中子增殖因数及其误差采用“keff=”关键字进行读取，针对瞬发中子代时间采用“prompt removal lifetime = ”关键字进行读取，针对有效裂变中子数采用“per fission = ”关键字进行读取。针对统计卡信息采用“ cell 1”关键字进行读取。

在确定了需要读取数据的位置之后，还必须确定数据量的大小。因为中子注量率、功率和各核素反应率数据通常有很多个，如果不正确地确定数据量的大小则不能做到数据信息的一一对应。在MCNP程序输入文件中，规定先后输出各燃耗区中子注量率信息，功率信息，(n,γ)反应率、(n,f)反应率、(n,2n)反应率、(n,3n)反应率、(n,α)反应率和(n,p)反应率信息。MCORE输入文件确定了计算模型燃耗区数量以及考虑的重要核素数量。例如，对于有100个燃耗区并考虑40个重要核素的计算模型，中子注量率和功率数据各有100个，(n,γ)反应率、(n,f)反应率、(n,2n)反应率、(n,3n)反应率、(n,α)反应率和(n,p)反应率数据各有4000个。

⑤生成ORIGEN2输入文件。ORIGEN2程序输入文件简练，因此由MCORE程序自动生成。ORIGEN2程序的输入文件主要由两部分组成：a. 控制语句，主要确定需要替换的核素种类、使用的库文件种类、功率或中子注量率、时间步长、输入输出选项等；b. 初始核素密度信息，包括锕系核素、裂变产物和轻核的核素密度。MCORE程序通过输入文件和MCNP程序输出结果处理得到上述信息，按照固定格式形成ORIGEN2输入文件。在ORIGEN2程序输入文件中确定输出核素密度或质量的种类和位置，以便数据交换接口在其输出文件中正确读取。

在燃耗计算中，随着燃耗的进行，由于能谱的变化，各核素的反应截面会发生变化。如果采用ORIGEN2程序原始的截面数据库进行计算，则会带来很大的计算误差。因此，在MCORE程序中采用MCNP程序计算结果处理得到各核素的反应截面用于替换ORIGEN2程序原始的截面数据。ORIGEN2程序提供了这种替换功能，在其输入文件中确定需要替换截面的锕系核素和裂变产物的种类，并在截面替换文件中输入对应的信息，这是MCNP和ORIGEN2程序连接的纽带。对于锕系核素，替换其(n,γ)截面、(n,f)截面、(n,2n)截面和(n,3n)截面；对于裂变产物，替换其(n,γ)截面、(n,2n)截面、(n,α)截面和(n,p)截面。

⑥读取 ORIGEN2 输出文件。ORIGEN2 输出文件由程序按固定格式输出，其输出的所有数据都与核素相关，这些数据基本由核素名列和数据列组成，核素排列的顺序固定不变。因此，ORIGEN2 的输出文件很容易采用数据接口程序进行读取，首先确定所需核素所在的行，其次确定所需数据所在的列，即可完成数据的读取。

2. 数学物理模型

(1)功率密度。

在 ORIGEN2 中可使用功率和中子注量率两种模式进行计算，而 MCNP 无法得到各燃耗区域的真实功率和中子注量率，需要通过数据交换接口进行处理。

燃耗区域 m 中的裂变率 F 为

$$F_m = \left(\int_{E_{\min}}^{E_{\max}} \varphi(E)\sigma_{\mathrm{f}}(E)\,\mathrm{d}E\right)_m \tag{3-3}$$

式中：$\varphi(E)$ 为单群中子注量率；$\sigma_{\mathrm{f}}(E)$ 为单群裂变截面；m 为燃耗区域。

由于各燃耗区域的功率正比于该区域的裂变率，因此可通过各燃耗区域的裂变率和堆芯总功率求得各燃耗区域的真实功率：

$$P_m = \frac{F_m V_m}{\sum_m F_m V_m} P \tag{3-4}$$

式中：P_m 为燃耗区域 m 的功率；V_m 为燃耗区域 m 的体积；P 为堆芯总功率。

(2)中子注量率。

采用 MCNP 的 F4 卡统计各燃耗区域的单群中子注量率：

$$\varphi_m = \int \varphi_m(E)\,\mathrm{dE} \tag{3-5}$$

方程(3-5)中，中子注量率已归一化到单个源中子下的中子注量率，因此需要通过合理的方法得到真实中子注量率 Φ。已知堆芯总功率，各燃耗区域真实中子注量率求解如下：

$$\Phi_m = \frac{P\bar{\nu}}{1.6022 w_{\mathrm{f}}} \frac{1}{k_{\mathrm{eff}}} \varphi_m \tag{3-6}$$

式中：$\bar{\nu}$ 为有效裂变中子数；w_{f} 为有效裂变能量；k_{eff} 为中子有效倍增因数。

(3)截面。

随着燃耗的深入，堆芯能谱将随着核素组分的变化而发生变化，各核素的反应截面也将随着堆芯能谱的变化而变化。因此，ORIGEN2 原始截面数据库将不再适用，而需要 MCNP 提供随燃耗变化的截面数据。

MCNP 可通过 FM 卡统计各核素的各种反应率 R ：

$$R_{mig} = \int \sigma_g^i(E)\varphi_m(E)\,\mathrm{d}E \tag{3-7}$$

式中：R_{mig} 为燃耗区域 m 中核素 i 的 g 反应率。

已知中子注量率时，可通过下式计算单群中子截面：

$$(\sigma^{i})_{m}=\frac{R_{m}^{i}}{N_{m}^{i}\varphi_{m}} \tag{3-8}$$

式中：R 和 φ 均为由 MCNP 计算得到的归一化数值。

3. MCORE **程序开发**

作者采用 FORTRAN－90 标准程序设计语言编制了中子输运程序 MCNP 和点燃耗计算程序 ORIGEN 的数据交换接口程序 MCORE。该程序能自动生成 MCNP 和 ORIGEN 的输入文件，产生 ORIGEN 所需的截面替换文件，自动处理 MCNP 和 ORIGEN 的输出文件。MCORE 程序完全采用模块化结构设计，有利于程序功能的完善和扩展。按程序功能划分，MCORE 主要有以下模块。

主程序模块：主要负责各模块之间的调用。

数据输入模块：主要负责输入数据的读取。

中子输运模块：主要负责 MCNP 输入卡片的生成、MCNP 程序的调用、MCNP 输出卡片的读取。

燃耗计算模块：主要负责 ORIGEN 输入卡片的生成、ORIGEN 程序的调用、ORIGEN 输出卡片的读取。

燃料管理模块：主要负责堆芯组件的换料、倒料过程控制。

数据输出模块：主要负责输出文件的有序存储。

MCORE 程序各模块间的调用关系如图 3－6 所示，流程如图 3－7 所示。

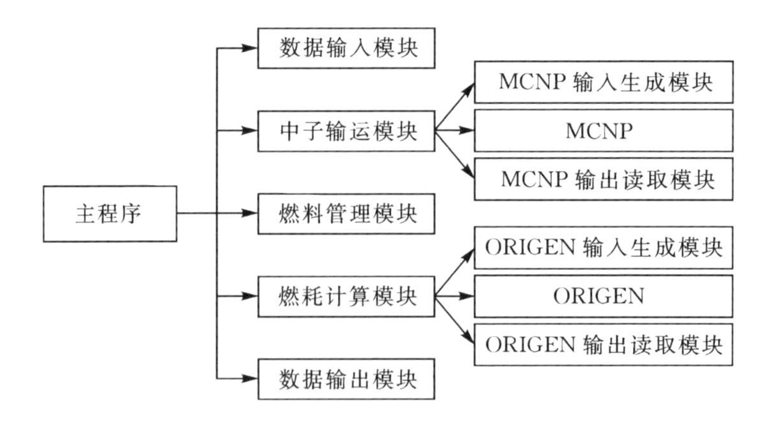

图 3－6　MCORE 程序各模块调用关系

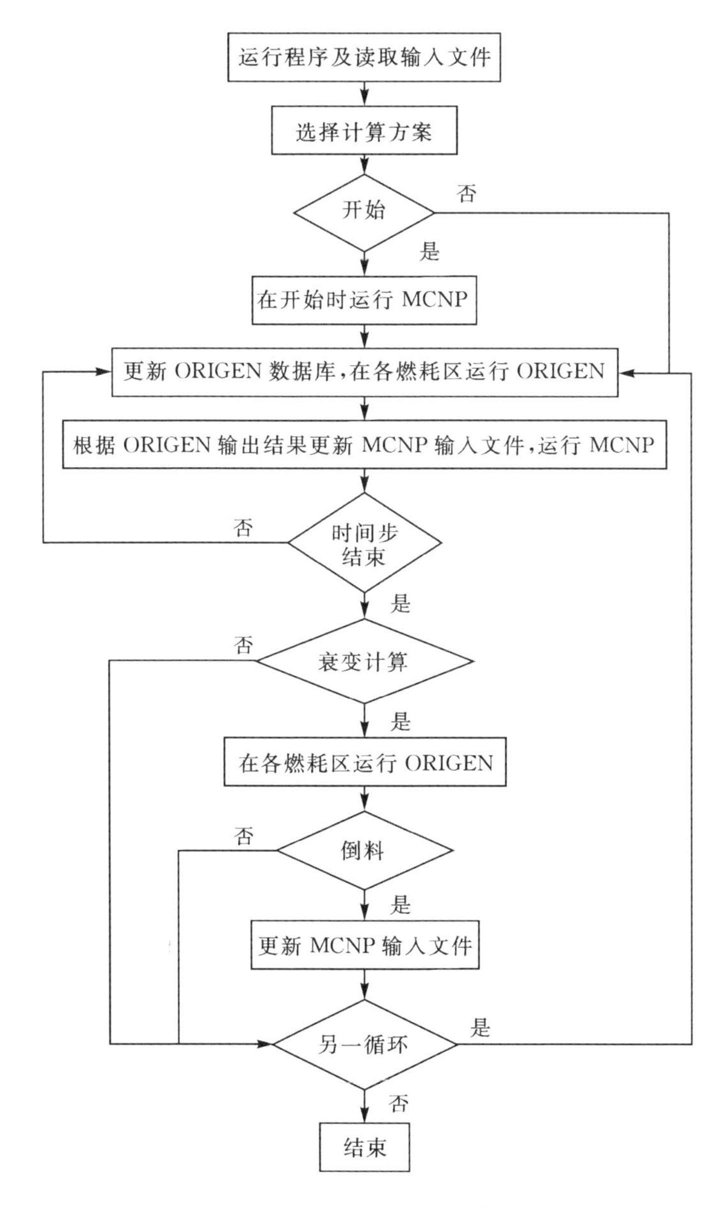

图 3－7　MCORE 运行流程图

4. MCORE **程序验证**

分别采用 OECD/NEA 公布的 MOX 燃料快堆基准题[16]、NEA 公布的 VVER－1000 低富集度铀燃料(Low Enrichment Uranium，LEU)压水堆组件基准题[17]以及泰拉能源公司公布的增殖-燃烧堆一维基准题[18-19]进行验证，以检验 MCORE 的适用性以及在深燃耗下计算结果的可靠性。

(1)快堆基准题。

MOX燃料堆芯结构如图3-8所示，堆芯各区初始核素种类和核素密度如表3-1所示。堆芯热功率和电功率分别为1500 MW和600 MW，负荷因子为0.8，组件在堆内停留的时间为625满功率天；燃料温度和其它结构材料温度分别为1500 K和743 K；燃耗计算过程分为10步。

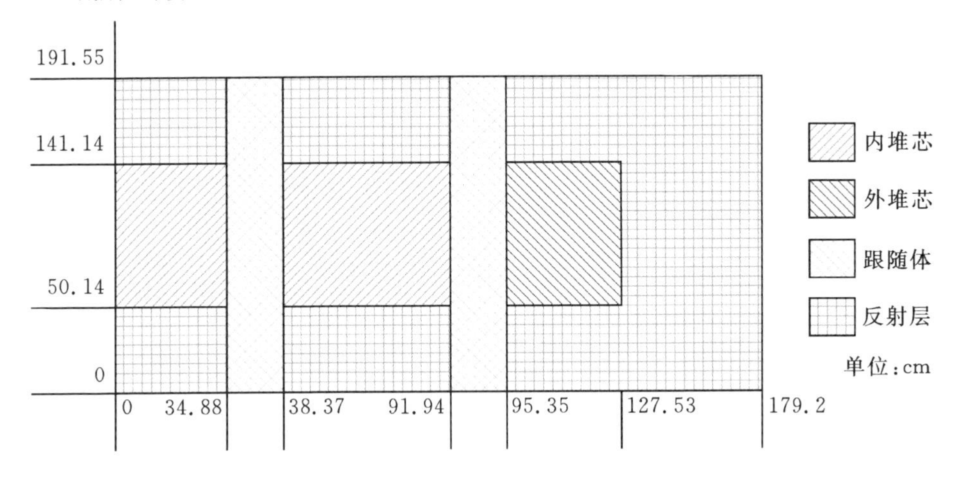

图3-8 快堆基准题中堆芯R-Z几何简图

表3-1 快堆基准题中初始核素种类和核素密度($b\cdot cm^{-1}$)

堆芯区域	核种类和核素密度			
内堆芯	^{235}U 9.409E−6	^{238}U 3.754E−3	^{238}Pu 8.683E−5	^{239}Pu 6.037E−4
	^{240}Pu 4.105E−4	^{241}Pu 1.990E−4	^{242}Pu 2.180E−4	^{241}Am 1.990E−5
	Fe 1.231E−2	Cr 3.541E−3	Ni 2.583E−3	Mo 3.105E−4
	O 1.057E−2	Na 7.389E−3	Mn 2.957E−4	
外堆芯	^{235}U 7.899E−6	^{238}U 3.152E−3	^{238}Pu 1.223E−4	^{239}Pu 8.503E−4
	^{240}Pu 5.782E−4	^{241}Pu 2.803E−4	^{242}Pu 3.071E−4	^{241}Am 2.803E−5
	Fe 1.231E−2	Cr 3.541E−3	Ni 2.583E−3	Mo 3.105E−4
	O 1.061E−2	Na 7.389E−3	Mn 2.957E−4	
轴向和径向屏蔽层	Fe 2.662E−2	Cr 7.662E−3	Ni 5.588E−3	Mo 6.717E−4
	Na 1.093E−2	Mn 6.398E−4		
跟随体	Fe 7.987E−3	Cr 2.299E−3	Ni 1.676E−3	Mo 2.015E−4
	Na 1.863E−2	Mn 1.920E−4		

表 3-2 是 MCORE 计算得到的寿期初(Beginning of Life，BOL)有效倍增因子 k_{eff} 和中子临界平衡结果与其它计算结果的对比。表 3-3 是 MCORE 计算得到的寿期初到寿期末(End of Life，EOL)反应性损失与其它计算结果的对比。可见 MCORE 计算结果均在其它机构计算结果范围内，验证了 MCORE 在快堆 k_{eff}、中子吸收率和泄漏率以及反应性损失方面的准确性。

表 3-2　中子倍增因子及其临界平衡结果对比(BOL)

参数	MCORE 计算结果	基准值范围
k_{eff}	1.12009	1.10660～1.13488
吸收率/%	90.7	88.5～92.0
泄漏率/%	9.3	8.0～11.5

表 3-3　EOL—BOL 反应性损失对比

参数	MCORE	ANL 美国	CEA 法国	PNC(J2) 日本	PSI 瑞典
$\Delta\rho$	13.21	12.85	13.27	13.60	13.06

表 3-4 是 MCORE 计算得到的寿期初到寿期末锕系核素质量变化与其它机构计算结果的对比，可见除 ^{243}Am 外其它锕系核素质量变化均在其它机构计算结果范围之内，^{243}Am 计算误差来源于 ORIGEN 自带的衰变数据库。总体看来，MCORE 计算结果均符合要求，验证了 MCORE 在快堆锕系核素质量随燃耗变化计算结果的准确性。

表 3-4　EOL—BOL 锕系核素质量变化对比　　单位：kg

核素	MCORE	ANL	CEA	PNC(J2)	PSI	MOCUP	CIAE	MCBurn
^{235}U	−5.7	−5.6	−5.9	−5.8	−5.5	−5.6	−5.7	−5.8
^{238}U	393	−420	−411	−392	−384	−395	−410	−420
^{238}Pu	−50	−50	−45	−50	−43	−49	−49	−49
^{239}Pu	−166	−149	−174	−170	−173	−161	−175	−159
^{240}Pu	−36	−38	−21	−32	−34	−35	−34	−32
^{241}Pu	−138	−133	−139	−133	−137	−137	−135	−138
^{242}Pu	−33	−29	−42	−31	−25	−31	−28	−39

续表

核素	MCORE	ANL	CEA	PNC(J2)	PSI	MOCUP	CIAE	MCBurn
^{241}Am	8.0	9.1	7.5	8.3	8.6	9.6	9.2	9.1
^{243}Am	28	31	44	33	33	31	32	43
^{242}Cm	4.6	3.7	5.2	4.8	4.1	4.6	4.7	4.0
^{244}Cm	7.4	4.1	7.4	5.3	5.4	4.5	3.4	4.4

OECD/NEA 快堆基准题关于反应性、中子吸收率、中子泄漏率、反应性损失以及各核素质量随燃耗的变化结果的对比，证明了 MCORE 对于快堆计算的可靠性。

(2)压水堆组件基准题。

VVER-1000 LEU 组件为六边形，包含 1 个中心管道、312 个燃料棒通道和 18 个导向管。312 个燃料棒包含两种类型的燃料：300 个^{235}U 质量分数为3.7%的燃料、12 个^{235}U 质量分数为 3.6%和 Gd_2O_3 质量分数为 4.0%的 U/Gd 燃料。六边形组件的中心距为 23.6 cm，包壳和结构材料为 Zr-Nb 合金。燃料棒栅距为 1.275 cm，包壳内外径分别为 0.772 cm 和 0.910 cm。组件结构和燃料棒类型如图 3-9 所示，组件材料成分和核素密度信息如表 3-5 所示。

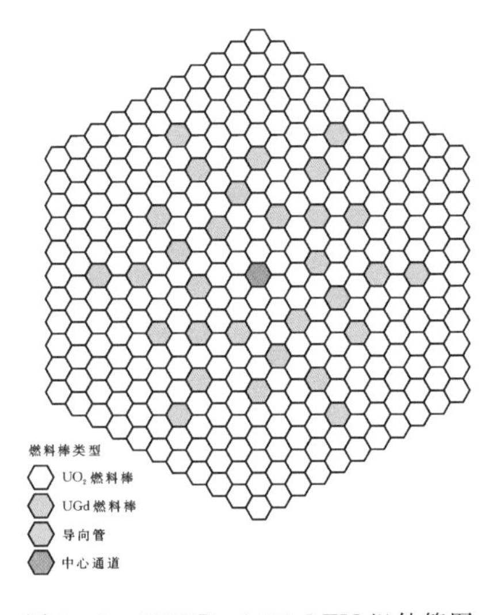

图 3-9 VVER-1000 LEU 组件简图

在本基准题验证中，计算热态含毒物工况，燃料和结构材料温度、平衡态^{135}Xe 和^{149}Sm 核素密度以及冷却剂中硼含量如表 3-6 所示。功率密度为 108 MW·m^{-1}，燃耗达到 40 MW·d·kg^{-1}。为了得到更为可靠的计算结果，计算分为两步：60 步 0.25 MW·d·kg^{-1}和 50 步 0.5 MW·d·kg^{-1}。基于几何的对称性，计算采用 1/6 组件进行，编号如图 3-10 所示。

表 3-5 VVER-1000LEU 组件材料成分和核素密度

材料	描述	核素与核素密度/(b·cm^{-1})	
UO_2	LEU 3.7%^{235}U 富集度燃料	^{235}U 8.6264E−4	^{16}O 4.6063E−2
		^{238}U 2.2169E−2	
U/Gd	LEU 3.6%^{235}U 富集度燃料包含质量分数为 4.0% 的 Gd_2O_3	^{235}U 7.2875E−4	^{155}Gd 1.8541E−4
		^{238}U 1.9268E−2	^{156}Gd 2.5602E−4
		^{16}O 4.1854E−2	^{157}Gd 1.9480E−4
		^{152}Gd 2.5159E−6	^{158}Gd 3.0715E−4
		^{154}Gd 2.7303E−5	^{160}Gd 2.6706E−4
包壳	锆合金	Zr 4.2590E−2	Hf 6.5970E−6
		Nb 4.2250E−4	
慢化剂	水,含 0.6 g·kg^{-1}硼,温度 575 K,密度 0.7235 g·cm^{-3}	H 4.4830E−2	^{10}B 4.7940E−6
		^{16}O 2.4220E−2	^{11}B 1.9420E−5

表 3-6 热态含毒物核素密度信息

工况描述	燃料温度/K	非燃料温度/K	^{135}Xe 和^{149}Sm	慢化剂中硼含量/(g·kg^{-1})
含毒物状态(S1)	1027	575	平衡态	0.6
不含毒物状态(S2)	1027	575	0.0	0.6

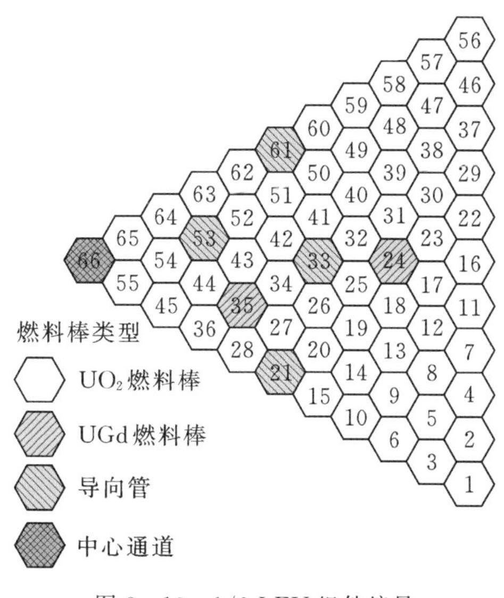

图 3-10 1/6 LEU 组件编号

图 3-11 是组件中子无限增殖因数 k_∞ 随燃耗的变化，可见 MCORE 计算的 k_∞ 与基准值符合很好，寿期末的最大误差为 500×10^{-5}。反应性在初始时刻由于毒物 Gd 的燃烧而有所增大，之后随着裂变物质的消耗和裂变产物的累积而逐渐降低，MCORE 成功地模拟了可燃毒物 Gd_2O_3 对反应性变化的影响。

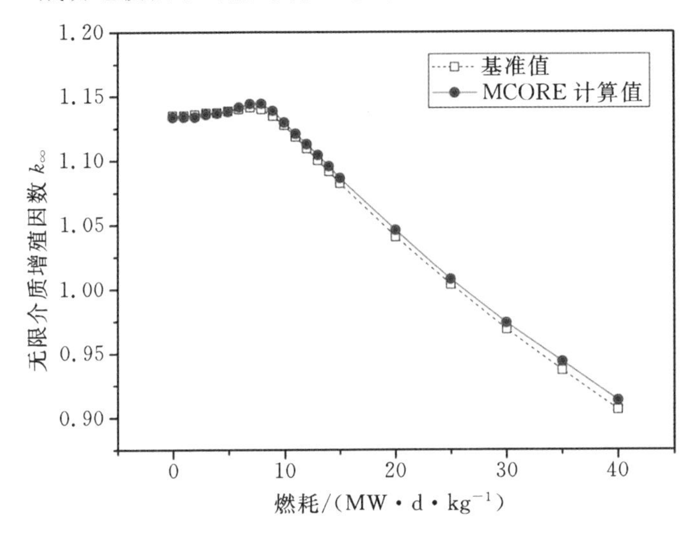

图 3-11　组件无限中子增殖因数 k_∞ 随燃耗的变化

图 3-12～图 3-14 是 ^{235}U、^{238}U、^{239}Pu、^{240}Pu、^{241}Pu、^{242}Pu、^{155}Gd 和 ^{157}Gd 等主要核素密度的变化情况，可见 MCORE 计算得到的各主要核素密度随燃耗的变化与基准值符合很好，40 MW·d·kg^{-1} 燃耗下燃料棒 1 各核素密度的相对误差分别为－3.4%、－0.5%、3.9%、－3.5%、3.6%和 3.9%；燃料棒 24 各核素密度的相对误差分别为－3.8%、－0.1%、2.7%、－3.0%、2.0%和 2.8%，^{155}Gd 和 ^{157}Gd 核素密度的相对误差分别为－1.5%和－2.0%。

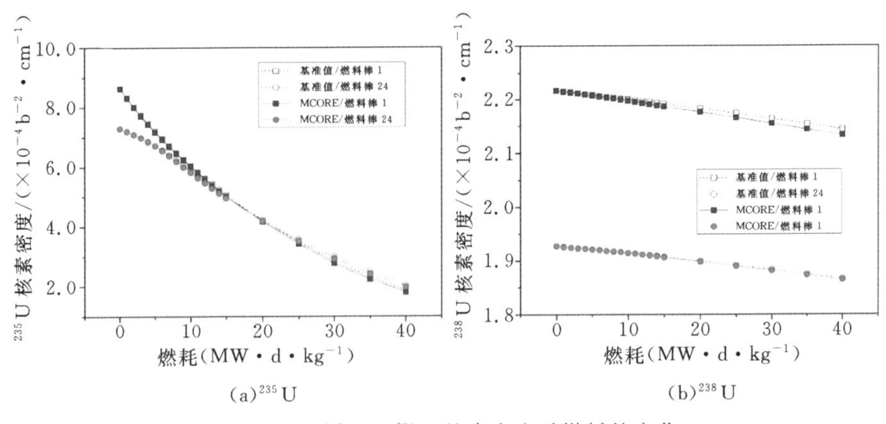

图 3-12　^{235}U 和 ^{238}U 核素密度随燃耗的变化

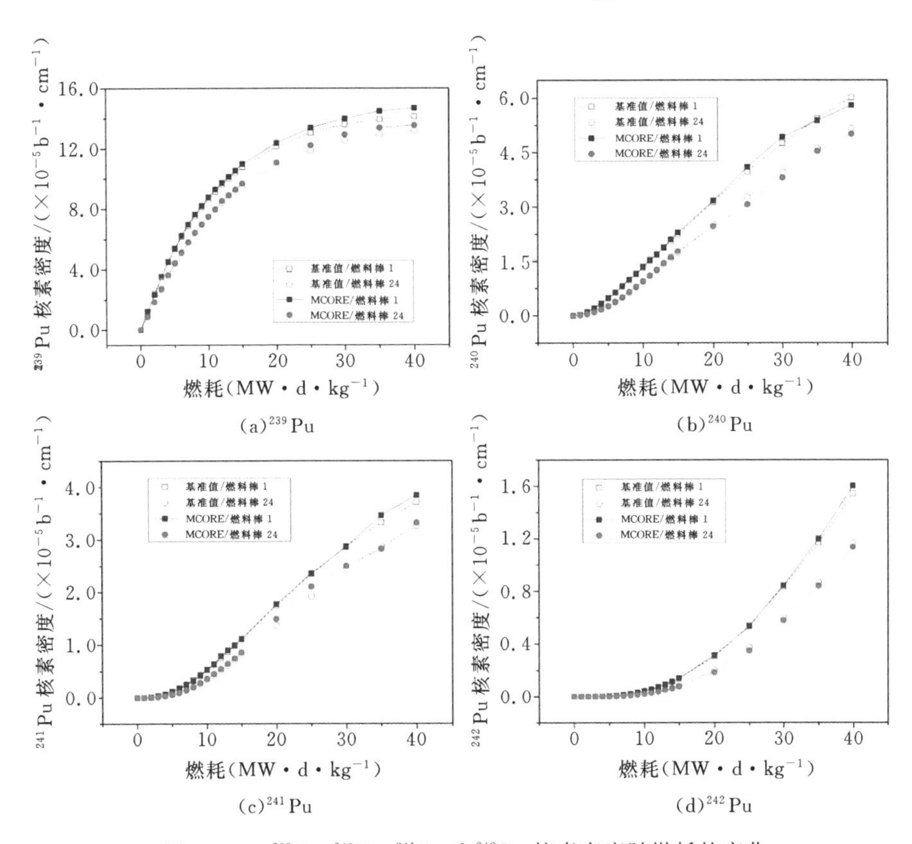

(a)^{239}Pu (b)^{240}Pu (c)^{241}Pu (d)^{242}Pu

图3-13 ^{239}Pu、^{240}Pu、^{241}Pu和^{242}Pu核素密度随燃耗的变化

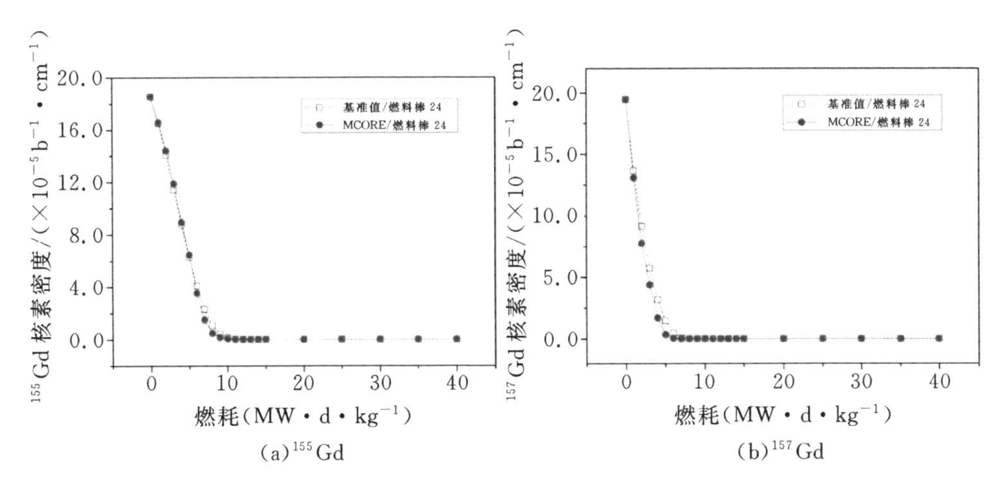

(a)^{155}Gd (b)^{157}Gd

图3-14 ^{155}Gd和^{157}Gd核素密度随燃耗的变化

图3-15是初始时刻LEU组件中裂变率分布,从图中可以看出,MCORE计算的各燃耗区域的裂变反应率与基准值符合很好,各燃耗区域裂变率与基准值的

相对误差均在3.0%以内。燃耗区域24和燃耗区域34中的裂变率很低，这是因为初始时刻在这两个燃耗区域内布置了可燃毒物。

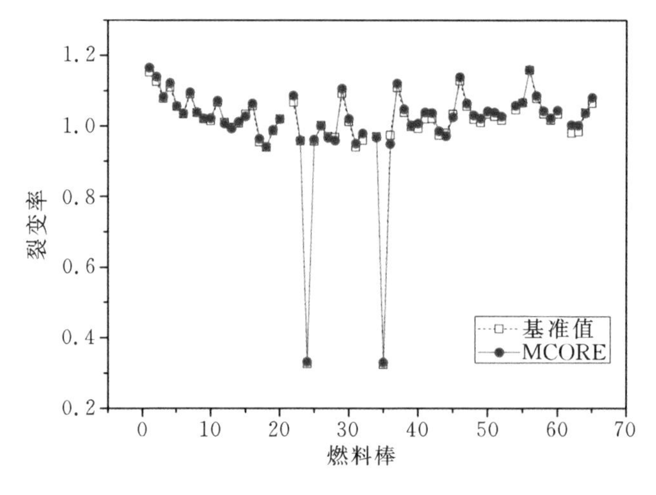

图3-15 组件中裂变率分布

VVER-1000 LEU组件基准题关于反应性、各核素密度随燃耗的变化以及裂变反应率结果的对比，证明了MCORE对于压水堆计算的正确性。

(3)增殖燃烧堆基准题。

一维增殖-燃烧堆由100个5 cm厚无限大燃料板排列而成。由于几何的对称性，模拟50个燃料板，一端为全反射边界条件，另一端为真空边界条件，如图3-16所示。新鲜燃料从真空边界一端加入，经过一定时间燃烧后向全反射端移动，乏燃料从全反射端移出。每一个燃料循环模拟三次，分别为初始时刻、中间时刻以及最后时刻。

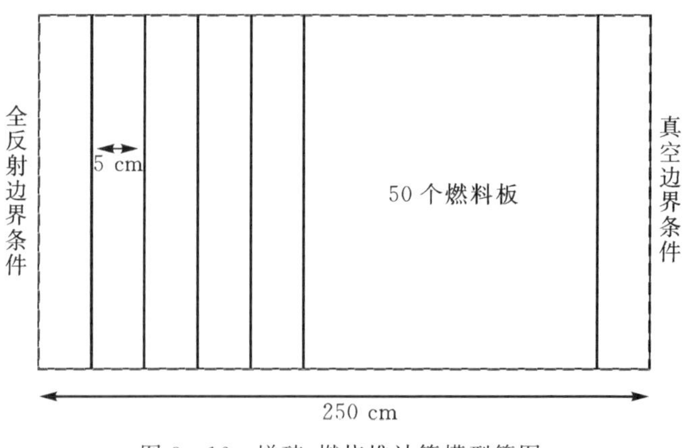

图3-16 增殖-燃烧堆计算模型简图

每个燃料板的材料组成假定为50%体积分数的铀燃料(密度为 19 g·cm^{-3})、30%体积分数的冷却剂钠(密度为 0.83 g·cm^{-3})以及 20%体积分数的结构材料铁(密度为 7.8 g·cm^{-3})。这与 IAEA 公布的 BOR－60 反应堆相近。燃料的初始富集度分布为:区域 1～4 为 15%富集度,区域 5～7 为 8%富集度,区域 8～50 以及后续的新鲜燃料为^{235}U 富集度为 0.3%的贫铀。燃料板从全反射端开始从 1 连续编号。功率密度为 120 MW·m^{-3},燃料循环长度为 450 d。5 个燃料循环之后,开始倒料,倒料规则为:区域 1 燃料板移出(中心位置),用 $n+1$ 区域燃料板替换 n 区域燃料板,区域 50 添加新鲜燃料板。

图 3－17 是 MCORE 计算得到的 k_{eff}随倒料过程的变化与基准值的对比,可见初始几个倒料周期内随着高富集度燃料板移出,堆芯 k_{eff}迅速降低,之后随着低富集度燃料板的增殖,k_{eff}逐渐稳定。MCORE 计算值与基准值总体符合很好,倒料过程中的最大相对误差为 0.82%。

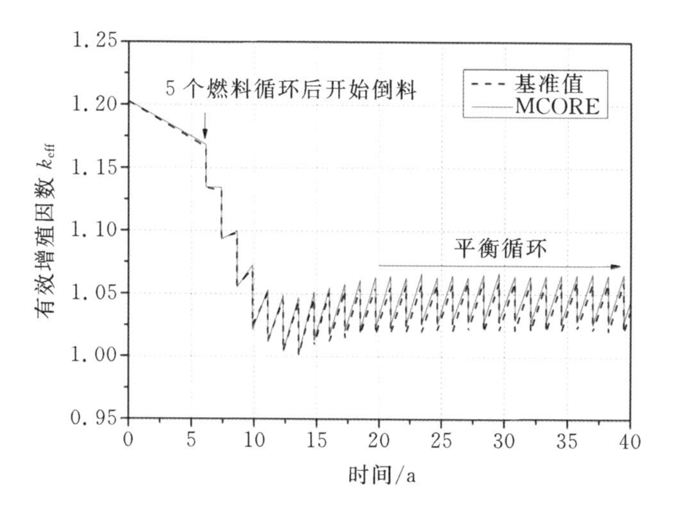

图 3－17　k_{eff}随倒料过程的变化

图 3－18 是 MCORE 计算得到的平衡循环倒料前后功率密度分布与基准值的对比,从图中可以看出,由于靠近堆芯中心区域燃料的增殖和堆芯中心区域燃料的消耗,平衡循环初始时刻到平衡循环终了时刻堆芯中心区域功率密度略有下降,而靠近中心区域部分功率密度略有上升。MCORE 计算得到的功率分布与基准值符合很好,平衡循环初始时刻功率密度的最大相对误差为2.89%,平衡循环终了时刻功率密度的最大相对误差为 2.45%。

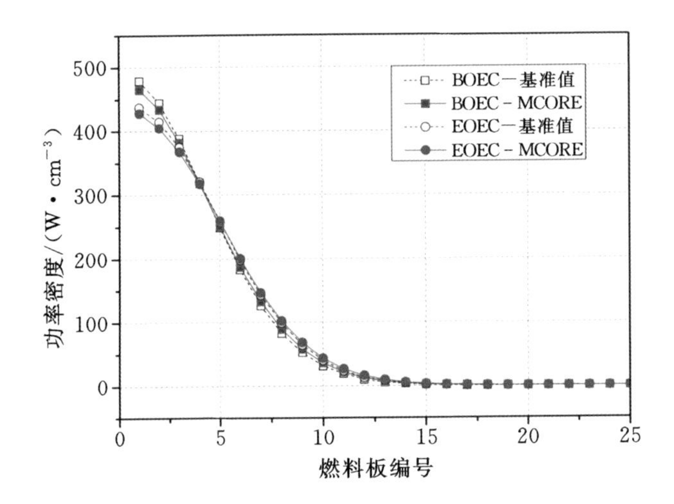

图 3-18　平衡循环倒料前后功率密度分布

图 3-19 是 MCORE 计算得到的平衡循环倒料前后中子注量率与基准值的对比，从图中可以看出，由于燃料的增殖，平衡循环初始时刻的中子注量率比终了时刻低，特别是功率密度较大的中心区域。MCORE 计算得到的中子注量率分布与基准值符合很好，平衡循环初始时刻中子注量率的最大相对误差为1.56%，终了时刻中子注量率的最大相对误差为 2.13%。

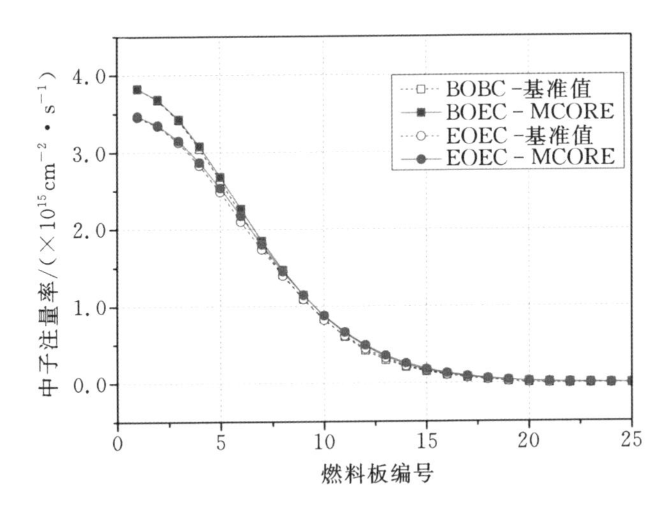

图 3-19　平衡循环倒料前后中子通量分布

图 3-20 是 MCORE 计算得到的平衡循环倒料前后燃耗分布与基准值的对比，从图中可以看出，随着燃耗的推进各燃耗板燃耗增大，由于堆芯中心区域功率密度更大，堆芯中心区域燃料板燃耗增幅更大。MCORE 计算得到的燃耗与基准

值符合很好，平衡循环初始时刻燃耗的最大相对误差为 6.09%，平衡循环终了时刻的最大相对误差为 4.51%。

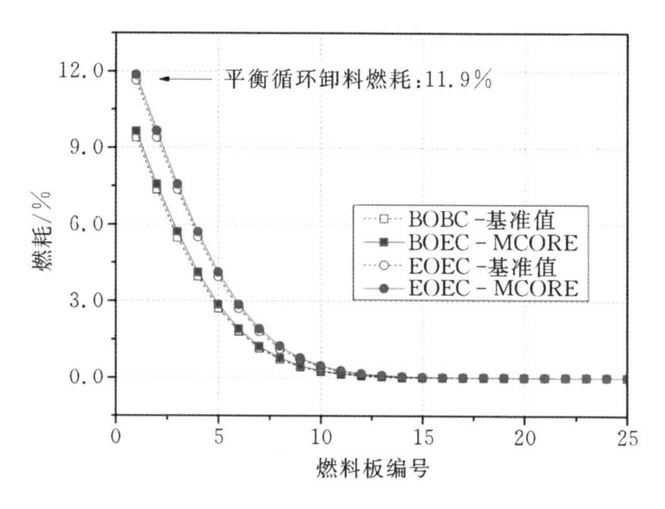

图 3-20 平衡循环倒料前后燃耗分布

一维增殖-燃烧基准题验证了 MCORE 倒料模块的正确性，以及 MCORE 在深燃耗下计算结果的可靠性。

3.1.2 堆芯设计和模型建立

轴向钠冷行波堆的总体设计参数如表 3-7 所示。堆芯热功率为验证堆功率量级，设计寿期为 40 a；燃料组件采用优化设计参数。

表 3-7 轴向钠冷行波堆堆芯参数和材料

参数	数值
热功率/MW	1250.0
燃料组件数	192
控制和停堆组件数	18
堆芯活性区高度/cm	250.0
点火区高度/cm	50.0
点火区、传播区燃料富集度/%	24.0/0.3
燃料密度	75.0%理论密度
堆芯进出口温度/℃	360.0/510.0
堆芯流量/(kg·s^{-1})	8000.0
堆芯入口压力/MPa	1.2

堆芯布置如图 3-21 所示，堆芯活性区外围布置三层 180 个反射层组件，用于反射径向泄漏中子，两层 150 个屏蔽组件用于生物屏蔽；堆芯周围区域参数和材料如表 3-8 所示。

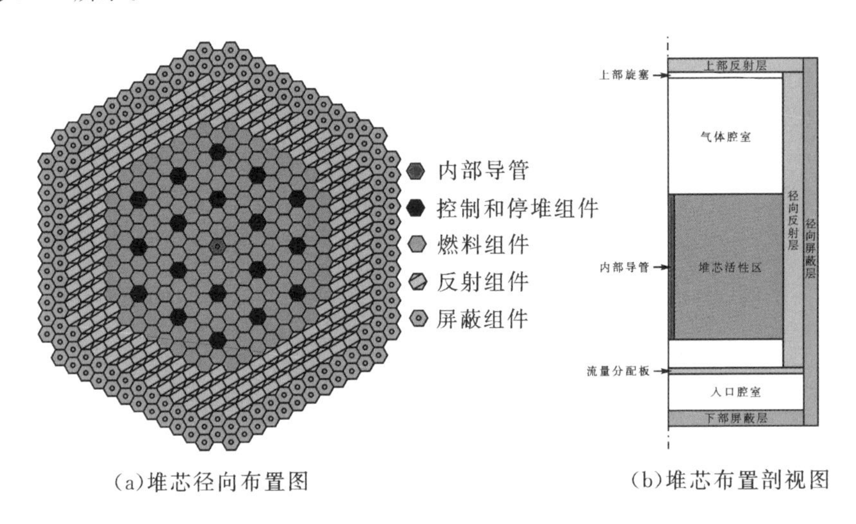

(a)堆芯径向布置图　　(b)堆芯布置剖视图

图 3-21　轴向钠冷行波堆堆芯布置结构简图

表 3-8　堆芯周围区域参数和材料

区域	高度/cm	材料(体积分数/%)
下部屏蔽层	20.0	47.9%B_4C+19.3%HT9+30.6%Na
入口腔室	60.0	19.3%HT9+80.7%Na
流量分配板	5.0	50.0%HT9+50.0%Na
下部旋塞	58.0	19.3%HT9+80.7%Na
堆芯活性区	250.0	47.9%燃料+19.3%HT9+30.6%Na
气体腔室	200.0	19.3%HT9+80.7%Na
上部旋塞	2.5	19.3%HT9+80.7%Na
上部反射层	35.0	50.0%HT9+50.0%Na
内部导管	250.0	19.3%HT9+80.7%Na
径向反射层	508.0	50.0%HT9+50.0%Na
径向屏蔽层	630.5	47.9%B_4C+19.3%HT9+30.6%Na

由于几何的对称性，取 1/6 堆芯开展计算，如图 3-22 所示。采用 MCORE 程序开展物理计算，堆芯活性区沿轴向划分为 50 个控制体，每个控制体的长度为 5.0 cm。

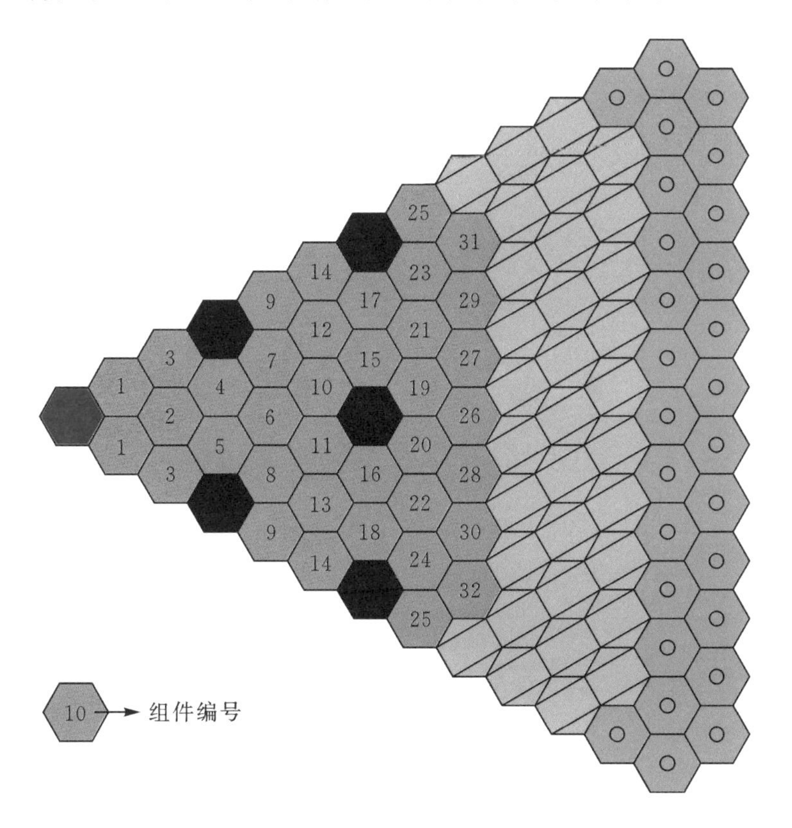

图 3-22 计算区域简图及组件编号

根据堆芯的结构设计及燃料的布置方案容易判断，经过一定的燃耗步以后，堆芯会趋于稳态。此时，功率分布、中子注量率分布以及各核素的密度分布会以固定的形状沿堆芯轴向移动，k_{eff} 会达到稳定。

3.1.3 启动特性

1. 功率分布

轴向均匀功率分布随时间的变化如图 3-23 所示，可见由于点火区装载了大量的易裂变核材料，初始时刻点火区功率较大，而增殖区功率较小；随着堆芯的运行，点火区由于易裂变核素的消耗以及裂变产物的累积，功率逐渐降低；特别是靠近点火区的增殖区，由于点火区轴向泄漏的富余中子的增殖，功率逐渐增大；经过约 32 a 后堆芯达到稳态，此时功率分布趋于稳定，并以固定的形状沿轴向移动；通过线性拟合，移动速度约为 2.96 cm · a^{-1}。

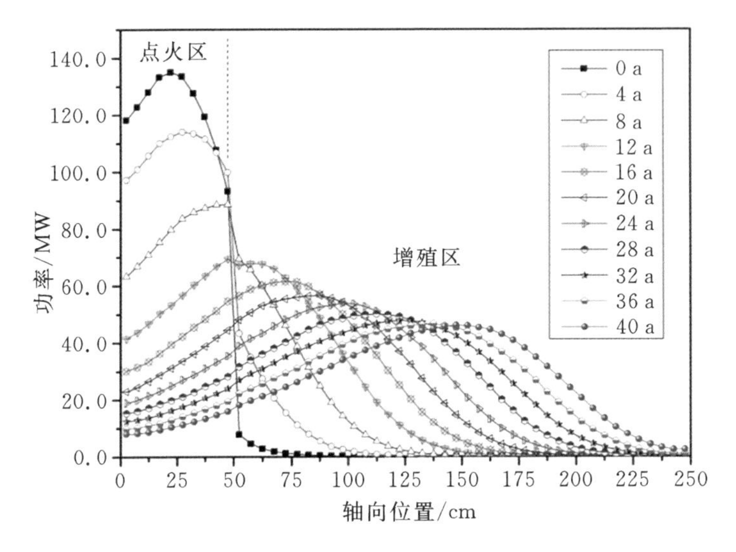

图 3-23 轴向均匀功率分布随时间的变化

2. 中子注量率分布

轴向均匀中子注量率分布随时间的变化如图 3-24 所示，从图中可以看出，由于点火区装载了大量的易裂变核材料，随着堆芯的运行，由于易裂变核素的消耗，堆芯中子注量率逐渐增大；初始时刻靠近点火区的增殖区中子注量率相对于其它增值区较大，这有利于该区域的增殖；经过约 32 a 后堆芯达到平衡态，此时中子注量率分布趋于稳定，并以固定的形状沿轴向移动。

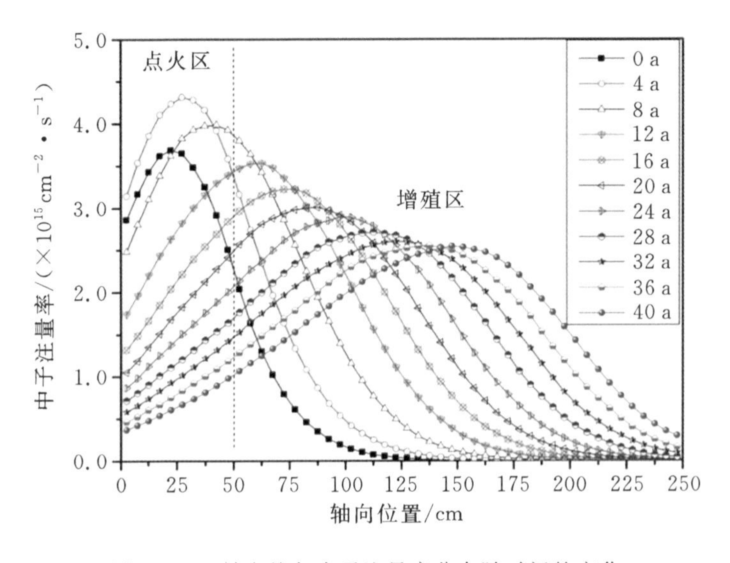

图 3-24 轴向均匀中子注量率分布随时间的变化

3. 核素密度分布

^{235}U、^{238}U、^{239}Pu 和裂变产物核素密度分布随时间的变化如图 3 - 25 所示，从图中可以看出，由于^{235}U 为启堆的易裂变核材料，随着堆芯的运行，其核素密度逐渐降低；由于点火区中部功率较大，^{235}U 在点火区呈 U 形分布；当堆芯达到稳定之后，^{235}U 核素密度基本不再发生变化。^{238}U 为堆芯增殖材料，随着堆芯的运行，^{238}U 不断转换为^{239}Pu，其核素密度逐渐降低，当功率峰经过之后基本不再发生变化。^{239}Pu 通过^{238}U 转换而来，其核素密度随着堆芯的运行不断增大，当功率峰经过之后不断降低，并最终趋于一恒定值。裂变产物随着堆芯的运行不断累积，当功率峰经过之后其核素密度基本不再发生变化。各核素在达到稳定以后，均以固定的分布沿堆芯轴向从点火区向增殖区移动。

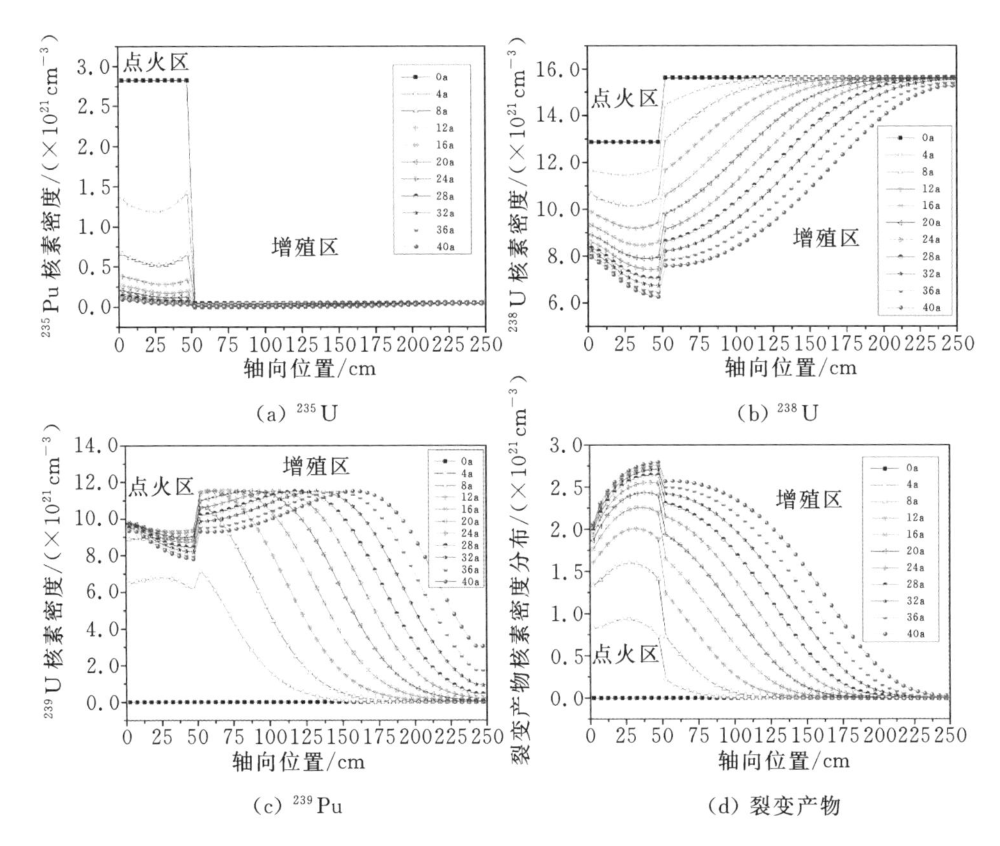

(a) ^{235}U　(b) ^{238}U　(c) ^{239}Pu　(d) 裂变产物

图 3 - 25　主要核素密度沿堆芯轴向分布随时间的变化

4.燃耗分布

燃耗深度沿堆芯轴向分布随时间的变化如图 3-26 所示，从图中可以看出，随着堆芯的运行，燃耗深度不断增大并沿堆芯轴向移动，燃烧波经过的区域燃耗深度不再发生变化，堆芯的最大燃耗深度达到 50.0%。

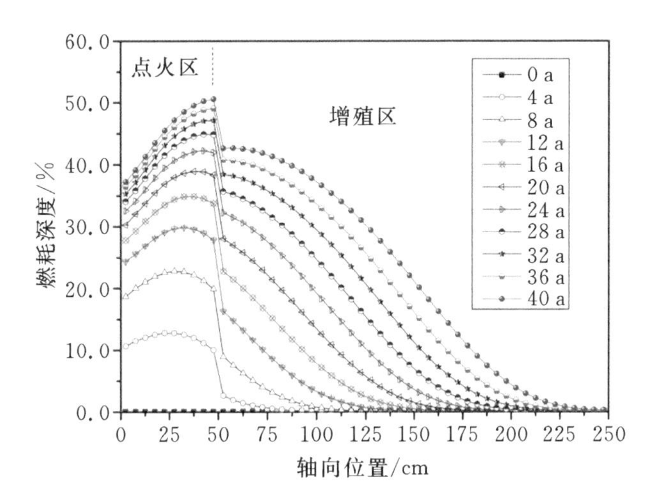

图 3-26　燃耗深度沿堆芯轴向分布随时间的变化

5.增殖-燃烧波

MCORE 程序无法直接计算得到增殖-燃烧波，因而以 ^{239}Pu 相对核素密度代表增殖波，以相对功率分布代表燃烧波，模拟出的增殖-燃烧波如图 3-27 所示，可见增殖波在前，燃烧波在后，相距约 21.55 cm。

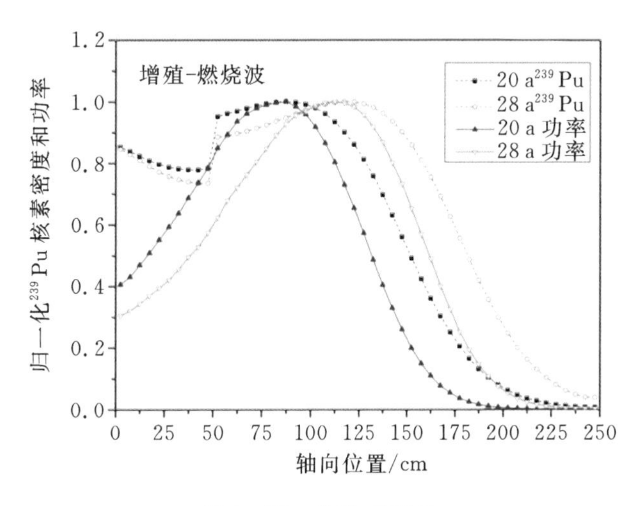

图 3-27　增殖-燃烧波

6. 临界特性

有效中子增殖因数 k_{eff} 随时间的变化如图 3-28 所示，从图中可以看出，在寿期初由于中子在堆芯入口端面的大量泄漏，且堆芯径向泄漏面积不断增大（如图 3-24所示，随着堆芯的运行中子注量率沿堆芯轴向分布增大），k_{eff} 逐渐降低；之后中子在堆芯入口端面的泄漏量减小且堆芯径向泄漏稳定，随着 ^{238}U 不断转换为 ^{239}Pu，k_{eff} 逐渐达到稳定，稳定后的 k_{eff} 约为 1.06028，误差约为 48×10^{-5}。

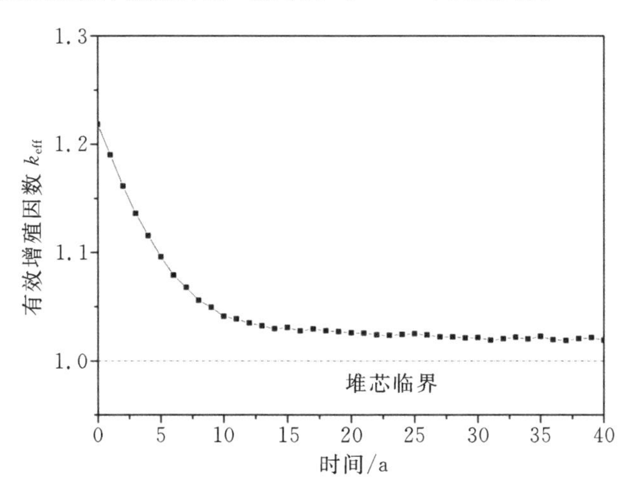

图 3-28　有效增殖因数 k_{eff} 随时间的变化

3.2　轴向倒料策略

由图 3-28 可知，由于轴向行波堆初始装料的极不均匀性，在堆芯的整个运行寿期内，k_{eff} 的数值变化很大，寿期初到寿期末变化达到 19663×10^{-6}，这给堆芯反应性的控制带来很大的挑战。同时，堆芯初始运行的一段时间内，功率主要集中在点火区域；以运行 4 a 为例，点火区功率占到整个堆芯功率的85.8%，点火区平均线功率密度超过 66.0 kW · m^{-1}，这远远超过了金属燃料的可接受范围，给堆芯热工水力设计带来困难。因此，为满足工程实现，有必要对轴向钠冷行波堆的点火进行优化设计。

3.2.1　轴向倒料方案

以 3.1 节运行 32 a 的堆芯核素密度分布为新堆芯初始核素密度分布，新鲜燃料从堆芯顶部（增殖区侧）装载，乏燃料从堆芯底部（点火区侧）卸载，如图 3-29 所示。燃料的移动速度与增殖-燃烧波的传播速度相同，为 2.96 cm · a^{-1}。

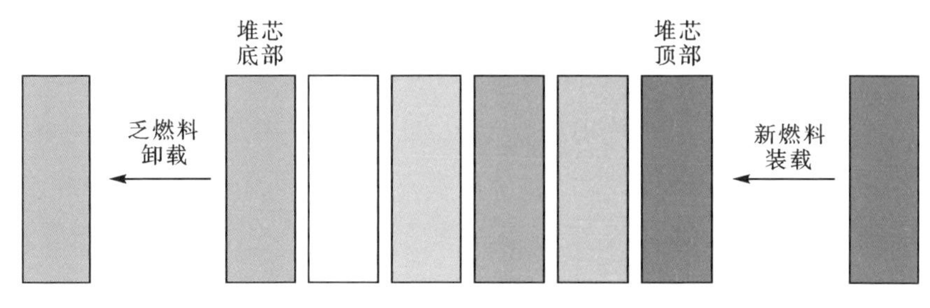

图 3-29　行波堆轴向倒料示意图

3.2.2　堆芯物理特性

根据轴向倒料行波堆的物理特性可知，随着新鲜燃料和乏燃料的周期性装载和卸载，堆芯 k_{eff}、功率密度、中子注量率、核素密度以及燃耗分布只随倒料而周期性波动，并维持在堆芯固定区域。

1. 功率分布

堆芯循环初始时刻(Beginning of Cycle，BOC)功率分布随倒料的变化如图 3-30 所示，为体现各时刻的功率分布，横轴按倒料长度进行了延伸。从图中可以看出，功率沿堆芯轴向分布缓慢发生变化，特别是堆芯底部区域(初始为点火区域)功率略有降低，而堆芯中心区域功率略有升高，约 24 次倒料后功率分布稳定。

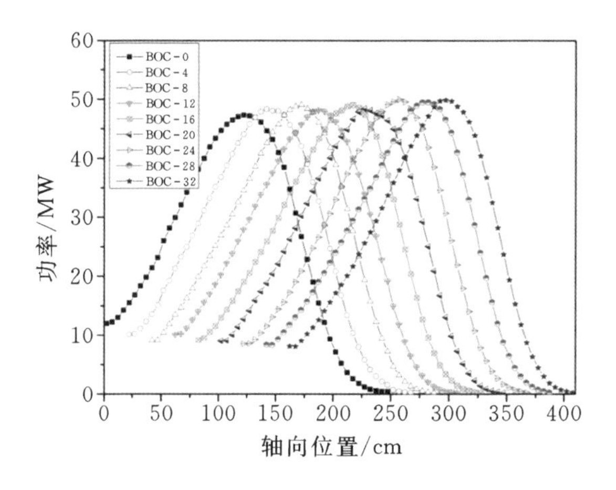

图 3-30　BOC 功率分布随倒料的变化

平衡循环功率分布随倒料的变化如图 3-31 所示(以第 25 次倒料为例)，从图中可以看出，由于倒料后堆芯顶部载入新鲜燃料，平衡循环初始时刻(Beginning of Equilibrium Cycle，BOEC)功率分布向堆芯底部移动，随着增殖-燃烧波的推进，功率分布沿堆芯轴向向顶部移动，BOEC 和平衡循环终了时刻(End of Equilibrium

Cycle，EOEC）功率分布基本一致。

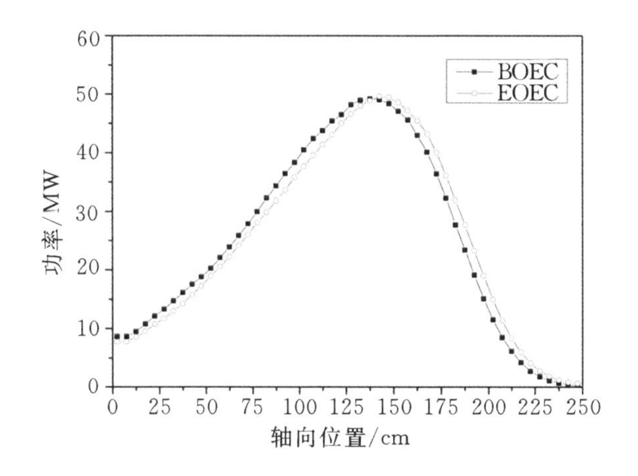

图 3-31　平衡循环功率分布随倒料的变化（第 25 次倒料）

BOEC 功率分布如图 3-32 所示（以第 25 次倒料为例），从图中可以看出，由于堆芯径向中心区域功率密度比堆芯径向外侧区域更高，核燃料在堆芯径向中心区域增殖更快，从而使得功率峰值在堆芯径向中心区域传播更快，功率密度沿堆芯径向呈“月牙形”分布。

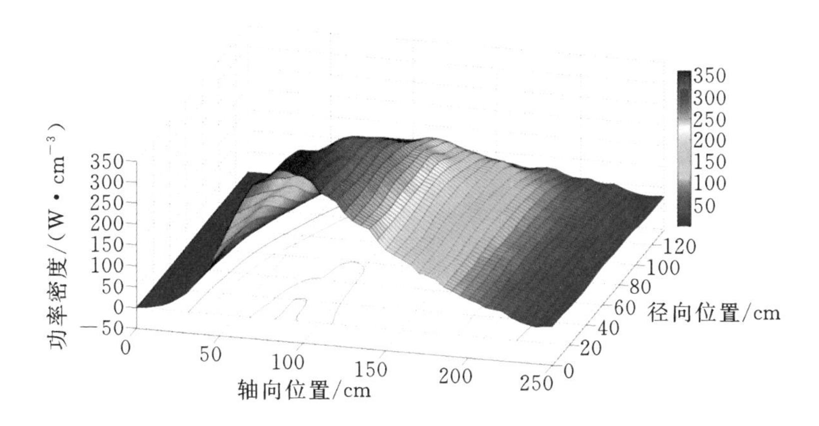

图 3-32　BOEC 功率分布（第 25 次倒料）

2. 中子注量率分布

BOC 堆芯中子注量率分布随倒料的变化如图 3-33 所示，同样将横轴按倒料长度进行了延伸。从图中可以看出，中子注量率分布随倒料的变化与功率变化规律相同，约 24 次倒料后中子注量率分布稳定。

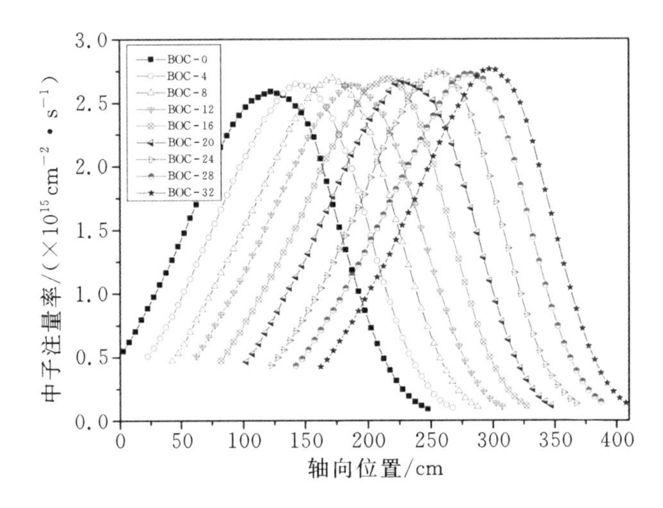

图 3-33　BOC 中子注量率分布随倒料的变化

平衡循环中子注量率分布随倒料的变化如图 3-34 所示(以第 25 次倒料为例)。同样,由于倒料后堆芯顶部载入新鲜燃料,BOEC 中子注量率分布向堆芯底部移动,随着增殖-燃烧波的推进,中子注量率分布沿堆芯轴向向顶部移动,BOEC 和 EOEC 中子注量率分布基本一致。

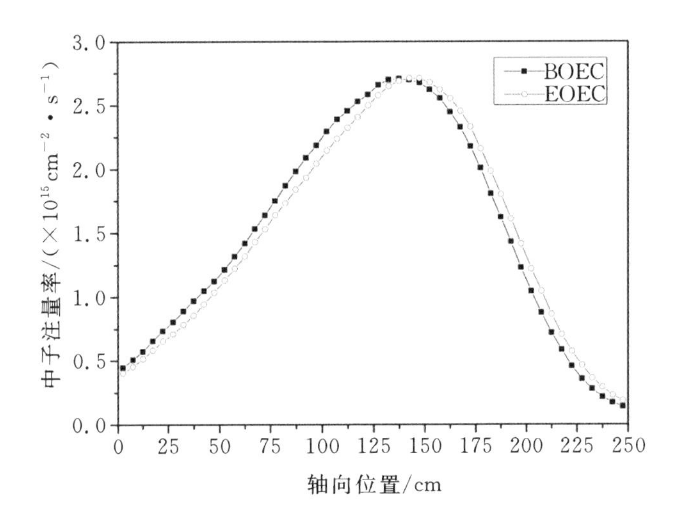

图 3-34　平衡循环中子注量率分布随倒料的变化(第 25 次倒料)

BOEC 中子注量率分布如图 3-35 所示(以第 25 次倒料为例),从图中可以看出,由于堆芯径向中心区域中子注量率比堆芯径向外侧区域高,使得堆芯径向中心区域燃料增殖更快,从而使得中子注量率峰值在堆芯径向中心区域传播,中子注量率沿堆芯径向同样呈“月牙形”分布。

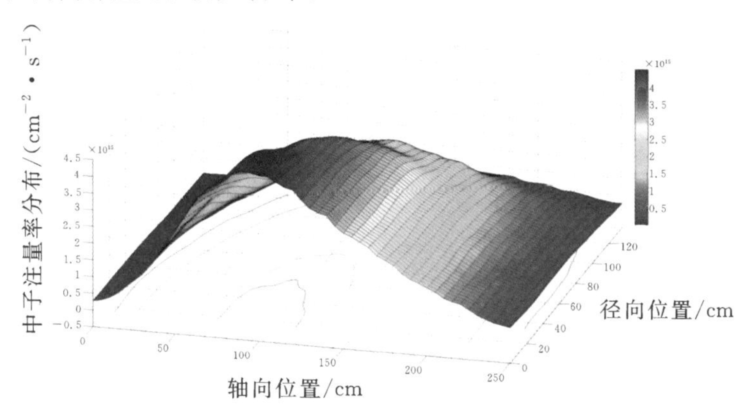

图 3-35　BOEC 中子注量率分布(第 25 次倒料)

3. 核素密度分布

BOEC 的 ^{238}U、^{239}Pu 和裂变产物核素密度分布如图 3-36 所示(以第 25 次倒料为例),核素密度沿堆芯径向同样呈“月牙形”分布。由于堆芯径向中心区域中子注量率更高,因而 ^{238}U 在中心区域降低更快,而堆芯径向外侧区域中子注量率很低,该区域 ^{238}U 没有得到充分利用。^{239}Pu 核素密度开始时随燃耗的推进而逐渐升高,之后由于堆芯径向中子注量率分布不同,而在不同的径向位置达到峰值,之后随 ^{238}U 核素密度的降低而降低;由于堆芯中心区域向外侧区域泄漏富余中子,堆芯径向外侧区域 ^{239}Pu 核素密度较高,但由于该区域中子注量率较低,因而 ^{239}Pu 核素密度在燃烧波经过之后依然很高,没有得到充分利用。裂变产物核素密度随燃耗的推进快速增大,当燃烧波经过之后,其核素密度不再发生变化;由于堆芯径向外侧中子注量率较低,裂变产物核素密度在该区域较低。

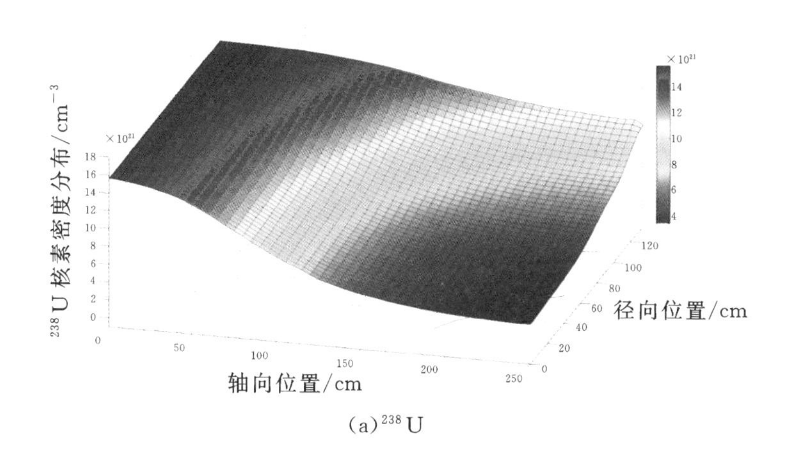

(a) ^{238}U

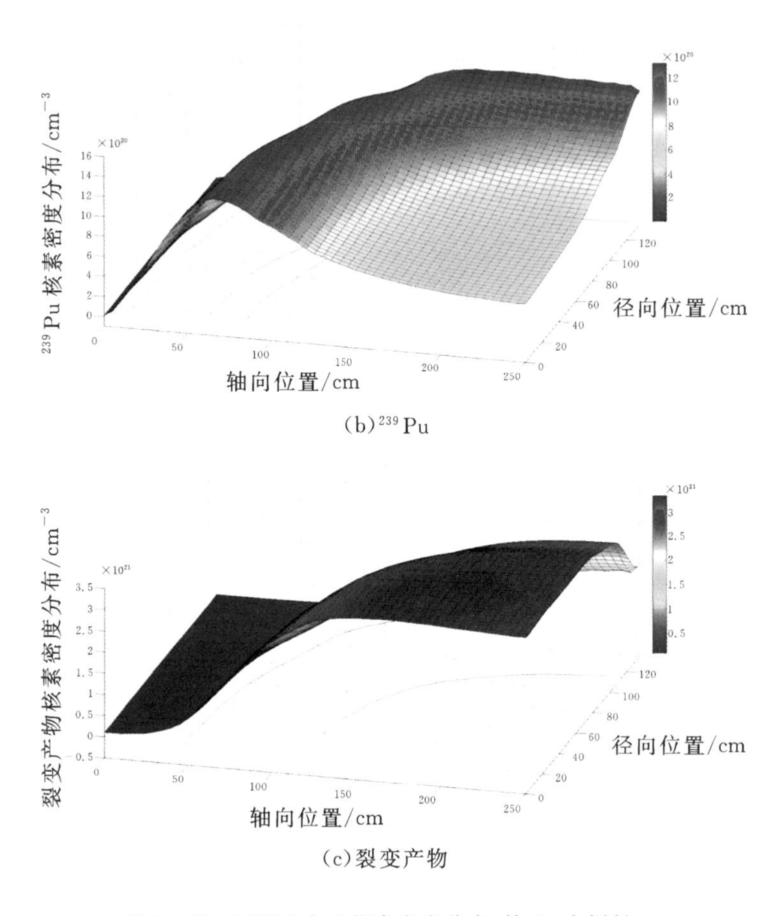

(b)^{239}Pu

(c)裂变产物

图 3-36　BOEC 主要核素密度分布(第 25 次倒料)

4. **增殖-燃烧波**

BOEC 增殖-燃烧波分布如图 3-37 所示(以第 25 次倒料为例),以^{239}Pu 相对核素密度代表增殖波,以相对功率分布代表燃烧波。从图中可以看出,增殖波在前,燃烧波在后。在燃烧波前沿,核燃料吸收燃烧区泄漏的富余中子,^{238}U 转换为^{239}Pu,而该区域由于^{239}Pu 等易裂变核素密度不够高,导致该区域不能达到临界,因而功率密度较低;在燃烧区,^{239}Pu 等易裂变核素不断裂变产生中子和能量,其它锕系核素也由于辐射俘获反应不断产生并裂变,裂变产物不断累积,燃烧过的区域由于裂变产物核素密度过高不能达到临界,功率密度逐渐降低;增殖波和燃烧波在堆芯径向上呈“月牙形”分布。

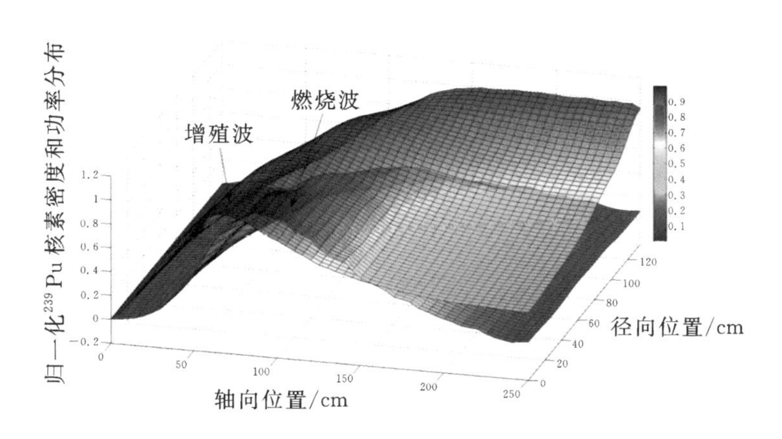

图 3-37　BOEC 增殖-燃烧波(第 25 次倒料)

5. 燃耗分布

BOEC 燃耗分布如图 3-38 所示(以第 25 次倒料为例),从图中可以看出,燃耗沿堆芯径向同样呈"月牙形"分布,由于堆芯径向中心区域中子注量率更高,因而该区域的燃耗更高;而堆芯径向外侧区域中子注量率较低,造成该区域燃耗较低;以堆芯顶部为例,中心区域燃耗达到 70.3%,而外侧区域燃耗为17.7%,平均卸料燃耗达到 52.0%。

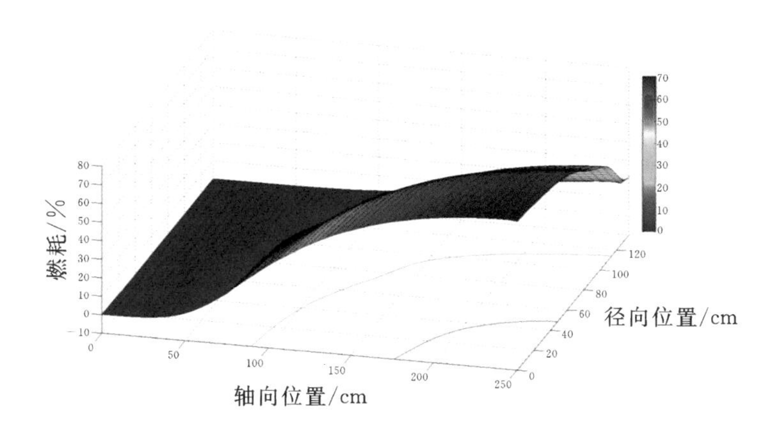

图 3-38　BOEC 燃耗分布(第 25 次倒料)

6. 堆芯临界特性

由图 3-23 可知,32 a 时,堆芯点火区依然提供了 172.7 MW 的功率,约占总功率的 13.8%,说明点火区依然有较高的裂变率,将点火区核材料移出堆芯势必会降低堆芯反应性。堆芯 k_{eff} 随倒料的变化如图 3-39 所示,随着倒料的进行,堆芯 k_{eff} 在波动中降低，最终趋于平稳并达到平衡循环，此时 k_{eff} 只随倒料波动。

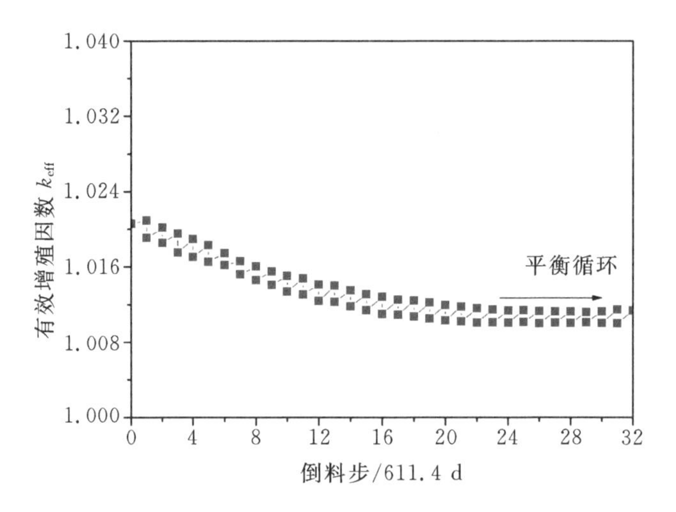

图 3-39　堆芯 k_{eff} 随倒料的变化

3.3　堆芯特性随倒料周期的变化

3.3.1　不同燃料的燃烧特性

由于钠冷快堆的强增殖能力，目前的行波堆研究大多基于钠冷行波堆的设计，在进行步进倒料行波堆的计算研究时，也是基于典型的钠冷快堆设计，堆芯总热功率为 1100 MW，堆芯半径和高度均为 1.5 m，燃料、冷却剂钠和结构材料的体积分数分别为 50%、30%和 20%，为进一步提高燃料的增殖能力，新鲜燃料采用天然金属铀燃料，金属铀燃料、钠冷却剂和不锈钢结构材料的理论密度分别为 $19.1\ g\cdot cm^{-3}$、$0.83\ g\cdot cm^{-3}$ 和 $7.7\ g\cdot cm^{-3}$。

在第 2.1 节的行波堆增殖-燃烧波理论研究中发现，燃料的燃耗性能对于行波堆的运行机制来说是非常重要的，而此燃耗性能可以用第 2.1 节中定义的净中子产生截面函数来表征，将此函数重写如下：

$$F(\psi)=\nu\Sigma_f(\psi)-\Sigma_a(\psi) \tag{3-9}$$

式中：ψ 为中子注量率；ν 为每次裂变产生的平均中子数；Σ_f 为宏观裂变截面；Σ_a 为宏观吸收截面。由于 $\nu\Sigma_f$ 和 Σ_a 仅依赖于材料组分，如果新鲜的燃料由一定的核素组成（如 ^{238}U），燃料的组分由辐照过程决定，即主要依赖于中子注量率。F 函数可以表示燃料在辐照下的演化，进而可以决定行波堆中增殖-燃烧波的特性。因此，在进行直接的轴向倒料行波堆的数值计算之前，设立并计算了一个简单的燃耗计算基准题,其中燃料、冷却剂和结构材料的体积分数及密度与上述设计的钠冷行波堆相同。由于 $k_{\infty}=\nu\Sigma_{f}/\Sigma_{a}$,而中子注量率几乎与燃耗成线性关系,因此,可通过计算 k_{∞} 随燃耗的变化规律来直观地表征上述 F 函数。图 3－40 所示为不同软件计算结果的对比,可以看出,随着燃耗的加深,相互之间的偏差增大。

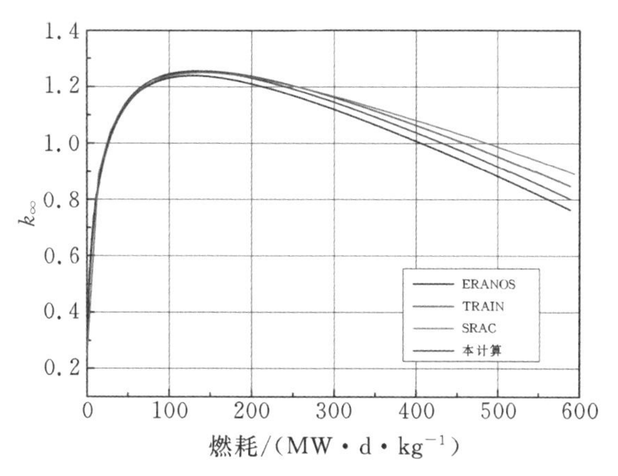

图 3－40　燃耗基准题计算

采取同样的方法,计算了四种不同假想燃料的燃耗特性,分别为:①仅含 ^{238}U 的氧化物燃料(Uranium Oxide, UOX),② ^{238}U 金属燃料,③ ^{232}Th 金属燃料,④50% ^{238}U ＋50% ^{232}Th 质量分数金属燃料。四种燃料的 k_{∞} 随燃耗的变化曲线如图 3－41 所示,从图中可以看出, ^{238}U 金属燃料具有最好的燃耗性能,而 UOX 燃料的燃耗性能最差,因此在行波堆中通常使用金属燃料。

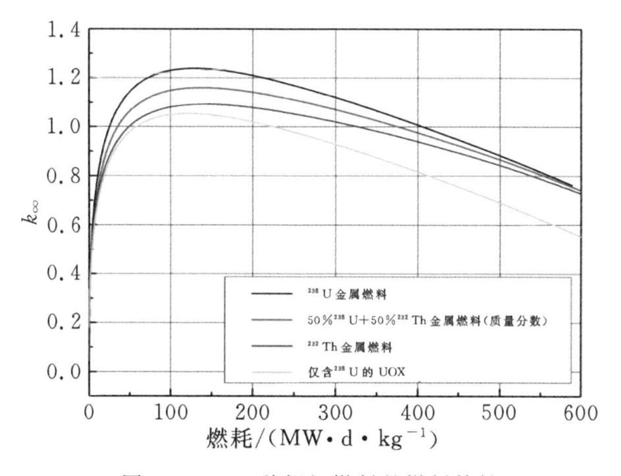

图 3－41　四种假想燃料的燃耗特性

对于金属燃料，本书也计算了三种不同形式的金属燃料的燃耗性能，分别为：①100%的^{238}U金属燃料（100 %^{238}U），②贫铀金属燃料（含0.25%^{235}U），③天然铀金属燃料（含0.72%^{235}U）。三种金属燃料的燃耗特性如图3-42所示，从图中可以看出，三条曲线完全重合，即微量的^{235}U存在对于^{238}U金属燃料来说，可以忽略不计。在如下的轴向倒料行波堆的计算研究中，燃料为纯^{238}U金属燃料。

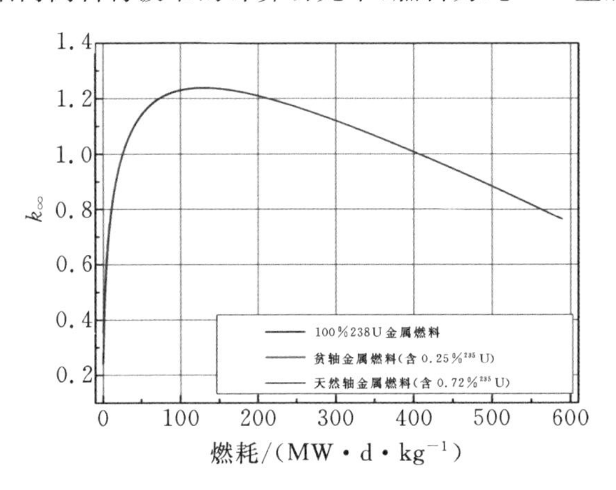

图3-42　三种不同金属燃料的燃耗特性对比

3.3.2　堆芯物理特性

根据步进倒料策略及计算方案，可以推断出，在经过若干次的倒料后，反应堆会趋于一个渐近稳定状态，此时k_{eff}、功率分布以及核素密度的分布都会达到稳定。以倒料周期为1000 d为例，图3-43给出了k_{eff}随倒料步的变化，由于金属铀燃料的强增殖能力，k_{eff}从初始装料时很低的值迅速增加到很高的水平，之后由于核燃料的燃烧而降低，在经过约20次的倒料后，k_{eff}趋于稳定状态，此时反应堆达到渐近稳定状态。

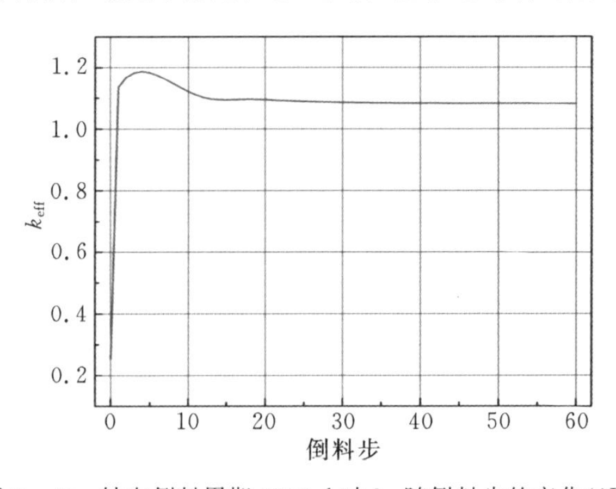

图3-43　轴向倒料周期1000 d时k_{eff}随倒料步的变化(1D)

当堆芯几何、反应堆功率、燃耗分区以及新鲜燃料组分确定之后，反应堆的渐近稳定状态将只取决于倒料周期。选取倒料周期分别为 600 d、700 d、750 d、1000 d、1250 d、1500 d、1750 d、2000 d、2250 d、2400 d、2500 d 和 2600 d 等 12 个计算工况，分别进行行波堆的轴向步进倒料计算，研究其渐近状态随倒料周期的变化特性，以及典型工况下堆芯功率和主要核素密度的渐近态空间分布。

图 3-44 给出了渐近 k_{eff} 和燃耗随倒料周期的变化，从图中可以看出，渐近 k_{eff} 随倒料周期增长呈近似抛物线变化。图中同时以虚线给出了反应堆运行必须满足的临界条件 $k_{eff}=1.03$，渐近 k_{eff} 高于此线的工况方可保证所设计的步进倒料行波堆在三维情况下达到临界状态。由图 3-44 可以看出，当倒料周期约为 750～2400 d 时，反应堆可以达到临界。燃耗随倒料周期增长呈线性增长，最高燃耗可高达 53%，对应的倒料周期为 2400 d。渐近 k_{eff} 和燃耗变化表明，可以通过缩短倒料周期来降低燃耗。这一特点对于行波堆的现实可行性非常重要，因为行波堆的高燃耗特点对反应堆的结构材料，特别是包壳材料提出了非常高的要求，要求高性能的包壳材料与之匹配，因此可通过缩短倒料周期降低燃耗，从而降低对结构材料特别是包壳材料的要求。

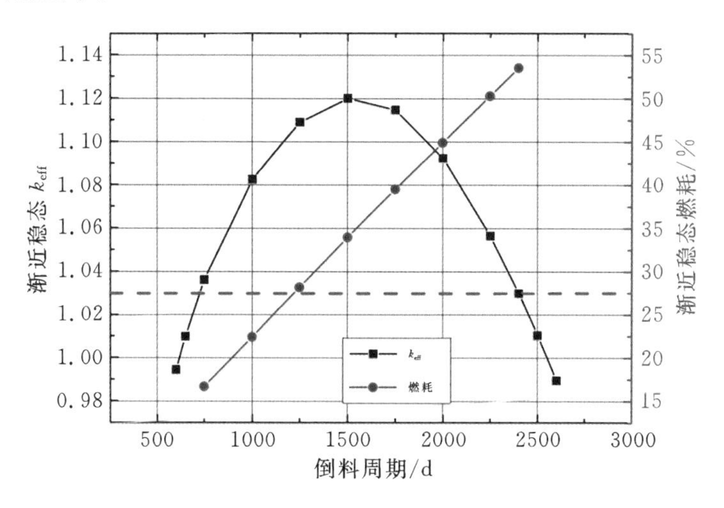

图 3-44　轴向倒料渐近 k_{eff} 和燃耗随倒料周期的变化(1D)

将满足临界条件的 8 种工况下的平均功率归一化后的渐近态堆芯功率分布展示如图 3-45 所示。功率的归一化方法为局部的功率密度与整体平均功率的比值，对比归一化功率分布，可以发现，反应堆功率峰随着倒料周期的增长，从燃料卸出区域向燃料导入区域移动，且功率峰因子快速降低，而后随着倒料周期的增长又有微弱的升高。比较 8 种工况的归一化功率分布可以看出，倒料周期为 1750 d 时，功率峰值最低，且功率分布最均匀。

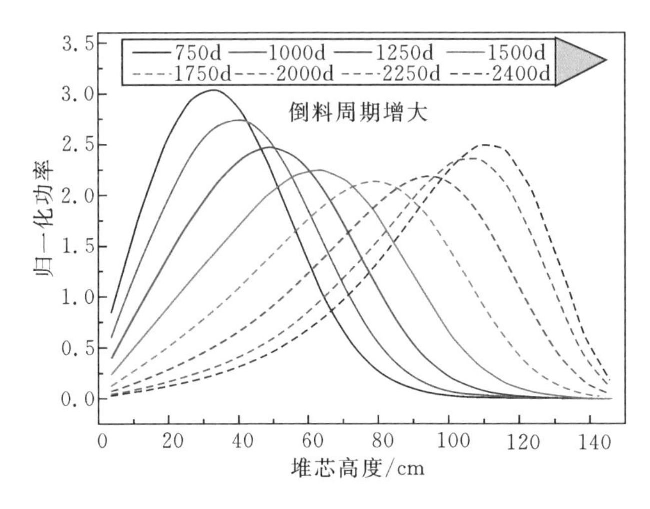

图 3-45　轴向倒料周期可临界工况的渐近堆芯归一化功率分布(1D)

图 3-46 给出了倒料周期为 1750 d 和 2400 d 时主要核素^{238}U、^{239}Pu、^{240}Pu、^{241}Pu、^{242}Pu 和 FP 的归一化核素密度分布。核密度的归一化方法为核素局部核素密度与初始燃料重核总的核素密度之比。从图 3-46(a)和(b)中可以看出,各核素的归一化核素密度分布表现出典型行波堆核素密度分布的基本特征:^{238}U 从燃料进口向燃料出口单调减少,原因是^{238}U 大部分增殖成为了^{239}Pu;由于^{238}U 的强增殖效应,^{239}Pu 由燃料进口侧逐渐增加,随后由于其自身的燃耗而缓慢下降,需要指出的是,观察图 3-45 和图 3-46,可以发现^{239}Pu 的分布决定了堆芯的功率分布,^{239}Pu

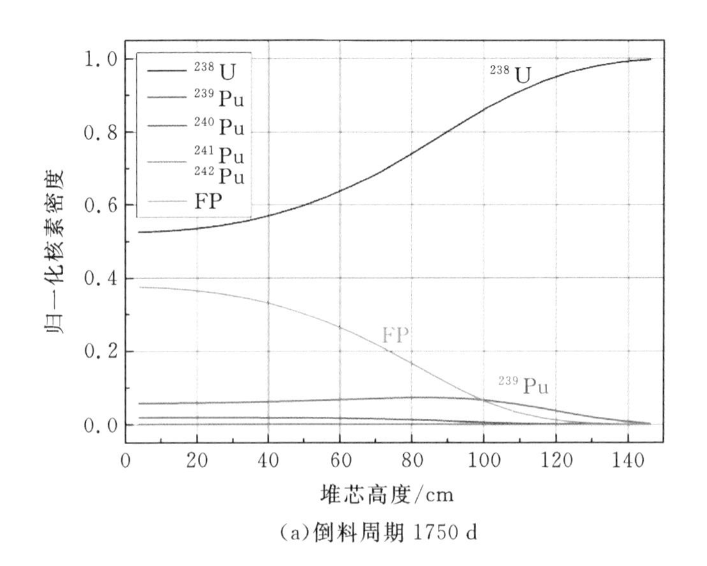

(a)倒料周期 1750 d

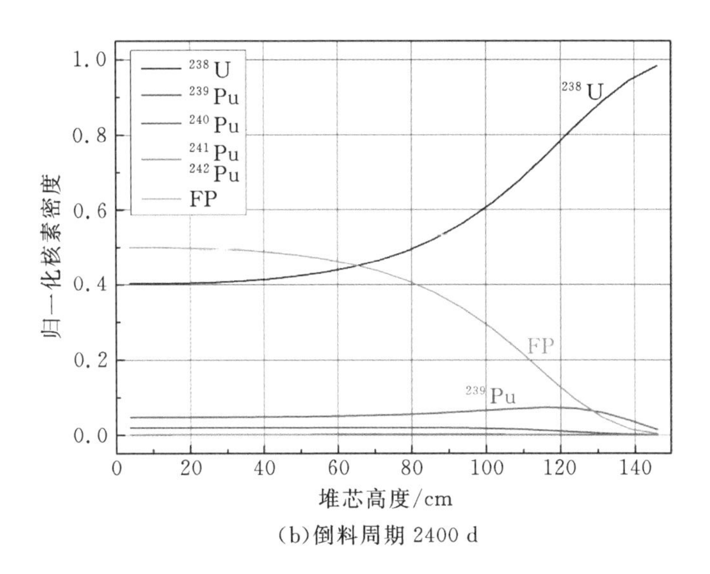

(b)倒料周期 2400 d

图 3-46 轴向倒料不同倒料周期下的归一化核素密度分布(1D)

的峰值处对应堆芯功率的峰值位置;由于其在燃料辐照过程中一直在积累,因此FP 自燃料入口侧到燃料出口侧单调增加。

在掌握一维计算方法后,进行三维计算。图 3-47 所示为不同维度下渐近态 k_{eff}随倒料周期变化的对比,由图可以看出二者总体上的规律是一致的,即渐近态 k_{eff}都随着倒料周期成近似抛物线型分布,但是由于二维的屈曲(buckling)效应,二维的 k_{eff}比一维的 k_{eff}低,二维下满足临界条件的倒料周期是 750~2400 d。

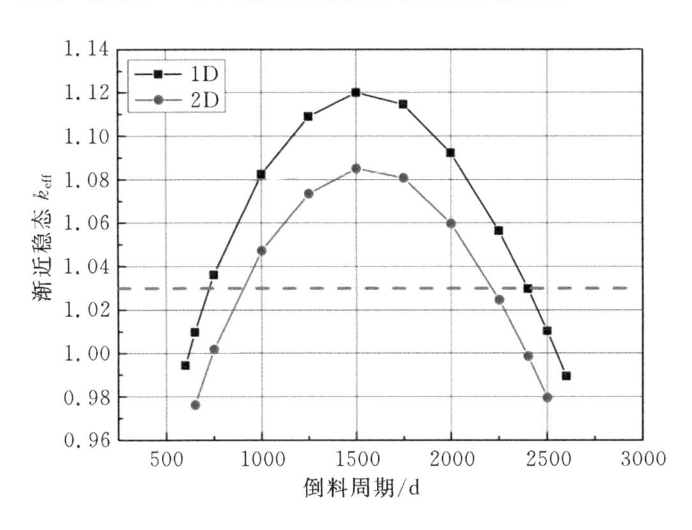

图 3-47 轴向倒料渐近 k_{eff}随倒料周期的变化对比(1D 和 2D)

图 3-48 所示为不同维度下渐近态燃耗随倒料周期变化的对比，由图可以看出二者总体上的规律是一致的，即渐近燃耗都随着倒料周期成线性分布，同样由于二维的屈曲效应，二维的数值比一维低，二维计算最大燃耗为 46%。

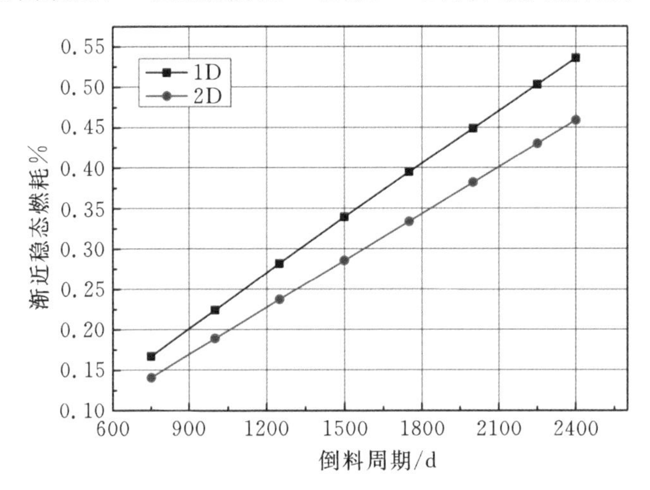

图 3-48　轴向倒料渐近稳态燃耗随倒料周期的变化对比(1D 和 2D)

从满足临界条件的工况中选取两个工况，其归一化功率分布如图 3-49 所示，倒料周期分别为 1750 d 和 2400 d。由图可以看出，两种工况下的功率分布呈现出弯曲的镰刀形而不是对称的椭圆形，这种变形是由于燃料运动过程中堆芯中间区域的增殖和燃耗能力强，导致增殖-燃烧波速度快，而边缘相对慢，最终造成此种效

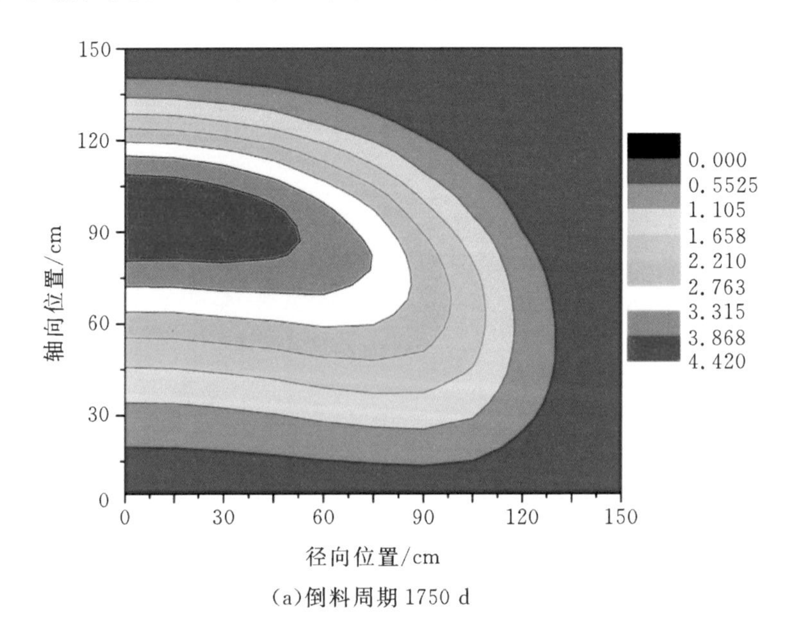

(a)倒料周期 1750 d

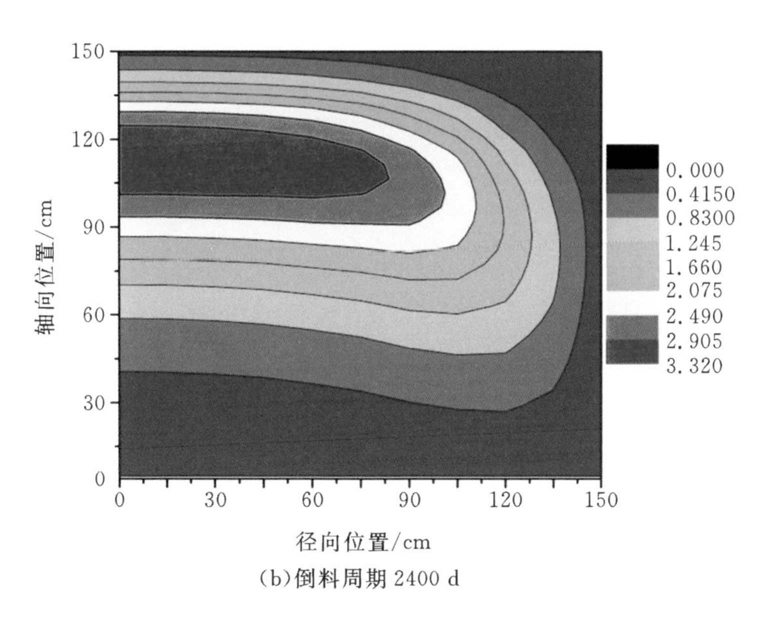

(b)倒料周期 2400 d

图 3-49　轴向倒料不同倒料周期下归一化功率分布对比(2D)

果,此效应在 Sekimoto 等[20]的研究中也有报道,在理论研究中也发现了这一现象。另外,对比两种工况还可以发现,随着倒料周期的增长,最高功率位置向燃料进口位置移动,功率峰因子从 4.42 降低到 3.32。

图 3-50 所示为倒料循环周期为 1750 d 时主要核素^{238}U、^{239}Pu 和 FP 的归一化核素密度分布。从图 3-50(a)可看出,^{238}U 由燃料进口侧向出口侧单调减少,原因

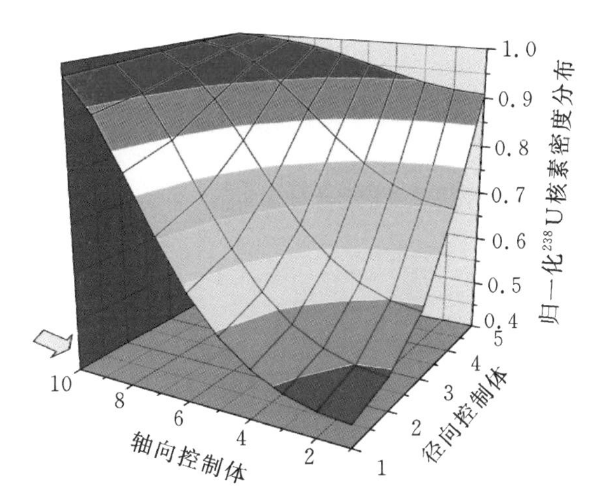

(a) ^{238}U 核素密度空间分布

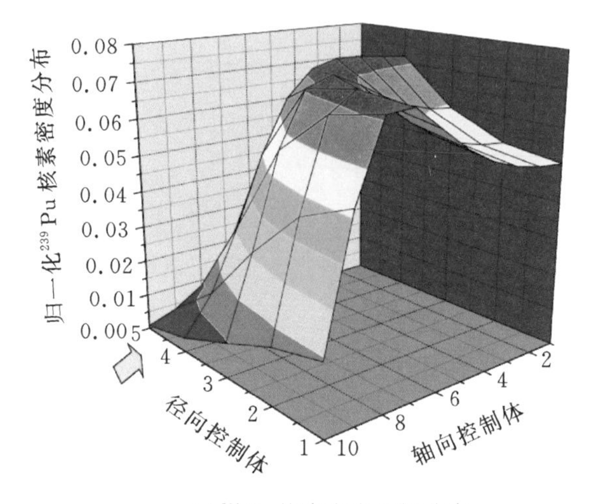

(b)^{239}Pu 核素密度空间分布

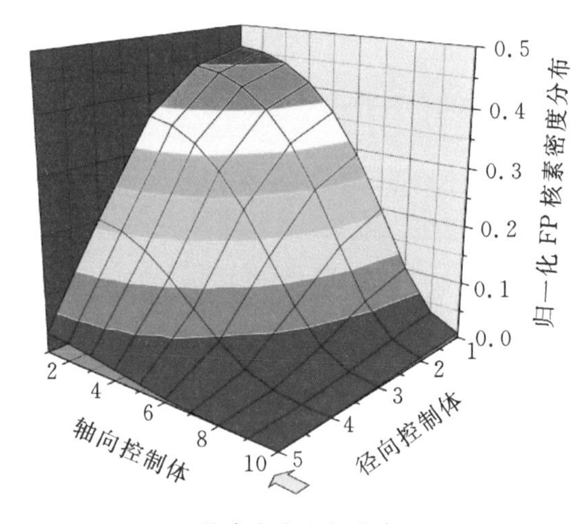

(c)FP 核素密度空间分布

图 3-50　轴向倒料周期为 1750 d时主要核素密度空间分布

是^{238}U大部分增殖成为^{239}Pu。然而,由于堆芯中心区域更高的增殖效应,导致其在堆芯中心比堆芯边界下降得更快。由于^{238}U的强增殖效应,^{239}Pu由燃料进口侧逐渐增加,随后由于其自身的燃耗而缓慢下降,如图3-50(b)所示。观察图3-49(a)和图3-50(b)可发现,^{239}Pu的分布决定了堆芯的功率分布,^{239}Pu的峰值处对应于堆芯功率的峰值位置。图3-50(c)为FP在堆芯的分布,由于其在燃料辐照过程中一直在积累,因此FP自燃料入口侧到燃料出口侧单调增加。可见,各核素的归一化核素密度分布表现出典型行波堆原子核素密度分布的基本特征。

综上所述，对于轴向步进倒料行波堆的研究，可以得到如下结论：

①渐近态 k_{eff} 随倒料周期近似呈抛物线形分布，渐近燃耗随倒料周期线性增长，反应堆达到临界对应一个最小燃耗和一个最大燃耗，在此燃耗区间内方可临界；

②堆芯功率峰随倒料循环周期的增长，从燃料卸出区向燃料导入区移动，功率峰值逐渐降低；

③在高燃耗情况下，堆芯功率分布会出现镰刀形变形；

④各核素的归一化核素密度分布表现出典型行波堆原子核素密度分布的基本特征。

参考文献

[1]谢仲生，邓力．中子输运理论数值计算方法[M]．西安：西北工业大学出版社，2005.

[2]BRIESMEISTER J F. MCNP-A general Monte Carlo N-particle transport code version 4C [R]. Los Alamos National Laboratory, Report LA－13709－M, 2000.

[3]TOURAN N, CHEATHAM J, PETROSKI R. Model biases in high-burnup fast reactor simulation[C]. Advances in Reactor Physics: Knoxville, Tennessee, USA, 2012.

[4]ELLIS T, PETROSKI R, HEJZLAR P, et al. Traveling-Wave Reactors: A Truly Sustainable and Full-Scale Resource for Global Energy Needs[C]//International Congress on Advances in Nuclear Power Plants, San Diego, CA, USA, 2010.

[5]GUO Z P, WANG C L, ZHANG D L, et al. The effects of core zoning on optimization of design analysis of molten salt reactor [J]. Nuclear Engineering and Design, 2013, 265: 967－977.

[6]CROFF A G. ORIGEN2: A versatile computer code for calculating the nuclide compositions and characteristics of nuclear materials[J]. Nuclear Technology, 1983, 62: 335－352.

[7]WILSON W B. Overview of CINDER'90 transmutation code[R]. SPIRA2 Workshop, GANIL: Santa Fe, New Mexico, USA, 2004.

[8]MOORE R L, SCHNITZLER B G, WEMPLE C A, et al. MOCUP: MCNP-ORIGEN2 coupled utility program[R]. Idaho National Engineering Laboratory, INEL-95/0523, 1995.

[9]TRELLUE H R, POSTON D L. Preliminary benchmarking of MONTEBURNS: A Monte Carlo burnup code[J]. Transactions of the American Nuclear Society, 1999, 80: 118.

[10]余纲林，王侃，王煜宏．MCBurn-MCNP 和 ORIGEN 耦合程序系统[J]．原子能科学技术，2003，37(3)：250－254.

[11]PARMA E J. BURNCAL: A nuclear reactor burnup code using MCNP tallies[R]. Sandia National Laboratories, SAND2002－3868, 2002.

[12]OKUMURA K, MORI T, NAKAGAWA M, et al. Validation of a continuous-energy

Monte Carlo burnup MVP-BURN and its application to analysis of post irradiation experiment[J]. Journal of Nuclear Science and Technology, 2000, 37 (2): 128 - 138.

[13]OKUMURA K, KUGO T. SRAC2006: A comprehensive neutronics calculation code system[R]. JAEA-Data/Code,2007 - 004, 2007.

[14]CHADWICH M B, OBLOZINSKY P, HERMAN M, et al. ENDF/B-Ⅶ.0: Next Generation Evaluated Nuclear Data Library for Nuclear Science and Technology[J]. Nuclear Data Sheets, 2006, 107 (12): 2931 - 3060.

[15]MACFARLANE R E. NJOY-99 Nuclear Data Processing System[CP/OL]. 2002, http://t2. lanl. gov/codes/NJOY99/index. html.

[16]DEHART M D, BRADY M C. OECD/NEA burnup credit calculational criticality benchmark phase I-B results[R]. Oak Ridge National Laboratory, ORNL-6901, 1996.

[17]NEA/NSC/DOC(10). A VVER-1000 LEU and MOX assembly computational benchmark [R]. Nuclear Energy Agency, Organization for Economic Co-operation and Development, 2002.

[18]XU Z W, PETROSKI R, TOURAN N, et al. A one-dimensional benchmark problem of breed & burn reactor[C]//Transactions of the American Nuclear Society, Washington D. C., 2011.

[19]PETROSKI R. General Analysis of Breed-and-Burn Reactors and Limited Separations Fuel Cycles[D]. Cambridge: Massachusetts Institute of Technology, 2011.

[20]SEKIMOTO H, RYU K, YOSHIMURA Y. CANDLE: the new burnup strategy[J]. Nuclear Science and Technology, 2001, 139: 306 - 317.

>>>第 4 章　轴向行波堆策略的应用

4.1　钠冷快堆型行波堆

钠冷快堆是六种四代反应堆中最具研究和设计经验的快堆堆型，钠冷快堆的成熟技术能方便地运用到钠冷行波堆燃耗策略中。Ellis 等[1]、Weaver 等[2-3]、Touran 等[4]和 Yan 等[5-6]对钠冷行波堆开展研究。

4.1.1　行波堆概念设计

行波堆的主要参数如表 4-1 所示[5-6]。

表 4-1　行波堆的主要参数

参数	数值	参数	数值/材料
热功率/MW	2500	包壳材料	HT-9
电功率/MW	1000	冷却剂	钠
堆芯高度(无排气)/cm	530	堆芯内区燃料	天然$^{235}U^{233}$ThZr 合金
堆芯高度(排气)/cm	300	堆芯外区燃料	富集度 1.8%^{235}UZr 合金
堆芯活性区高度/cm	250	反射层材料	不锈钢
堆芯直径/cm	360	燃料组件	六角形排列(217 燃料棒)
堆芯内径/cm	260	反应性控制	主泵流量控制
反射层厚度/cm	50	冷却剂压力控制	自由液面控制
燃料芯块直径/cm	10	最大堆芯出口温度/℃	527
包壳厚度/cm	0.8	堆芯入口温度/℃	330
燃料棒间距/mm	1.0	冷却剂流量/(t·s^{-1})	12
堆芯内区有效密度/%	68	堆芯外区有效密度/%	75

1. **堆芯概念设计**

行波堆堆芯优化设计需要考虑以下因素。

①行波堆堆芯的燃烧自动分区，并形成燃料增殖、燃烧和嬗变区。燃烧区产生的新一代中子将自行进入燃烧区和嬗变区，通过裂变在其中分别转化形成新的燃料和嬗变长寿期核素。

②在其它设计参数不变的条件下，维持稳定的中子注量率分布和燃烧区的轴向移动是行波堆设计的关键。若燃烧区轴向移动速度过高，一方面堆芯寿命变短，另一方面变大的堆芯功率要求更高的冷却剂流量。而燃烧区轴向移动速度过低时，堆芯寿命超过系统、结构和设备的设计寿命将带来无意义的浪费。当堆芯活性段高度在 2.5～3.5 m 时，选择平均燃烧速率为 2.0～3.5 cm • a^{-1} 能够满足 60 a 不换料运行的要求。

③通过尽可能地展平堆芯径向中子注量率，均匀的累积中子注量能够明显延长堆芯材料的寿命，这是堆芯优化设计需要考虑的另一个关键问题。优化方案中，堆芯活性段高度与堆芯直径基本相同，堆芯内区半径与堆芯外区宽度相同。

④由于行波堆首选的燃料包括天然铀、贫铀、乏燃料、低浓铀甚至钍等，所以需要更大的行波堆堆芯以满足实现临界和较好的中子经济性的要求。

以上分析表明，行波堆的特点决定了其选择较高功率、较大堆芯的行波堆优化设计方案。

2. **燃料元件设计**

行波堆燃料组件的稳定性和可靠性是决定堆芯寿命的又一重要因素。特别是快中子辐照对材料的损伤，以及随着辐照时间不断累积的裂变气体的影响与传统反应堆有较大差异。在 EBR-Ⅱ 和快中子通量试验装置(Fast Flux Test Facility, FFTF)实验快堆中，已对 200 DPA(Displacement Per Atom)的材料性能进行验证，有望使用同样的材料达到 400 DPA 的水平，并通过材料改进能够满足 600 DPA 的要求，在此水平下堆芯材料的性能可满足行波堆核电站 60 a 不换料运行[7]。

燃料棒在堆芯寿期末累计损伤份额 f_{CDF} 为：

$$f_{CDF} = \sum_i \frac{\Delta t}{t_r(\theta,\sigma)} < 1 \tag{4-1}$$

式中：$t_r(\theta,\sigma)$ 为温度 θ 和应力 σ 下的失效时间；Δt 为温度 θ 和应力 σ 下燃料包壳的实际工作时间；i 为堆芯中全部的燃料棒编号。

为更好地应对裂变气体累积的问题，行波堆优化方案采用排气燃料设计以降低燃料内部压力、减少包壳机械应力，提高燃料的可靠性，为更长的燃料寿命和更佳的堆芯性能奠定了基础。同时，无需气腔使燃料长度缩减了近 50%，更紧凑的堆芯对主泵、堆内构件的要求更为宽松。当然，采用排气式燃料组件需要设计在线的裂变气体收集系统，以保证行波堆安全壳内的辐射水平在可接受的范围内。

本书采用了防逆流排气设计：各段燃料芯体释放的裂变气体，在压力驱动下经芯体与包壳之间的液态金属填充层到达缓冲杯的顶部，进而进入缓冲杯底部的排气管；而反应堆冷却剂也可经由排气孔和排气管进入缓冲杯。通过合理地选取缓冲杯和环腔的体积，能够实现燃料内、外压力的动态平衡。此外，填充在环腔内的金属冷却剂在明显改善间隙导热性能、提高燃料物理性能的同时，可以增大间隙，提供高辐照肿胀所需的空间，进一步提高燃料元件的可靠性和安全性。

通过上端塞孔隙与之焊接固定的排气管，下端直通缓冲杯的底部并与其留有很小的间隙。上端的排气小孔选用熔点低于堆芯出口运行温度的金属密封。当反应堆运行后，冷却剂温度上升至密封熔化温度时，排气装置即投入使用。盘曲的排放管线设计，一方面能够延长裂变产物在堆内的停留时间以进一步降低其活性；另一方面能够提高阻力以限制来自反应堆冷却剂系统的回流。此外，设置在燃料芯块上方的陶瓷垫块可有效地过滤固体裂变产物颗粒，阻止其随裂变气体进入冷却系统。

3. **燃料芯块设计**

合金燃料在燃料转化、堆芯能谱、热工性能以及辐照性能等多个关键指标上都非常契合行波堆的需求和特点。在保证燃料元件安全的前提下，为追求更高的中子经济性，采用 Φ 10 mm 的圆柱短芯体。根据行波堆最终燃耗估计，因辐照而肿胀的乏燃料体积将是新鲜燃料的 140%，所以在优化设计中堆芯内区采用有效密度为 68% 的天然 UThZr 合金，而堆芯外区采用有效密度为 75%、富集度为1.08% 的 UZr 合金。这一设计值低于传统快堆 85%～90% 的有效密度，能够有效地满足行波堆在更高燃耗深度和燃料芯块肿胀率下的设计要求[8]。

实心的燃料芯体当辐照达到一定深度后，中心会自动形成气孔并将裂变气体释放至气腔。中心孔可能会被填充层中的液态金属占据，进而引起一定程度的温度分布变化，但总体趋势是降低燃料元件的整体温度，对燃料来说是安全的。而芯块的肿胀将因裂变气体的释放而减弱。

4. **液态金属填充层设计**

燃料芯块与包壳之间的间隙由液态金属填充，一方面可利用其良好的导热性能强化堆芯整体传热能力，展平燃料元件径向的温度梯度、降低燃料芯块工作温度；另一方面可以帮助加大芯块与包壳之间的间隙，更好地适应行波堆高燃耗引起的芯块肿胀，减小芯块与包壳直接接触的可能性以及接触后的机械应力。从而在保证燃料导热能力的同时，进一步提高燃料元件的可靠性和运行寿命。

5. **燃料组件结构设计**

燃料棒通过绕丝或肋定位，实现三角排列。棒直径为 1.0 mm，螺距约 50 cm。基于计算流体力学(CFD)方法对燃料组件结构的优化设计表明,通过在六边形组件套管的边壁、边角处合理地设置流量控制塞条和圆弧倒角,能够解决组件边、角通道与中心通道流量分配不合理,中心通道流量过小的问题,使温差降为优化前的21%。

6.停堆控制棒设计

行波堆堆芯的突出特点是基本不需要调节控制棒系统参与反应堆运行。实际上,在反应堆满功率运行时,应尽量避免控制棒在堆芯活性区的长期存在,以免引起中子注量率畸变,进而保证堆芯的核-热性能。此外,行波堆堆芯不需要压制的后备反应性,其优良的自稳临界特性实际消除了与调节控制棒相关的问题,非棒控的功率调节控制模式是行波堆设计的内在需求。

当停堆控制棒组件逐步提出堆芯时,堆芯通过启堆区的裂变反应而自动、缓慢地达到临界。为满足该运行设计要求,将停堆控制棒分为C组(控制组,棒价值较大)和A组(调节组,棒价值较小),当A组单独插入堆芯时,也能够保证反应堆达到冷态次临界。启堆过程中,C组控制棒较为快速地提出堆芯,并通过A组的缓慢提升使堆芯逐步达到临界;当堆芯运行时,堆芯功率的调节主要由主泵的无级变速调节,通过冷却剂流量的反应性反馈实现。这与通常的反应堆棒控方式有明显的差异。

停堆控制棒采用^{10}B富集度超过91%的B_4C作为中子吸收体,每个组件装有61根控制棒。吸收体的高度略大于堆芯活性段,以强化吸收效果。在本书给出的优化设计研究中,为展平堆芯径向中子注量率分布,堆芯内区的反应性可以通过利用控制棒组件替换堆芯位置的燃料组件,进一步降低反应性活性。行波堆满功率运行时,控制棒组件并不完全抽出堆芯,以避免在地震或其它事故下控制棒无法在需要停堆时顺利插入。

4.1.2 行波堆控制模式

1.启动及运行分析

行波堆堆芯启堆区的设计,需要满足堆芯在停堆控制棒缓慢提出过程中达到临界,并在启堆区形成接近于平衡态的中子注量率分布的要求。因此对启堆区的优化设计包括:

①核素种类尽量少、易于获取且放射性小,使燃料制造、运输和贮存简单安全。

②各类核素在启堆区的配比应使启堆区中子注量率分布接近平衡态分布,且在启堆区和新鲜燃料区之间平缓过渡。

在优化分析中,堆芯内区和外区的燃料都包含4种核素:^{238}U、^{235}U、^{91}Zr与^{95}Nb。^{91}Zr是铀锆合金燃料的合金成分,燃料内区还包含^{232}Th。在堆芯平衡态分析的基础上,进一步考虑燃料制造的可行性,将^{238}U和^{232}Th从新鲜燃料区的浓度单调地下降至乏燃料区的水平。考虑加工处理、材料成本、核-热性能、中子吸收截面和启堆区燃料芯块体积等多个因素的影响，选择^{95}Nb 用于模拟启堆区的裂变产物。在靠近堆芯边缘的启堆区部分，因中子泄漏增强，模拟裂变产物的核素浓度可以适当减少。

启堆区的^{235}U 浓度分布主要用于模拟平衡态^{239}Pu 的浓度分布，对启堆区中子注量率分布有决定性影响。如图 4-1 所示，启堆区^{235}U 浓度分布设计包括以下 5 个关键参数：启堆区总长度、A 段在启堆区所占比例、B 段峰值浓度、B 段长度和 C 段末端浓度。

A 段所占比例越小，启堆区中子注量率峰越靠近新鲜燃料区，使得堆芯增殖效应越明显，启堆后 k_{eff} 上升越快；反之则启堆后 k_{eff} 缓慢下降。应当合理设计 A 段长度使得堆芯的增殖-燃烧过程不被中断的同时，k_{eff} 的增加仍在堆芯温度反馈自动调节的范围内。

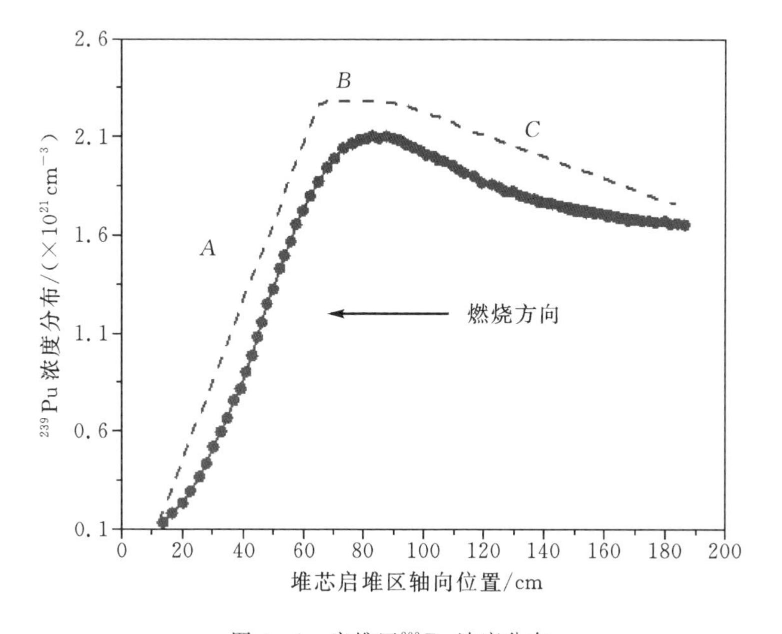

图 4-1　启堆区^{239}Pu 浓度分布

优化设计方案中启堆区总长 186 cm，接近平衡态燃烧区堆芯轴向长度。为降低堆芯轴向泄漏对启堆区中子注量率分布的扰动，设计时保持中子注量率峰与堆芯轴向边界相距约 100 cm，以弱化泄漏的影响，因此启动区较长。这一设计有利于减少中子对燃料组件和其它结构材料的辐照损伤。

图 4-2 给出了不考虑堆芯功率反馈时，行波堆运行 60 a 间 k_{eff} 的变化。在 45 a 内 k_{eff} 的波动不超过 0.01，而满功率运行 50 a 后由于堆芯燃烧区接近堆芯另一端，中子泄漏的增强会加速 k_{eff} 的下降。但堆芯功率降低会造成堆芯温度下降，在温度负反馈效应的影响下，k_{eff} 实际的下降程度要小一些。

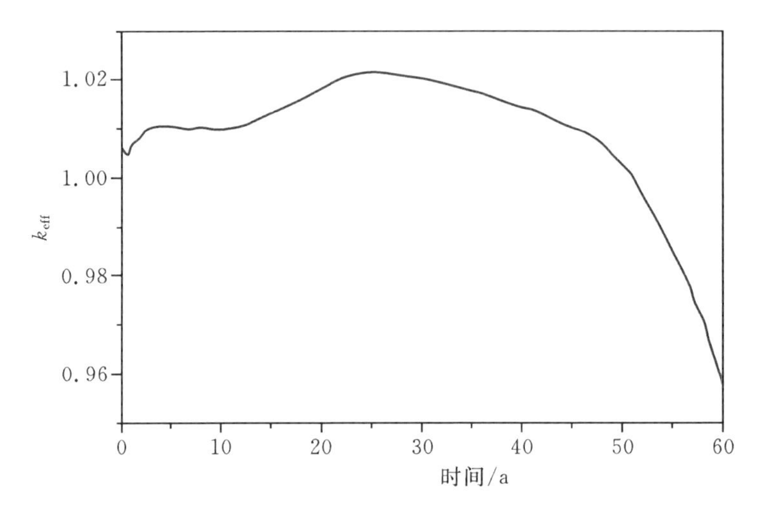

图 4-2　行波堆运行 60 a 间 k_{eff}的变化

图 4-3 和图 4-4 分别为启堆后 0.02 a 和 50 a 时的中子注量率分布，从启堆开始保持的一定形状和幅值的中子注量率分布在堆芯轴向上的稳定移动，充分体现了行波堆的自稳燃烧特性。优化设计实现了从启堆时就得到展平的径向中子注量率分布，并随着行波的燃烧自动调整为更为平坦的平衡态分布。表明行波堆长期燃烧的状态可通过堆芯优化设计先行设定，启堆时与平衡态之间的偏离会通过燃烧自动纠正。由于行波堆燃烧良好的鲁棒性，使得启堆区的设计和制造能够被进一步简化，降低启堆区模拟平衡态的要求。

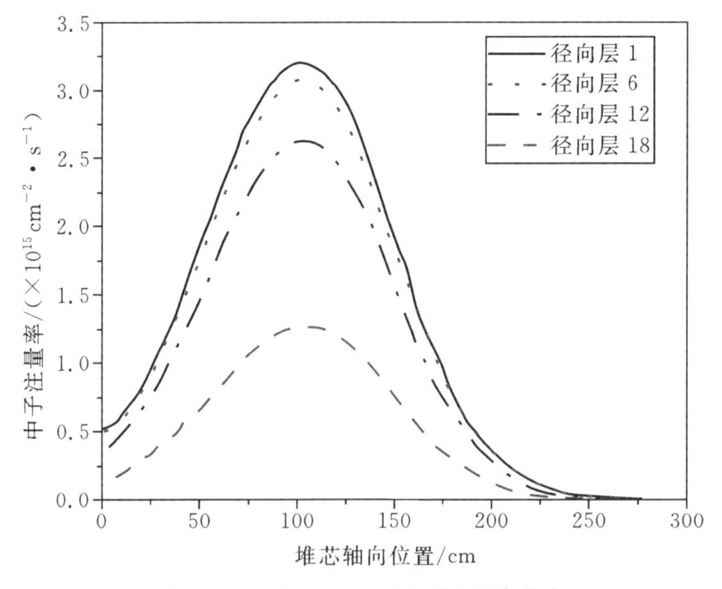

图 4-3　运行 0.02 a 时中子注量率分布

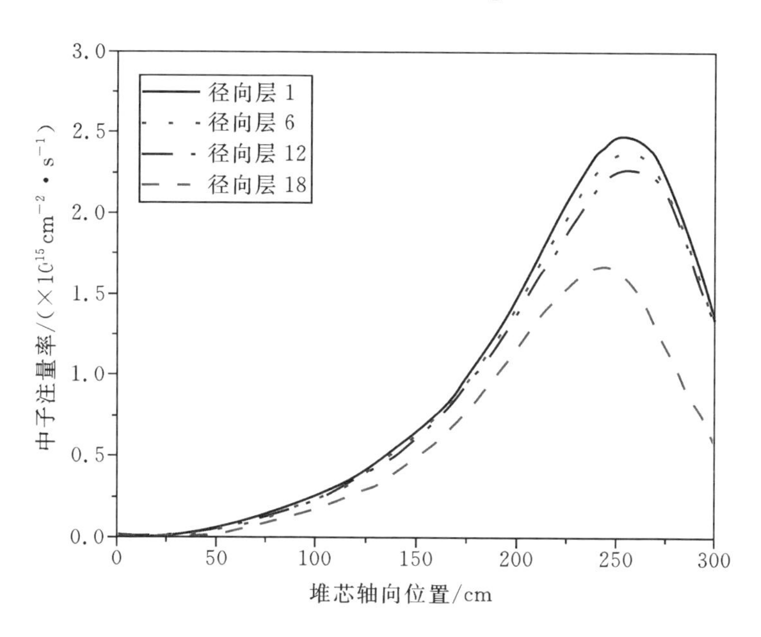

图 4-4　运行 50 a 时中子注量率分布

2. **功率调节**

行波堆设计不需要也不应该采用控制棒功率调节，合理可行的调节方式是通过改变堆芯入口冷却剂的工作参数，对行波堆全堆芯进行整体的温度-功率反应性反馈调节。当外部负荷降低时，反应堆冷却剂温度升高，在堆芯强迫循环流量不变的条件下，蒸汽最终带走的热量高于设定值，此调节误差可用于控制冷却剂泵转速以降低堆芯流量，进而弱化传热、升高温度、降低功率，使得堆芯功率与外部负荷匹配。

基于外部负荷、回路传热、堆芯温度与堆芯功率之间的复杂耦合模型进行的分析表明，冷却剂主泵驱动压头降低至额定压头的 10%后，因自然循环的存在堆芯流量降为满流量的 30%，归一化功率降为 50%满功率(Full Power, FP)，冷却剂入口温度降低 28 ℃，出口平均温度升高 100 ℃，包壳最高温度增加了 126 ℃，燃料芯块最高温度增加了 32 ℃。堆芯依靠温度-功率反馈能够进行超过 50%FP 的功率调节，并保证反应堆的安全。

但行波堆目前还不能在没有控制棒参与的条件下，依靠主泵的流量控制实现 15%FP 至 100%FP 的功率调节。甩负荷工况下需要 A 组停堆控制棒的参与，才能在保证反应堆安全的前提下实现堆芯功率的调节。

4.2　超临界水冷快堆型行波堆[9]

超临界水冷堆(Super-Critical Water-cooled Reactor, SCWR)堆芯进出口密度

变化很大，堆芯出口处冷却剂密度约为入口处的 1/10，堆芯出口区域的能谱比入口区域的能谱更硬，堆芯入口区域有利于裂变，而出口区域有利于增殖，这使得超临界水冷堆可用于实现行波堆策略。

4.2.1 计算模型

本书将轴向倒料行波堆策略运用到超临界水冷堆中，采用 ERANOS[10] 程序开展中子学和燃耗计算。考虑 Th-U 和 U-Pu，在 1D 有限长堆芯中开展中子学和燃耗计算，考虑径向屈曲的影响。

堆芯沿轴向被分为几个块，调整初始富集度、热功率和燃料移动速度，使堆芯渐近稳态达到所需的 k_{eff} 水平。采用 ECCO 程序处理 JEFF3.1 数据库[11]得到核素的微观截面，采用 ERANOS 程序开展中子学和燃耗计算。

由于超临界水堆堆芯进出口冷却剂密度变化很大，需要进行物理-热工耦合计算：物理部分为热工水力部分提供裂变功率，热工水力部分为物理部分提供材料温度和密度[9]。

4.2.2 PWR 燃耗和 k_{eff} 计算

为了更清楚理解水的密度和体积分数在燃耗过程中对 k_{eff} 的影响，以压水堆(PWR)为例开展计算，其中水的密度在全堆芯是相同的。计算燃耗和 k_{eff} 来研究水含量和燃料富集度的影响规律。采用典型 PWR 设计来开展计算，平均功率密度为 125.6 W·cm^{-3}，水密度为 693.7 kg·m^{-3}，堆芯活性区高度为 350 cm，冷却剂、不锈钢和燃料的体积分数分别为 55.624%、10.795%和 33.581%，燃料富集度为 4%。对于 U-Pu 循环，^{235}U 为初始的易裂变材料；对于 Th-U 循环，^{233}U 为初始易裂变核材料。

Th-U 循环考虑了 4%富集度和 3%富集度两种情况。图 4-5 为 Th-U 循环和 U-Pu 循环 k_{eff} 的对比，可见初始富集度为 4%的 Th-U 循环的 k_{eff} 比相同富集度的 U-Pu 循环的高，然而 3%富集度 Th-U 循环初始 k_{eff} 几乎与 U-Pu 循环相同。这表明，U-Pu 循环需要更高的初始富集度才能达到相同的 k_{eff}。同时，Th-U循环和 U-Pu 循环的 k_{eff} 均随燃耗而降低，在燃耗较低的阶段，Th-U 循环 k_{eff} 降低的比 U-Pu 循环的稍缓，但在约 2000 d 后，趋势相反，此时 Th-U 循环的燃耗约为 7.6%，U-Pu 循环的燃耗约为 7.2%。

选择富集度为 4%的 U-Pu 循环和富集度为 3%的 Th-U 循环为基础算例，来研究冷却剂对 k_{eff} 的影响，冷却剂含量分别为 1/2、1/4、1/8、1/16 和 1/32 原始值。图 4-6 所示为冷却剂含量对 k_{eff} 的影响。可见，当冷却剂含量大于1/4时，k_{eff} 随燃耗单调递减；当冷却剂含量小于 1/8 时，k_{eff} 随燃耗先增大后减小。对比 Th-U循环和 U-Pu 循环可见，当冷却剂含量较低时，如 1/16，Th-U 循环的增殖能力更强，k_{eff}的峰值更大。

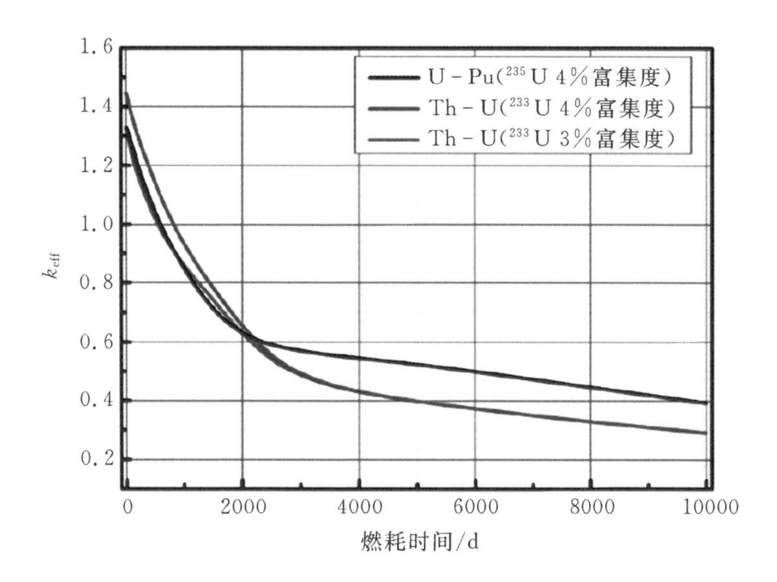

图 4-5　Th-U 循环和 U-Pu 循环 k_{eff}的对比

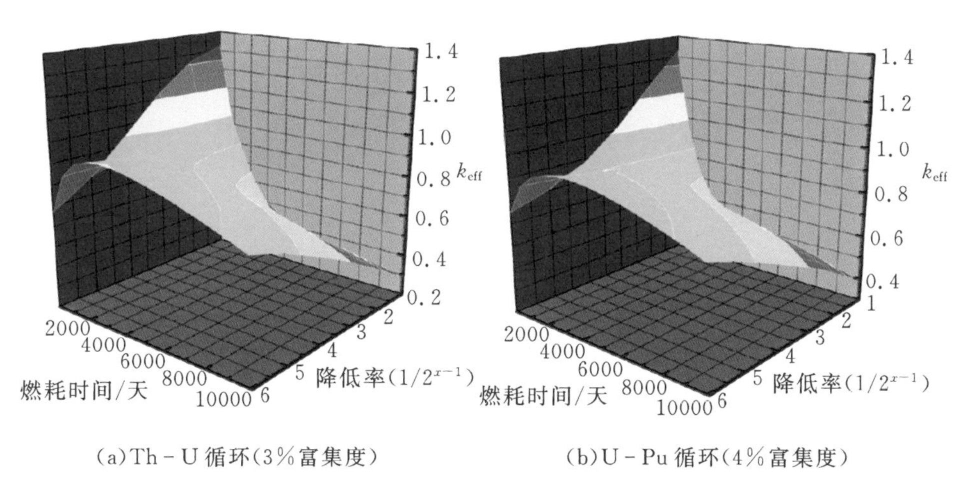

(a)Th-U 循环(3%富集度)　　(b)U-Pu 循环(4%富集度)

图 4-6　冷却剂含量对 k_{eff}的影响

图 4-7 所示为 1/4 冷却剂含量时 Th-U 循环和 U-Pu 循环 k_{eff}及易裂变核素存量因子与初始重核(HM)比值的对比。可见，两种循环下易裂变核素存量最终都增加了，转换因子(Conversion Factor, CR)大于 1，Th-U 循环的增量更大。然而，两种循环的 k_{eff}均随燃耗而降低，Th-U 循环降低速度更快。这表明，更高的 CR 并不意味着反应性降低得更少。可得到如下结论：①降低水含量可增加 CR；②CR大于 1 并不足以抵御反应性的降低；③ Th-U 循环 CR 较大，但反应性降低

也更大。

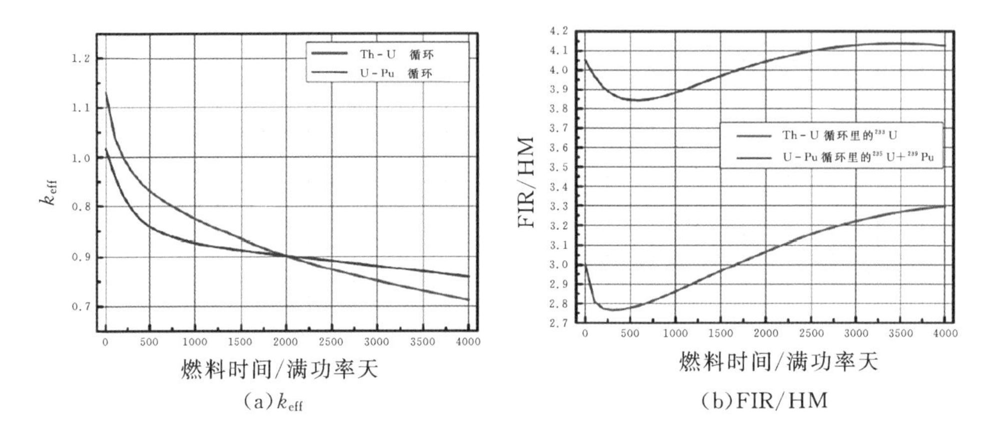

(a)k_{eff}　　(b)FIR/HM

图 4－7　1/4 冷却剂含量时 Th－U 循环和 U－Pu 循环 k_{eff}的对比

假定冷却剂含量降低到初始的 1/16，约为 43 kg・m^{-3}，燃料富集度对 k_{eff}的影响如图 4－8 所示。可见，Th－U 循环和 U－Pu 循环的增殖能力均随燃料富集度的增大而减弱。此外，无论燃料的初始富集度为何值，k_{eff}最终会达到相同的值。

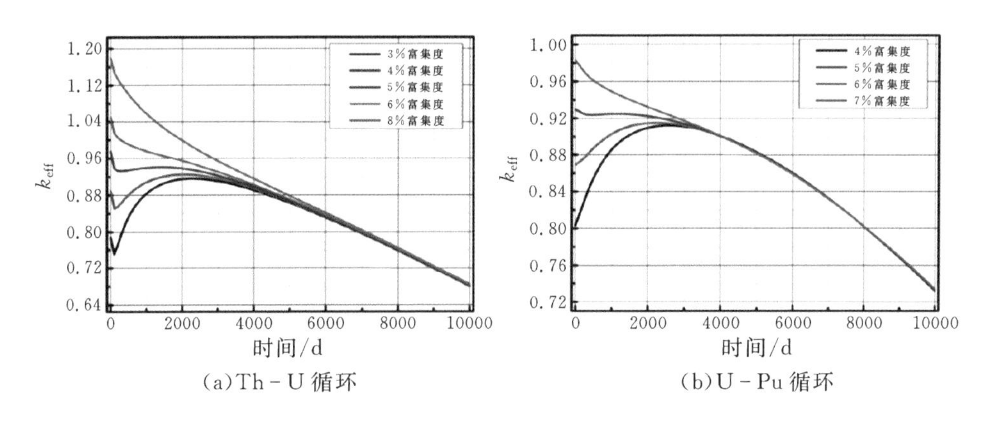

(a)Th－U 循环　　(b)U－Pu 循环

图 4－8　1/16 冷却剂含量下富集度对 k_{eff}的影响

上述的参数分析表明，只有在冷却剂含量较低的情况下 PWR 中才能形成增殖-燃烧波，这基本是不现实的。而在超临界水冷快堆(Super-Critical Water-cooled Fast Reactor, SCWFR)中，冷却剂的密度只是沸水堆(Boiling Water Reactor，BWR)或 PWR 的 1/7。同时，定性的研究表明，在相同的燃耗下 SCWFR 中包壳的辐射损伤比钠冷快堆(Sodium-cooled Fast Reactor，SFR)小，因为堆芯的能谱更软，同时平均辐照损伤截面和中子注量率也更小。这会降低行波堆对材料的要求，从而提高其工程可实现性。Chen 等[9]的研究表明行波堆策略可应用到超临界水堆中。因此，本书进行更为准确和实际的数值模拟。

4.2.3　SCWFR 一维倒料计算

1. 计算工况

本书计算基于 SCWFR 设计[13]。堆芯均匀布置燃料组件，每个燃料组件包含 169 个燃料棒，每个燃料棒直径为 1.02 cm，栅径比为 1.13。燃料、结构材料和冷却剂的体积分数分别为 49.769%、19.758%和 30.446%。堆芯进出口参数如表 4-2 所示。

表 4-2　堆芯进出口参数

参数	堆芯进口	堆芯出口
冷却剂温度/℃	235	523
冷却剂密度/($kg \cdot m^{-3}$)	840.5	84.0
冷却剂焓/($kJ \cdot kg^{-1}$)	1018.5	3249.0

为了更好地开展对比分析，同时考虑了 Th-U 循环(氧化物燃料)和 U-Pu 循环(氧化物燃料，^{239}Pu 为易裂变核素)。燃耗计算考虑的超锕系核素从 ^{232}Th 至 ^{247}Cm。在计算中，堆芯的总高度控制在 330 cm，沿轴向被分为 11 个控制体；由于功率密度的限值，总热功率为 3.3×10^4 MW；每 1000 d 进行一次倒料；只调整燃料的富集度使得堆芯 k_{eff} 在 1.03 左右，这能保证在二维计算中考虑径向屈曲之后 $k_{eff}=1.0$。

2. 渐近稳态 k_{eff} 随富集度的变化

通过轴向倒料策略和计算方案可以得出，在经过一定的倒料之后堆芯能达到渐近稳态，此时 k_{eff}、功率分布形状以及核素密度分布形状等将保持不变。图 4-9 所示为 Th-U 循环 k_{eff} 随燃耗的变化，此时富集度为 10%。当燃耗步长取 1000 d 时(与倒料周期相同)，堆芯能平稳的达到渐近稳态。当燃耗步长取 200 d 时，k_{eff} 在波动中达到渐进稳态，且随倒料而波动。在本算例中，反应性波动约为 4772×10^{-5}，这需要控制棒进行控制。反应性波动可通过减小控制体长度来降低，即增加倒料的频率。此外，燃耗步长为 200 d 和 1000 d 时计算得到的倒料前的 k_{eff} 是相同的，这表明燃耗步长较大时也能获得正确的计算结果。

渐近稳态 k_{eff} 与新鲜燃料富集度有关。因此，计算不同新鲜燃料富集度以使 Th-U 和 U-Pu 循环的 k_{eff} 均为 1.03 左右。图 4-10 所示为不同新鲜燃料富集度经过 50 次倒料后的渐进稳态 k_{eff}。从图中可以看出，Th-U 循环新鲜燃料富集度需要达到 10%才能使 k_{eff} 达到 1.03；而 U-Pu 循环需要 15%富集度的新鲜燃料才能达到相似的结果。这再一次表明，在 SCWFR 中，Th-U 循环比 U-Pu 循环更合适。

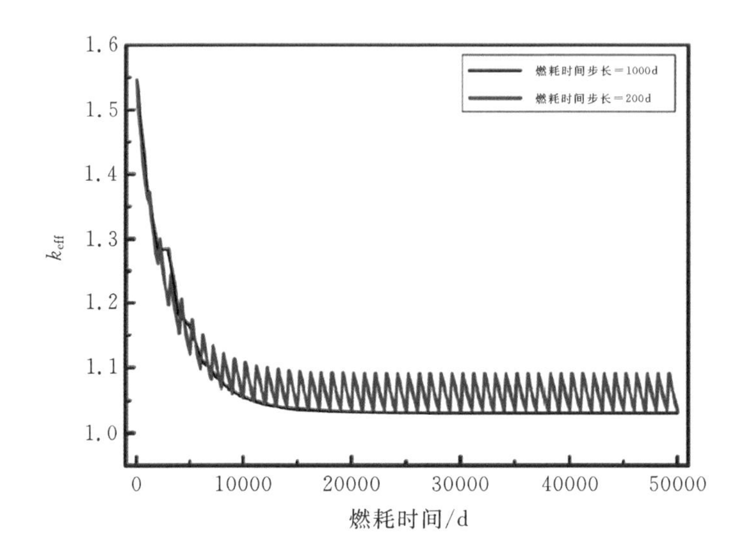

图 4-9　Th-U 循环 k_{eff} 随燃耗的变化

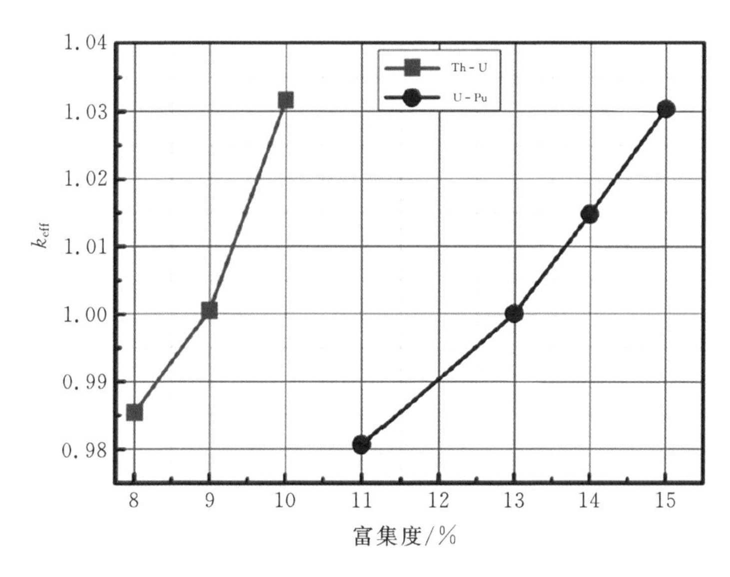

图 4-10　渐近稳态 k_{eff} 随新鲜燃料富集度的变化

3. **渐近稳态结果**

Th-U 循环和 U-Pu 循环渐近稳态的功率密度分布及其归一化分布如图 4-11 所示。可见，与 Th-U 循环相比，U-Pu 循环从燃料入口侧的功率分布更狭窄且功率密度更高。U-Pu 循环的最大功率密度为 157 W·cm^{-3}，Th-U 循环的最大功率密度为 260 W·cm^{-3}。热流密度与质量流量比（q_{max}/G）是确定 SCWFR 中传热恶化起始点的重要参数，Chen 等的研究表明该值通常为 2.24 $kJ \cdot kg^{-1}$。在本书中，Th－U 循环 q_{max}/G 为 2.11 $kJ \cdot kg^{-1}$，而 U－Pu 循环 q_{max}/G 为 3.49 $kJ \cdot kg^{-1}$。这表明，Th－U 循环在防止传热恶化方面优于 U－Pu 循环。

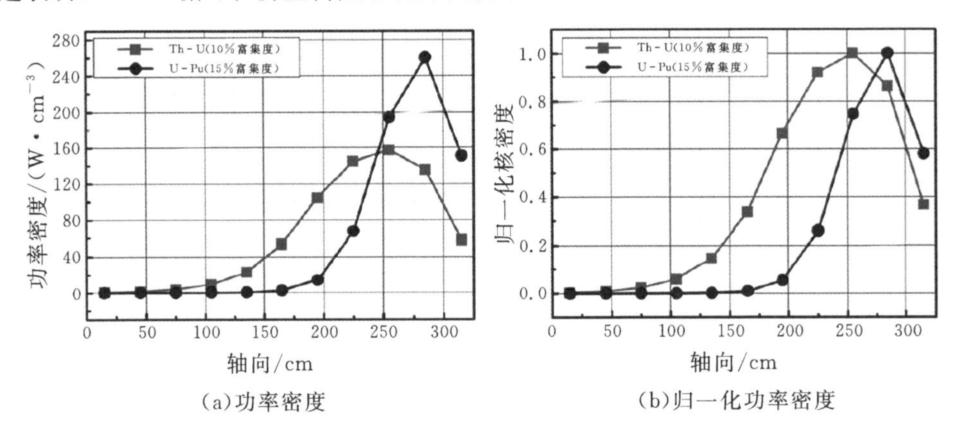

(a)功率密度　　(b)归一化功率密度

图 4－11　功率密度分布及其归一化功率密度分布

图 4－12 所示为主要核素密度分布。与典型的 TWR 相比，最大的区别是Th－U循环的^{233}U 或 U－Pu 循环的^{239}Pu 从燃料入口（冷却剂出口）到燃料出口（冷却剂入口）逐渐降低。这表明，由于初始富集度很高，易裂变核素的产出比消耗低。图中 Th－U 循环的燃耗为 15.9％(atom，简写为 at)，U－Pu 循环的燃耗为 13.0％(at)。Th－U 循环的燃耗更高是因为初始富集度较低所致。Th－U 循环和 U－Pu 循环的燃耗均大于 LWR，例如 SFR 的燃耗仅为 4.34％[14]，低于快堆设计的 TWR 的理论燃耗。这主要是因为 TWR 的能谱比 SFR 软，导致转换比小于 1，因此需要很高的新鲜燃料富集度。同时，有限长堆芯中只能形成截断的孤立波。

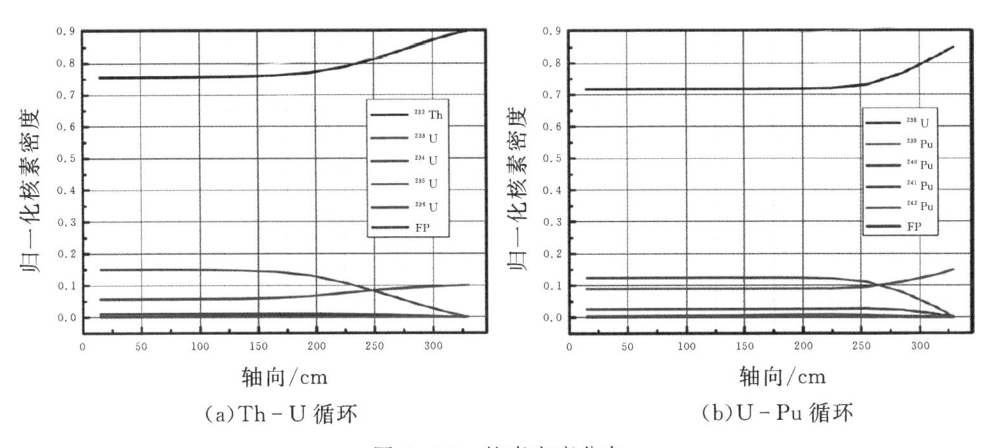

(a)Th－U 循环　　(b)U－Pu 循环

图 4－12　核素密度分布

Th－U 循环和 U－Pu 循环的冷却剂密度分布如图 4－13 所示。从图中可以看出，最大功率密度位于拟沸腾点附近。堆芯长度可缩短，特别是 U－Pu 循环，因为冷却剂入口很长一段区域内中子注量率和功率密度都极小。

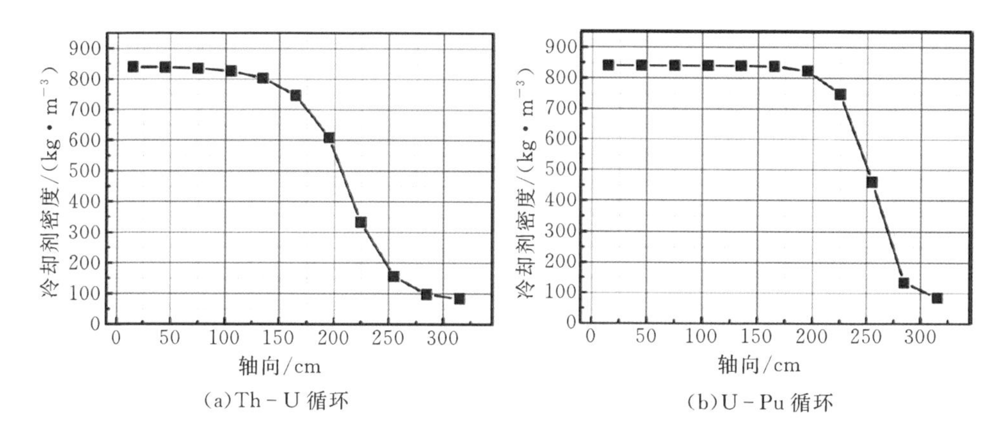

图 4－13　冷却剂密度分布

4. 安全系数

渐近稳态安全系数如表 4－3 所示。结果表明，Th－U 循环多普勒常数是 U－Pu 循环的两倍左右，更重要的是 Th－U 循环具有很大的负空泡反应性反馈和冷却剂反馈系数，而 U－Pu 循环的这两个参数均为正值。这表明，从反应堆安全角度出发，Th－U 循环比 U－Pu 循环更好。

表 4－3　安全系数对比

参数	Th－U(10％富集度)	U－Pu(15％富集度)
多普勒常数(1500～2100 K)	-3699×10^{-5}	-1561×10^{-5}
空泡反应性反馈(dk)	-4748×10^{-5}	16329×10^{-5}
冷却剂反馈系数(ΔT=30 K)	$-172\times10^{-5}\,\mathrm{K}^{-1}$	$59\times10^{-5}\,\mathrm{K}^{-1}$

4.3　高温气冷堆型行波堆[7,15]

对于快堆而言，因为从裂变区泄漏到新鲜燃料的中子被^{238}U 吸收后转换为^{239}Pu，所以新鲜燃料的无限增殖因子可先小于 1 之后再大于 1，堆芯可通过有限长度的燃烧区实现临界。

然而，对于高温气冷堆等热堆而言，无论天然或富集铀燃料均不能实现其无限增殖因子先小于 1 之后再大于 1。因此，初始燃料由富集铀和可燃毒物组成。可燃毒物随燃耗降低的速度比^{235}U 快，如图 4－14 所示，这样燃料的无限增殖因子可实现上述的变化趋势。为了达到这个目的，可燃毒物的热谱微观吸收截面 $\sigma_{a,BP}$ 必须足够大。

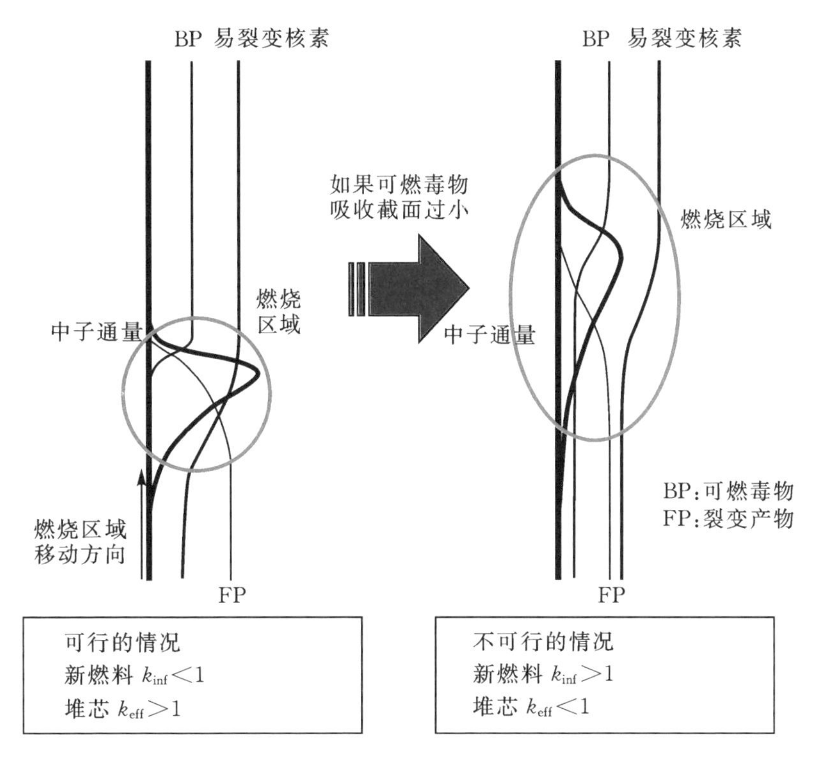

图4-14　将行波堆策略运用到高温气冷堆中其中子通量和核素密度分布

高温气冷堆具有如下的优势：①由于使用涂敷燃料颗粒，堆芯可满足高燃耗要求；②结构材料石墨具有较高的热容，且在高温下能保持完整性；③冷却剂氦为惰性气体，化学性质稳定。将行波堆策略运用到块燃料型高温气冷堆中，具有如下的特点：①堆芯具有与球床堆相似的优点：不再需要燃耗反应性控制，反应堆特性不随运行变化。②与球床堆相比具有更多的优点：球床堆加料系统很复杂，但块燃料型高温气冷堆的加料系统很简单，块燃料型高温气冷堆不会发生球床堆中的球床堵塞事故；对于块燃料型高温气冷堆，燃料是固定的，更容易开展物理分析，而球床堆的计算存在很大不确定性；球床堆中容易发生燃料破损事故。

堆芯上部各核素的核素密度在轴向上是均匀的，但燃烧区核素密度分布很复杂。因此，构建第一个反应堆的点火区是很困难的。然而，寿期末堆芯燃烧区可用作新堆新的点火区，如图4-15所示。由于该堆使用块型燃料，换料策略很容易实现。

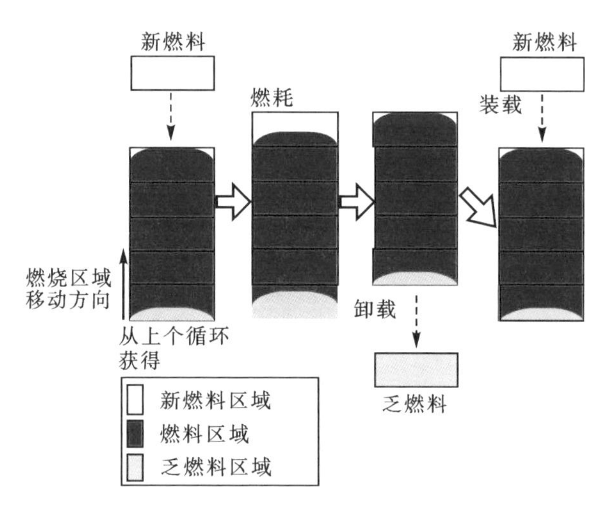

图 4-15　行波堆换料策略概念

4.3.1　计算策略

1. 平衡态计算流程

平衡态是功率峰经过点火区后堆芯内完全形成孤立波的状态。通过联合求解中子扩散方程和燃耗方程获得燃烧区移动速度、核素密度分布、中子注量率分布以及功率分布。

2. 栅元双重不均匀性计算

栅元计算是采用双重不均匀性模型来处理 TRISO 燃料颗粒。本书中，对 JAERI 的 HTTR 开展燃料栅元计算[14]。燃料几何模型如图 4-16 所示。燃料区域由三结构同向性型(TRI-Structural isO-tropic，TRISO)燃料颗粒和石墨阵列组成，被视为微不均匀栅元。采用碰撞概率程序 SRAC[16] 并基于 JENDL3.2[17] 数据库进行栅元计算。

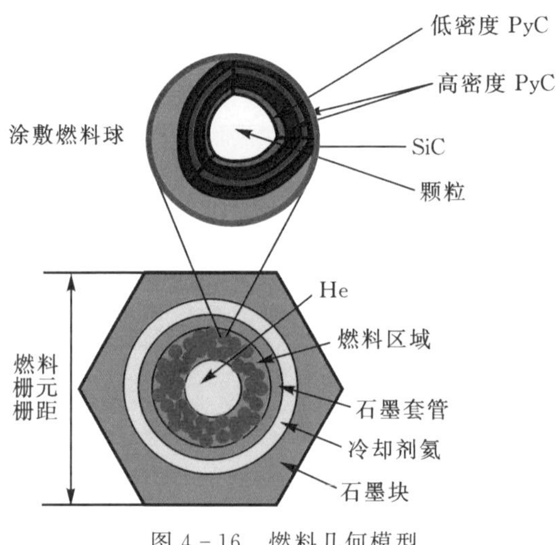

图 4-16　燃料几何模型

3.**行波堆的基本方程**

由于在行波堆燃料策略中燃烧区域是移动的,因此燃耗方程中需要考虑到燃烧区域的移动。在本书中,计算方法与用于球床堆平衡态计算的 PREC[18] 方法相似。通过在轴向燃烧位置 z 引入速度 v_z,第 i 种核素密度 N_i 满足如下方程:

$$v_z \frac{\mathrm{d}N_i}{\mathrm{d}z} = \left(-\lambda_i - \sum_g \sigma_{\mathrm{a},i,g}\varphi_g\right)N_i + \sum_j \left(\alpha_{j\to i}\lambda_j + \beta_{j\to i}\sum_g \sigma_{\mathrm{a},j,g}\varphi_g + \gamma_{j\to i}\sum_g \sigma_{\mathrm{f},j,g}\varphi_g\right)N_j \tag{4-2}$$

式中:φ_g 为 g 能群中子通量;λ_i 为核素 i 的衰变常数;$\sigma_{a,i,g}$ 为核素 i 的 g 能群吸收截面;$\alpha_{j\to i}$ 为核素 j 衰变为核素 i 的概率;$\beta_{j\to i}$ 为核素 j 吸收中子后产生核素 i 的概率;$\gamma_{j\to i}$ 为核素 j 裂变产生核素 i 的产额。

中子有效倍增因子和中子通量通过求解下述方程得到,其中的群常数通过下述的栅元计算得到:

$$\begin{aligned}&-\nabla\cdot D\,\nabla\varphi_g + \sum_i N_i\sigma_{x,i,g}\varphi_g + \sum_{g'=g+1}^{G}\sum_i N_i\sigma_{\mathrm{s},i,j\to g'}\varphi_g \\ &= \frac{\chi_g}{k_{\mathrm{eff}}}\sum_{g'=1}^{G}\sum_i N_i v_{g'}\sigma_{\mathrm{f},i,g'}\varphi_{g'} + \sum_{g'=1}^{g-1}\sum_i N_i\sigma_{\mathrm{s},i,g'\to g}\varphi_{g'}\end{aligned} \tag{4-3}$$

式中:D_g 为 g 能群中子扩散系数;χ_g 为裂变产生 g 能群中子的概率;k_{eff} 为中子有效倍增因子;v_g 为裂变产生 g 能群平均中子数;$\sigma_{\mathrm{f},i,g}$ 为 g 能群核素 i 的裂变截面;$\sigma_{\mathrm{s},i,g'\to g}$ 为核素 i 从 g' 能群到 g 能群的散射截面。

采用球坐标 $r-z$ 坐标系,中子通量通过反应堆总功率进行计算。

4.**迭代方法**

为了计算得到燃烧区域移动速度 v_z,计算被分为两部分。在第一部分中,通过比较一些计算结果得到两个最佳估算,作为第二部分的初始估算值;在第二部分中,采用与 Sekimoto 等[19] 相同的迭代方法求解。

4.3.2　计算工况和结果分析

1.**计算工况**

块燃料型高温气冷堆型行波堆采用上述稳态燃耗程序开展物理计算。反应堆的设计参数如表 4-4 所示,除堆芯高度外都以 Yamashita 等[15] 的 HTTR 为基础。理想的行波堆需要在无限长堆芯中获得,但是在实际计算中将堆芯高度设置为无限长是不现实的,因此本书中将堆芯高度设置为 800 cm。$z=800$ cm 侧为乏燃料区域,$z=0$ cm 侧为新鲜燃料区域。

表 4-4　反应堆设计参数

参数		数值
热功率/MW		30
涂敷燃料球	燃料	UO_2
	类型	TRISO
	燃料颗粒内径/mm	0.608
	燃料颗粒外径/mm	0.940
涂敷材料 PyC/PyC/SiC/PyC	厚度/mm	0.060/0.030/0.030/0.046
	密度/(g・cm^{-3})	1.143/1.878/3.201/1.869
	填充率/%	30.0
燃料球	内径/cm	1.00
	外径/cm	2.60
冷却剂空隙	内径/cm	3.40
	外径/cm	4.10
堆芯	直径/cm	230
	高度/cm	800
径向反射层	厚度/cm	100

中子能群结构如表 4-5 所示。燃耗计算的燃耗链基于 SRAC-TH-CM66FP[16]，该模型中包含 29 个重核和 66 个裂变产物核素。

表 4-5　中子能群结构(4 群)

能群编号	能量/eV		能量/eV	
	高	低	高	低
1. 快	1.0000E+07	1.1109E+07	0.000	4.500
2. 慢	1.1109E+07	2.9023E+07	4.500	12.750
3. 共振	2.9023E+07	2.3824E+07	12.750	15.250
4. 热	2.3824E+07	1.0000E+07	15.250	27.631

在该分析中，填充在燃料球中的天然钆作为可燃毒物。天然钆核素^{152}Gd、^{154}Gd、^{155}Gd、^{156}Gd、^{157}Gd、^{158}Gd、^{159}Gd 的质量分数分别为 0.203%、2.180%、15.800%、20.466%、15.652%、24.835%、21.863%，其中，只有^{155}Gd 和^{157}Gd 是有

效的可燃毒物。所有核素的群常数均在 900 K 以下计算得到，它们会随核素份额和温度而变化，但在本书中没有考虑。

2. **稳态计算结果**

图 4-17 所示为堆芯轴向中子通量和核素密度分布。可燃毒物^{157}Gd 由于中子

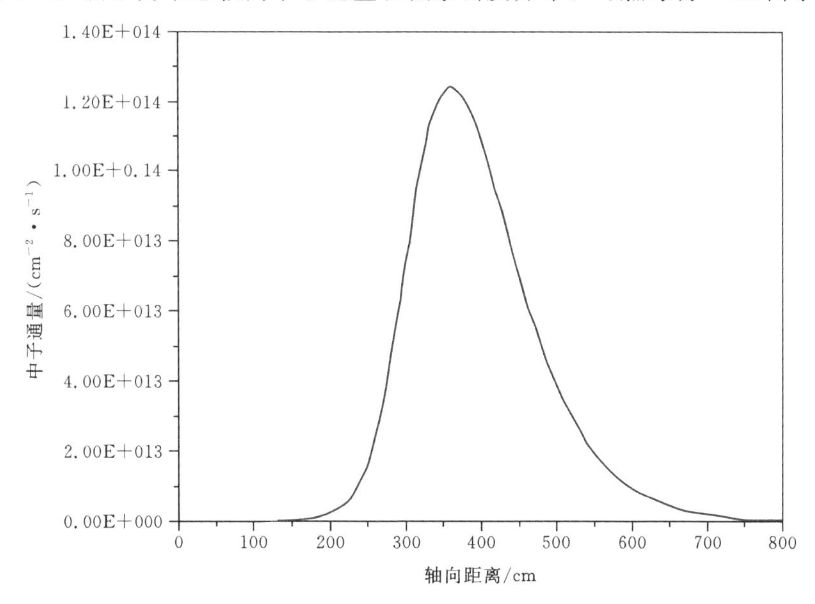

(a)中子通量分布

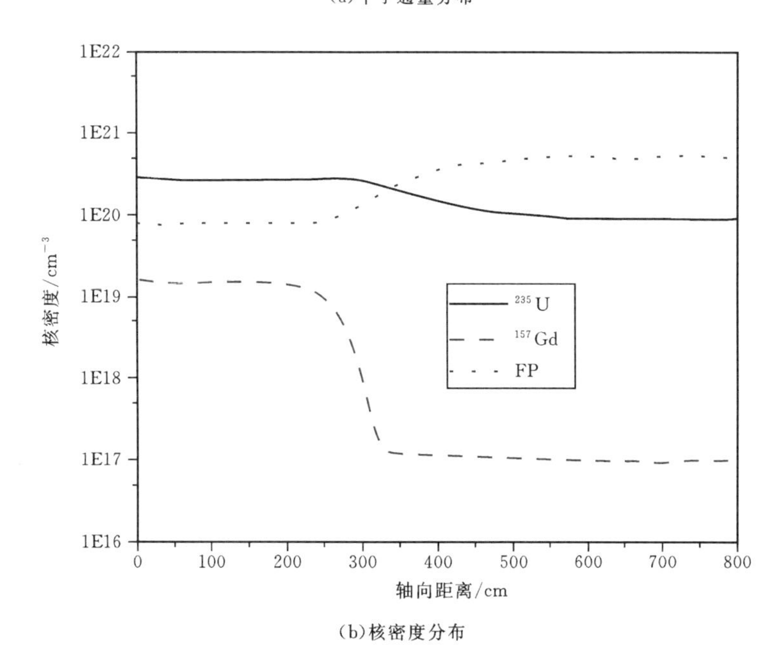

(b)核密度分布

图 4-17　堆芯轴向中子通量和核素密度分布

的吸收会随中子通量的增大而快速降低；之后，^{235}U 核素密度逐渐降低，裂变产物随^{235}U 的裂变而快速增大，高燃耗区剩余的钆大部分是裂变产物。

表 4-6 所示为天然钆浓度对堆芯性能的影响。随着天然钆浓度的增大，燃烧区域移动速度变慢，有效中子增殖因子降低，乏燃料燃耗增大。不同天然钆浓度下中子无限增殖因子和中子通量分布分别如图 4-18 和图 4-19 所示。当高天然钆浓度增大时，中子无限增殖因子和中子通量分布更尖锐，堆芯更难实现临界。

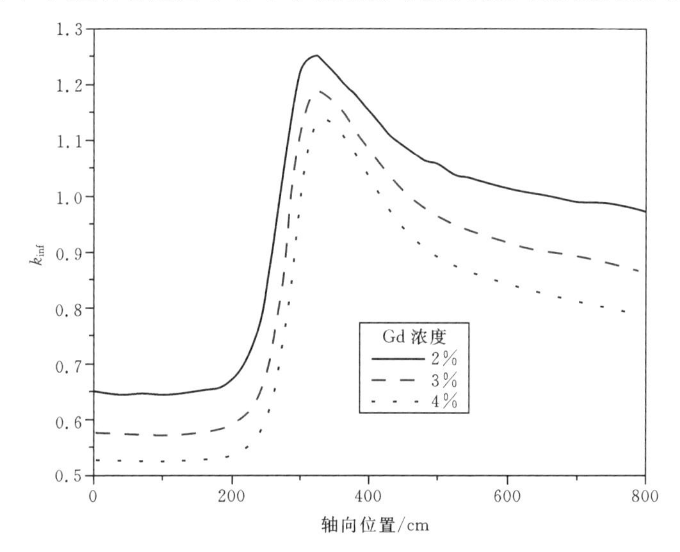

图 4-18 不同天然钆浓度下中子无限增殖因子分布

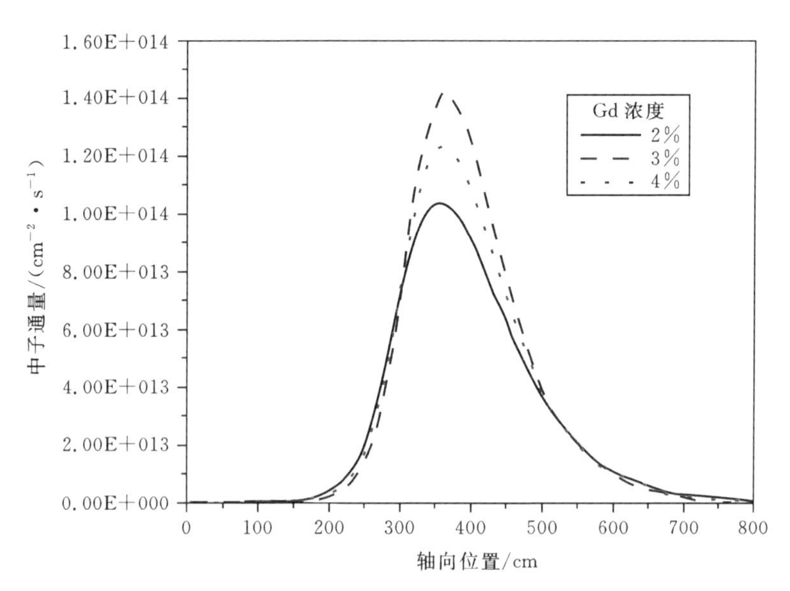

图 4-19 不同天然钆浓度下中子通量分布

表4-6 天然钆浓度对堆芯性能的影响

参数	天然钆浓度/%		
	2.0	3.0	4.0
初始燃料的中子无限增殖因子	0.6478	0.5780	0.5310
有效中子增殖因子	1.0743	1.0076	0.9555
燃烧区移动速度/(mm·s^{-1})	34.4	29.2	26.3
平均燃耗/(GW·d·t^{-1})	84.2	100.3	112.4
堆芯最大功率密度/(W·cm^{-3})	4.30	4.76	5.16
功率分布的半高宽/cm	171.5	154.0	141.5

铀富集度对堆芯性能的影响如表4-7所示。随铀富集度的增大,燃烧区移动速度变慢,中子有效增殖因子增大,乏燃料燃耗增大。不同铀富集度下中子无限增殖因子如图4-20所示。随铀富集度的增大,中子无限增殖因子和中子通量分布变宽,峰值降低,堆芯更容易实现临界。

表4-7　铀富集度对堆芯性能的影响

参数	铀富集度/%		
	10	15	20
初始燃料的中子无限增殖因子	0.4212	0.5780	0.7089
有效中子增殖因子	0.9233	1.0076	1.0678
燃烧区移动速度/(mm·s^{-1})	34.3	29.2	26.3
平均燃耗/(GW·d·t^{-1})	85.5	100.3	111.3
堆芯最大功率密度/(W·cm^{-3})	5.20	4.76	4.43
功率分布的半高宽/cm	144.6	154.0	162.6

燃料栅距对堆芯性能的影响如表4-8所示。随着燃料栅距的增大,中子能谱变软。因此,有效中子增殖因子和乏燃料燃耗增大,燃烧区移动速度变慢,堆芯装料变少。不同燃料栅距下中子无限增殖因子如图4-21所示。随着燃料栅距的增大,中子无限增殖因子和中子通量分布变尖锐,堆芯更容易实现临界。

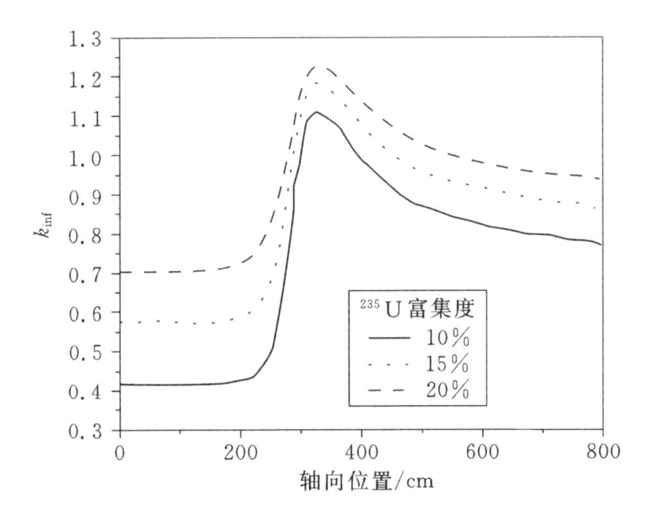

图 4-20　不同铀富集度下中子无限增殖因子

表 4-8　燃料栅距对堆芯性能的影响

参数	燃料栅距/cm		
	6.2	6.6	7.0
初始燃料的中子无限增殖因子	0.6058	0.5780	0.5522
有效中子增殖因子	0.9798	1.0076	1.0306
燃烧区移动速度/(mm·s^{-1})	26.1	29.2	32.8
平均燃耗/(GW·d·t^{-1})	99.1	100.3	100.4
堆芯最大功率密度/(W·cm^{-3})	4.53	4.76	4.93
功率分布的半高宽/cm	159.0	154.0	150.2

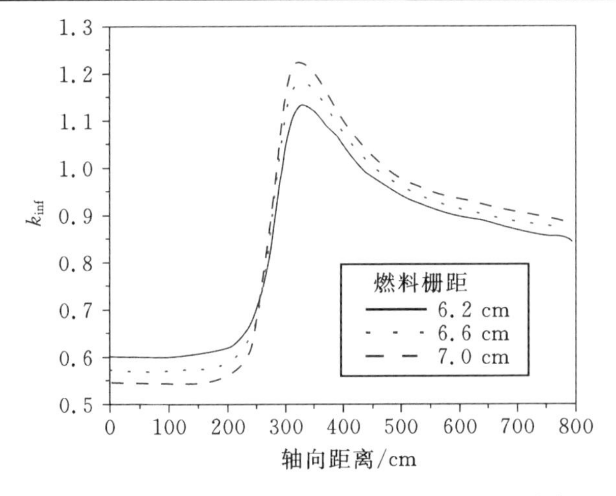

图 4-21　不同燃料栅距下中子无限增殖因子分布

3. 启动过程结果

初始堆芯通过已获得的核素构建，调整稳态天然钆分布以获得相同的宏观吸收截面，采用具有相同宏观裂变截面的^{235}U替换稳态堆芯重核密度分布，稳态裂变产物分布采用钕替代。堆芯启动过程中有效中子增殖因子的变化如图 4－22 所示。堆芯启动后 0.7 a 的反应性波动最大，为 1.7%。0 a 时，初始堆芯的中子通量过高，与稳态相比，核素密度分布的平衡被破坏，这是因为稳态堆芯重核的辐射俘获截面 σ_c、裂变能谱 χ 和有效裂变中子数 ν 与用于替换的初始堆芯的^{235}U存在差别。

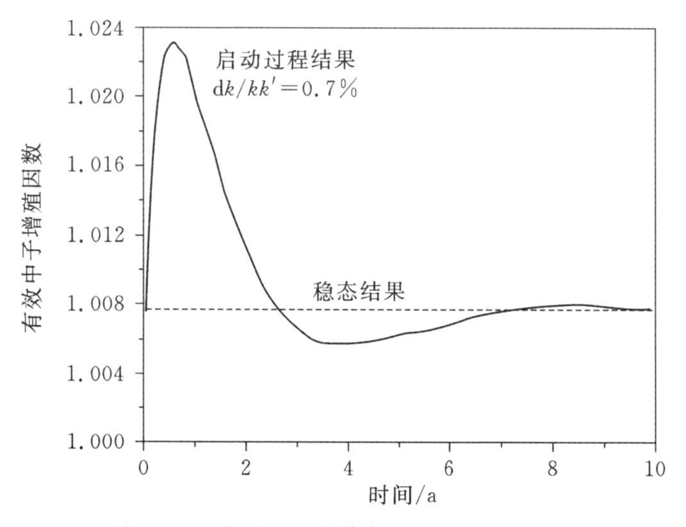

图 4－22　启动过程有效中子增殖因子的变化

4.4　铅铋快堆型行波堆[20-25]

铅铋合金作为反应堆冷却剂具有如下优点：①化学性质稳定，不会与水或者空气发生剧烈的化学反应，因此可以省掉钠冷快堆中的中间回路，极大地简化了冷却剂泄漏事故的处理，提高了反应堆的经济性和安全性[20]；②铅铋合金的自然循环能力大，有希望设计成完全依靠非能动的自然循环进行热量输出和传递，即使由于反应堆的功率和体积限制在正常运行工况下自然循环无法满足热工水力的要求，也可设计成事故状态下完全依靠自然循环的非能动余热排出系统[21,22]，大大增加了反应堆的固有安全性；③铅铋合金的沸点很高，为 1670 ℃，堆内不会出现沸腾现象和传热恶化，可有效提高反应堆的运行范围和安全限值，更好的包容放射性产物[23]；④铅铋合金的中子弹性散射截面较高[24]，中子慢化效果弱，堆内铅铋合金减少后中子能谱变化不大[25]，这使得铅铋快堆空泡反应性反馈容易设计成负值，这对快堆的安全性极为重要。

考虑到以上优点，Sekimoto 等[19,26-28]提出 CANDLE 燃耗策略时设计的即为铅铋冷却行波堆；之后，Sekimoto 等[8,29]通过调整堆芯参数研究行波堆的稳态特性；Nagata 等[30]通过更换包壳和 MOTTO 策略对铅铋行波堆进行了优化设计。

4.4.1 计算策略

堆芯设计为圆柱形。对于 $r-z$ 坐标系，中子平衡方程和核素密度平衡方程如下：

$$\begin{aligned}&\frac{1}{r}\frac{\partial}{\partial r}rD_g\frac{\partial}{\partial r}\varphi_g+\frac{\partial}{\partial z}D_g\frac{\partial}{\partial z}\varphi_g-\sum_i N_i\sigma_{\mathrm{r},i,g}\varphi_g\\&+\sum_{i'}N_i\sum_{g'}f_{i,g'\to g}\sigma_{\mathrm{S},i,g'}\varphi_{g'}+\frac{\chi_g}{k_{\mathrm{eff}}}\sum_{i'}N_i\sum_{g'}\nu\sigma_{\mathrm{f},i,g'}\varphi_{g'}=0\end{aligned} \tag{4-4}$$

$$\frac{\partial N_i}{\partial t}=-N_i(\lambda_i+\sum_g\sigma_{\mathrm{A},i,g}\varphi_g)+\sum_i N_{i'}\lambda_{i'\to n}+\sum_{i'}N_{i'}\sum_g\sigma_{i'\to i,g}\varphi_g \tag{4-5}$$

式中：φ_g 为 g 能群中子通量；N_i 为核素 i 的密度；D_g 为 g 能群中子扩散系数；χ_g 为裂变产生 g 能群中子的概率；k_{eff} 为中子有效倍增因子；$\sigma_{\mathrm{r},i,g}$ 为核素 n 的 g 能群移出截面；$\sigma_{\mathrm{a},i,g}$ 为核素 i 的 g 能群吸收截面；$\sigma_{\mathrm{s},i,g}$ 为 i 能群到 g 能群慢化截面；$f_{i,g'\to g}$ 为核素 i 从 g' 能群到 g 能群的慢化矩阵；$\sigma_{i'\to i,g}$ 为 g 能群核素 i' 到核素 i 的嬗变截面；λ_i 为核素 i 的衰变常数；$\lambda_{i'\to i}$ 为核素 i' 到核素 i 的衰变常数。

计算裂变产物的产量可用 $\sigma_{i'\to i,g}$，如下：

$$\sigma_{i'\to i,g}=\sigma_{\mathrm{f},i',g}\gamma_{i'\to i} \tag{4-6}$$

式中：$\gamma_{i'\to i}$ 等于核素 i' 由裂变引起的 i 核素(FP)的产额。

忽略自发裂变，移除截面等于吸收截面和慢化截面之和：

$$\sigma_{\mathrm{r},i,g}=\sigma_{\mathrm{a},i,g}+\sigma_{\mathrm{s},i,g} \tag{4-7}$$

式中：吸收截面等于裂变截面和辐射俘获截面之和。

中子通量和核素密度分布会随燃耗而移动。它们的相对分布形状保持不变，但位置会在轴向以速度 V 移动。将伽利略变换[31] $r'=r$，$z'=z+vt$，$t'=t$ 运用到方程和可得：

$$\begin{aligned}&\frac{1}{r}\frac{\partial}{\partial r'}r'D'_g\frac{\partial}{\partial r'}\varphi_g'+\frac{\partial}{\partial z'}D'_g\frac{\partial}{\partial z'}\varphi_g'-\sum_i N_i'\sigma_{\mathrm{r},i,g}\varphi_g'\\&+\sum_i N_i'\sum_{g'}f_{i,g'\to g}\sigma_{\mathrm{s},i,g'}\varphi_g'+\frac{\chi_g}{k_{\mathrm{eff}}}\sum_i N_i'\sum_{g'}\nu\sigma_{\mathrm{f},i,g'}\varphi_{g'}'=0\end{aligned} \tag{4-8}$$

$$\frac{\partial N_i'}{\partial t'}=-v\frac{\partial N_i'}{\partial z'}-N_i'(\lambda_i+\sum_g\sigma_{\mathrm{a},i,g}\varphi_{g'})+\sum_{i'}N_i'\lambda_{i'\to i}+\sum_{i'}N_{i'}'\sum_g\sigma_{i'\to i,g}\varphi_g' \tag{4-9}$$

如果 $v=V$，核素密度和中子通量分布保持不变，方程为：

$$-V\frac{\partial N_i'}{\partial z'}-N_i'(\lambda_i+\sum_g\sigma_{\mathrm{a},i,g}\varphi_g')+\sum_{i'}N_{i'}'\lambda_{i'\to i}+\sum_{i'}N_{i'}'\sum_g\sigma_{i'\to i,g}\varphi_g'=0 \tag{4-10}$$

从方程可见，当忽略核素的衰变，燃烧区移动速度 V 正比于中子通量水平。方程的计算方法与 4.3 小节相同。

4.4.2　计算工况和结果分析

1. 计算工况

由于金属燃料良好的增殖性能，计算采用金属燃料；采用 LBE（铅 44.5%、铋 55.5%）作为冷却剂；堆芯热功率为 3 GW，堆芯设计参数如表 4-9 所示。

表 4-9　堆芯设计参数

参数		数值
总热功率		3000 MW
堆芯和反射层尺寸	堆芯半径	2.0 m
	径向反射层厚度	0.5 m
燃料芯块结构	直径	0.8 cm
	包壳厚度	0.035 cm
	密度	75%理论密度（TD）
材料	燃料	U-10%Zr
	包壳	HT-9
冷却剂		LBE
燃料体积分数		50%

采用 SRAC 程序[16]并基于 JENDL3.2[17]数据库计算群常数随温度和素核密度的变化，能群如表 4-10 所示。将堆芯设置为无限长是不现实的，因此计算中将堆芯高度设置为 8 m。第一部分，通过比较一些计算结果得到两个最佳估算，作为第二部分的初始估算值；第二部分通过迭代获得最终值。

表 4-10　能群结构

序号	边界能量/eV	
	上	下
1	1.0000E+07	6.06530E+06
2	6.06530E+06	3.67880E+06
3	3.67880E+06	2.23130E+06
4	2.23130E+06	1.35340E+06
5	1.35340E+06	8.20850E+05
6	8.20850E+05	3.87740E+05
7	3.87740E+05	1.83160E+05
8	1.83160E+05	8.65170E+04
9	8.65170E+04	4.08680E+04
10	4.08680E+04	1.93040E+04

续表

序号	边界能量/eV	
	上	下
11	1.93040E+04	9.11880E+03
12	9.11880E+03	4.30740E+03
13	4.30740E+03	2.03470E+03
14	2.03470E+03	9.61120E+02
15	9.61120E+02	4.54000E+02
16	4.54000E+02	2.14450E+02
17	2.14450E+02	1.01300E+02
18	1.01300E+02	2.38240E+00
19	2.38240E+00	4.13990E−01
20	4.13990E−01	6.40170E−02
21	6.40170E−02	1.00000E−05

燃耗计算中重核和裂变产物的燃耗链分别如图 4-23 和图 4-24 所示。

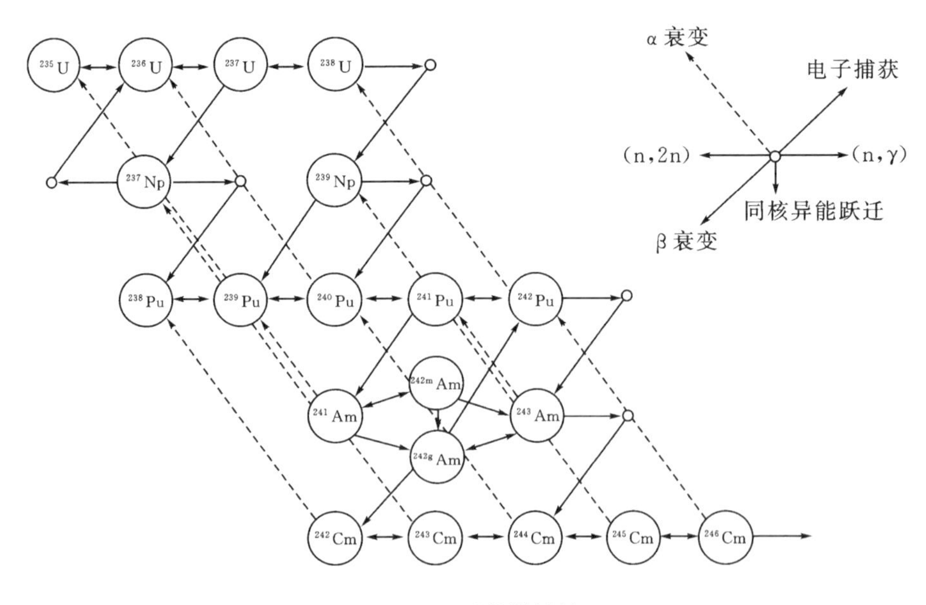

图 4-23　重核燃耗链

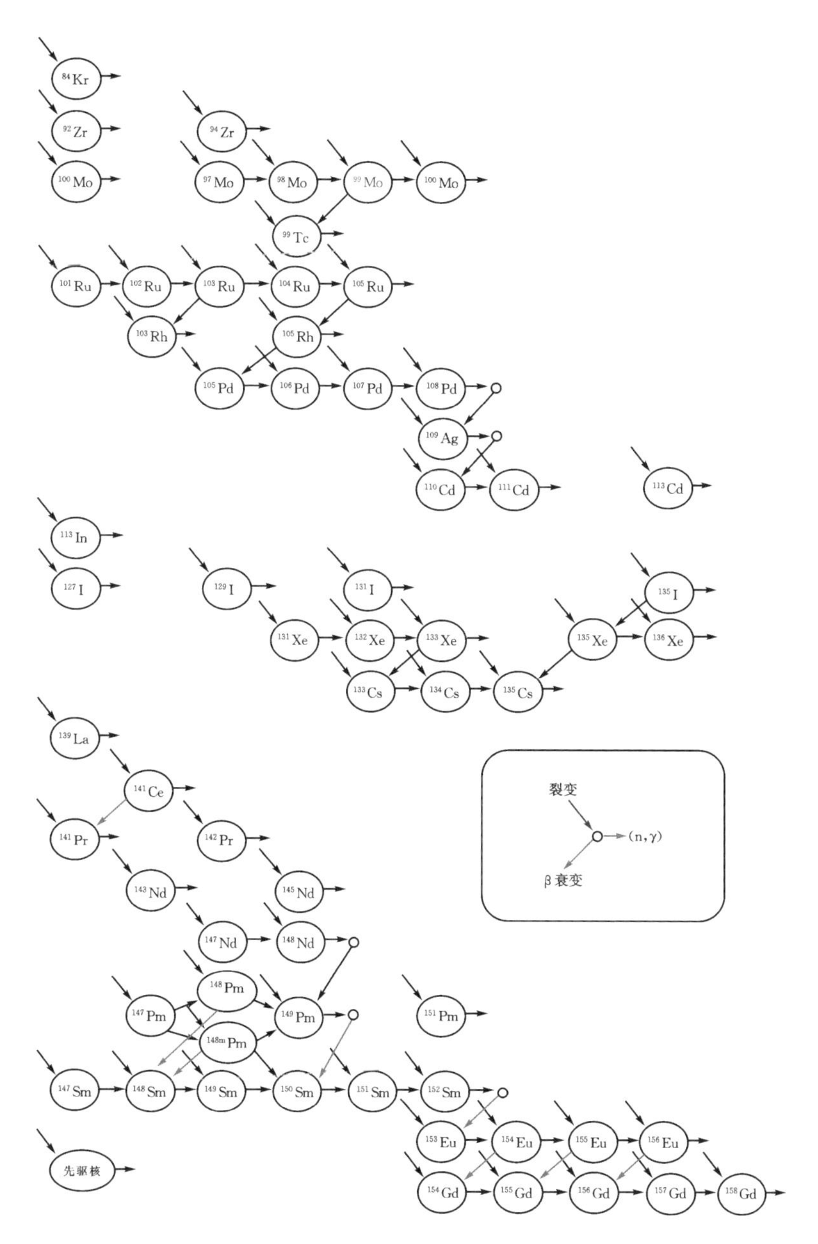

图 4－24　裂变产物燃耗链

2. 结果

堆芯计算结果如表 4－11、图 4－25 和图 4－26 所示。计算得到的 k_{eff} 为 1.020，这足够设计真实的反应堆，因为行波堆中不需要考虑燃耗反应性损失。但需要考虑的是在深燃耗下计算结果的准确性。燃烧区移动速度很小，为 4.14 cm · a^{-1}，可实现很长的堆芯寿期,即使是 20 a 的运行,也只需要约 83 cm,这小于堆芯燃烧区的长度。乏燃料平均燃耗为 384 GW·t^{-1},即约 41%的天然铀得到了利用,这远高于压水堆。

表 4-11　堆芯结果

参数	数值
有效中子增殖因子	1.020
燃烧区移动速度	4.14/(cm·a^{-1})
乏燃料平均燃耗	384/(GW·t^{-1})(40.6%)

堆芯径向外侧区域中子通量很小,如图 4-25 所示,这主要是因为该区域中子通量水平低于中心区域,导致燃耗过程在该区域较慢。这样的中子通量分布不利于中子经济性,可通过在径向外侧区域添加易裂变材料加以改善。

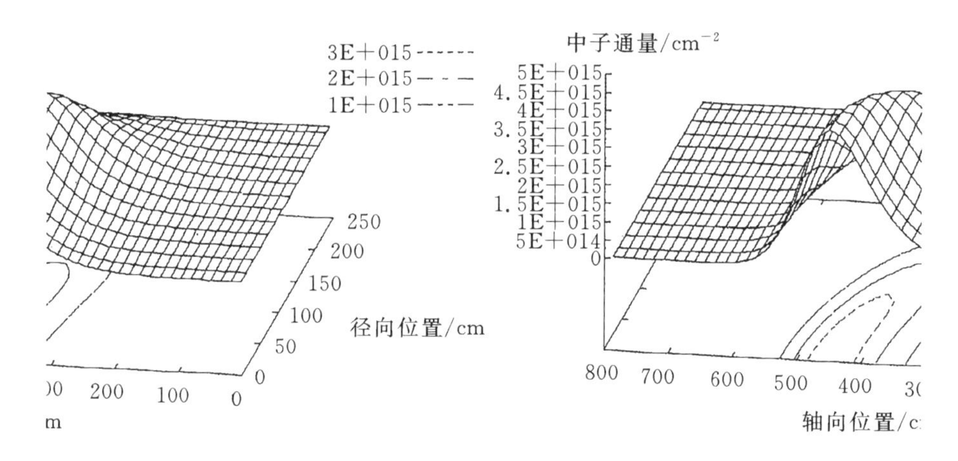

图 4-25　中子通量分布

核素密度分布具有同样的特征,如图 4-26 所示。^{238}U 核素密度沿轴向增大。由于径向中心区域中子通量更高,该区域^{238}U 核素密度变化更快。^{239}Pu 核素密度沿轴向先增大,达到平衡后随^{238}U 核素密度的降低而降低,^{239}Pu 在不同的径向区域达到平衡。^{240}Pu 核素密度的变化与^{239}Pu 核素密度的变化趋势相同。然而,由于^{241}Pu 的 β 衰变特性的差异,其核素密度的变化与^{239}Pu 和^{240}Pu 的变化趋势存在很大差别。^{242}Pu 核素密度的变化与^{239}Pu 和^{240}Pu 的变化趋势相似。^{241}Am 在燃烧区的产量很低,这是因为^{241}Am 是由^{241}Pu 的 β 衰变产生所致。总的裂变产物随燃耗增大。

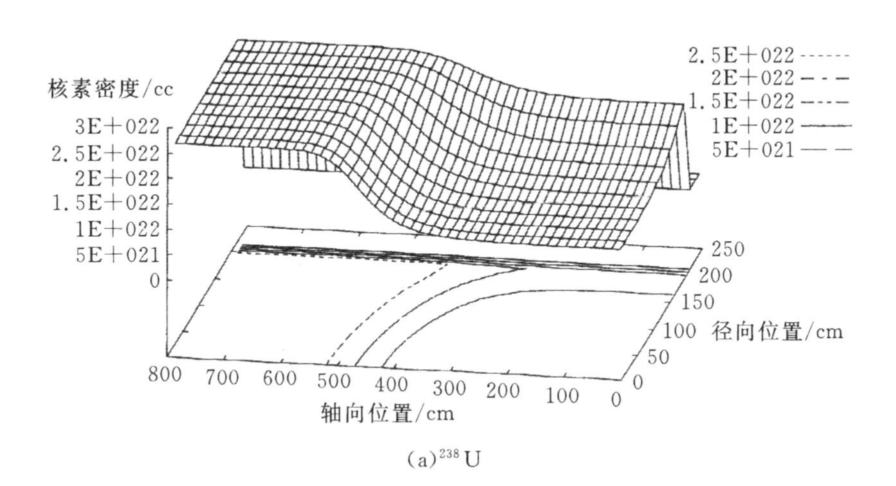

(a)^{238}U

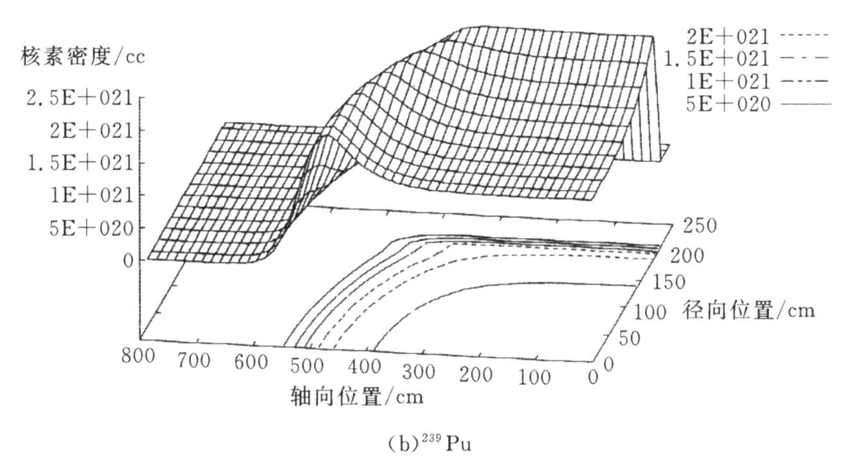

(b)^{239}Pu

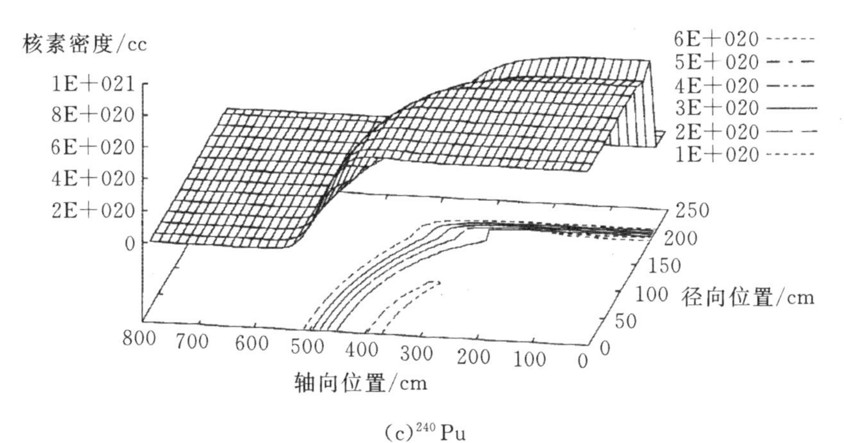

(c)^{240}Pu

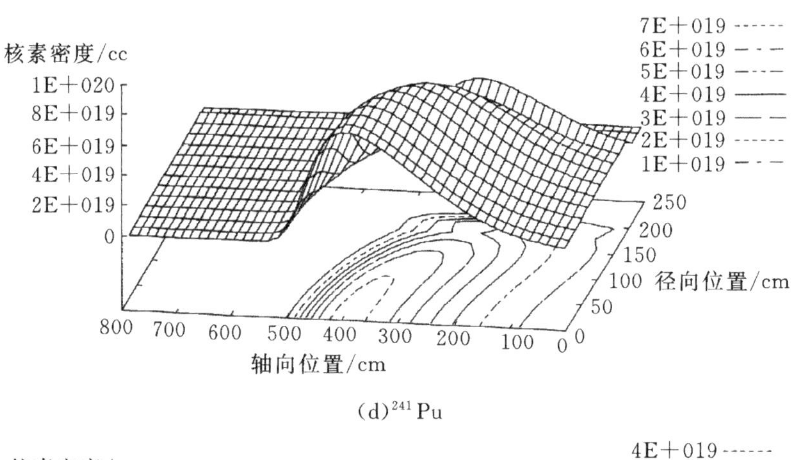

(d)^{241}Pu

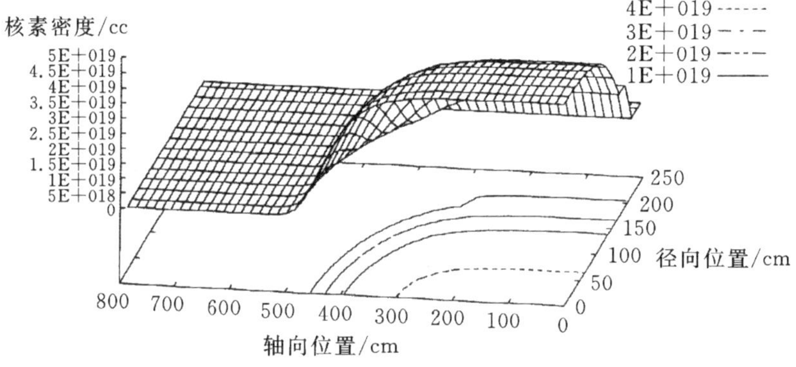

(e)^{242}Pu

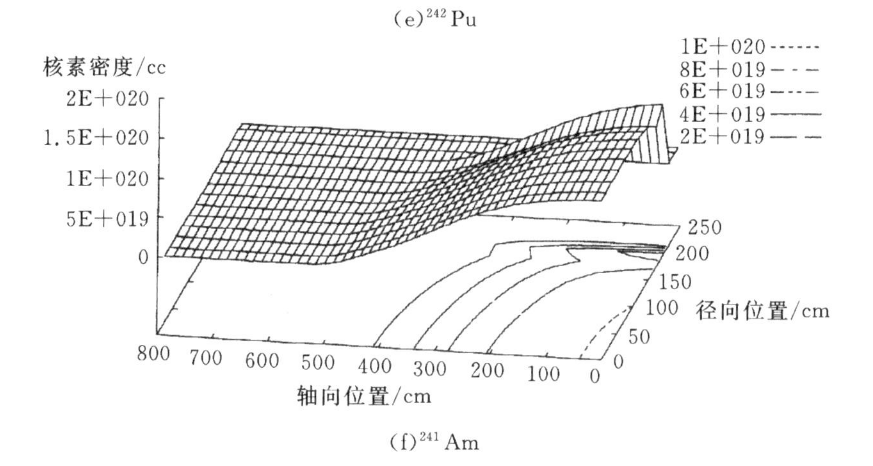

(f)^{241}Am

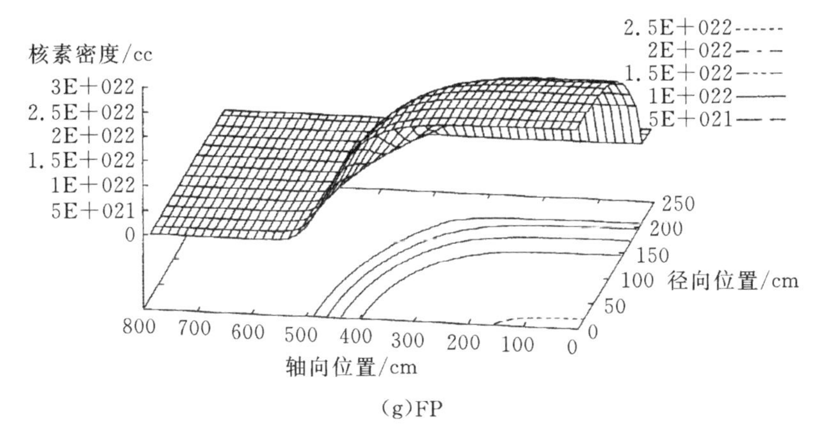

(g)FP

图 4-26 核素密度分布

参考文献

[1] ELLIS T, PETROSKI R, HEJZLAR P, et al. Traveling-wave reactors: a truly sustainable and full-scale resource for global energy needs[C]. International Congress on Advances in Nuclear Power Plants, San Diego, CA, USA, 2010.

[2] WEAVER K D, GILLELAND J, AHLFELD C, et al. A once-through fuel cycle for fast reactors[J]. Journal of Engineering for Gas Turbines and Power, 2010, 132 (10): 1-6.

[3] WEAVER K D, AHIFELD C, GILLELANG J, et al. Extending the nuclear fuel cycle with traveling wave reactors[C]. Proceedings of the GLOBAL congress-The Nuclear Fuel Cycle: Sustainable Options and Industrial Perspective, Paris, France, 2009.

[4] TOURAN N, CHEATHAM J, PETROSKI R. Model biases in high-burnup fast reactor simulation[C]//Advances in Reactor Physics, Knoxville, Tennessee, USA, 2012.

[5] YAN M Y, ZHANG Y, CHAI X M. Optimized design and discussion on middle and large CANDLE reactors[J]. Sustainability, 2012, 4: 1888-1907.

[6] 严明宇,陈彬,冯琳娜,等.行波堆堆芯设计初步研究[J].核动力工程,2015,36(4):32-36.

[7] OKAWA T, SEKIMOTO H. A design study on Pb-208 cooled compact CADNLE burning reactor for future nuclear energy supply[J]. Annals of Nuclear Energy, 2010, 37(11): 1620-1625.

[8] SEKIMOTO H. Application of candle burnup strategy for future nuclear energy utilization [J]. Progress in Nuclear Energy, 2005, 47(1-4): 91-98.

[9] CHEN X N, ZHANG D L, MASCHEK D, et al. Solitary breeding/burning waves in a supercritical water cooled fast reactor[J]. Energy Conversion and Management, 2010, 51(9): 1792-1798.

[10] RIMPAULT G, PLISSON D, TOMMASI J, et al. The ERANOS code and data system for fast reactor neutronic analysis[C]// Proceeding of the International Conference on the

Physics of Reactors, Seoul, Korea, Oct. 7 - 10, 2002.

[11] OECD/NEA. The JEFF3.1 Nucelar data library[R]. JEFF Report 21, France.

[12] ISHIWATARI Y, OKO Y, KOSHIZUKA S. Breeding ratio analysis of a fast reactor cooled by supercritical light water[J]. Journal of Nuclear Science Technology, 2001, 38: 703 - 710.

[13] CHENG X, SCHULENBERG T. Heat transfer at Supercritical Pressures-Literature review and application to an HPLWR[R]. Scientific report FZKA 6609, 2001.

[14] MORI M. Core design analysis of the supercritical water fast reactor[D]. Dissertation, Institute for Nuclear Energy, University of Stuttgart, Germany, 2005.

[15] YAMASHITA K, et al. Nuclear design of the high-temperater engineering test reactor (HTTR)[J]. Nuclear Science and Engineering, 1996, 22: 212 - 228.

[16] OKUMUAR K, et al. SRAC95: General purpose neutronic code system[R]. JAERI-Data/Code 96 - 015, Japan Atomic Energy Research Institute.

[17] NAKAGWA T, SHIBATA K, CHIBA S, et al. Japanese evaluated nuclear data libraty version 3 revision 2: JENDL 3.2[J]. Nuclear Science and Technology, 1995, 32: 1259 - 1271.

[18] SEKIMOTO H, OBARA T, YUKINORI S, et al. New method to analyze equilibrium cycle of pebble-bed reactors[J]. Nuclear Science and Technology, 1987, 24: 765 - 772.

[19] SEKIMOTO H, et al. A new burnup strategy CANDLE[J]. Nuclear Science and Technology, 2001, 139: 306 - 317.

[20] MIHARA T, TANAKA Y, ENUMA Y, et al. Feasibiligy studies on commericialized fast breeder reactor systems HLMC FBR[C]. Transacitions, SMIRT 16, Washington DC, 1199 - 1207, 2001.

[21] SU'UD Z. Comparative study on safety performance of nitride fueled lead-bismuth cooled fast reactor with various power levels[J]. Progress in Nuclear Energy, 1998, 32(3/4): 571 - 577.

[22] TUCEK K, CARLSSON J, VIDOVIC D, et al. Comparative study of minor actinide transmutation in sodium and lead-cooled fast reactor cores[J]. Progress in Nuclear Energy, 2008, 50: 382 - 388.

[23] GROMOV B F, BELOMITCER Y S, YEFIMOV E I, et al. Use of lead-bismuth coolant in nuclear reactors and accelerator driven systems[J]. Nuclear Engineering and Design, 1997, 173: 207 - 217.

[24] TUCEK K, CARLSSON J, WIDER H. Comparison of sodium and lead-cooled fast reactors regarding sever safety and economical issues[C]// 13th International Conference on Nuclear Engineering and Design, Beijing, China, 2005.

[25] TUCEK K, CARLSSON J, WIDER H. Comparison of sodium and lead-cooled fast reactors regarding reactor physics aspects, severe safety and economical issues[J]. Nuclear Engineering and Design, 2006, 236(14 - 16): 1589 - 1598.

[26] SEKIMOTO H，RYU K．A new reactor burnup concept "CANDLE"[C]．The Physics of Reactors Conference，pittsburgh，Pennsylvania，USA，2000．

[27] SEKIMOTO H，RYU K．Feasibility study on CANDLE new burnup strategy[J]．Transactions of the American Nuclear Society，2000，82：207－208．

[28] SEKIMOTO H，UDAGAWA Y．Effects of fuel and coolant temperatures and neutron fluence on CANDLE burnup calculation[J]．Journal of Nuclear Science and Technology，2006，43：189－197．

[29] SEKIMOTO H，NATATA A．"CANDLE" burnup regime after LWR regime[J]．Progress in Nuclear Energy，2008，50：109－113．

[30] NAGATA A，TAKAKI N，SEKIMOTO H．A feasible core design of lead bismuth eutectic cooled CANDLE fast reactor[J]．Annals of Nuclear Energy，2009，36：562－566．

[31] GOLDSTEIN H．Classical Mechanics[R]．Addison-Wesley，Massachusetts，1950．

中篇

径向行波堆

>>>第 5 章　径向行波堆理论研究

目前，已开展的行波堆径向增殖-燃烧波的研究还很稀少，Chen 等[1-2]开展了径向增殖-燃烧波的理论研究；张大林等[3-4]基于钠冷快堆设计开展了径向行波堆的理论和数值研究。本章在轴向增殖-燃烧波研究的基础上，从基本的中子扩散和燃耗耦合计算出发，从理论上揭示径向增殖-燃烧波的运行机制，力求获得其基本解。

5.1　基本数学物理模型

与轴向增殖-燃烧波的模型类似，燃耗链依然以典型的 U－Pu 循环为对象，如图 5－1 所示，在圆柱坐标下建立中子扩散和燃耗模型，由于燃耗模型没有空间项，因此与 2.1.1 节中的控制方程完全相同，此处不再赘述，这里仅给出一维径向中子扩散方程如下：

$$\frac{1}{v}\frac{\partial \varphi}{\partial t}=\frac{1}{r}\frac{\mathrm{d}}{\mathrm{d}r}\left(Dr\frac{\mathrm{d}}{\mathrm{d}r}\varphi\right)+(\nu\Sigma_{\mathrm{f}}-\Sigma_{\mathrm{a}})\varphi \tag{5-1}$$

中子扩散模型与燃耗模型依然通过宏观吸收截面、裂变截面以及扩散系数等参数关系进行耦合，耦合关系式同式(2－6)。中子注量率 $\psi(t)$ 的定义与式(2－7)相同，定义“微观净中子产生截面” $f(\psi)$ 如下：

$$f(\psi)=\frac{1}{N_{\mathrm{HM},0}}(\nu\Sigma_{\mathrm{f}}-\Sigma_{\mathrm{a}}) \tag{5-2}$$

式中：$N_{\mathrm{HM},0}$表示初始时刻重金属核的核素密度。

在进行径向增殖-燃烧波的研究时，为了使研究更具现实意义，采用相对运动的原理，即传统增殖-燃烧波的研究采用燃料静止、行波移动的方法，而本章采用行波静止、燃料移动的策略。图 5－1 所示为燃料由外而内的示例，假设理想状态下新鲜燃料从堆芯外围 $r=R$ 处进入堆芯，并沿径向由外向内运动，在中心区域 $r=r_0$ 处卸出堆芯，为了保证燃料运动的连续性，即移入堆芯的燃料与卸出堆芯的燃料要

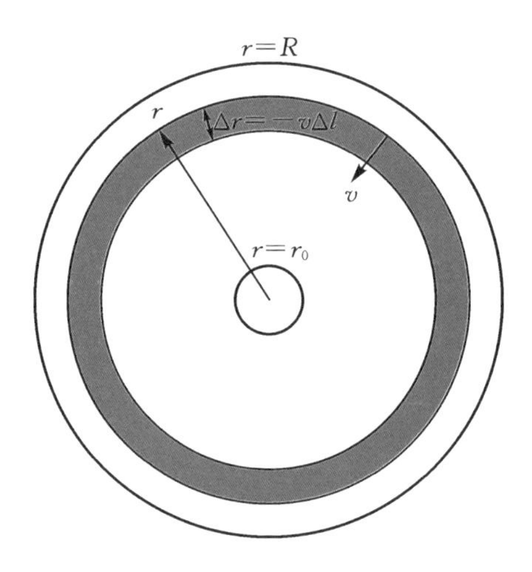

图 5-1 燃料由外而内的增殖-燃烧波策略

等量。如果假设在半径 r 处燃料运动的速度为 $v(r)$，运动时间为 Δt，则从横截面上看，移动的燃料的面积 ΔA 为常数，表达如下：

$$v(r)\cdot\Delta t\cdot 2\pi r=\Delta A=\text{常数} \tag{5-3}$$

则任意 r 处的燃料运动速度 $v(r)$ 可以表示为：

$$v(r)=\frac{\dot{A}}{2\pi r} \tag{5-4}$$

式中：$\dot{A}=\frac{\Delta A}{\Delta t}$，表示燃料的移动面速率。从式(5-4)可以看出，燃料运动的线速度等于其面速率除以当地的周长。下一步是推导中子注量率 ψ 与中子通量 φ 的关系，因为 $\mathrm{d}r=-v\mathrm{d}t$，且 $\mathrm{d}\psi=\varphi\mathrm{d}t$，可以得到：

$$\mathrm{d}\psi=-\varphi\frac{\mathrm{d}r}{v}=-\varphi\frac{2\pi r}{\dot{A}}\mathrm{d}r \tag{5-5}$$

或者可以表示为：

$$\frac{\mathrm{d}\psi}{\mathrm{d}r}=-\frac{2\pi r}{\dot{A}}\varphi \tag{5-6}$$

与轴向增殖-燃烧波模型不同的是，径向增殖-燃烧波模型除了式(5-1)和控制方程式(2-2)～式(2-6)外，还需要方程式(5-6)作为上述方程的补充。

上述物理问题的边界条件为：

$$\text{当 } r=R \text{ 处，}\psi=0\text{，且 }\frac{\mathrm{d}\varphi}{\mathrm{d}r}=-\lambda\varphi \tag{5-7}$$

$$\text{在 } r = r_0 \text{ 处}, \frac{\mathrm{d}\varphi}{\mathrm{d}r} = 0 \tag{5-8}$$

在建立上述中子扩散耦合燃耗模型及边界条件后，即可对上述模型进行求解，但是由于其含有不确定的参数，譬如材料组分、堆芯尺度和燃料运动速度，不能总是达到所谓的临界状态。为了克服这个困难，采用与反应堆临界问题中类似的处理方式，引入有效增殖因子 k_{eff}，使问题变成一个特征值问题，那么方程变成如下形式：

$$\frac{1}{r}\frac{\mathrm{d}}{\mathrm{d}r}\left(Dr\frac{\mathrm{d}}{\mathrm{d}r}\varphi\right)+\left(\frac{\nu\Sigma_{\mathrm{f}}}{k_{\mathrm{eff}}}-\Sigma_{\mathrm{a}}\right)\varphi = 0 \tag{5-9}$$

此时，与式(5－2)类似，可以定义微观净中子产生截面 f 函数，但是考虑 k_{eff} 影响：

$$f_{k_{\mathrm{eff}}}(\psi) = \frac{1}{N_{\mathrm{HM},0}}\left(\frac{\nu\Sigma_{\mathrm{f}}}{k_{\mathrm{eff}}}-\Sigma_{\mathrm{a}}\right) \tag{5-10}$$

至此，方程(5－6)～(5－10)即构成了该特征值问题的所有控制方程，此特征值问题与反应堆物理中常规的特征值问题的最大不同之处在于，它是非线性的，而且 k_{eff} 不仅表征了当前状态的临界情况，还可以表征渐近稳态的临界情况，这就意味着上述的燃料运动在燃料增殖和燃烧的过程中能否达到临界状态。

现在对上述问题进行求解，首先可以在 $r \in (r, R)$ 区间对方程进行一次积分，得到如下方程：

$$D\left(r\frac{\partial}{\partial r}\varphi - R\frac{\partial}{\partial r}\varphi\mid_{r=R}\right) - \frac{\dot{A}N_{\mathrm{HM},0}}{2\pi}\int_0^{\psi} f_{k_{\mathrm{eff}}}(\psi)\mathrm{d}\psi = 0 \tag{5-11}$$

定义：

$$g_{k_{\mathrm{eff}}}(\psi) = \int_0^{\psi} f_{k_{\mathrm{eff}}}(\psi)\mathrm{d}\psi \tag{5-12}$$

可以得到完整的方程组如下：

$$\frac{2\pi D}{\dot{A}N_{A,0}}\left(r\frac{\partial}{\partial r}\varphi + R\lambda\varphi \mid r = R\right) - g_{k_{\mathrm{eff}}}(\psi) = 0 \tag{5-13}$$

$$\frac{\mathrm{d}\psi}{\mathrm{d}r} = -\frac{\dot{A}}{2\pi r}\varphi \tag{5-14}$$

这个方程组不能再像轴向增殖-燃烧波的求解方式进行二次积分，必须结合边界条件式(5－7)和式(5－8)一起进行数值求解。

在进行数值求解之前，先对上述方程组进行无量纲化，以便对这个非线性的特征值问题有一个整体宏观的了解。首先，将 $r = R$ 处的线性燃料运动速度和中子通量写成如下形式：

$$v_R = \frac{\dot{A}}{2\pi R}, \varphi_R = \varphi(R) \tag{5-15}$$

然后，使用 R、v_R 和 φ_R 来无量纲化变量和参数如下：

$$\bar{\varphi} = \frac{\varphi}{\varphi_R}, \bar{D} = \frac{D\varphi_R}{v_R N_{\mathrm{HM},0} R}, \bar{\psi} = \sigma_{v_R}\psi, \bar{r} = \frac{r}{R}, \bar{\lambda} = R\lambda \tag{5-16}$$

其中

$$\sigma_{v_R} = \frac{v_R}{R\varphi_R} \tag{5-17}$$

σ_{v_R} 是这个燃耗问题的微观截面的特征值，单位为 b。因为 $g_{k_{\mathrm{eff}}}$ 已经是无量纲量，因此仅需将其转换成 $\bar{\psi}$ 的函数，即 $g_{k_{\mathrm{eff}}}(\bar{\psi})$ 。因此方程(5－13)、(5－14)以及边界条件式(5－7)和式(5－8)化为：

$$\bar{D}\left(\bar{r}\frac{\partial}{\partial\bar{r}}\bar{\varphi} + \bar{\lambda}\right) - g_{k_{\mathrm{eff}}}(\bar{\psi}) = 0 \tag{5-18}$$

$$\frac{\mathrm{d}\bar{\psi}}{\mathrm{d}\bar{r}} = -\bar{r}\bar{\varphi} \tag{5-19}$$

$$\bar{\psi} = 0, \frac{\mathrm{d}\bar{\varphi}}{\mathrm{d}\bar{r}} = -\bar{\lambda}(\text{在 } \bar{r} = 1 \text{ 处}) \tag{5-20}$$

$$\frac{\mathrm{d}\bar{\varphi}}{\mathrm{d}\bar{r}} = 0(\text{在 } \bar{r} = \bar{r}_0 \text{ 处}) \tag{5-21}$$

5.2 由外向内的径向增殖-燃烧波

依然采用典型的钠冷快堆 SFR 设计，堆芯外半径为 150 cm，内半径为 0 cm，最大中子通量为 3×10^{15} $\mathrm{cm^{-2}\cdot s^{-1}}$，其它固定的参数列于表 5－1 中。

表 5－1 典型钠冷快堆的固定参数

参数	R/cm	r_0/cm	D/cm	$\lambda/\mathrm{cm^{-1}}$	$N_{\mathrm{HM},0}/\mathrm{cm^{-3}}$	$\varphi_{\max}/(\mathrm{cm^{-2}\cdot s^{-1}})$
数值	150	0	1.2597	0.3969	1.221×10^{22}	3×10^{15}

由于求解的问题是非线性的特征值问题，因此需要通过参数搜索来迭代求解，可以发现如下两个参数直接影响了结果：

$$\bar{D} = \frac{D\varphi_R}{v_R N_{\mathrm{HM},0} R}$$

$$\sigma_{v_R} = \frac{v_R}{R\varphi_R}$$

在这两个参数中均含有比值 v_R/φ_R ，由于其它参数都是固定的，因此 v_R/φ_R 是仅有的可自由选择的参数，这就意味着，通过 v_R/φ_R 的反复更迭直到获得满足条件(略大于 1)的 k_{eff}。表 5-2 所示为不同 v_R/φ_R 下的结果。

表 5-2　不同 v_R/φ_R 下的计算结果

$(v_R/\varphi_R)/(\mathrm{b \cdot cm^{-1}})$	886.4×0.5	886.40	886.4×2
k_{eff}	0.96685	1.00376	1.02510
$\varphi_{\max}/\overline{\varphi}$ 峰值因子	1.51705	1.74637	2.27246
$\overline{\varphi}/\varphi_R$ 边界因子	19.4839	31.0072	50.2567

表 5-2 中的工况基本满足计算的要求，$v_R/\varphi_R = 886.4\ \mathrm{b \cdot cm^{-1}}$ 时，$k_{\mathrm{eff}} = 1.00376$，对应的 $\bar{D} = 0.0007759626$，$\sigma_{v_R} = 5.909333$。因此，下面将展示此种工况下的其它结果。由于 $\varphi_{\max}/\varphi_R = (\varphi_{\max}/\overline{\varphi})(\overline{\varphi}/\varphi_R)$，计算得到 $\varphi_R = 5.538223 \times 10^{13}\ \mathrm{cm^{-2} \cdot s^{-1}}$ 和 $v_R = 4.909081 \times 10^{-8}\ \mathrm{cm \cdot s^{-1}}$。图 5-2 所示为归一化的中子通量、功率密度和 k_∞，对应获得的燃耗为 55.3%。功率的形状形似字母 M，与 TerraPower发表的结果类似。

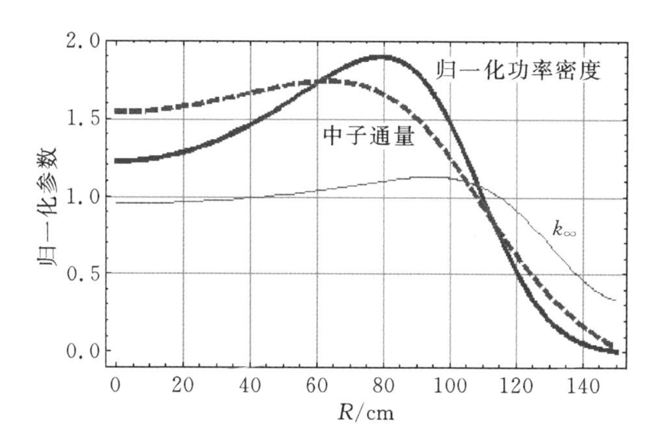

图 5-2　由外向内工况下归一化的中子通量、功率密度和 k_∞ 的空间分布

对应的中子注量率的分布如图 5-3 所示，主要核素密度的空间分布如图5-4 所示，从图中可以看出，在由外向内燃料运行下的增殖-燃烧波中，^{238}U 单调降低，而^{239}Pu 先增长，达到 10%左右后降低，FP 和其它重核素从外半径处的初始零值开始，逐渐积累增加。

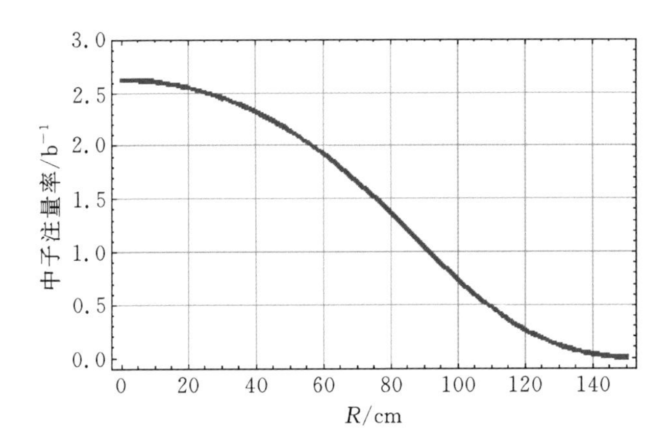

图 5-3　由外向内工况下中子注量率的空间分布

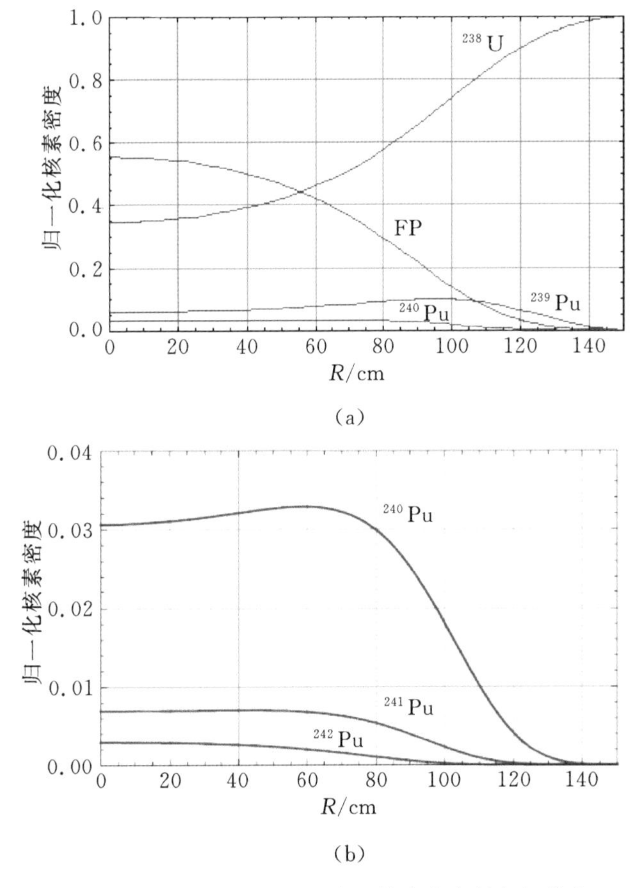

图 5-4　由外向内工况下主要核素密度的空间分布

5.3 由内向外的径向增殖-燃烧波

由内向外的径向增殖-燃烧波计算方法与由外向内工况的计算类似，但是在此工况下，归一化的中子通量使用中心中子通量值 f_0，即 $\overline{\varphi}=\varphi/\varphi_0$。通过 v_R/φ_0 的迭代，发现此种工况下最大的 k_{eff} 约为 0.9821，这就意味着所使用的堆芯/燃料构型对于实现由内向外的径向增殖-燃烧波是不现实的，但是处于次临界状态下的堆芯可以使用加速器系统进行驱动，因此还是将计算结果简单展示如下。计算中得到 $\varphi_0=0.82564\times10^{15}\ \mathrm{cm^{-2}\cdot s^{-1}}$，$v_R=4.574\times10^{-8}\ \mathrm{cm/s}$。归一化的中子通量、功率密度及 k_∞ 如图 5-5 所示，这些参数的空间分布与由外向内工况下的参数分布类似，功率密度的形状类似字母 M 形，但是中心值更低。主要核素密度的空间分布如图 5-6 所示，此种工况下新鲜的燃料从堆芯中心进入并缓慢向外移动，与由外向内工况是一个相反的过程，因此核素的分布规律也呈现与由外向内工况相反的分布。

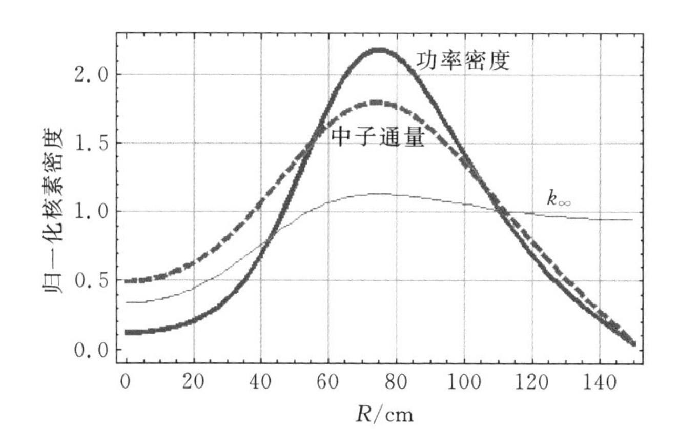

图 5-5 由外向内工况下归一化的中子通量、功率密度和 k_∞ 的空间分布

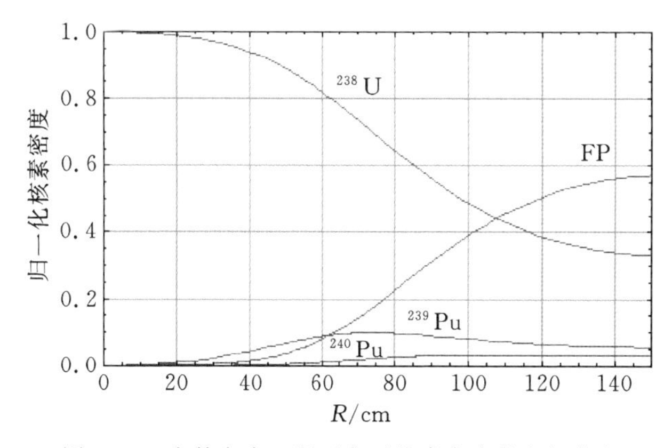

图 5-6 由外向内工况下主要核素密度的空间分布

对比上述的由外向内和由内向外增殖-燃烧波的计算，可以发现，由外向内的燃料运动形式，燃料能够获得更好的增殖效果，得到的渐近态 k_{eff} 也更高。尽管本书中的由内向外的工况无法达到临界，但是可以采用加速器进行驱动从而实现临界。

参考文献

[1]CHEN X N，ZHANG D L，MASCHEK W. Theoretical modeling of radial standing wave reactor[C]//International Conference on Emerging Nuclear Energy Systems，San Francisco，USA，2011.

[2]CHAN X N，ZHANG D L，MASCHEK W. Fundamental burn - up modes of radial fuel shuffling[C]. International Conference on Mathematics and Computational Methods Applied to Nuclear Science and Engineering，Rio de Janeiro，Brazil，2011.

[3]ZHANG D L，CHEN X N，FLAD M，et al. Theoretical and numerical studies of TWR based on ESFR core design[C]//International Conference on Nuclear and Renewable Energy Resources，Istanbul，Turkey，2012.

[4]ZHANG D L，CHEN X N，FLAD M，et al. Theoretical and numerical studies of TWR based on ESFR core design[J]. Energy Conversion and Management，2013，72：12 - 18.

>>>第 6 章　径向行波堆数值模拟

尽管泰拉能源提出来径向行波堆的概念设计[1-4]，但径向行波堆的建立及运行机制被视为商业机密，从未见诸于公开发表的文章。张大林等[5-9]基于钠冷快堆设计开展了径向行波堆的数值模拟研究；Heidet 等[10-12]开展了径向行波堆的物理特性研究和优化设计。本书以钠冷快堆为基础，开展径向行波堆的一维(1D)和三维(3D)数值模拟，研究径向行波堆的物理特性。

6.1　径向倒料策略

将燃料组件分成若干组，每组具有相同数目的燃料组件，且每组燃料与反应堆的中心具有几乎相同的距离，即每组燃料组件以反应堆中心为轴近似环状分布，以保证组内各燃料组件具有近似的功率分布和燃耗深度，每组燃料组件周期性地由内向外或由外向内从一环向其临近下一环跳跃，即由内向外倒料或由外向内倒料。以图 6-1 所示为例，396 个燃料组件被均匀分成 11 组，每组 36 个组件，每组燃料组件的燃耗不同，11 组燃料组件由外向内依次编号为燃耗 1 区，2 区，…，11 区，并用不同颜色加以区分，另外图中 25 个黑色组件为控制棒和停堆棒组件，周围灰色的组件为反射层组件。由外向内进行倒料时，首先卸出最靠近堆芯中心的燃耗 1 区的组件，随后将紧靠其外围的燃耗 2 区的组件倒入燃耗 1 区，依此类推，最后在堆芯最外围的燃耗 11 区装载新鲜的燃料。若由内向外进行倒料，倒料步骤与由外向内倒料类似，但方向相反。

图 6-2 为由外向内的径向倒料示意图，堆芯在径向被分成若干组面积相等的同心环形区域，深度燃烧的乏燃料从堆芯最内一环移出，其外围临近一环的燃料倒入最内一环，依此类推，每环燃料向其内侧一环倒料，堆芯最外围一环倒入新鲜燃料，如此周期性进行由外而内的倒料。可预见，经若干次倒料步骤后，堆芯将达到一渐近状态，在此状态下，k_{eff}、功率形状以及核素密度的分布均会达到稳定。渐近

态下的反应堆满足行波堆的基本特征，因其独特的径向倒料方式，故将其命名为径向倒料行波堆。

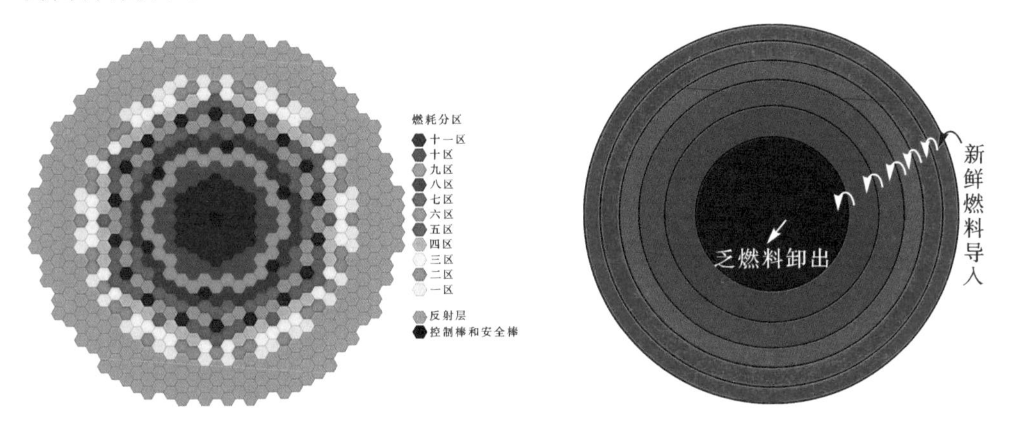

图 6-1　径向倒料行波堆堆芯分区布置示意图　　　图 6-2　由外向内的径向倒料示意图

数值计算完全模拟径向倒料的倒料策略，计算从新料装入整个堆芯的初始状态开始，在经历几个换料步骤后将会达到一渐近稳定模态，图 6-3 为以径向 3 组燃料分区为例的由外向内二维径向步进倒料计算方案示意图，由图可以看出，在此种工况下，经过 2 次倒料就基本达到渐近稳定状态。

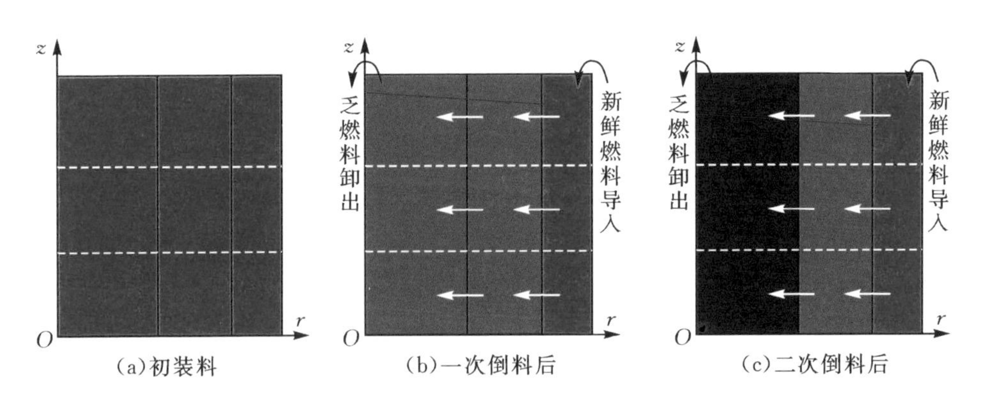

图 6-3　径向倒料计算方案示意图

6.2　一维模拟

与轴向倒料行波堆的计算类似，径向倒料行波堆的计算依然基于典型的钠冷快堆设计，但由于临界性问题，堆芯总热功率为 2100 MW，堆芯半径为 1.5 m。计算首先在一维圆柱坐标下进行，掌握方法后再进行 r-z 坐标下的三维计算。

在一维计算时，堆芯由外到内被分成 10 个燃耗逐渐升高的环形区域，5.2 节和 5.3 节的理论研究已经证实，由外向内的径向倒料策略明显优于由内向外的径向倒料策略。因此，这里的数值计算为由外向内的径向倒料钠冷行波堆。以倒料周期为 200 d 为例，图 6－4 给出了 k_{eff} 随倒料次数的变化，由图可以看出，在经过约 60 次的倒料后，k_{eff} 趋于稳定状态，此时反应堆达到其渐近稳定模态。

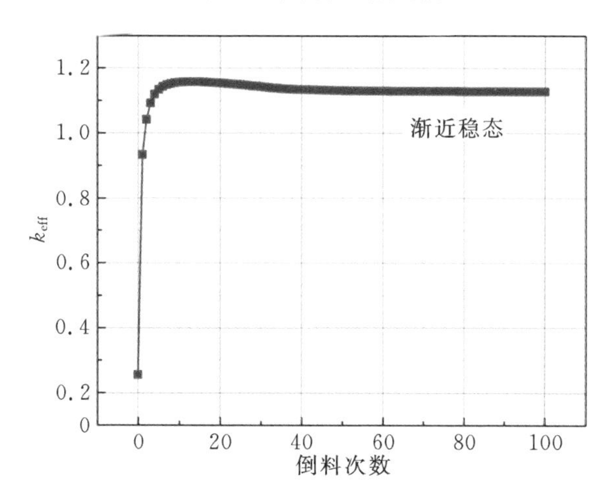

图 6－4　倒料周期 200 d 时 k_{eff} 随倒料次数的变化

计算选取倒料周期分别为 80 d、90 d、100 d、150 d、200 d、300 d、400 d、500 d、600 d、660 d 和 700 d 等 11 个计算工况进行步进倒料行波堆的径向步进倒料计算。图 6－5 所示为渐近 k_{eff} 随倒料周期的变化，与轴向倒料行波堆类似，渐近 k_{eff} 随倒料周

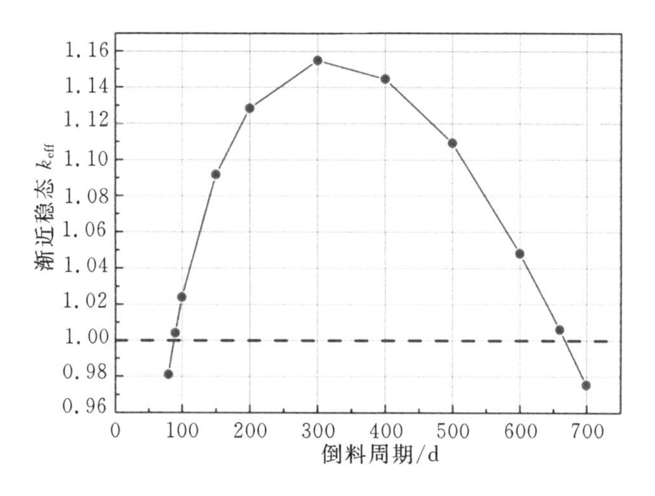

图 6－5　渐近 k_{eff} 随倒料周期的变化

期增长呈近似抛物线变化。图中同时以虚线给出了反应堆运行必须满足的临界条件 k_{eff} 等于 1.0 线，渐近 k_{eff} 高于此线的工况方可保证所设计的步进倒料行波堆达到临界状态，由图 6－5 可以看出，当倒料周期在约 90～660 d 之间时，反应堆可以达到临界。

图 6－6 所示为满足临界条件（倒料周期在 90～660 d 的工况）的渐近燃耗随倒料周期的变化，可以看出，燃耗随倒料周期增长呈线性增长，最高燃耗可高达 53％，对应的倒料周期为 660 d。

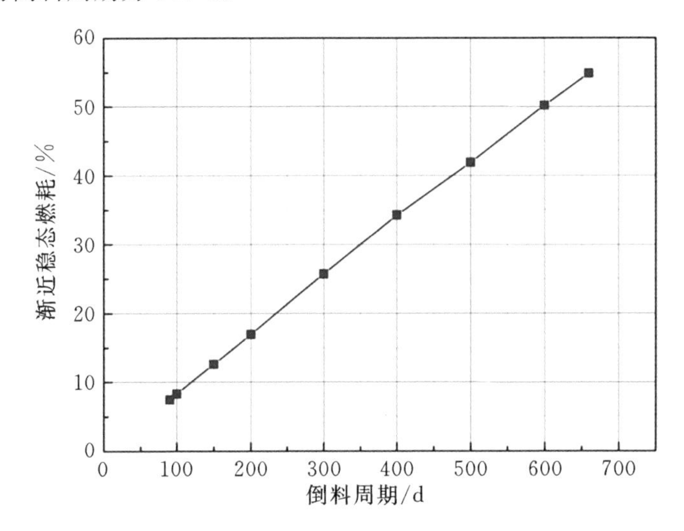

图 6－6　渐近燃耗随倒料周期的变化

从满足临界条件的 9 种工况中选取三个典型工况，倒料周期分别为 100 d（低渐近燃耗）、300 d（高渐近 k_{eff}）和 600 d（高渐近燃耗），将它们的平均功率归一化后的渐近态堆芯功率分布展示如图 6－7 所示。功率的归一化方法为局部的功率密度与整体平均功率的比值，对比三个倒料周期下的归一化功率分布，可以发现，反应堆功率峰随着倒料周期的增长，从堆芯中心区域（燃料卸出区域）向堆芯外围区域（燃料导入区域）移动，且功率峰因子快速降低。比较三种工况的归一化功率分布可以看出，倒料周期为 600 d 时，功率峰值最低，且功率分布更加均匀。

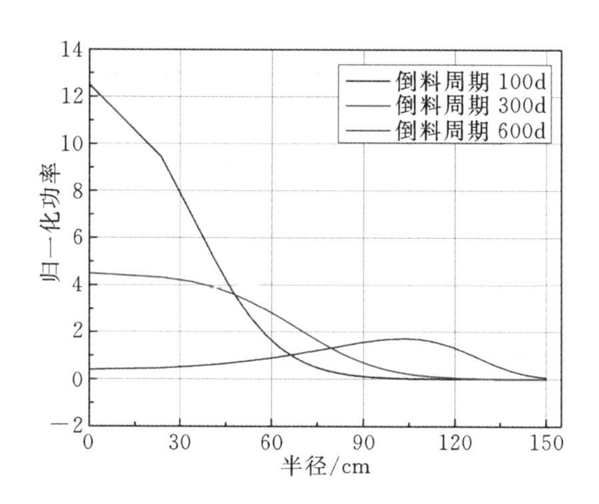

图 6-7 三个典型倒料周期下的渐近稳态堆芯归一化功率分布

图 6-8 给出了满足临界条件的渐近稳态功率峰因子随倒料周期的变化，由图可以看出，渐近功率峰因子随倒料周期先是非常快速地降低，之后缓慢降低，最终稳定在约 1.75。大型钠冷快堆的研究经验表明，过高的功率峰因子(约 2.5 以上)对反应堆的热工流体设计存在着很大的挑战，因此由图 6-8 可以看出，只有倒料周期超过 400 d 时，本书研究的步进倒料行波堆才具有现实应用的可行性。

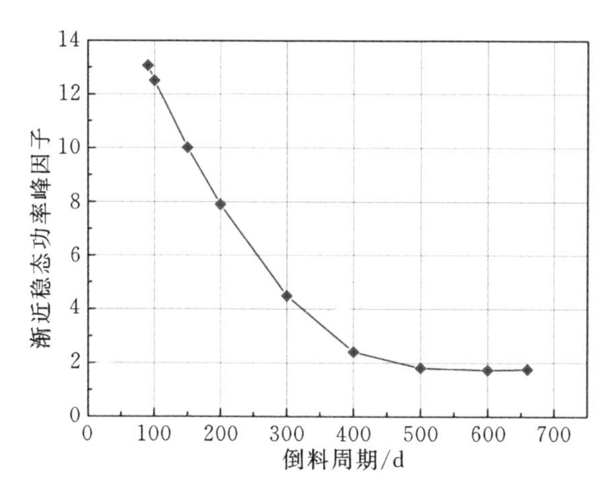

图 6-8 渐近稳态功率峰因子随倒料周期的变化

图 6-9 给出了倒料周期为 300 d 和 600 d 时主要核素^{238}U、^{239}Pu、^{240}Pu、^{241}Pu、^{242}Pu 和裂变产物的归一化核素密度分布。核素密度的归一化方法为核素局部核素密度与初始燃料重核总的核素密度之比。从图 6-9(a)和(b)中可以看出各核素的归一化核素密度分布表现出典型行波堆核素密度分布的基本特征：^{238}U 从燃料进口(外周区域)向燃料出口(中心区域)单调减少，原因是^{238}U 大部分增殖成

为了^{239}Pu;由于^{238}U的强增殖效应,^{239}Pu的分布由燃料进口侧逐渐增加,随后由于其自身的燃耗而缓慢下降,需要指出的是,观察图6-7和图6-9,可以发现^{239}Pu的分布决定了堆芯的功率分布,^{239}Pu的峰值处对应堆芯功率的峰值位置;裂变产物在堆芯的分布由于其在燃料辐照过程中一直在积累,因此FP自燃料入口侧到燃料出口侧单调增加。

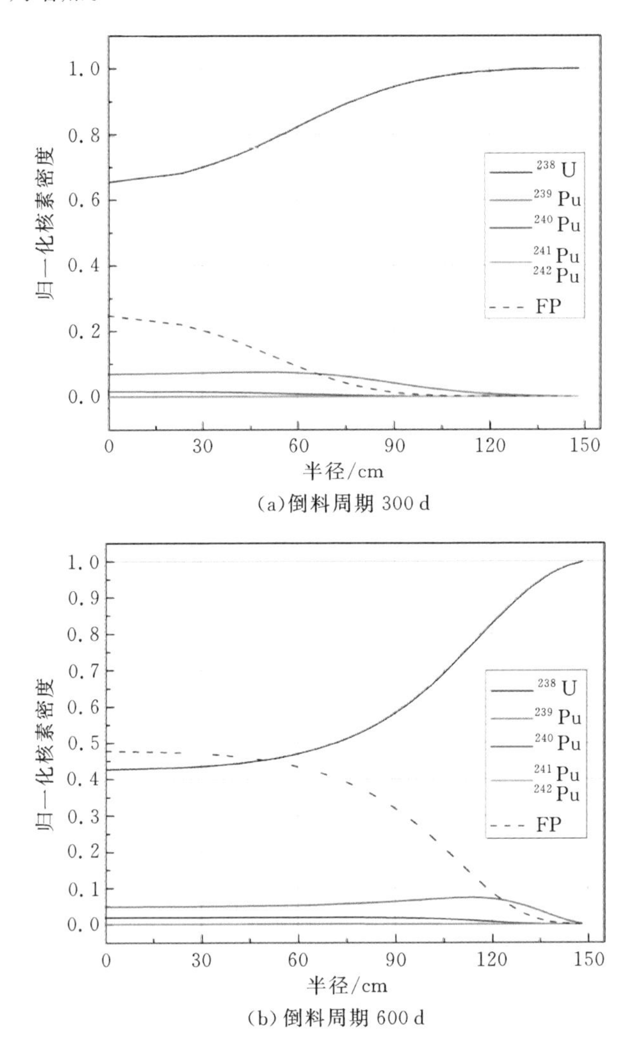

(a)倒料周期300 d

(b)倒料周期600 d

图6-9　两个典型倒料周期下主要核素密度的归一化分布

6.3　三维模拟

$r-z$三维计算与一维计算类似,计算选取倒料循环周期分别为250 d、300 d、

400 d、500 d、600 d、800 d、1000 d、1200 d、1400 d、1500 d、1600 d、1800 d 和 1900 d 等 13 个计算工况进行径向倒料计算，图 6 - 10 和图 6 - 11 分别给出了渐近稳态 k_{eff} 和燃耗随倒料周期的变化，规律与一维计算类似，但是最大 k_{eff} 减小为 1.083，最大燃耗减小为 38%。

从满足临界条件的 11 种工况中选取 3 个典型工况，倒料循环周期分别为 400 d(低渐近燃耗)、800 d(高渐近 k_{eff})和 1600 d(高渐近燃耗)，其平均功率归一化后的渐近态堆芯功率分布如图 6 - 12 所示。对比可见，反应堆功率峰随着倒料循环周期的增长，从堆芯中心区域(燃料卸出区域)向堆芯外围区域(燃料导入区域)移动，这一特性与倒料过程中的燃料增殖和燃耗行为相对应，即在由外向内倒料工况下，新鲜的天然铀燃料从堆型最外围导入堆芯，每一个倒料周期向堆芯内前进一步，先增殖后燃耗，因此如果倒料周期过短(如 400 d)，燃料在堆芯内增殖的时间较短，在离开堆芯前才开始燃耗，功率峰靠近反应堆中心，而如果倒料周期很长(如 1600 d)，燃料经过几个倒料周期后才开始燃耗，功率峰靠近堆芯外围。比较 3 种工况的归一化功率分布可看出，倒料周期为 1600 d 时，功率峰值最低，且功率分布更加均匀。另外，观察图 6 - 12(c)可发现，在靠近堆芯中心处，功率的轴向分布似外围的近余弦分布，略微有些变形。R=15 cm、45 cm 和 75 cm 处的轴向功率分布对比如图 6 - 13 所示。由图 6 - 13 可看出，在 R=15 cm 处堆芯轴向功率分布在两端微凸，整体呈 M 形分布，对比 3 个半径位置的曲线可以发现，越靠近堆芯中心位置，这种轴向功率分布的变形越明显。这一现象的产生主要是由于在高燃耗下相对于堆芯上下两端，堆芯中间区域功率高，增殖-燃烧波在该区域传递较快，从而导致堆芯功率的变形。该现象在日本 CANDLE 堆的研究中也曾被发现[13]，不同的是 CANDLE 堆中增殖-燃烧波是沿轴向传播的，而本书中的增殖-燃烧波是径向波。

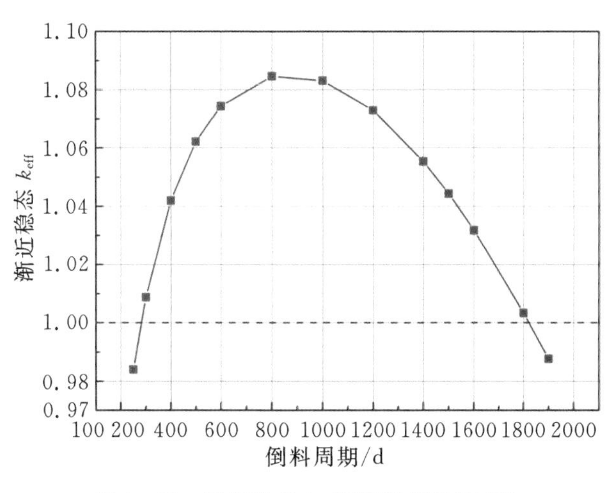

图 6 - 10　渐近稳态 k_{eff} 随倒料周期的变化

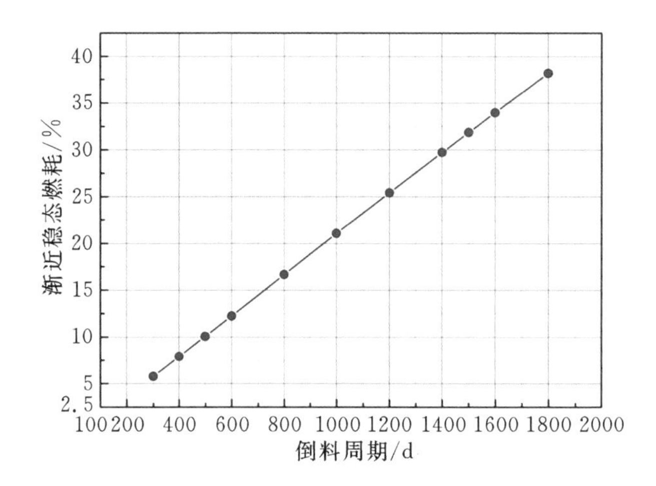

图 6-11 渐近稳态燃耗随倒料周期的变化

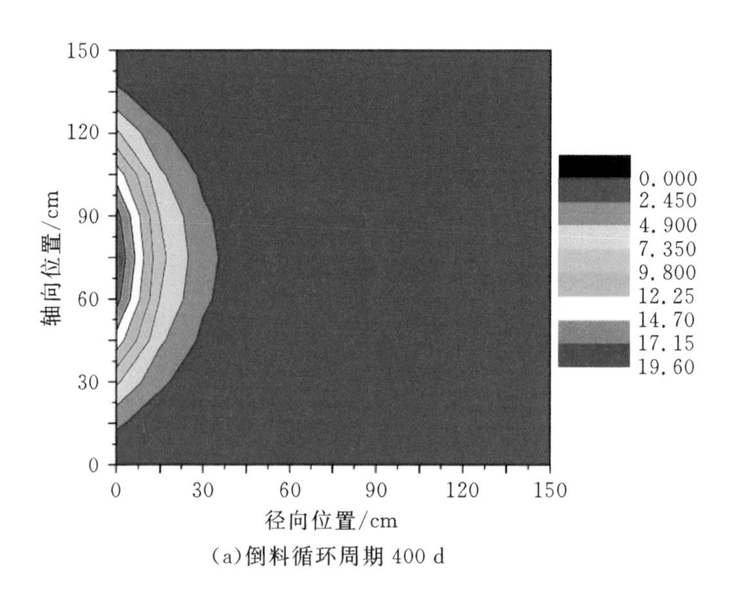

(a)倒料循环周期 400 d

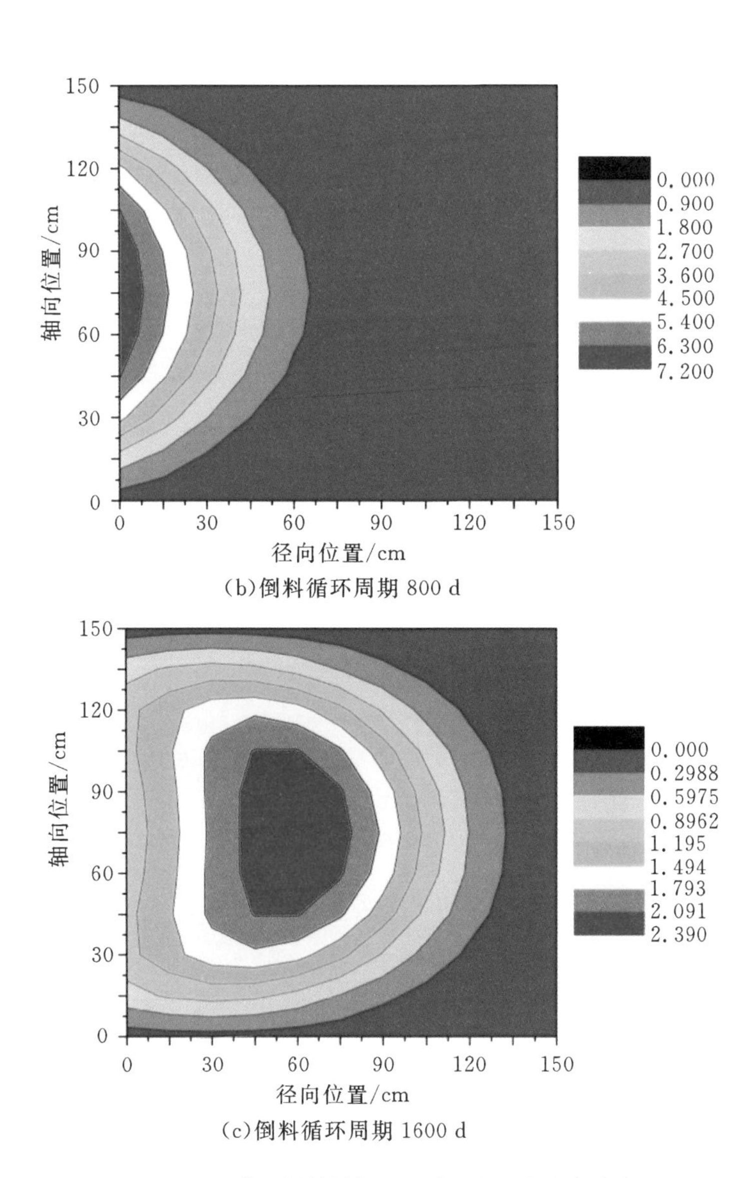

(c)倒料循环周期 1600 d

图 6-12　典型倒料周期下的堆芯归一化功率分布

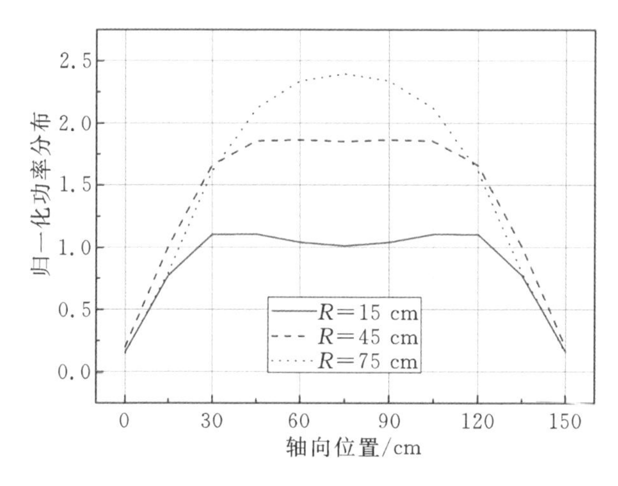

图 6-13 倒料周期为 1600 d 时径向 3 个位置处轴向功率分布

图 6-14 示出倒料周期为 1600 d 时主要核素^{238}U、^{239}Pu 和裂变产物的归一化核素密度分布。从图 6-14(a)可看出，^{238}U 由燃料进口侧(堆芯外周区域)向出口侧(堆芯中心区域)单调减少，原因是^{238}U 大部分增殖成为^{239}Pu。然而，由于堆芯中心区域更高的增殖效应，导致其在堆芯中心比堆芯边界下降得更快。由于^{238}U 的强增殖效应，^{239}Pu 由燃料进口侧逐渐增加，随后由于其自身的燃耗而缓慢下降，如图 6-14(b)所示。观察图 6-12(c)和图 6-14(b)可发现，^{239}Pu 的分布决定了堆芯的功率分布，^{239}Pu 的峰值处对应于堆芯功率的峰值位置。图6-14(c)为 FP 在堆芯的分布，由于其在燃料辐照过程中一直在积累，因此 FP 自燃料入口侧到燃料出口侧单调增加。可见，各核素的归一化核素密度分布表现出典型行波堆核素密度分布的基本特征。

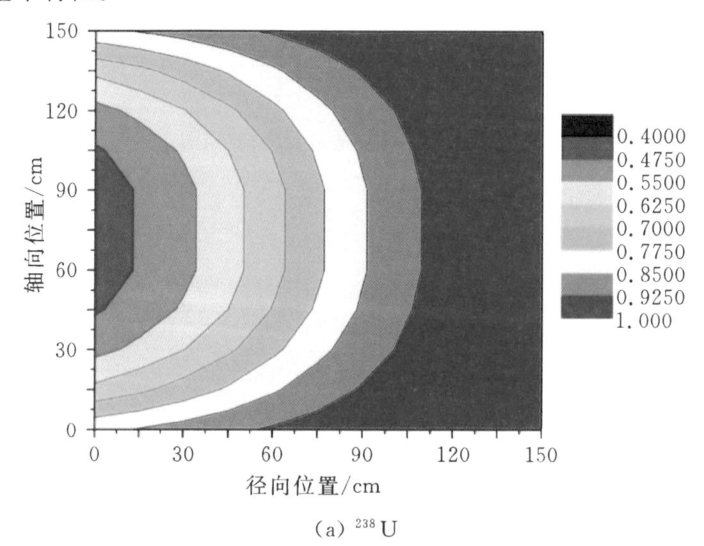

(a) ^{238}U

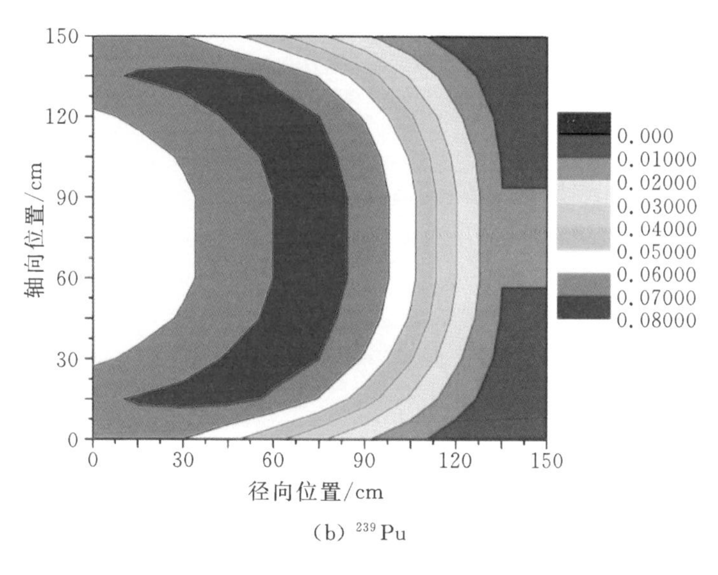

(b) ^{239}Pu

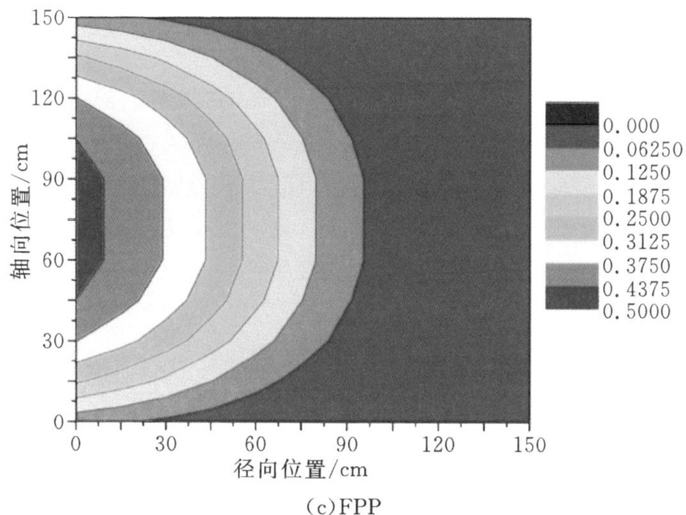

(c)FPP

图 6-14　倒料周期 1600 天时主要核素归一化核素密度分布

由上述研究可见,对于径向倒料行波堆的研究,可以得到如下结论:①渐近 k_{eff} 随倒料周期近似抛物线形分布,渐近燃耗随倒料周期线性增长,反应堆达到临界对应一个最小燃耗和一个最大燃耗,在此燃耗区间内方可临界;②堆芯功率峰随倒料周期的增长,从燃料卸出区向燃料导入区移动,功率峰值逐渐降低;③在高燃耗情况下,靠近堆芯中心的轴向功率分布出现 M 形变形;④各核素的归一化核素密度分布表现出典型行波堆核素密度分布的基本特征。

参考文献

[1]ELLIS T, PETROSKI R, HEJZLAR P, et al. Traveling-wave reactors: a truly sustainable and full-scale resource for global energy needs[C]//International Congress on Advances in Nuclear Power Plants, San Diego, CA, USA, 2010.

[2]TOURAN N, CHEATHAM J, PETROSKI R. Model biases in high-burnup fast reactor simulation[C]//Advances in Reactor Physics, Knoxville, Tennessee, USA, 2012.

[3]AHIFELD C, BURKE T, ELLIS T, et al. Conceptual design of a 500MWe traveling wave demonstration reactor plant[C]//International Congress on Advances in Nuclear Power Plants, Nice, France, 2011.

[4]CHEATHAM J, TRUONG B, TOURAN N, et al. Fast reactor design using the advanced reactor modeling interface[C]//21st International Conference on Nuclear Engineering, Chengdu, Sichuan, 2013.

[5]ZHANG D L, CHEN X N, GABRIELLI F. Numerical studies of radial fuel shuffling in a traveling wave reactor[C]//Proceedings of GLOBAL, Makuhari, Japan, 2011.

[6]ZHANG D L, CHEN X N, FLAD M, et al. Theoretical and numerical studies of TWR based on ESFR core design[C]//International Conference on Nuclear and Renewable Energy Resources, Istanbul, Turkey, 2012.

[7]ZHANG D L, CHEN X N, FLAD M, et al. Theoretical and numerical studies of TWR based on ESFR core design[J]. Energy Conversion and Management, 2013, 72: 12-18.

[8]张大林,安洪振,田文喜,等.径向步进倒料行波堆的渐进稳态特性研究[J].核科学技术与工程,2014,14(6):9-12.

[9]张大林,郑美银,田文喜,等.径向步进倒料行波堆的数值研究[J].原子能科学技术,2015,49(4):694-699.

[10]HEIDET F, GREENSPAN E. Neutron balance analysis for sustainability of Breed and Burn reactors[J]. Nuclear Science and Engineering, 2012, 171: 13-31.

[11]HEIDET F, GREENSPAN E. Feasibility of lead cooled breed and burn reactors[J]. Progress in Nuclear Energy, 2012, 54: 75-80.

[12]HEIDET F, GREENSPAN E. Performance of large breed and burn core[J]. Nuclear Technology, 2013, 181: 381-407.

[13]SEKIMOTO H, RYU K, YOSHIMURA Y. CANDLE: the new burnup strategy[J]. Nuclear Science and Technology, 2001, 139: 306-317.

>>> 第7章 径向行波堆优化设计

本章针对行波堆的特点，设置了具有工程可实现性的堆芯设计准则。对组件进行了中子平衡性和热工水力特性分析，优化组件的增殖性能和热工水力特性。针对径向行波堆燃耗策略设计了径向倒料行波堆（Sodium-cooled Traveling Wave Reactor，STWR）堆芯，对点火区进行了优化设计，并开展了径向钠冷行波堆堆芯稳态热工水力分析。

7.1 材料选择

7.1.1 燃料类型

目前，可供快堆使用的燃料有氧化物、碳化物、氮化物以及金属燃料。氧化物燃料导热率较低，这会导致较高的燃料中心温度，而燃料的最高温度不能超过其熔化温度，这会限制燃料棒的线功率密度；重核密度低，且氧原子起到部分慢化作用，影响燃料的增殖性能；与钠相容性差，燃料棒一旦发生破裂，燃料与钠发生化学反应，降低导热率，进一步增加燃料温度。碳化物和氮化物虽然导热率较高、能谱较硬且与钠相容性好，但这两种燃料还没有得到充分的研究和开发，尚未达到实用阶段。

金属燃料在早期实验快堆中得到广泛应用，但这种燃料辐照肿胀较大，最高燃耗只能达到3.0%，且运行温度不高，限制了反应堆的热效率。20世纪60年代末，世界范围内停止了金属燃料的研究，转向氧化物燃料。美国在EBR-Ⅱ上继续开展金属燃料研究，开发出U-Pu-Zr金属燃料，这种燃料燃耗能达到18.4%。金属燃料中没有轻核，因而其增殖性能优于氧化物、碳化物和氮化物燃料；此外，金属燃料具有很高的导热率，弥补了其熔点低的缺点，可实现较高的线功率密度。本章从燃料增殖性能出发选用金属燃料，为防止燃料与包壳之间的共晶熔化，选用Zr含量较高的U-10%Zr金属燃料。

7.1.2 包壳类型

堆芯的安全运行很大程度上取决于堆芯结构材料特别是包壳材料的性能，包壳材料必须长时间承受高注量率的快中子辐照以及各种载荷和腐蚀，而保证结构的稳定性和完整性。最早使用的快堆包壳材料为 316 不锈钢，为改善 316 类材料的高温和抗辐照性能，在制造包壳时进行一定量的冷加工，并添加 Ti 和 Nb 等微量元素；改进后的包壳损伤计量能达到 60 DPA 以上，燃耗可达 10%；这种材料的辐照肿胀性不能满足快堆的需求。20 世纪 80 年代初，大量的辐照实验结果表明：15.15Ti 和 PNC1520 等先进型奥氏体不锈钢以及 HT-9、FMS 和 ODS 等铁素体/奥氏体不锈钢可作为下一代快堆包壳的候选材料。其中，HT-9 是 12Cr-1Mo-VW 不锈钢，HT-9 钢作为包壳材料和燃料组件盒材料在快堆中得到验证。HT-9 钢在 200 DPA 下具有良好的抗辐照肿胀性能。因此，本章选用 HT-9 钢作为包壳和燃料组件盒材料。

7.1.3 冷却剂类型

目前，快堆的备选冷却剂包括钠和铅铋合金等。铅铋合金作为快堆冷却剂具有化学性质稳定、自然循环能力强以及沸点高等特点，但铅铋合金对结构材料的腐蚀极为严重，为保证较低的材料腐蚀性，反应堆运行时对铅铋合金的纯度和氧浓度的控制要求很高，同时也需要限制包壳的使用温度；其次，铅铋合金在反应堆的运行过程中会产生半衰期为 138 d 的 ^{210}Po，这是一种低熔点、低沸点、易挥发且具有 α 衰变的放射性金属，毒性极大，因此增大了反应堆维修和换料的难度。

液态金属钠是目前使用最广泛的快堆冷却剂。钠具有良好的导热能力，熔点低、沸点高，可在常压下运行，具有丰富的设计和运行经验。本章选用液态金属钠作为冷却剂。

7.2 堆芯设计准则

为保证反应堆的安全性能，本章以传统池式钠冷快堆技术为基础，设定以下准则。

(1)由于主泵扬程的限制并确保事故工况下一回路系统冷却剂能形成较大的自然循环流量，堆芯压降小于 1 MPa[1]。

(2)冷却剂钠具有良好的润湿性能，不用考虑冷却剂对结构材料的冲蚀；为降低冷却剂引起的堆芯机械振动，堆芯冷却剂流速小于 12 $m \cdot s^{-1}$ [1]。

(3)为确保包壳的结构强度，并防止包壳与金属燃料的共熔，包壳的内外壁温低于 650 ℃[2]。

(4)为保证金属燃料在瞬态过程中不会融化,金属燃料的稳态最高温度低于800 ℃,瞬态温度低于1240 ℃[2]。

(5)为保证制造工艺和足够的结构强度,包壳和燃料组件盒厚度大于0.4 mm[3]。

(6)行波堆具有高燃耗的特点,为控制金属燃料的辐照肿胀并保证包壳的完整性,行波堆设计时要尽量降低燃耗。

(7)为降低堆芯热工水力设计难度,行波堆设计时要尽量降低径向功率峰因子,为保证堆芯流量分配适用于整个寿期,行波堆设计时要尽量保证堆芯整个寿期内功率分布相近。

7.3 燃料组件优化设计

7.3.1 组件参数

燃料装料量和能谱等物理参数会随组件参数的不同而发生变化,从而影响组件的增殖能力;冷却剂流通面积和水力学直径等热工水力参数同样会随组件参数的不同而发生变化,从而影响组件的热工水力特性。本章燃料组件设计以TP-1组件参数为基础。燃料组件优化设计的主要目的是在控制燃料组件盒内边距以及活性区高度等参数的情况下通过调节燃料棒数目和栅径比,优化组件的增殖能力以及热工水力特性。组件总体设计参数如表7-1所示。考虑目前快堆设计中常用的91、127、169、217和271根燃料棒组件设计,如图7-1所示;栅径比分别为1.04、1.06、1.08、1.10、1.12、1.14、1.16、1.18和1.20,不同燃料棒数目和栅径比组件参数如表7-2至表7-6所示。

表7-1 组件总体设计参数

参数	数据
燃料组件盒内对边距/cm	15.86
燃料组件盒壁厚/cm	0.30
燃料组件中心距/cm	16.86
下部旋塞高度/cm	58.00
上部旋塞高度/cm	2.50
气体腔室高度/cm	200.00

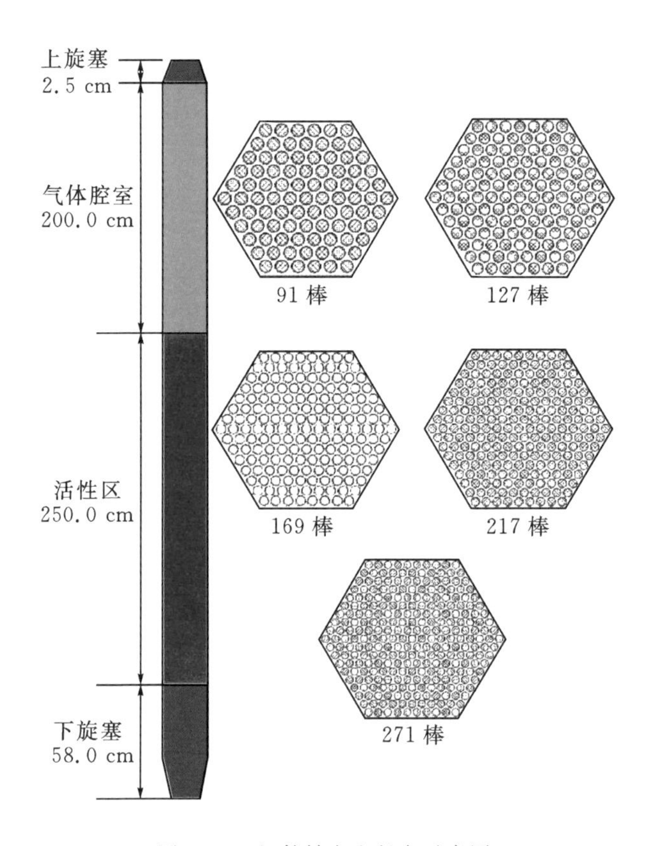

图 7-1 组件轴向和径向示意图

表 7-2 91 根燃料棒组件参数

栅径比	棒间距/cm	包壳外径/cm	包壳壁厚/cm	芯块直径/cm	燃料体积分数/%	冷却剂体积分数/%	结构材料体积分数/%
1.04	1.624	1.562	0.078	1.374	54.9	21.5	21.0
1.06	1.627	1.535	0.077	1.351	53.0	24.0	20.5
1.08	1.630	1.509	0.075	1.327	51.2	26.3	20.1
1.10	1.633	1.484	0.074	1.306	49.5	28.5	19.7
1.12	1.636	1.461	0.073	1.285	47.9	30.6	19.3
1.14	1.638	1.437	0.072	1.264	46.4	32.6	18.9
1.16	1.641	1.415	0.071	1.245	44.9	34.5	18.6
1.18	1.643	1.392	0.070	1.225	43.5	36.4	18.2
1.20	1.646	1.372	0.069	1.207	42.3	38.0	17.9

表 7－3　127 根燃料棒组件参数

栅径比	棒间距/cm	包壳外径/cm	包壳壁厚/cm	芯块直径/cm	燃料体积分数/%	冷却剂体积分数/%	结构材料体积分数/%
1.04	1.376	1.323	0.066	1.164	54.9	21.5	21.0
1.06	1.378	1.300	0.065	1.144	53.0	24.0	20.5
1.08	1.380	1.278	0.064	1.124	51.2	26.3	20.1
1.10	1.382	1.256	0.063	1.105	49.5	28.5	19.7
1.12	1.384	1.236	0.062	1.088	47.9	30.6	19.3
1.14	1.386	1.216	0.061	1.070	46.4	32.6	18.9
1.16	1.388	1.196	0.060	1.052	44.9	34.5	18.6
1.18	1.390	1.178	0.059	1.037	43.5	36.4	18.2
1.20	1.392	1.160	0.058	1.021	42.3	38.0	17.9

表 7－4　169 根燃料棒组件参数

栅径比	棒间距/cm	包壳外径/cm	包壳壁厚/cm	芯块直径/cm	燃料体积分数/%	冷却剂体积分数/%	结构材料体积分数/%
1.04	1.194	1.148	0.057	1.010	54.9	21.5	21.0
1.06	1.196	1.128	0.056	0.993	53.0	24.0	20.5
1.08	1.198	1.109	0.055	0.976	51.2	26.3	20.1
1.10	1.199	1.090	0.055	0.959	49.5	28.5	19.7
1.12	1.200	1.071	0.054	0.943	47.9	30.6	19.3
1.14	1.202	1.054	0.053	0.928	46.4	32.6	18.9
1.16	1.203	1.037	0.052	0.913	44.9	34.5	18.6
1.18	1.204	1.022	0.051	0.898	43.5	36.4	18.2
1.20	1.206	1.005	0.050	0.884	42.3	38.0	17.9

表 7－5　217 根燃料棒组件参数

栅径比	棒间距/cm	包壳外径/cm	包壳壁厚/cm	芯块直径/cm	燃料体积分数/%	冷却剂体积分数/%	结构材料体积分数/%
1.04	1.054	1.013	0.051	0.892	54.9	21.5	21.0
1.06	1.056	0.996	0.050	0.877	53.0	24.0	20.5
1.08	1.057	0.978	0.049	0.861	51.2	26.3	20.1
1.10	1.058	0.962	0.048	0.846	49.5	28.5	19.7
1.12	1.059	0.946	0.047	0.832	47.9	30.6	19.3
1.14	1.060	0.930	0.046	0.818	46.4	32.6	18.9
1.16	1.061	0.915	0.045	0.805	44.9	34.5	18.6
1.18	1.062	0.900	0.045	0.792	43.5	36.4	18.2
1.20	1.063	0.886	0.044	0.779	42.3	38.0	17.9

表 7－6　271 根燃料棒组件参数

栅径比	棒间距/cm	包壳外径/cm	包壳壁厚/cm	芯块直径/cm	燃料体积分数/%	冷却剂体积分数/%	结构材料体积分数/%
1.04	0.944	0.908	0.046	0.799	54.9	21.5	21.0
1.06	0.945	0.892	0.045	0.785	53.0	24.0	20.5
1.08	0.946	0.876	0.044	0.771	51.2	26.3	20.1
1.10	0.947	0.861	0.043	0.758	49.5	28.5	19.7
1.12	0.978	0.846	0.042	0.745	47.9	30.6	19.3
1.14	0.949	0.832	0.042	0.733	46.4	32.6	18.9
1.16	0.950	0.819	0.041	0.721	44.9	34.5	18.6
1.18	0.950	0.805	0.040	0.708	43.5	36.4	18.2
1.20	0.951	0.793	0.040	0.697	42.3	38.0	17.9

分别对不同参数的组件开展中子平衡特性分析和热工水力特性分析，优选出适用于行波堆的组件设计。

7.3.2　中子平衡特性分析

对于堆芯中的燃料，单位体积内单位燃耗（%）下产生的裂变中子数为：

$$\sum_i \bar{\nu}^i \Sigma_f^i \Phi / \sum_i \Sigma_f^i \Phi = \sum_i \bar{\nu}^i \Sigma_f^i / \sum_i \Sigma_f^i \tag{7-1}$$

式中：Σ_f^i 为核素 i 的单群宏观裂变截面，m^{-1}；$\bar{\nu}^i$ 为核素 i 的有效裂变中子数；Φ 为单位体积内的中子注量率，$m^{-2} \cdot s^{-1}$。

单位体积内单位燃耗下吸收的中子数为：

$$\sum_i \Sigma_a^i \Phi / \sum_i \Sigma_f^i \Phi = \sum_i \Sigma_a^i / \sum_i \Sigma_f^i \tag{7-2}$$

式中：Σ_a^i 为核素 i 的单群宏观吸收截面，m^{-1}。

一定燃耗（BU）下，单位体积内净产生的中子数为：

$$\begin{aligned} &\int \left(\sum_i \nu^i \Sigma_f^i / \sum_i \Sigma_f^i - \sum_i \Sigma_a^i / \sum_i \Sigma_f^i \right) \mathrm{d}B \\ &= N_{\mathrm{HM}} \int \bar{\nu}(B) [1 - 1/k_\infty(B)] \mathrm{d}B \end{aligned} \tag{7-3}$$

式中：B 为单位体积内已裂变重核百分比/%；N_{HM} 为重核素密度，m^{-3}，$\bar{\upsilon}(B)$ 为单位体积内单位燃耗下的平均有效裂变中子数；$k_\infty(B)$ 为 B 燃耗下无限中子增殖因数。

在一定燃耗下，单位体积内净产生的中子数为零，此时为燃料所需的最低燃耗：

$$N_{\mathrm{HM}} \int \bar{\nu}(B) [1 - 1/k_\infty(B)] \mathrm{d}(B) = 0 \tag{7-4}$$

在方程中，忽略了（n，2n）和（n，3n）反应的贡献。净中子产生率为零时有如下两种情况：①燃料先为净中子吸收体，随着燃料的增殖，逐渐成为净中子供体，直到净中子产生率为零；②随着燃料内裂变核素的消耗以及裂变产物的累积，燃料逐渐成为净中子吸收体直到净中子产生率为零。

行波堆中影响堆芯增殖能力的因素主要为新鲜燃料组件（增殖组件），因此对新鲜燃料组件开展中子平衡性分析。对于附录 A 中不同参数的燃料组件，燃料、结构材料和冷却剂的体积分数只与栅径比相关，因此对不同栅径比的燃料组件开展中子平衡性分析。设定燃料富集度为 0.3%（贫铀），实际密度为 75.0% 理论密度（Theoretical Density，TD）。

不同栅径比燃料组件无限中子增殖因数 k_∞ 随燃耗的变化如图 7-2 所示，随着燃料体积分数的增大，k_∞ 越大，维持临界的燃耗跨度越大。相应的中子平衡性如图 7-3 所示，即针对方程左侧积分。图中曲线第一次穿过横轴表示燃料成为净中子供体，第二次穿过横轴表示燃料成为净中子吸收体，纵轴表示燃料成为净中子供体所需的中子数或成为净中子吸收体所能提供的中子数。由图可见，燃料成为净中子供体的燃耗随栅径比的增大而增大，成为净中子吸收体的燃耗随栅径比的增大而减小；且燃料成为净中子吸收体所能提供的中子数随栅径比的增大而减小，成为净中子供体所需的中子随栅径比的增大而减小。表 7-2～表 7-6 中的栅径比所需的最低燃耗分别为 12.2%～15.2%，所能达到的最大燃耗分别为 82.1%～89.4%。从中子平衡性角度出发，定性的确定了栅径比越低越有利于燃料的增殖。

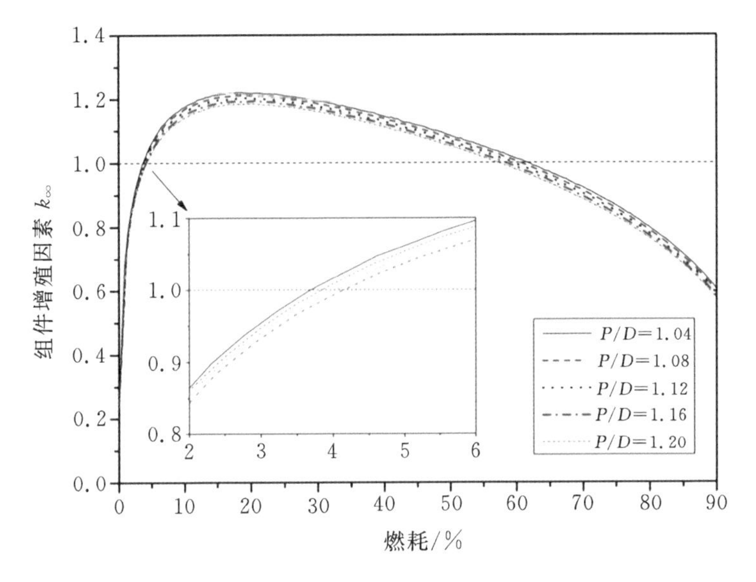

图 7-2　组件增殖因数 k_∞ 随燃耗的变化

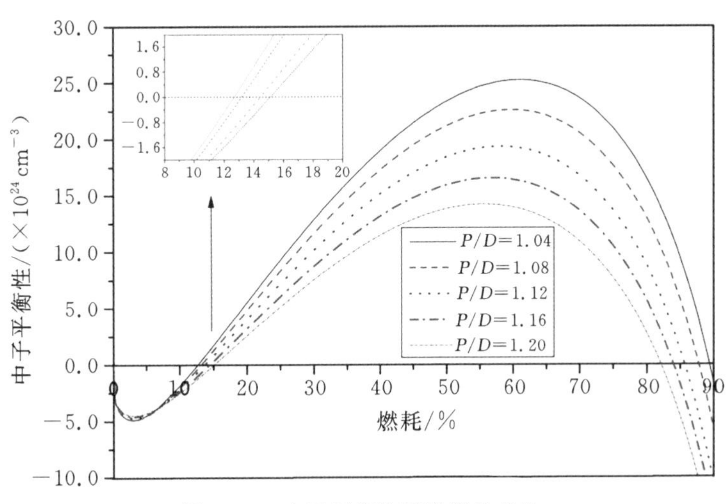

图 7-3　中子平衡性随燃耗的变化

7.3.3　热工水力特性分析

组件热工水力分析的主要目的是对比不同燃料棒数目以及栅径比下燃料包壳最高温度、燃料芯块最高温度、压降以及冷却剂流速，从而定量确定组件的最优设计。假定堆芯热功率为1250 MW；堆芯流量为8000 kg·s^{-1}(旁流系数8.0%)；堆芯进出口温度分别为360 ℃和510 ℃；堆芯径向功率峰因子为3.2(取前期物理计算中径向功率峰因子平均值)，堆芯燃料组件数为396(取径向倒料堆芯燃料组件数)；为降低燃料芯块温度，燃料芯块与包壳填充钠。

包壳最高温度随燃料棒数目和栅径比的变化如图7-4所示。可见在相同栅径比下，由于燃料棒数目越少，单根燃料棒的线功率密度越高，因而包壳的最高温度越高；在相同燃料棒数目下，栅径比越大，燃料的体积释热率越大，因而包壳的最高温度也相应升高；对所有燃料棒数目和栅距设计的组件，包壳最高温度均在设计限值650 ℃之下，且距离设计限值有较大裕度。

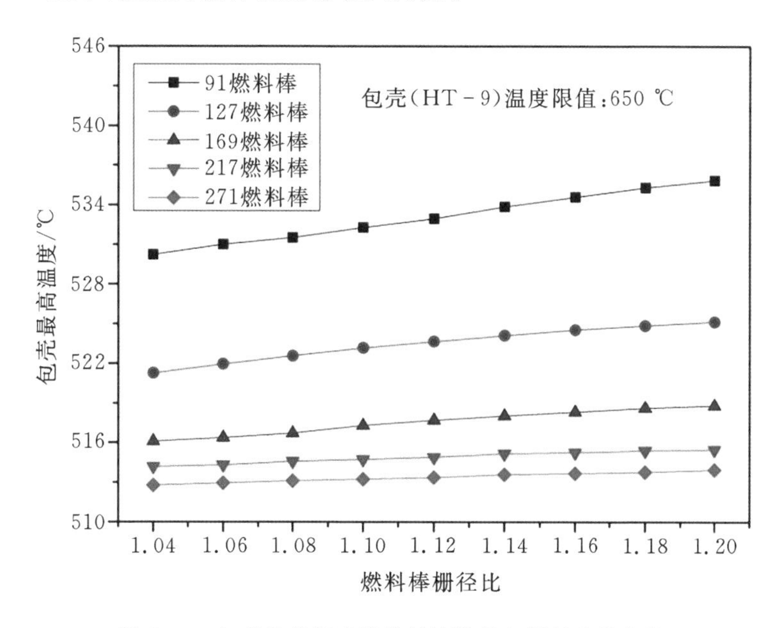

图7-4　包壳最高温度随燃料棒数目和栅径比的变化

燃料芯块最高温度随燃料棒数目和栅径比的变化如图7-5所示。可见，燃料芯块最高温度随燃料棒数目和栅径比的变化趋势与包壳最高温度变化趋势相同，随燃料棒数目的增加而降低，随栅径比的增大而升高；91根燃料棒的设计虽然满足稳态设计限值，但安全裕度较小。

冷却剂流速随燃料棒数目和栅径比的变化如图7-6所示。可见，由于冷却剂流通截面积随栅径比的增大而增大，因而堆芯流速随栅径比的增大而减小；当栅径比小于 1.10 时，冷却剂流速不满足 12 的设计限值，栅径比为 1.10 的设计虽然满足设计限值，但裕度较小。

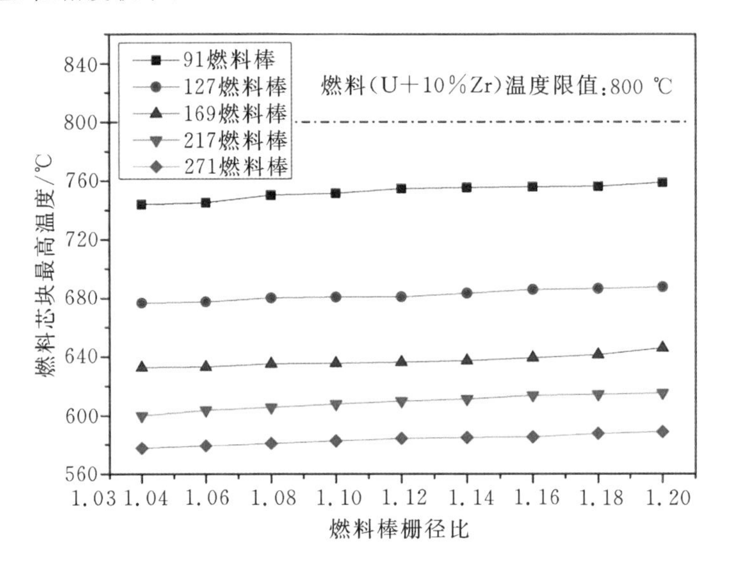

图 7-5　燃料芯块最高温度随燃料棒数目和栅径比的变化

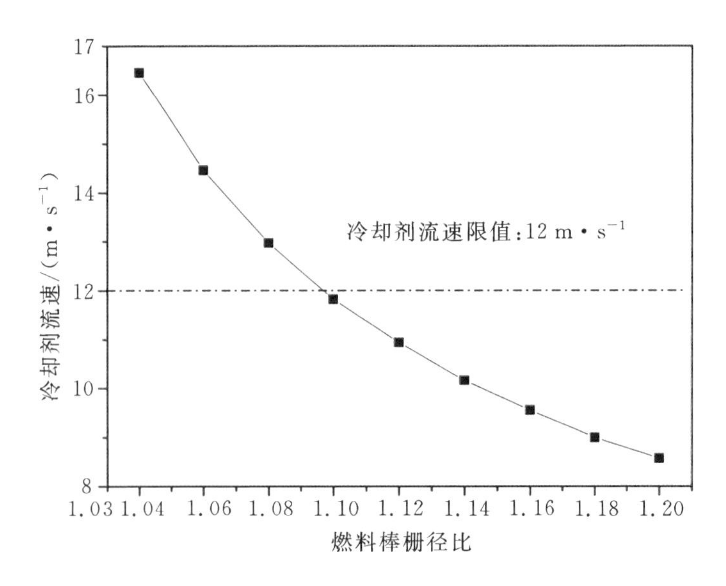

图 7-6　冷却剂流速随燃料棒数目和栅径比的变化

堆芯压降随燃料棒数目和栅径比的变化如图 7-7 所示。可见，相同栅径比下，由于燃料棒数目越多，流通截面水力学直径越小，因而堆芯压降越大；相同燃料棒数目下，堆芯流速随栅径比的增大而减小，流通截面水力学直径随栅径比的增大而增大,因而堆芯压降越小;堆芯压降是限制燃料组件设计的主要因素,栅径比小于 1.10 的所有组件设计均无法满足堆芯压降 1 MPa 的设计限值。需要注意的是,组件热工水力分析时没有考虑堆芯流量分配时入口局部压降。因此,考虑堆芯压降时,需距离设计限值有一定的裕度。

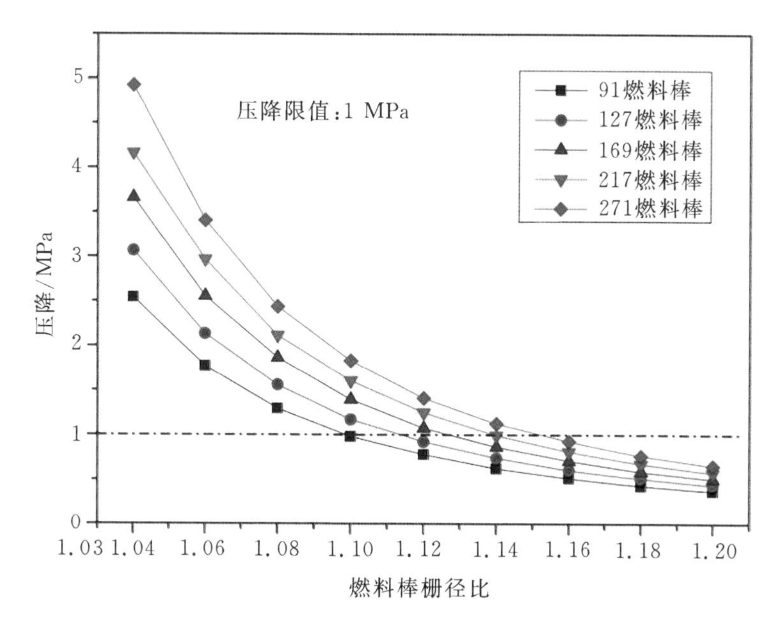

图 7-7　堆芯压降随燃料棒数目和栅径比的变化

综合考虑包壳最高温度、燃料芯块最高温度、冷却剂流速和压降,本章选择 127 根燃料棒栅径比为 1.12 的组件设计,此时燃料、结构材料和冷却剂的体积分数分别为 47.9%、19.3%和 30.6%,包壳最高温度、燃料芯块最高温度、冷却剂流速和压降分别距设计限值有 126.36 ℃、119.20 ℃、1.06 $m \cdot s^{-1}$ 和 0.08 MPa 的安全裕度。

7.4　堆芯设计

目前,径向倒料行波堆的倒料策略主要分为两种:沿堆芯径向由外向内倒料和由内向外倒料。在不同的倒料策略中,点火组件的卸载和增殖组件的装载及其沿堆芯径向移动方向不同,由于堆芯径向不同区域的中子注量率不同且中子价值不同,因此不同的倒料策略将会影响点火组件核燃料的利用率以及增殖组件的增殖效果,从而影响堆芯的物理特性。

7.4.1　由外向内倒料堆芯

由外向内倒料钠冷行波堆堆芯总体设计参数如表 7-7 所示。燃料组件采用 7.3 节的优化设计组件;堆芯热工水力参数与 3.1 节轴向钠冷行波堆相关参数相同。

表 7-7　由外向内倒料钠冷行波堆堆芯总体设计参数

参数	数值
热功率/MW	1250.0
14.0%富集度点火组件数/个	96
11.0%富集度点火组件数/个	60
内堆芯增殖组件数/个	36
外堆芯增殖组件数/个	204
控制和停堆组件数/个	18
测试组件数/个	1
外堆芯吸收组件数/个	48
堆芯活性区高度/cm	250.0
增殖组件富集度/%	0.3
燃料密度	75.0%理论密度

由外向内倒料钠冷行波堆堆芯布置如图 7-8 所示，堆芯活性区外围布置三层 252 个反射层组件和两层 198 个屏蔽组件，堆芯径向布置如图 3-21(b)所示，堆芯周围区域参数和材料如表 3-8 所示。在内堆芯内侧布置 96 个 14.0%富集度点火组件，在内堆芯外侧布置 60 个 11.0%富集度点火组件。在内堆芯棋盘式布置 36 个贫铀组件，用以增加内堆芯的增殖能力；在外堆芯布置 204 个贫铀组件，用于吸收内堆芯径向泄漏的富余中子而增殖；在外堆芯棋盘式布置 48 个吸收组件，用以降低该区域功率密度，防止堆芯运行过程中功率向外堆芯扩展。由外向内倒料堆芯采用低泄漏方案布置，因此高富集度点火组件布置在内侧，棋盘式布置的增殖组件可以在一定程度上降低该区域的功率峰。

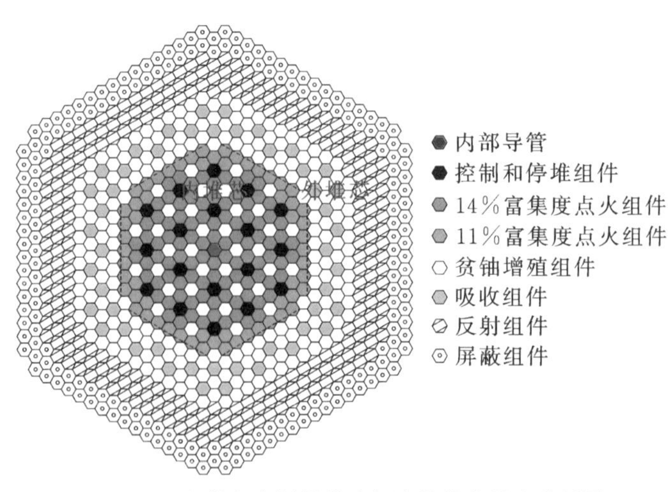

图 7-8　由外向内倒料钠冷行波堆堆芯径向布置图

7.4.2 由内向外倒料堆芯

由内向外倒料钠冷行波堆的总体设计参数如表7-8所示。燃料组件采用7.3节的优化设计；堆芯热工水力参数与3.1节轴向钠冷行波堆相关参数相同。

表7-8 由内向外倒料钠冷行波堆堆芯总体设计参数

参数	数值
热功率/MW	1250.0
5.0%富集度点火组件数/个	12
9.0%富集度点火组件数/个	18
11.0%富集度点火组件数/个	36
14.0%富集度点火组件数/个	30
12.0%富集度点火组件数/个	36
10.0%富集度点火组件数/个	60
外堆芯增殖组件数/个	204
控制和停堆组件数/个	18
外堆芯吸收组件数/个	48
堆芯活性区高度/cm	250.0
增殖组件富集度/%	0.3
燃料密度	75.0%理论密度

由内向外倒料钠冷行波堆堆芯径向布置如图7-9所示，堆芯活性区外围布置三层252个反射层组件和两层198个屏蔽组件；堆芯径向布置如图3-21(b)所示，堆芯周围区域参数和材料如表3-8所示。由内向外倒料内堆芯没有布置增殖组件，其增殖主要集中在外堆芯内侧。为有效提高堆芯的增殖性能并降低内堆芯功率峰，通过堆芯径向不同富集度增殖组件的布置，将径向功率峰控制在内堆芯中间位置，形成M形分布。在内堆芯从内到外依次布置12、18、36、30、36和60个富集度分别为5.0%、9.0%、11.0%、14.0%、12.0%和10.0%的点火组件；在外堆芯布置204个贫铀组件，用于吸收内堆芯径向泄漏的富余中子而增殖；在外堆芯棋盘式布置48个吸收组件，用以降低该区域功率密度，防止堆芯运行过程中功率向外堆芯扩展。

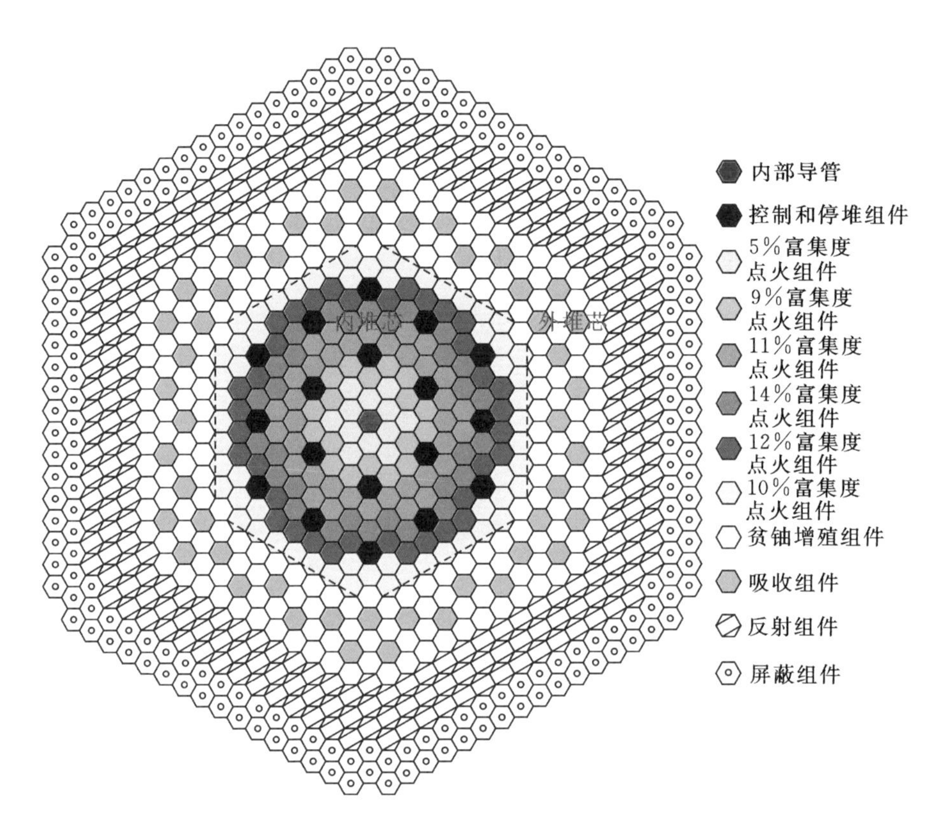

图 7-9　由内向外倒料钠冷行波堆堆芯径向布置图

7.5　倒料策略

7.5.1　由外向内倒料策略

396 个点火和增殖组件被分为 66 组，每组包含 6 个组件，同组组件距堆芯中心距离相同。14.0%富集度点火组件被分为 16 组，11.0%富集度点火组件被分为 10 组，内堆芯增殖组件被分为 6 组，外堆芯增殖组件被分为 34 组。由外向内倒料策略如图 7-10 所示。倒料过程如下：新鲜燃料组件从外堆芯外侧装载，并逐渐向内侧移动；外堆芯内侧的增殖组件移动至内堆芯内侧增殖组件位置，内堆芯增殖组件逐渐向外侧移动；内堆芯外侧增殖组件移动至内堆芯外侧点火组件位置；内堆芯点火组件逐渐向内侧移动；乏燃料组件从内堆芯内侧卸载。为增加内堆芯点火组件燃料的利用，并保证增殖组件的有效增殖，从第三个倒料周期开始倒料。

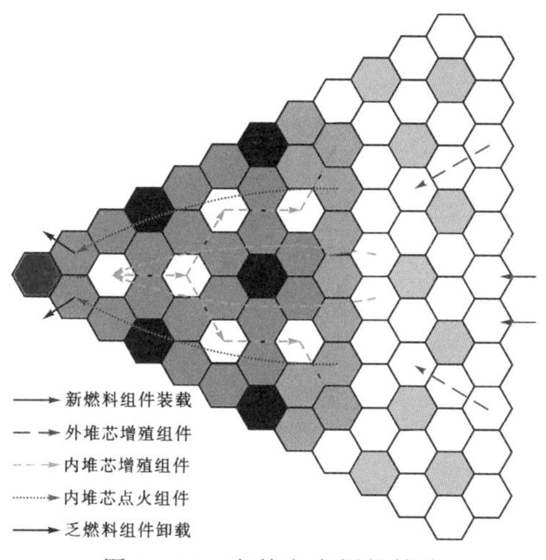

图 7-10　由外向内倒料策略

7.5.2　由内向外倒料策略

396 个点火和增殖组件被分为 66 组，每组包含 6 个组件，同组组件距堆芯中心距离相同。5.0%富集度点火组件被分为 2 组，9.0%富集度点火组件被分为 3 组，11.0%富集度点火组件被分为 6 组，14.0%富集度点火组件被分为 5 组，12.0%富集度点火组件被分为 6 组，10.0%富集度点火组件被分为 10 组，外堆芯增殖组件被分为 34 组。由内向外倒料策略如图 7-11 所示。倒料过程如下：新鲜燃料组件从外堆芯外侧装载，并逐渐向内侧移动；外堆芯内侧的增殖组件移动至内堆芯内侧的点火组件位置；内堆芯组件逐渐向外侧移动；乏燃料组件从内堆芯外侧卸载。为增加内堆芯点火组件燃料的利用，并保证增殖组件的有效增殖，从第三个倒料周期开始倒料。

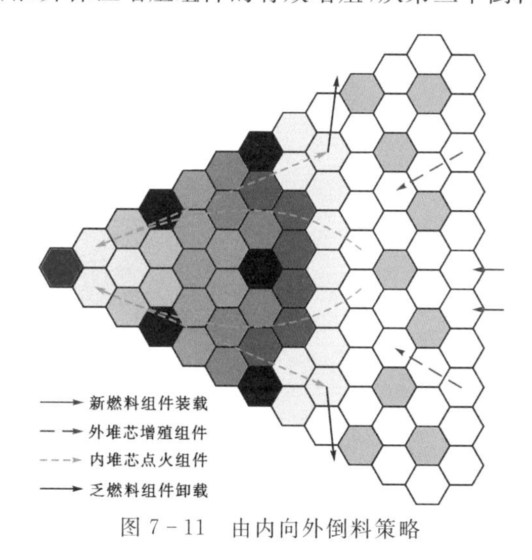

图 7-11　由内向外倒料策略

7.6 堆芯平衡态物理特性

7.6.1 堆芯临界特性

由于几何的对称性，取 1/6 堆芯开展计算，如图 7－12 所示。采用 MCORE 程序开展物理分析计算，堆芯活性区沿轴向划分为 10 个控制体，每个控制体的长度为25.0 cm。

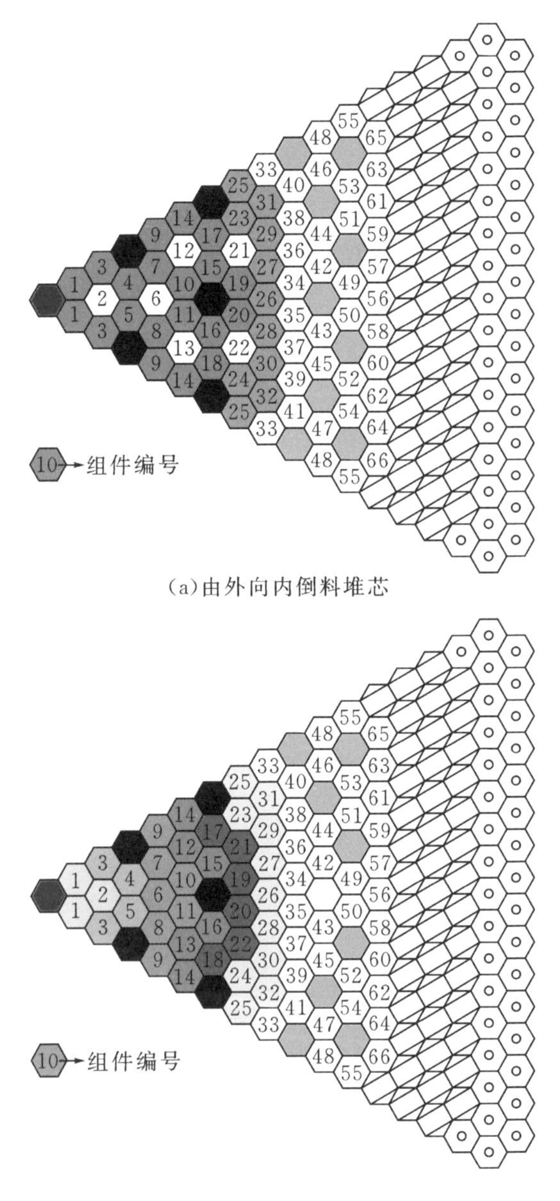

图 7－12　计算区域简图及组件编号

堆芯 k_{eff} 随倒料的变化如图 7－13 所示，倒料周期为 500 d。对于由外向内倒料策略，由于在内堆芯及内堆芯外侧布置了增殖组件，因此 k_{eff} 在初始三个倒料周期内迅速增大；之后随着高富集度点火组件从内堆芯内侧卸载，k_{eff} 逐渐降低；约 30 个倒料周期后堆芯达到稳态，k_{eff} 只随倒料而波动且堆芯维持临界。堆芯初始 k_{eff} 为 1.03287，堆芯运行过程中最大 k_{eff} 为 1.07230，最小 k_{eff} 为 1.01669，BOEC 的 k_{eff} 为 1.02526，EOEC 的 k_{eff} 为 1.03818，整个堆芯运行过程中反应性波动为 5561.0×10^{5}。

对于由内向外倒料策略，由于在内堆芯外侧布置了增殖组件，因此 k_{eff} 在初始三个倒料周期内同样快速增大，但增大幅度比由外向内倒料策略小；之后随着高富集度点火组件从内堆芯外侧卸载，k_{eff} 逐渐降低，降低速度比由外向内倒料策略大；约 30 个倒料周期后堆芯达到稳态，k_{eff} 只随倒料而波动且堆芯维持临界。堆芯初始 k_{eff} 为 1.03783，堆芯运行过程中最大 k_{eff} 为 1.06674，最小 k_{eff} 为1.00767，BOEC 的 k_{eff} 为 1.02742，EOEC 的 k_{eff} 为 1.04076，整个堆芯运行过程中反应性波动为 5907.0×10^{-5}。

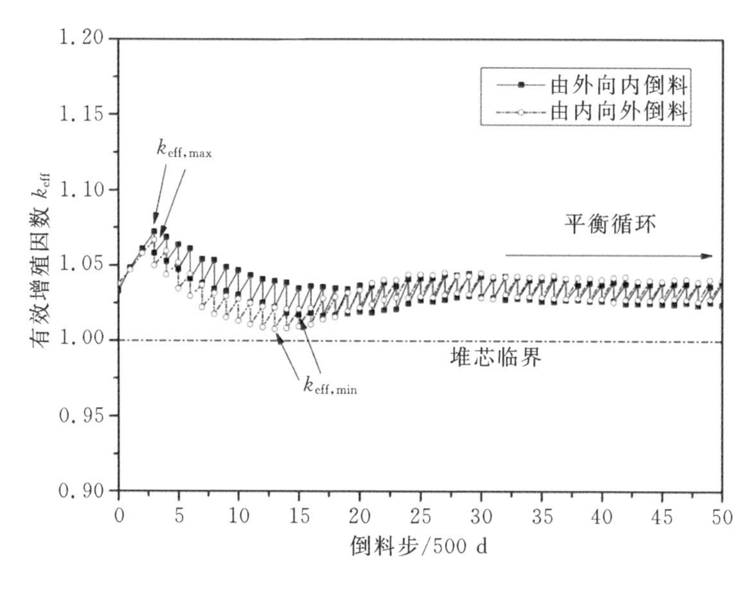

图 7－13　堆芯 k_{eff} 随倒料的变化

7.6.2　组件无限增殖系数

径向倒料钠冷行波堆中不同堆芯区域初始装载的组件种类及其富集度各不相同，且不同倒料策略组件移动方式不同，因此不同倒料策略下不同位置组件的无限增殖因数随倒料的变化各不相同。不同位置组件无限增殖因数随倒料的变化可以展示从初始燃料循环到平衡燃料循环的堆芯各部分临界特性的变化过程。选择图 7－12 中编号为 2、10 和 36 的组件位置展示堆芯不同位置组件的无限增殖因数随倒料的变化，如图 7－14 所示。

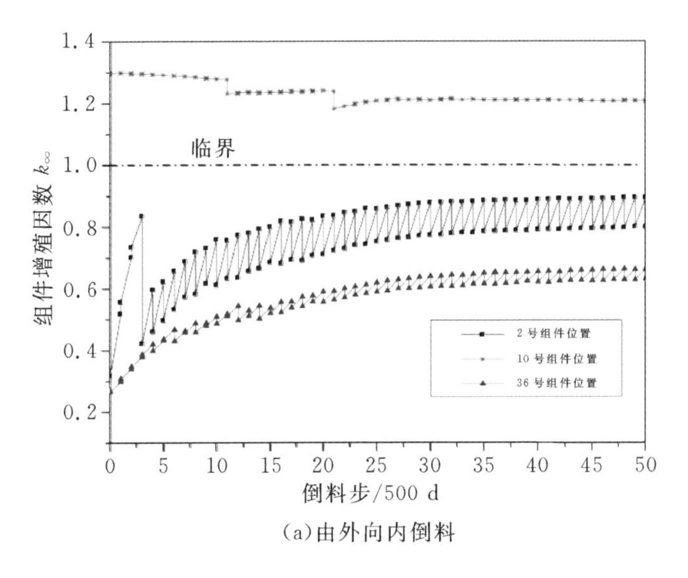

(a)由外向内倒料

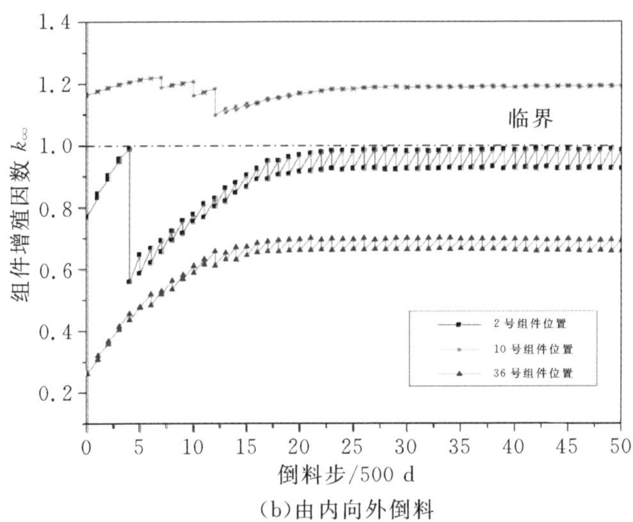

(b)由内向外倒料

图 7-14 不同组件无限增殖因数随倒料的变化

对于由外向内倒料堆芯，2 号位置为增殖组件位置，初始 3 个倒料周期内堆芯组件不移动，2 号位置增殖组件在高中子注量率下快速增殖，组件无限增殖因数迅速增大；之后经过初步增殖的外堆芯内侧增殖组件移动至该位置，因此 k_∞ 减小后逐渐增大，约 30 个倒料周期后达到平衡。10 号位置为点火组件位置，初始时刻装载 14.0%富集度的点火组件，随着燃耗的累积，组件无限增殖因数 k_∞ 逐渐降低；之后 11.0%富集度的点火组件移动至该位置，k_∞ 减小后缓慢降低；最后经过充分增殖的增殖组件移动至该位置，k_∞ 减小后随着燃料的增殖而缓慢增大，约 30 个倒料周期后达到平衡。36号位置为外堆芯增殖组件位置，该位置组件不断吸收内堆芯径向泄漏的中子而增殖，组件无限增殖因数 k_∞ 随着倒料的进行而逐渐增大，约30个倒料周期后达到平衡。由图可见，约30个倒料周期后，堆芯各位置燃料组件的无限增殖因数基本达到稳定，堆芯进入平衡燃料循环。

对于由内向外倒料堆芯，2号位置为点火组件位置，初始时刻装载5.0%富集度的点火组件，2号位置增殖组件在高中子注量率下随着倒料而增殖，组件无限增殖因数 k_∞ 逐渐增大。之后经过初步增殖的外堆芯内侧增殖组件移动至该位置，k_∞ 减小后迅速增大，且增大速度比由外向内倒料堆芯快，约25个倒料周期后达到平衡。10号位置为点火组件位置，初始时刻装载11.0%富集度的点火组件，在高中子注量率下随着倒料而逐渐增殖，组件无限增殖因数 k_∞ 逐渐增大。之后9.0%和5.0%富集度点火组件移动至该位置，组件在高中子注量率下随着倒料而逐渐增殖，k_∞ 减小后逐渐增大。之后经过初步增殖的外堆芯内侧增殖组件移动至该位置，组件在高中子注量率下随着倒料而逐渐增殖，k_∞ 减小后逐渐增大，约30个倒料周期后达到平衡。36号位置为外堆芯增殖组件位置，该位置组件不断吸收内堆芯径向泄漏的中子而增殖，组件无限增殖因数 k_∞ 随着倒料的进行而逐渐增大，且增大速度比由外向内倒料堆芯快，约15个倒料周期后达到平衡。由图可见，约30个倒料周期后，堆芯各位置燃料组件的无限增殖因数基本达到稳定，堆芯进入平衡燃料循环。

7.6.3 功率分布

选择图7-12所示的编号为1、2、5、8、13、18、24、32、41、47和66组件所在列展示堆芯径向功率分布。由外向内倒料堆芯BOC和EOC的功率分布随倒料的变化如图7-15所示，可见随着倒料的进行，内堆芯内侧点火组件位置由于易裂变核素的消耗和裂变产物的累积其功率逐渐降低；内堆芯增殖组件位置由于 ^{238}U 向 ^{239}Pu的转换，其功率逐渐增大。内堆芯外侧点火组件位置在初始几个倒料循环由于未充分增殖组件的移入，其功率逐渐降低，之后随着组件的充分增殖，其功率逐渐增大；约在30个倒料循环后功率分布趋于稳定。

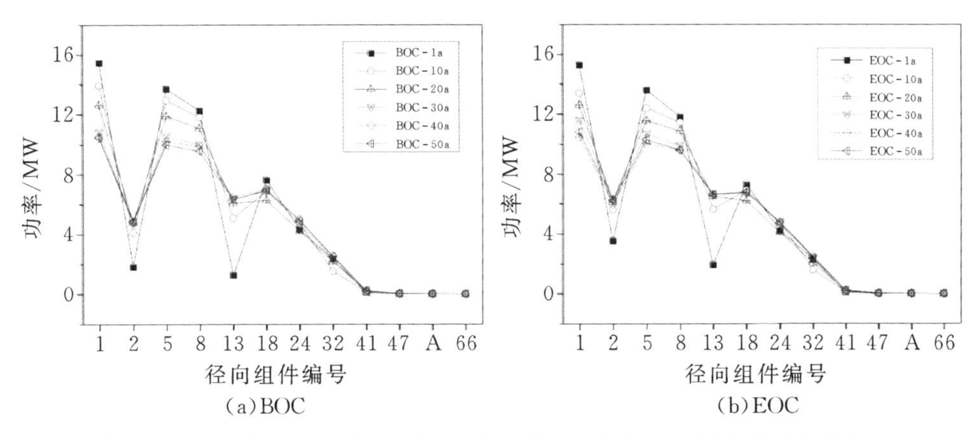

图7-15 由外向内倒料堆芯功率分布随倒料的变化(A表示中子吸收组件)

由外向内倒料堆芯 BOEC 和 EOEC 的功率分布如图 7－16 所示，可见由于易裂变核素的逐步消耗以及裂变产物的累积，内堆芯点火组件位置功率从BOEC到EOEC 逐渐降低，而内堆芯增殖组件位置由于^{238}U 向^{239}Pu 的不断转换，其功率从BOEC 到 EOEC 逐渐增大；外堆芯内侧增殖组件位置不断吸收内堆芯径向泄漏中子增殖，其功率从 BOEC 到 EOEC 略有增加。

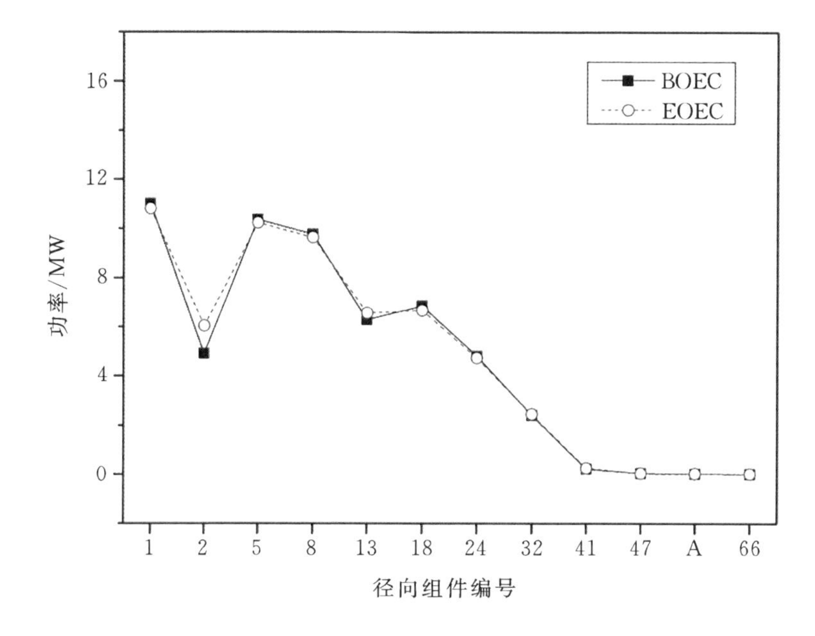

图 7－16　由外向内倒料堆芯平衡循环倒料前后功率分布(A 表示中子吸收组件)

由内向外倒料堆芯 BOC 和 EOC 的功率分布随倒料的变化如图 7－17 所示，可见随着倒料的进行，内堆芯内侧点火组件位置在初始几个倒料循环由于未充分增殖组件的移入，其功率逐渐降低，之后随着组件的充分增殖，其功率逐渐增大。内堆芯外侧点火组件位置在初始几个倒料循环由于高富集度点火组件的移入其功率逐渐增大，之后随着易裂变核素的消耗和裂变产物的累积，其功率逐渐降低；约在 30 个倒料循环后功率分布趋于稳定。

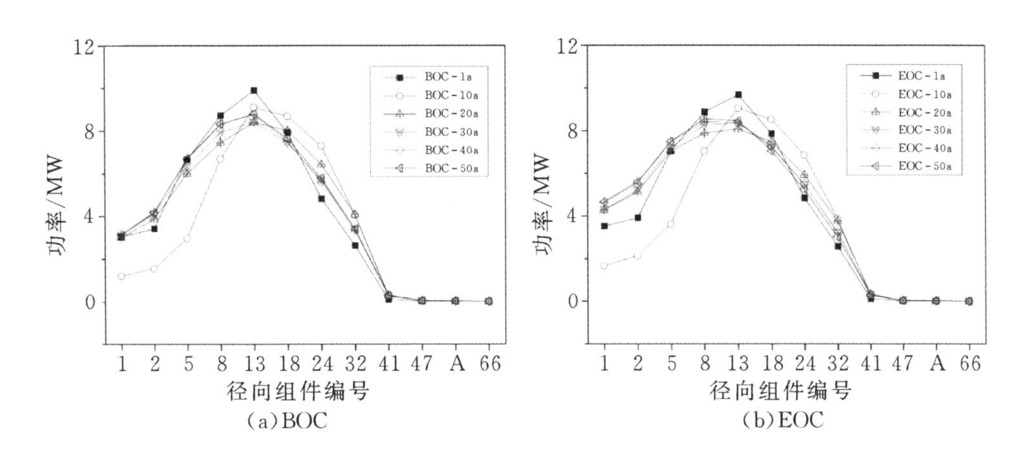

图7-17　由内向外倒料堆芯功率分布随倒料的变化(A表示中子吸收组件)

由内向外倒料堆芯BOEC和EOEC的功率分布如图7-18所示,由图可见由于低富集度增殖组件在高中子注量率下迅速增殖,内堆芯内侧点火组件位置功率从BOEC到EOEC迅速增大;而由于易裂变核素的消耗以及裂变产物的累积,内堆芯外侧点火组件位置功率从BOEC到EOEC逐渐降低,倒料过程中功率沿堆芯径向从外向内移动。由内向外倒料策略与由外向内倒料策略相比,功率主要集中在内堆芯中心区域,因而其功率峰更低,且分布更为平坦。

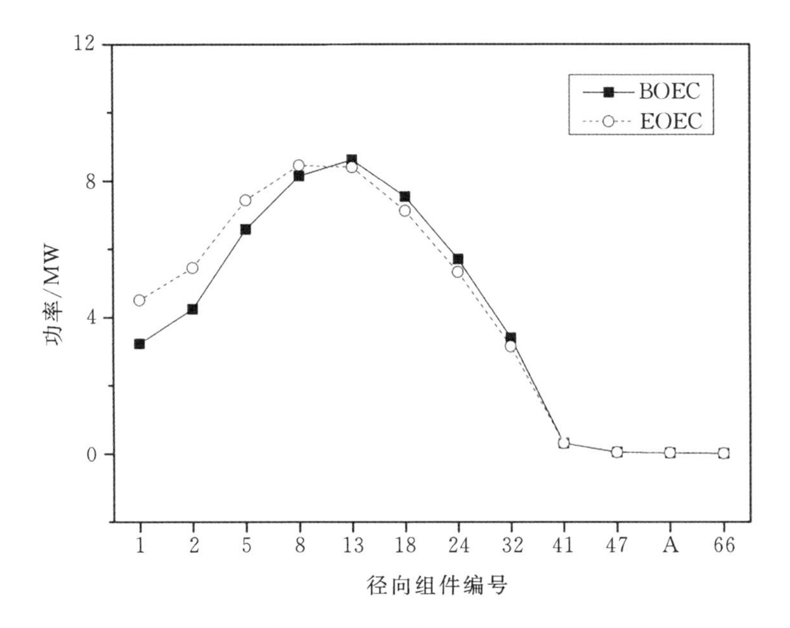

图7-18　由内向外倒料堆芯平衡循环倒料前后功率分布(A表示中子吸收组件)

7.6.4 中子注量率分布

由外向内倒料堆芯 BOC 和 EOC 的中子注量率分布随倒料的变化如图 7－19 所示，可见在倒料的过程中组件 2 和组件 13 位置的中子注量率很高，这有利于该位置增殖组件的增殖；与功率分布相比，外堆芯内侧增殖组件 41 的中子注量率也很高，这有利于外堆芯内侧增殖组件的增殖；随着倒料的进行，堆芯中子注量率由于易裂变核素的消耗而逐渐增大，在约 30 个倒料循环后趋于稳定。

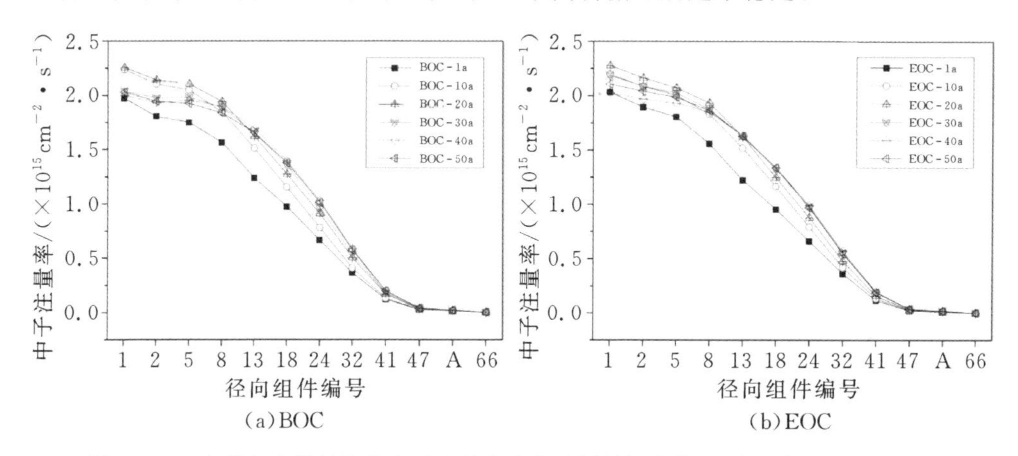

图 7－19　由外向内倒料堆芯中子注量率分布随倒料的变化(A 表示中子吸收组件)

由外向内倒料堆芯 BOEC 和 EOEC 的中子注量率分布如图 7－20 所示，可见由于易裂变核素的消耗，内堆芯内侧组件位置中子注量率从 BOEC 到 EOEC 逐渐增大，而内堆芯外侧组件位置由于 ^{238}U 向 ^{239}Pu 的转换，其中子注量率从 BOEC 到 EOEC 逐渐降低。

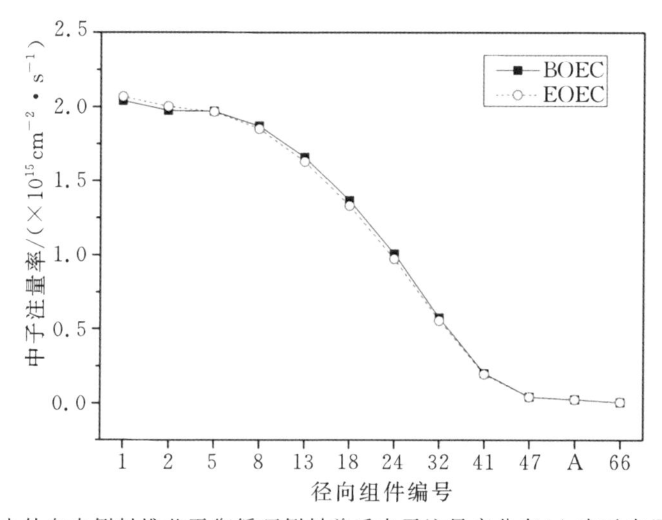

图 7－20　由外向内倒料堆芯平衡循环倒料前后中子注量率分布(A 表示中子吸收组件)

由内向外倒料堆芯 BOC 和 EOC 的中子注量率分布随倒料的变化如图7-21所示，可见随着倒料的进行，内堆芯内侧点火组件位置在初始几个倒料循环由于未充分增殖组件的移入，功率降低，因而其中子注量率逐渐降低；之后随着组件的充分增殖，功率组件增大，其中子注量率逐渐增大。内堆芯外侧点火组件位置由于高富集度点火组件或充分增殖组件的移入，其中子注量率逐渐增大；约在30个倒料循环后堆芯中子注量率分布趋于稳定。内堆芯内侧以及外堆芯内侧组件位置中子注量率较高，这有利于增殖组件的增殖。

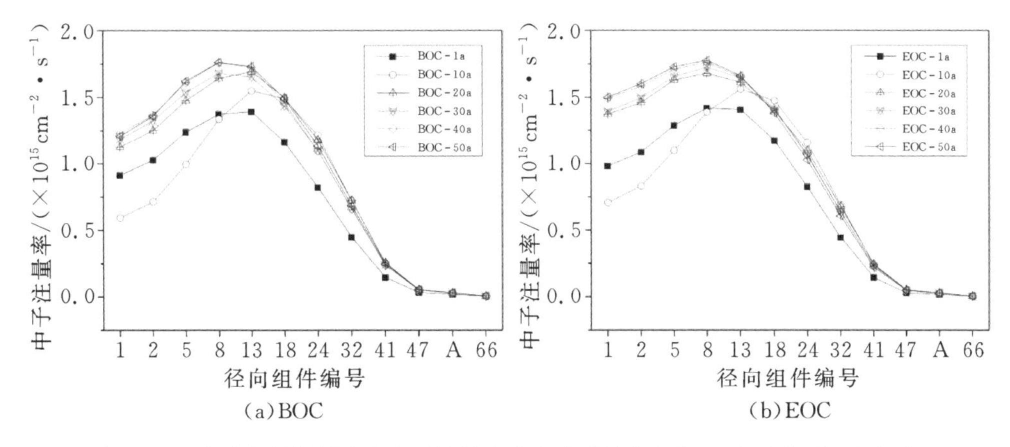

图7-21 由内向外倒料堆芯中子注量率分布随倒料的变化(A表示中子吸收组件)

由内向外倒料堆芯 BOEC 和 EOEC 的中子注量率分布如图7-22所示，可见由于^{238}U不断转换为^{239}Pu，内堆芯内侧组件位置中子注量率从 BOEC 到 EOEC 逐渐增大，而内堆芯外侧由于易裂变核素的消耗及裂变产物的不断累积，从 BOEC 到 EOEC 其组件中子注量率降低。

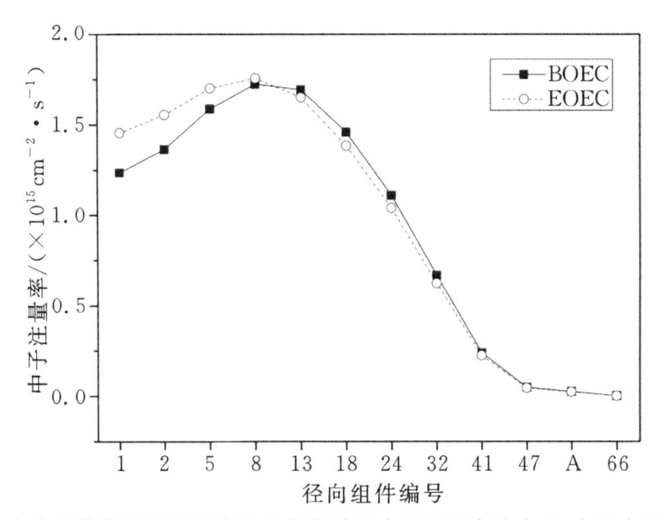

图7-22 由内向外倒料堆芯平衡循环倒料前后中子注量率分布(A表示中子吸收组件)

7.6.5 核素密度分布

由于倒料策略的不同，由外向内倒料和由内向外倒料平衡态核素密度分布将存在很大的差异。堆芯平衡循环倒料前后^{238}U核素密度分布如图7-23所示，可见^{238}U核素密度随着堆芯的运行从BOEC到EOEC逐渐降低；对于由外向内倒料，由于功率主要集中在内堆芯内侧，因此^{238}U核素密度在外堆芯沿径向从外到内略有降低，而在内堆芯降低速度增大，2号和13号为增殖组件位置，新鲜燃料从外堆芯内侧先后移动至2号和13号位置，因此2号位置^{238}U核素密度比13号位置的高，且明显高于内堆芯点火位置组件；对于由内向外倒料，由于功率主要集中在内堆芯中间位置，因此^{238}U核素密度在外堆芯沿径向从外到内的降低速度比由外向内倒料策略的大，在内堆芯沿堆芯径向从内到外逐渐降低。

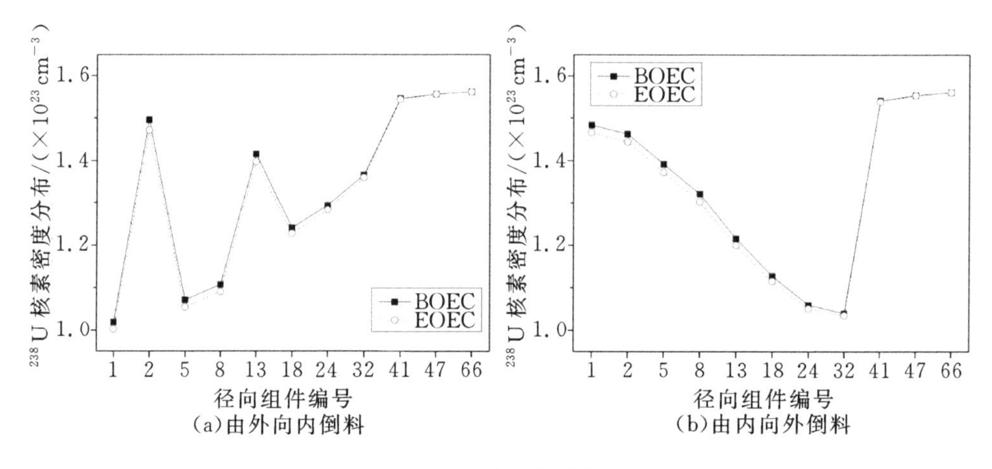

图7-23 堆芯平衡循环倒料前后^{238}U核素密度分布

堆芯平衡循环倒料前后^{239}Pu核素密度分布如图7-24所示。对于由外向内倒料，^{239}Pu核素密度沿堆芯径向从外到内先升高，达到平衡后逐渐降低。由于内堆芯布置了36个增殖组件，因此当增殖组件移动至内堆芯外侧时，^{239}Pu核素密度已经很高；由于功率主要集中在堆芯内侧，因此2号位置增殖组件^{239}Pu核素密度从BOEC到EOEC的增幅比13号位置的大；随着堆芯的运行，内堆芯外侧^{239}Pu核素密度由于核燃料的增殖从BOEC到EOEC略有升高，而内堆芯内侧^{239}Pu核素密度则由于自身的消耗从BOEC到EOEC略有降低。对于由内向外倒料，^{239}Pu核素密度在外堆芯沿径向从外到内逐渐升高，在内堆芯沿径向从内到外逐渐升高，达到平衡后略有降低。由于功率主要集中在内堆芯中间位置，外堆芯内侧中子注量率较高，因此外堆芯内侧^{239}Pu核素密度在外堆芯沿径向从外到内的增大速度比由外向内倒料的大。

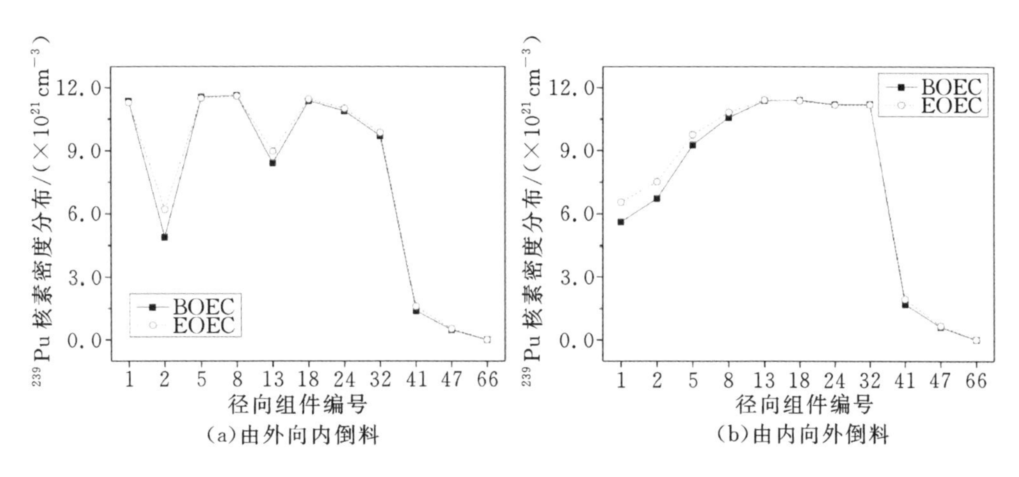

(a)由外向内倒料　(b)由内向外倒料

图 7-24　堆芯平衡循环倒料前后^{239}Pu 核素密度分布

堆芯平衡循环倒料前后裂变产物核素密度分布如图 7-25 所示，可见裂变产物核素密度随着堆芯的运行从 BOEC 到 EOEC 逐渐升高，核素密度沿堆芯径向的分布与^{238}U 的相反。对于由外向内倒料，裂变产物核素密度沿堆芯径向从外到内逐渐升高；2 号和 13 号为增殖组件位置，新鲜燃料从外堆芯内侧先后移动至 2 号和 13 号位置，因此 13 号位置裂变产物核素密度比 2 号位置的高。对于由内向外倒料，由于外堆芯内侧功率相对由外向内倒料较高，因此裂变产物核素密度在外堆芯沿径向从外到内略有升高；裂变产物核素密度在内堆芯沿径向从内到外逐渐升高。

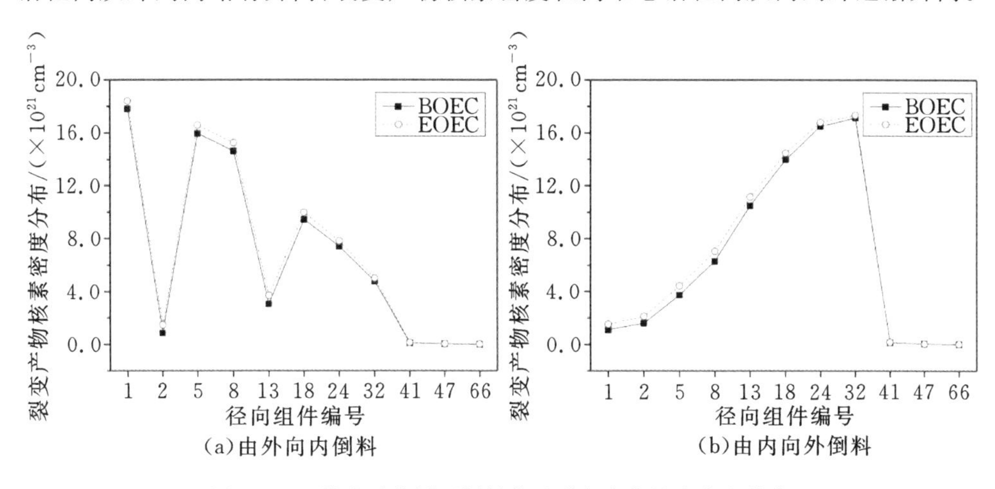

(a)由外向内倒料　(b)由内向外倒料

图 7-25　堆芯平衡循环倒料前后裂变产物核素密度分布

7.6.6　卸料燃耗分布

由外向内倒料堆芯卸料燃耗如图 7-26 所示，横坐标为卸料组件编号，I 表示点火组件，B 表示增殖组件。可见燃耗随组件在堆芯停留时间的增加而增大；点火组件在堆芯停留的时间随其编号的增大而增加，因此点火组件卸料燃耗随其编号的增大而增加。2、6、12、13、21 和 22 号组件为增殖组件，且编号较大组件先卸料，因此这 6 个增殖组件卸料燃耗随其编号的增大而降低；2 号增殖组件是内堆芯初始布置组件中在堆芯停留时间最长的，因此其燃耗最大；随着倒料的进行，从 45 号组件开始逐渐达到平衡燃耗，约 27.6%。

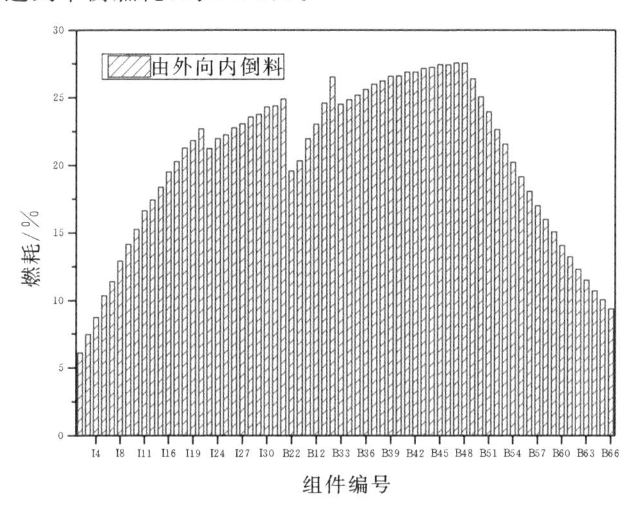

图 7-26　由外向内倒料堆芯卸料燃耗分布

由内向外倒料堆芯卸料燃耗如图 7-27 所示，可见燃耗随组件在堆芯停留时间的增加而增大；点火组件在堆芯停留的时间随其编号的增大而增加，因此点火组件卸料燃耗随其编号的增大而增加。随着倒料的进行，从 45 号组件开始逐渐达到平衡燃耗，约 27.6%；3 号点火组件燃耗最大，达到 29.3%。

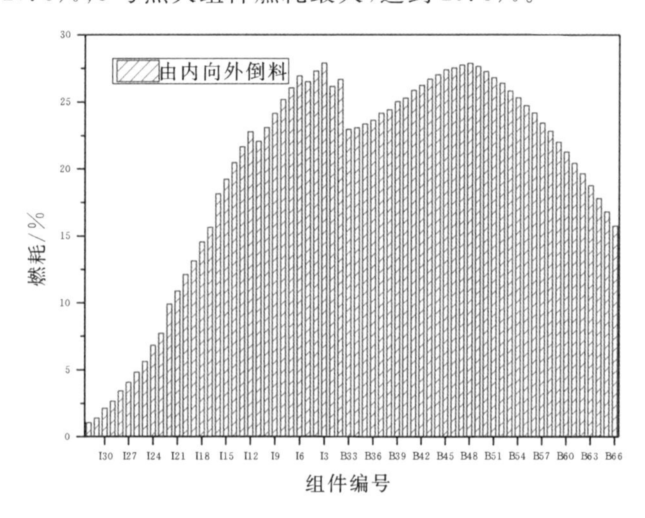

图 7-27　由内向外倒料堆芯卸料燃耗分布

7.7　堆芯物理特性随倒料周期的变化

当径向倒料钠冷行波堆堆芯结构、功率、倒料方式及新鲜燃料组分确定之后，临界特性、功率峰因子、卸料燃耗等堆芯平衡态特性只与倒料周期相关。可通过调整倒料周期，获得最优的堆芯平衡循环特性。

7.7.1　堆芯临界特性

径向倒料钠冷行波堆在经过一定次数的倒料后堆芯能达到平衡，称为平衡循环，此时堆芯的物理特性保持不变。平衡循环堆芯 k_{eff} 随倒料周期的变化如图7－28所示，可见由外向内和由内向外倒料堆芯 BOEC 和 EOEC 的 k_{eff} 均随倒料周期呈抛物线变化。当倒料周期较小时，由于核燃料的快速增殖，EOEC 的 k_{eff} 比 BOEC 的大。随着倒料周期的增加，核燃料的增殖效果进一步凸显，EOEC 与 BOEC的 k_{eff} 差距进一步扩大。当倒料周期较大时，由于裂变材料的消耗以及裂变产物的累积逐步显现，EOEC 与 BOEC 的 k_{eff} 差距逐步缩小，甚至 EOEC 的 k_{eff} 会小于 BOEC。同时，由内向外倒料堆芯平衡循环 k_{eff} 在倒料周期大于 400 d 时比由外向内倒料堆芯的大，且由内向外倒料堆芯平衡循环满足临界条件的倒料周期跨度比由外向内倒料堆芯的大。从平衡循环堆芯临界特性角度出发，由内向外倒料堆芯优于由外向内倒料堆芯。

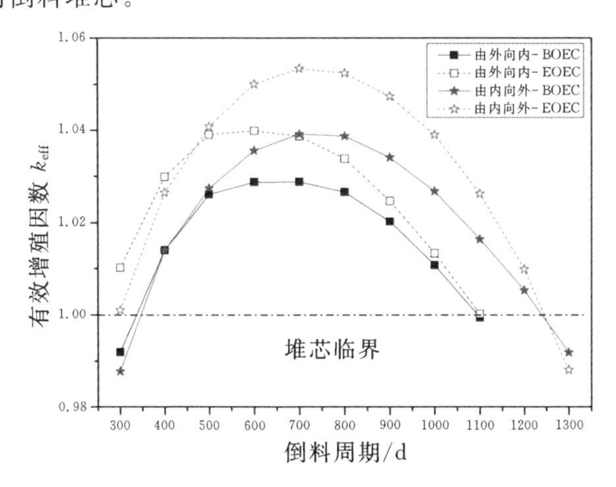

图7－28　平衡循环堆芯 k_{eff} 随倒料周期的变化

堆芯寿期内最小 k_{eff} 是堆芯满足临界的关键参数，其随倒料周期的变化如图7－29所示，可见由外向内和由内向外倒料堆芯寿期内最小 k_{eff} 同样随倒料周期呈抛物线变化。当倒料周期较小时，最小 k_{eff} 出现在平衡循环之前；而当倒料周期较大时，最小 k_{eff} 出现在平衡循环倒料初始时刻或终了时刻。当倒料周期小于 700 d 时，由外向内倒料堆芯寿期内最小 k_{eff} 大于由内向外倒料堆芯，之后趋势相反。与由外向内倒料堆芯相比，由内向外倒料堆芯在较大的倒料周期下能满足临界。从堆芯寿期内最小 k_{eff} 角度出发，由外向内倒料堆芯在低倒料周期下优于由内向外倒料堆芯，而由内向外倒料堆芯在高倒料周期下优于由外向内倒料堆芯。

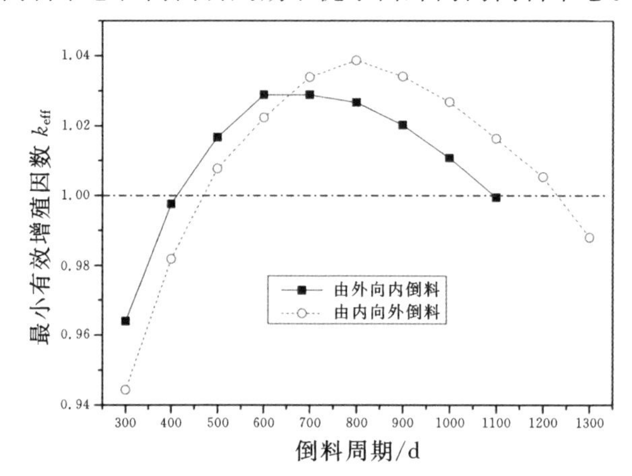

图 7-29　堆芯寿期内最小 k_{eff} 随倒料周期的变化

堆芯寿期内的反应性波动决定了反应性控制系统的设计，较大的反应性波动将给控制系统的设计带来挑战。堆芯寿期内最大反应性波动随倒料周期的变化如图 7-30 所示，可见由外向内和由内向外倒料堆芯寿期内最大反应性波动随倒料周期同样呈抛物线变化。当倒料周期较小时，由内向外倒料堆芯最大反应性波动大于由外向内倒料堆芯；而当倒料周期较大时，由外向内倒料堆芯最大反应性波动大于由内向外倒料堆芯。从堆芯寿期内最大反应性波动角度出发，由外向内倒料堆芯在低倒料周期下优于由内向外倒料堆芯，而由内向外倒料堆芯在高倒料周期下优于由外向内倒料堆芯。

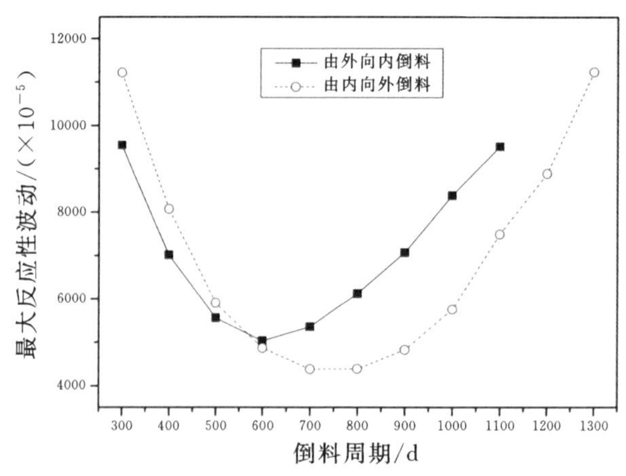

图 7-30　堆芯寿期内最大反应性波动随倒料周期的变化

7.7.2　平衡循环卸料燃耗

平衡循环卸料燃耗随倒料周期的变化如图 7-31 所示，可见燃耗随倒料周期呈线性增大。对于由外向内倒料堆芯，满足堆芯临界条件的平衡循环卸料燃耗为 27.8%～54.2%；而由内向外倒料堆芯则为 27.8%～63.8%。由于金属燃料和包壳材料性能的限制，平衡循环卸料燃耗应控制在较低范围。

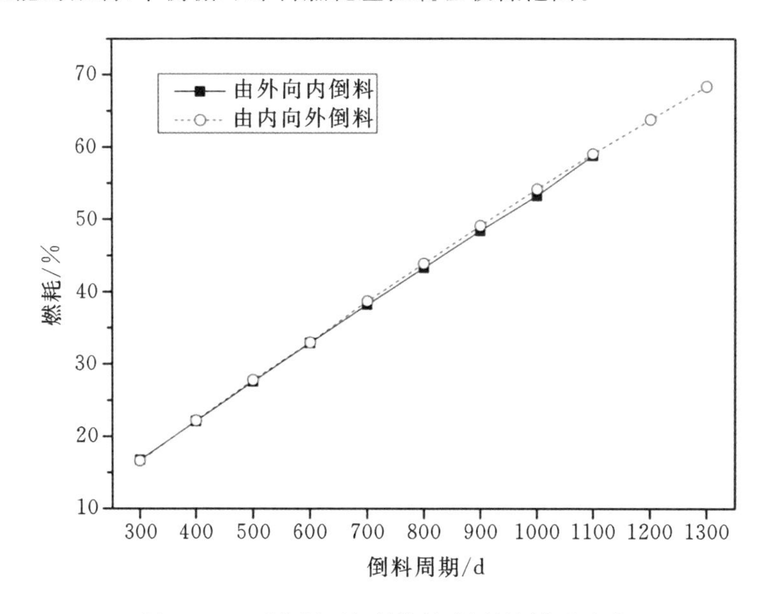

图 7-31　平衡循环卸料燃耗随倒料周期的变化

7.7.3　平衡循环径向功率峰因子

堆芯径向功率峰因子决定了堆芯的流量分配，当径向功率峰因子较大时，为使堆芯各组件得到有效的冷却，功率较大的组件需要分配较大的流量，而功率较小的组件需要在流量分配孔板处设置较大的局部阻力以降低其流量，从而增加了堆芯进出口压降。堆芯平衡循环径向功率峰因子随倒料周期的变化如图 7-32 所示，可见由外向内倒料堆芯径向功率峰因子随倒料周期的增大而减小，而由内向外倒料堆芯径向功率峰因子随倒料周期的增大而增大。对于由外向内倒料堆芯，当倒料周期较小时，EOEC 径向功率峰因子较大，倒料周期小于 600 d，其径向功率峰因子不满足设计要求。而对于由内向外倒料堆芯，当倒料周期较小时，BOEC 功率峰因子较小，倒料周期大于 600 d，其径向功率峰因子不满足设计要求。从平衡循环径向功率峰因子角度出发，由内向外倒料堆芯在较小的倒料周期下优于由外向内倒料堆芯。

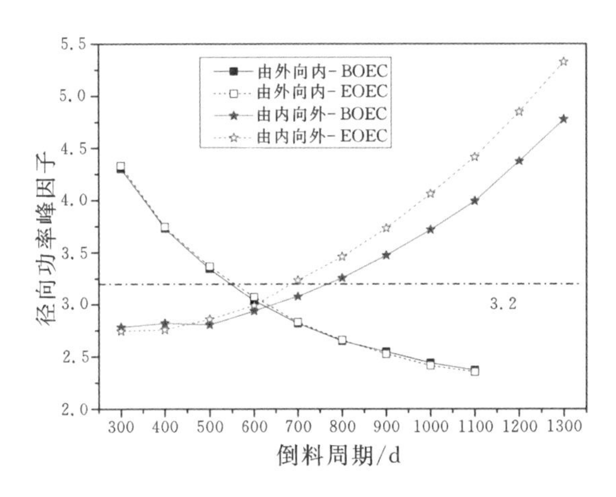

图 7-32　堆芯平衡循环径向功率峰因子随倒料周期的变化

由外向内倒料堆芯满足堆芯临界条件和径向功率峰因子设计的各平衡循环径向功率分布和初始燃料循环径向功率分布如图 7-33 所示。由外向内倒料堆芯核燃料在内堆芯从外向内倒料，可见随着倒料周期的增大，由于核燃料利用和裂变产物累积的增大，内堆芯内侧点火组件位置功率逐渐减小，而内堆芯外侧点火组件位置功率逐渐增大，即随着倒料周期的增大，功率分布逐渐沿堆芯径向向外移动。内堆芯增殖组件位置功率随倒料周期的增大而逐渐增大，且 BOEC 与 EOEC 的功率差随倒料周期的增大而减小；同时，随着倒料周期的增大，初始燃料循环与平衡循环功率分布差距增大。相比之下，倒料周期 600 d 为最优，其二维径向功率密度分布如图 7-34 所示，可见虽然选择了 BOL 与平衡循环径向功率分布最相近的倒料周期，但其径向功率分布相差依然较大，BOL 组件最大功率密度达到 295 W·cm^{-3}，而平衡循环最大功率密度为155 W·cm^{-3}，BOEC 与 EOEC 功率分布相差很小。

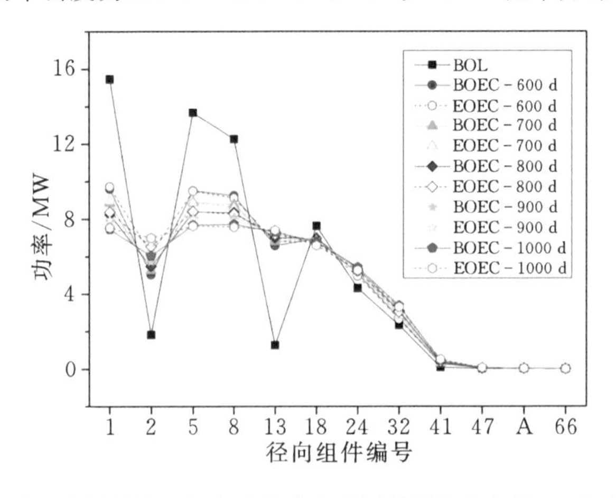

图 7-33　由外向内倒料堆芯径向功率分布随倒料周期的变化(A 表示中子吸收组件)

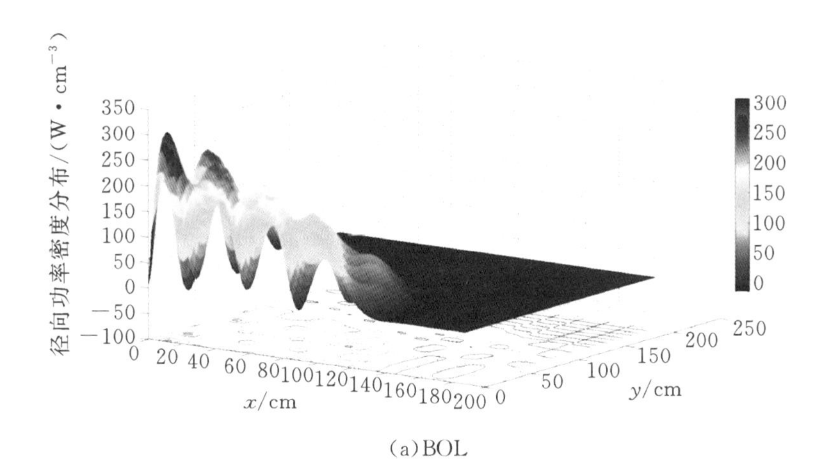

(a)BOL

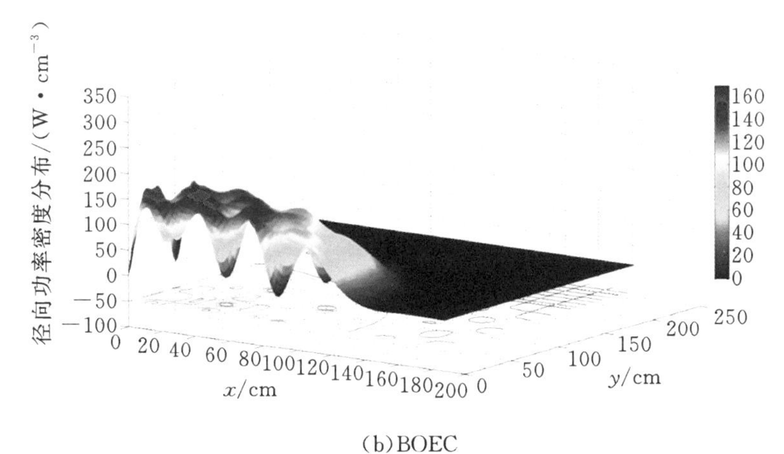

(b)BOEC

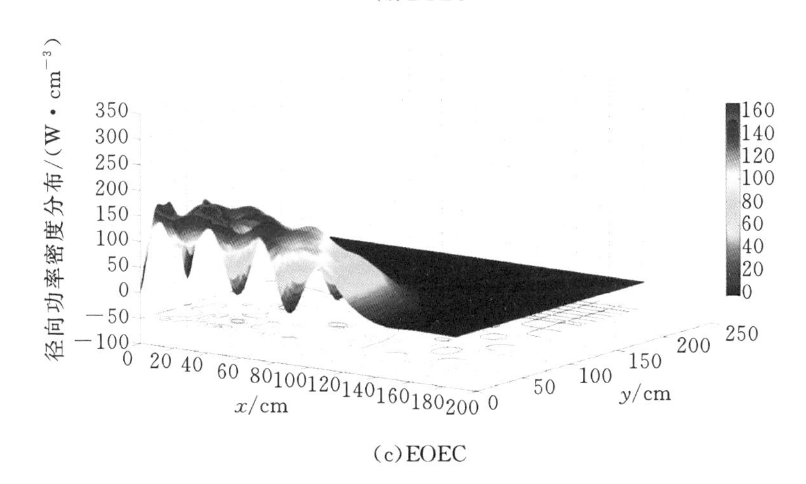

(c)EOEC

图 7-34 由外向内倒料堆芯径向功率密度分布(600 d)

由内向外倒料堆芯满足堆芯临界条件和径向功率峰因子设计的各平衡循环径向功率分布和初始燃料循环径向功率分布如图 7-35 所示。由内向外倒料堆芯核燃料在内堆芯从内向外倒料，可见随着倒料周期的增大，由于核燃料利用和裂变产物累积的增大，内堆芯外侧区域功率逐渐减小，而内堆芯内侧区域功率逐渐增大，即随着倒料周期的增大，功率分布逐渐沿堆芯径向向内移动。同时，随着倒料周期的增大，初始燃料循环与平衡循环功率分布差距增大。相比之下，倒料周期 500 d 为最优，其二维径向功率密度分布如图 7-36 所示，BOL 最大功率密度达到 175 W·cm^{-3}，而平衡循环最大功率密度为 144 W·cm^{-3}，功率差比由外向内倒料堆芯小，BOEC 与 EOEC 的内堆芯内侧功率密度差值较大。

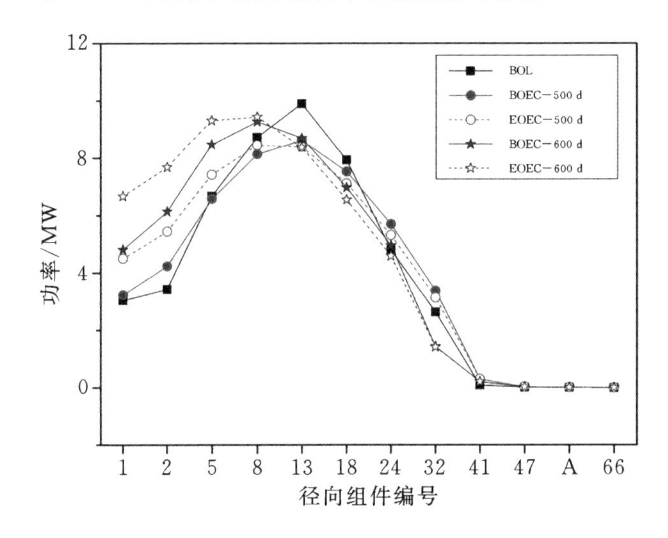

图 7-35 由内向外倒料堆芯径向功率分布随倒料周期的变化(A 表示中子吸收组件)

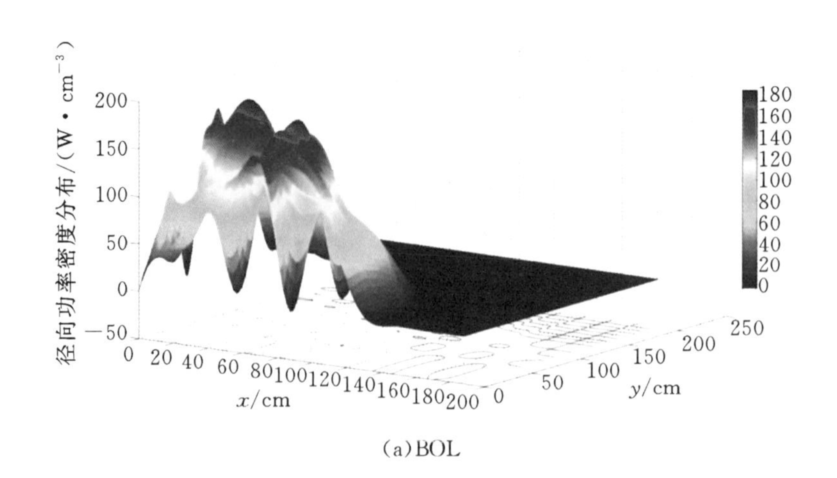

(a) BOL

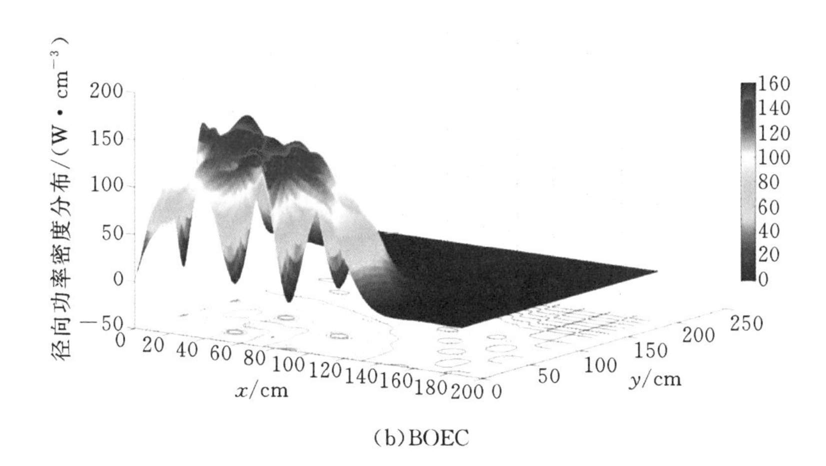

(b)BOEC

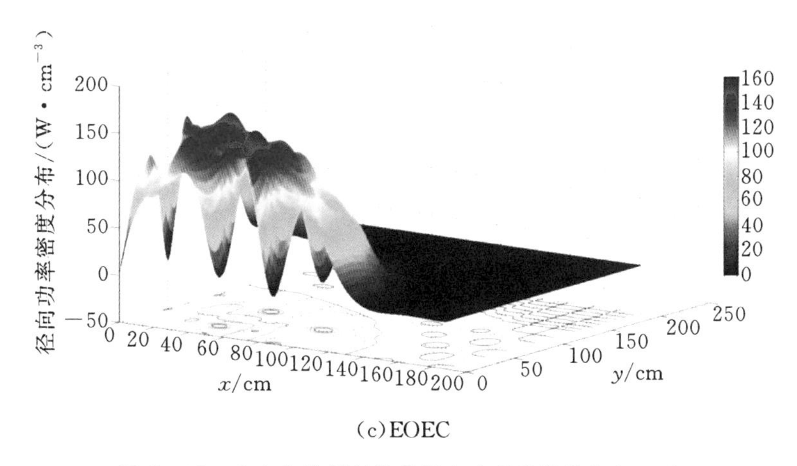

(c)EOEC

图 7-36　由内向外倒料堆芯径向功率密度分布(500 d)

综合考虑堆芯临界特性、平衡循环卸料燃耗及堆芯径向功率峰因子等堆芯物理特性,本章选择倒料周期为 500 d 的由内向外倒料堆芯,作为径向倒料行波堆最佳设计。

参考文献

[1] Fast reactor database 2006 update[R]. IAEA-TECDOC-1531, 2006.

[2] HOFMAN G L, WALTERS L C, BAUER T H. Metallic fast reactor fuels[J]. Progress in Nuclear Energy, 1997, 31 (1-2): 83-110.

[3] QVIST S A. Safety and Design of Large Liquid-metal Cooled Fast Breeder Reactors[D]. San Francisco: University of California, Berkely, 2013.

>>> 第8章　径向行波堆的MA嬗变研究

核燃料在反应堆内释放能量的同时,一方面会产生新的核燃料 Pu,另一方面由于次锕系核素和裂变产物会使乏燃料具有极强的放射性。高放射性核废料的排放和乏燃料后处理成为核能发展的技术瓶颈。本章在分析压水堆乏燃料核素特点的基础上,确定以 MA 为嬗变对象。钠冷行波堆本质上为快堆,具有较硬的能谱,可用于 MA 嬗变。MA 由于其本身的物理特性,加入堆芯后会对堆芯性能产生影响。鉴于此开展径向倒料钠冷行波堆 MA 嬗变研究,并分析不同的 MA 添加量对堆芯性能及安全参数的影响。

8.1　MA 核素特点

8.1.1　衰变特性

压水堆燃料组件在堆内燃烧后具有极强的放射性,这主要是由次锕系核素和长寿命裂变产物引起的。压水堆乏燃料相对放射性毒性随时间的变化如图8-1所示[1],从图中可以看出,压水堆乏燃料卸料后的 100 a 内其放射性毒性由裂变产物主导,约 800 a 内降低到天然铀矿放射性水平。而乏燃料的长期放射性毒性则由锕系核素及其子体主导,需要十万年才能降低到天然铀矿放射性水平。从长期放射性毒性角度出发,锕系核素需要重点考虑。

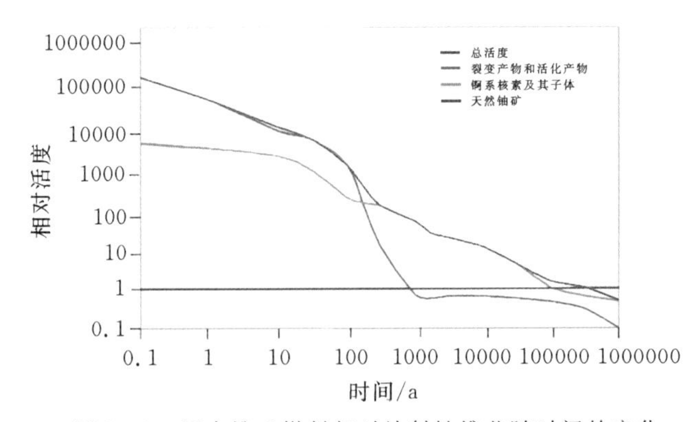

图 8-1　压水堆乏燃料相对放射性堆芯随时间的变化

压水堆燃耗为 33 GWD·t^{-1}的 UO_2 乏燃料卸料后冷却 5 a，其乏燃料中主要锕系核素成分如表 8-1 所示，可见绝大部分锕系核素的半衰期都超过 1000 a。U 和 Pu 可后处理后制成铀钚氧化物混合燃料(MOX)供压水堆进一步使用，这种技术已经得到广泛的应用。而 Np、Am 和 Cm 等核素虽然含量低，但其半衰期长且放射性大，是压水堆乏燃料长期效应的主导者，以^{237}Np、^{241}Am、^{243}Am、^{243}Cm、^{245}Cm和^{246}Cm 等次锕系核素为例，其放射性随时间的衰变如表 8-2 所示。可见，经过一千年甚至一万年的衰变，一些核素的放射性活度下降并不明显。如此长的衰变时间，深埋处理的地质条件长期稳定难以保证，远期风险很大。因此，需要对主要次锕系核素进行分离和嬗变处理。

表 8-1　UO_2燃料压水堆乏燃料中主要锕系核素成分

核素	半衰期/a	放射性/(Ci·t^{-1})	质量/(g·t^{-1})
^{234}U	2.44×10^{5}	6.25×10^{-2}	10.00
^{235}U	7.00×10^{8}	2.10×10^{-2}	9709.25
^{236}U	2.34×10^{7}	0.26	5044.42
^{238}U	4.77×10^{9}	0.32	941656.00
^{237}Np	2.14×10^{6}	2.96×10^{-2}	420.95
^{238}Pu	87.7	2.27×10^{3}	132.73
^{239}Pu	24110	360.42	5795.78
^{240}Pu	6550	507.56	2226.59
^{241}Pu	14.4	9.85×10^{4}	955.93
^{242}Pu	3.70×10^{5}	1.76	460.56
^{241}Am	432.6	1.55×10^{3}	451.77
^{242}Am	142	4.79	5.93×10^{-6}
^{243}Am	7370	15.73	78.88
^{243}Cm	28.5	10.22	0.20
^{245}Cm	8500	0.19	1.11
^{246}Cm	4730	2.99×10^{-2}	0.10

表 8-2 主要次锕系核素放射性随时间的变化

核素	放射性/(Ci・t^{-1})			
	100 a	1000 a	10000 a	100000 a
^{237}Np	0.422	1.07	1.27	1.23
^{241}Am	4.19×10^{3}	996.20	0.09	—
^{243}Am	15.58	14.32	6.15	1.32×10^{-3}
^{243}Cm	0.90	—	—	—
^{245}Cm	0.19	0.18	0.08	—
^{246}Cm	2.95×10^{-2}	2.59×10^{-2}	6.93×10^{-3}	—

8.1.2 截面

MA 核素裂变截面如图 8-2 所示,可见除^{243}Cm 和^{245}Cm 外,MA 核素为高阈能反应,阈值在 0.1～1.0 MeV 之间,且 MA 核素的阈值低于^{238}U;在高能区 MA 的裂变截面大于^{238}U。因此 MA 核素在高能区的裂变性能优于^{238}U,当 MA 核素加入堆芯后,势必会增加堆芯反应性。

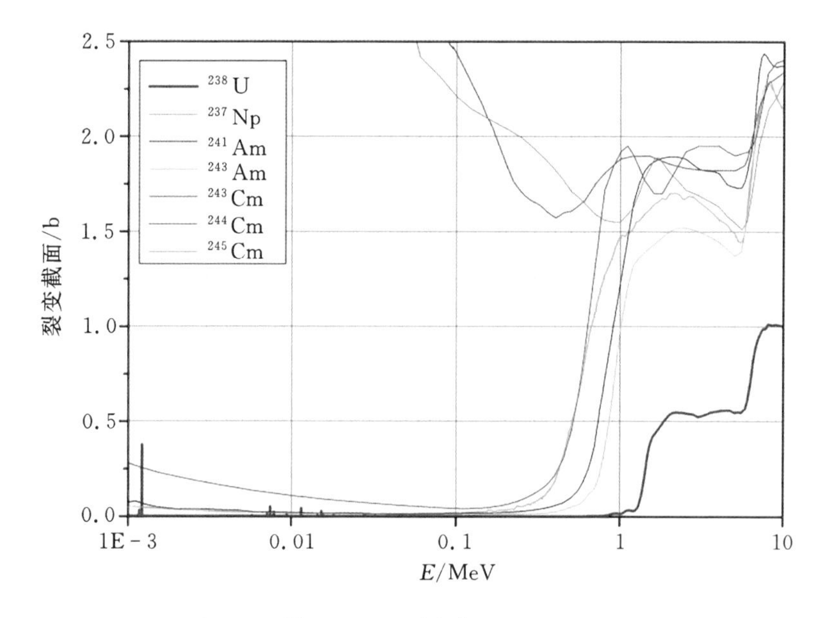

图 8-2 ^{238}U 和 MA 裂变截面(ENDF/B-Ⅶ)

MA 核素辐射俘获截面如图 8-3 所示,由图可见 MA 核素在中低能区的俘获截面大于^{238}U,且 MA 在约 0.01 MeV 以下俘获共振比^{238}U 弱;在高能区部分 MA 核素的俘获截面小于^{238}U。

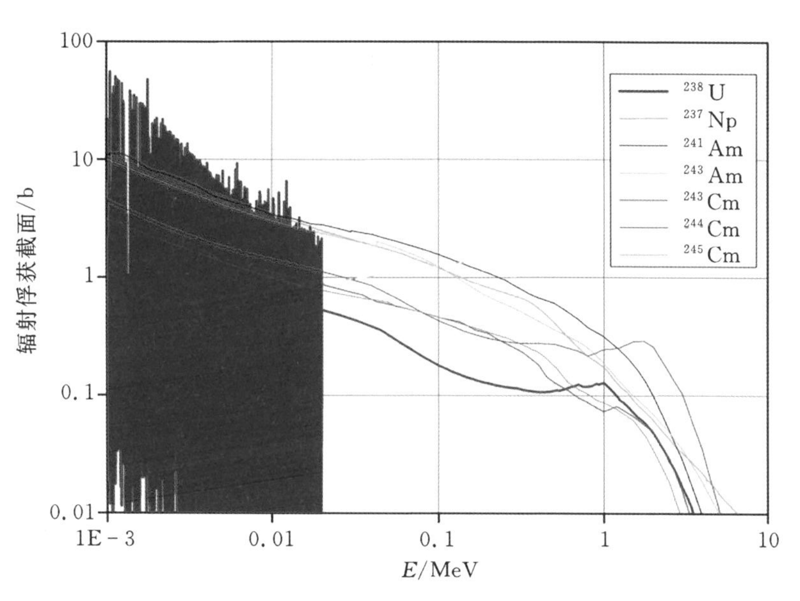

图 8-3 ^{238}U 和 MA 辐射俘获截面(ENDF/B-Ⅶ)

8.1.3 缓发中子份额

不同核素缓发中子份额如图 8-4 所示，可见主要 MA 核素的有效缓发中子份额比^{238}U 小很多，当 MA 核素加入堆芯后，势必会降低堆芯的有效缓发中子份额，从而影响反应堆系统在事故瞬态中的动态响应。

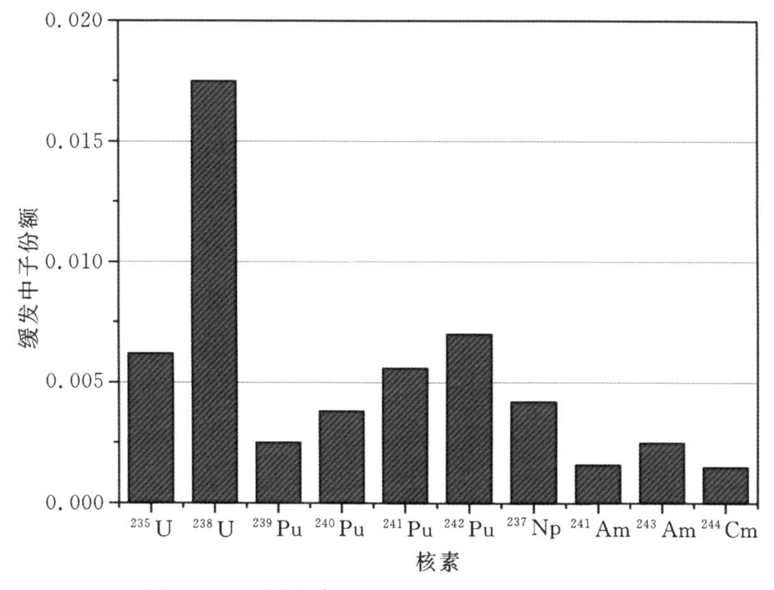

图 8-4 不同核素缓发中子份额(ENDF/B-Ⅶ)

8.2 MA 分离嬗变

MA 分离嬗变是将乏燃料中除 U 和 Pu 等裂变材料外的 MA 分离出来，以减少最终处置废物中的 MA 含量，而将回收的 MA 通过嬗变的方式消耗掉。

MA 核素吸收中子之后可能发生裂变反应，也可能发生辐射俘获反应。MA 核素发生辐射俘获反应的产物依然为 MA 核素，而裂变反应后产物半衰期较短。因此，在进行 MA 嬗变时，应尽量避免发生辐射俘获反应。MA 核素在堆芯中发生辐射俘获反应或是裂变反应与俘获截面/裂变截面比有关。MA 核素在热谱和快谱下的俘获截面/裂变截面如表 8-3 所示，可见快谱下俘获截面/裂变截面比更低，更有利于 MA 核素的裂变。Zhang[2-3]、Palmiotti[4] 等采用快堆进行 MA 嬗变研究，Abanades[5]、Gulevich[6]、Stanculescu[7] 等采用加速器驱动次临界装置进行 MA 嬗变研究，Sahin[8]、Siddique[9] 等采用聚变裂变混合堆进行 MA 嬗变研究。

表 8-3 MA 单群辐射俘获截面/裂变截面

核素	辐射俘获截面/裂变截面	
	热谱	快谱
^{238}U	10.20	6.60
^{237}Np	66.33	4.67
^{241}Am	78.54	3.77
^{243}Am	121.17	3.74
^{243}Cm	0.12	0.09
^{244}Cm	15.45	1.61
^{245}Cm	0.17	0.12

MA 核素在快谱下有较大的裂变截面，而在热谱下 MA 核素有较大的俘获截面，从而会生成更多的 MA 核素；但值得注意的是 MA 核素俘获中子后会生成 ^{239}Pu和^{242m}Am，这些次级元素具有较大的裂变截面，同样能进行 MA 的嬗变[10]。因此，Sanda[11]、Yamawaki[12]、Allen[13,14] 等采用在快堆中布置慢化靶件的方式进行 MA 嬗变研究，Liu[15]、Takeda[16]、Hyland[17]、赵伟[18] 等采用水堆进行热谱 MA 嬗变研究。

8.3 MA嬗变特性分析

8.3.1 装载方式

MA的添加方式包括均匀添加和非均匀添加。在均匀添加方式中,MA均匀分布在全堆芯燃料组件中。在非均匀添加方式中,一种是在部分燃料组件中添加富集的MA;另一种是在靶件中添加慢化材料。本章采用均匀添加的方式将MA添加到堆芯燃料组件中。MA中各核素含量选自PWR燃料在33 GWD·t^{-1}的燃耗后卸料冷却3 a后的值,MA核素的质量分数如表8-4所示[19]。在初始燃料循环中,^{235}U是唯一的易裂变材料,因此MA添加到堆芯后取代相应份额的^{238}U。MA的质量分数范围为2.0%~12.0%,各MA质量分数下MA的添加量如表8-5所示。

表8-4　MA各核素质量分数

核素	质量分数/%
^{237}Np	56.20
^{241}Am	26.40
^{243}Am	12.0
^{243}Cm	0.03
^{244}Cm	5.11
^{245}Cm	0.26

表8-5　不同MA质量分数下单组件MA的添加量

核素	参考堆芯	MA质量分数					
		2.0%	4.0%	6.0%	8.0%	10.0%	12.0%
MA/kg	0.0	7.65	15.31	22.96	30.61	38.27	45.92

8.3.2 嬗变效果

径向倒料钠冷行波堆由于燃料策略的特殊性,不同倒料步下不同组件MA的嬗变效率不同:初始几个燃料循环卸载的组件以及寿期末装载的燃料组件,其嬗变量较小,因此分别采用平衡燃料循环和全寿期数据来评价堆芯MA的嬗变效率。

采用嬗变率R_{MA}(%)和嬗变量C_{MA}(GWD·t^{-1})两个指标来对MA的嬗变效率进行评价[20],定义如下:

$$R_{MA}=\frac{M_{MA,BOL}-M_{MA,EOL}}{MA_{MA,BOL}} \tag{8-1}$$

$$C_{MA}=\frac{M_{MA,BOL}-M_{MA,EOL}}{Pt} \tag{8-2}$$

式中：$M_{MA,BOL}$ 为 MA 装载量，kg；$M_{MA,EOL}$ 为 MA 卸料量，kg；P 为堆芯热功率，GW；t 为堆芯倒料周期，a。

全寿期嬗变率和嬗变量随 MA 质量分数的变化如图 8-5 所示，嬗变量随 MA 质量分数线性增大，而嬗变率随 MA 质量分数呈抛物线变化。当 MA 质量分数较小时，嬗变率随 MA 质量分数快速增大；之后增速放缓。当 MA 质量分数较大时，嬗变率随 MA 质量分数的增大而缓慢减小。

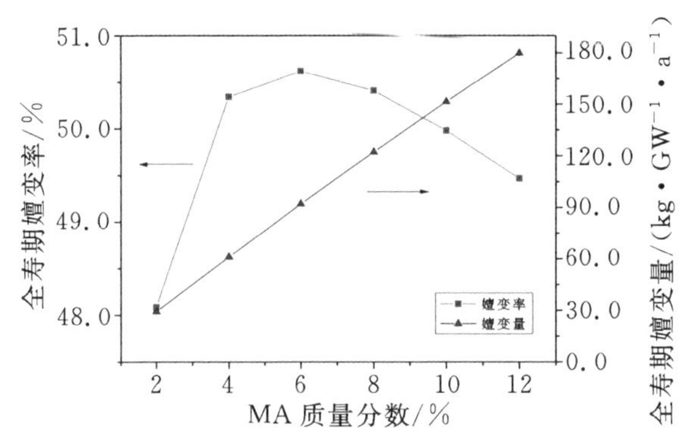

图 8-5　全寿期嬗变率和嬗变量随 MA 质量分数的变化

平衡燃料循环嬗变率和嬗变量随 MA 质量分数的变化如图 8-6 所示，其嬗变率和嬗变量随 MA 质量分数的变化与全寿期相似。区别在于平衡燃料循环嬗变率大于全寿期嬗变率，其原因在于初始几个燃料循环卸载的组件以及寿期末装载的一些燃料组件嬗变份额较低，从而降低了全寿期的嬗变率。平衡燃料循环嬗变量小于全寿期嬗变量，其原因在于寿期初三个倒料循环内堆芯燃料不移动，采用平衡燃料循环嬗变量无法考虑到这三个倒料循环的嬗变量。

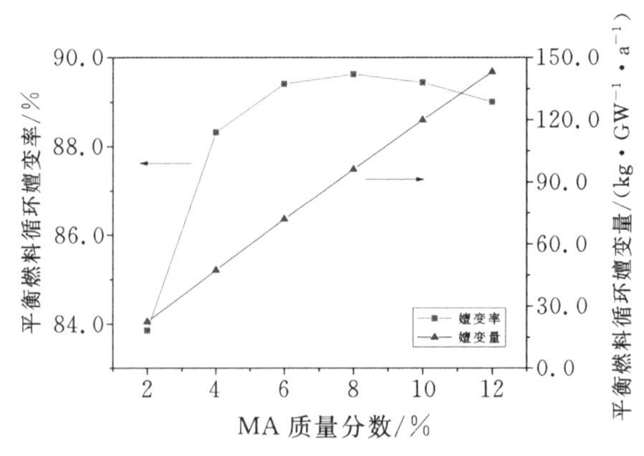

图 8-6　平衡燃料循环嬗变率和嬗变量随 MA 质量分数的变化

径向倒料钠冷行波堆启堆达到平衡燃料循环后可以长时间运行，因此采用平衡燃料循环的嬗变率和嬗变量评价行波堆 MA 的嬗变更为合理。以 MA 质量分数为 8.0% 为例，假定压水堆 MA 生产量为 6.6 kg·GW^{-1}·a^{-1}[21]，则对应的嬗变率约为 89.6%，嬗变量约为 96.1 kg·GW^{-1}·a^{-1}，嬗变支持比达到 14 左右，即一座行波堆电站可支持 14 座相同功率的压水堆核电站。

8.3.3 MA 添加对堆芯物理特性的影响

由于 MA 的物理特性与 ^{238}U 存在差异，当采用 MA 替换相应份额的 ^{238}U 后，堆芯的物理性能将会发生改变。MA 添加对堆芯能谱的影响如图 8-7 所示。图中蓝色实线为添加 6.0%MA 后堆芯能谱与不添加 MA 堆芯能谱的差值，粉红色虚线为添加 12.0%MA 堆芯能谱与添加 6.0%MA 堆芯能谱的差值。由于 MA 核素在中高能区的裂变性能优于 ^{238}U，因此随着 MA 质量分数的增大，中子产生后其裂变概率增大，被慢化的概率降低，堆芯能谱随 MA 质量分数的增大而变硬。

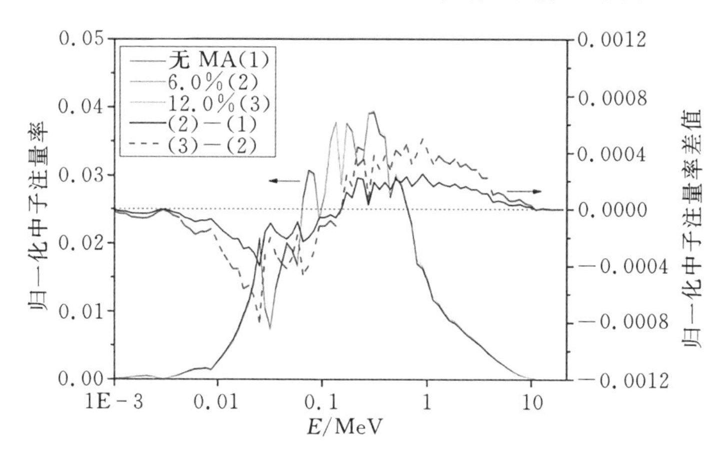

图 8-7 MA 添加对堆芯能谱的影响(BOL)

MA 添加对功率的影响如图 8-8 所示(组件编号位置见第 7.6 节，其中 A 表示中子吸收组件)。对于 BOL，由于 MA 核素的裂变性能优于 ^{238}U，采用 MA 替换了相应质量分数的 ^{238}U，内堆芯低富集度点火组件和外堆芯增殖组件的裂变能力随着 MA 质量分数的增大而增强(特别是外堆芯内侧区域增殖组件)，因而其功率也随 MA 质量分数的增大而增大，相应的高富集度点火组件的功率随 MA 质量分数的增大而减小。对于 BOEC，由于经过倒料到内堆芯中心区域的增殖组件内，MA 经过嬗变相对含量随 MA 质量分数增大而降低，其裂变能力相对减弱，因而其功率随 MA 质量分数的增大而降低。而内堆芯外侧区域 MA 含量已经达到平衡，因而其功率密度变化很小；而外堆芯内侧增殖组件 MA 含量很高，其功率随 MA 质量分数的增大而增大。对于 EOEC，其功率变化趋势与 BOEC 相似，区别在于内堆芯内侧由于 MA 的消耗其功率随 MA 质量分数的变化减小。

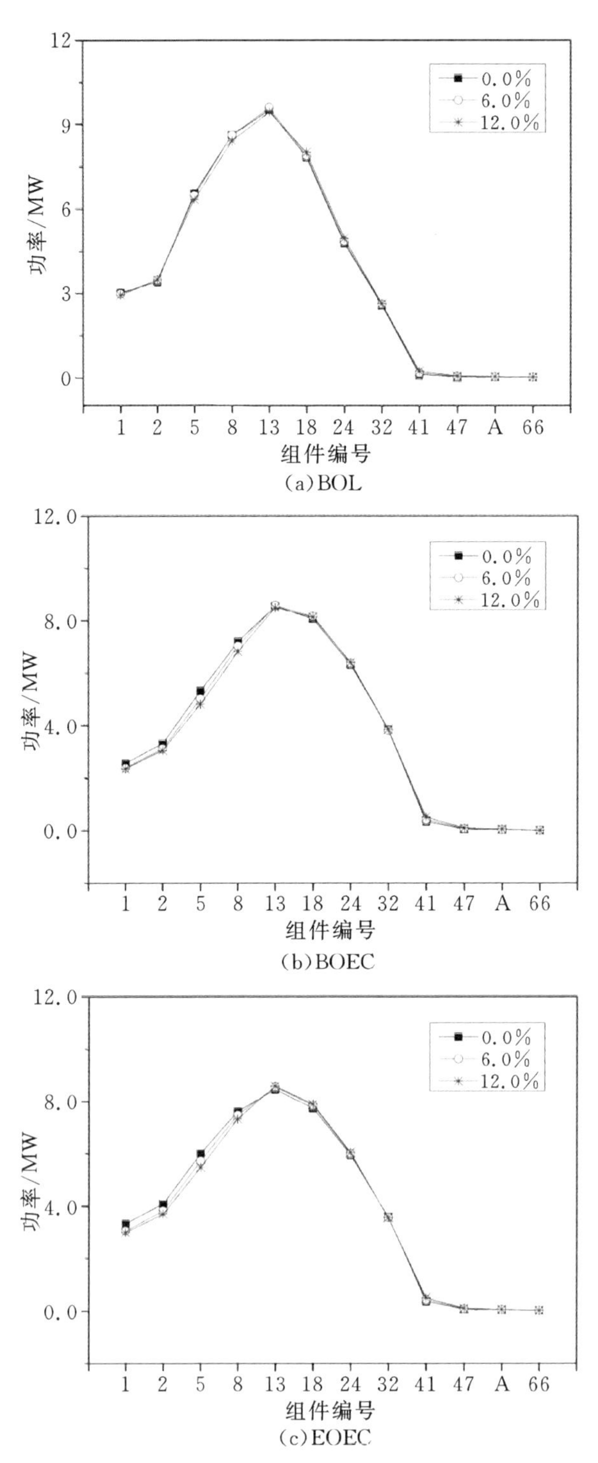

(a)BOL

(b)BOEC

(c)EOEC

图 8-8　MA 添加对堆芯功率分布的影响

MA添加对中子注量率的影响如图8-9所示。对于BOL，由于堆芯热功率正比于裂变率，裂变率正比于核材料的裂变截面和中子注量率，如上所述MA核素的裂变性能优于MA，组件的裂变能力与MA的质量分数呈正比，因此中子注量率随MA质量份额的增大而减小。对于BOEC和EOEC，其中子注量率随MA质量分数的变化趋势与BOL相似，区别在于EOEC由于MA和裂变材料的消耗以及裂变产物的累积，组件的裂变能力减低，因而中子注量率有一定的增大。

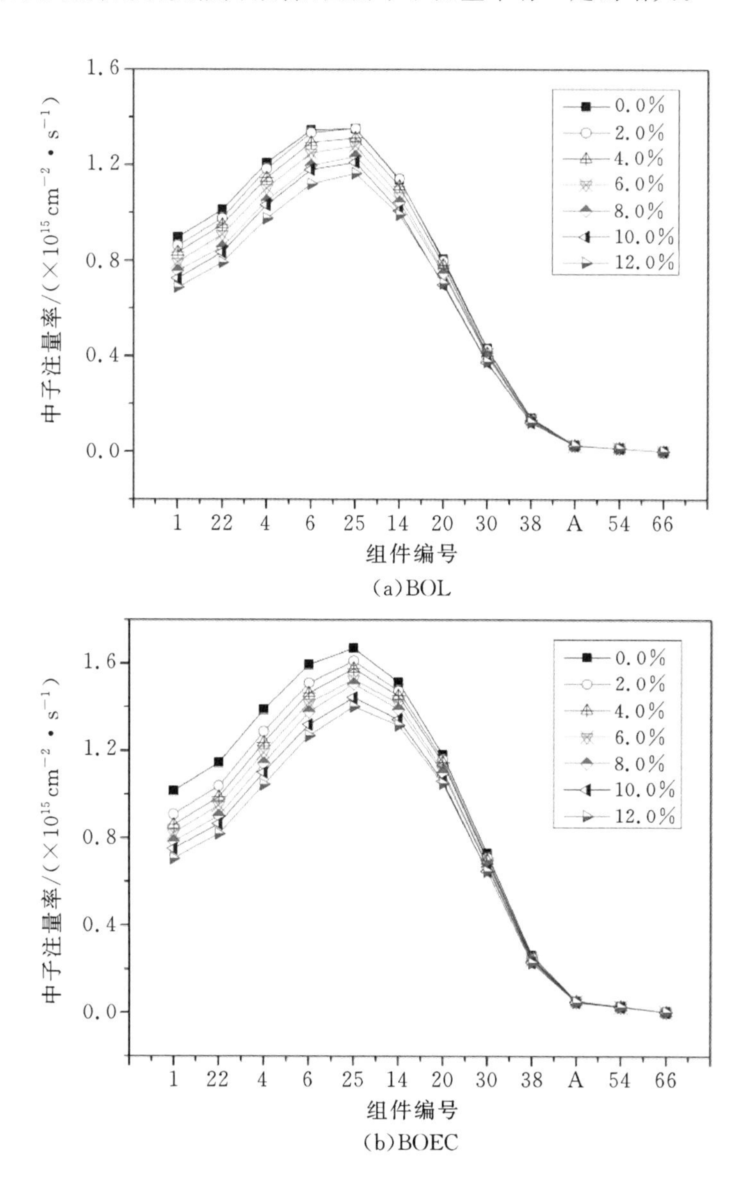

(a)BOL

(b)BOEC

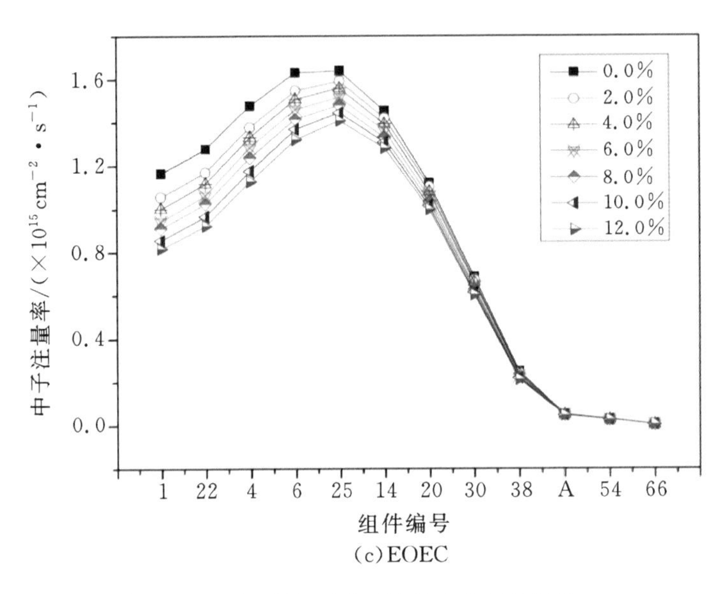

(c)EOEC

图 8-9 MA 添加对中子注量率分布的影响

8.3.4 MA 添加对堆芯安全参数的影响

由于 MA 核素与^{238}U 性能的差别,MA 核素的添加将导致堆芯性能发生变化,会对堆芯安全参数产生影响,如反应性、多普勒反馈、空泡反应性反馈以及有效缓发中子份额等。

1. 反应性

由于钠冷行波堆自身的特点,堆芯达到渐近稳态之后,反应性只会随倒料而波动,反应性燃耗损失与常规快堆存在区别。因此本章定义了如下反应性燃耗损失:

$$\Delta\rho = \frac{k_{\mathrm{eff,BOL}} - k_{\mathrm{eff,BOEC}}}{k_{\mathrm{eff,BOL}}} \tag{8-3}$$

式中:$k_{\mathrm{eff,BOL}}$为堆芯初始燃料循环有效增殖因数;$k_{\mathrm{eff,BOEC}}$为堆芯平衡循环初始时刻有效增殖因数。

堆芯反应性随 MA 质量分数的变化如图 8-10 所示。可见,当 MA 质量分数小于 4.0%时,堆芯初始燃料循环 k_{eff}随 MA 质量分数增加而减小,之后随 MA 质量分数的增大而增大,这主要是因为 MA 核素在高能区裂变性能优于^{238}U,但不足以抵消其中低能区辐射俘获的增加所致。平衡循环初始时刻 k_{eff}随 MA 质量分数的增大几乎线性增大;反应性损失随 MA 质量分数的增大而减小。MA 的裂变性能优于^{238}U,MA 的添加有利于堆芯反应性。

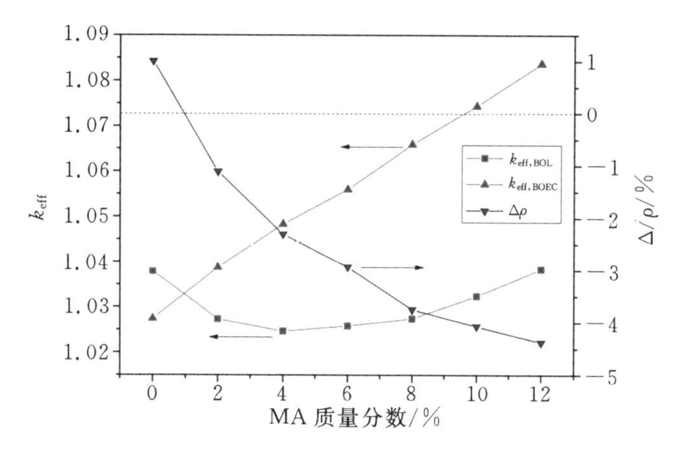

图 8-10　堆芯反应性随 MA 质量分数的变化

2. 多普勒反馈

多普勒反馈能快速补偿堆芯正反应性的引入，是堆芯事故状态下重要的安全参数，计算如下：

$$K_D = \frac{\rho(T_2) - \rho(T_1)}{\ln(T_2/T_1)} \tag{8-4}$$

式中：$\rho(T_2)$ 为 T_2 温度下堆芯反应性；$\rho(T_1)$ 为 T_1 温度下堆芯反应性；T_1 设为 300 K；T_2 设为 1500 K。

堆芯多普勒反馈随 MA 质量分数的变化如图 8-11 所示，可见多普勒反馈随 MA 质量分数的增大而减小。多普勒反馈主要由 ^{238}U 俘获截面展宽所致，MA 质量分数越大，^{238}U 质量分数越小，^{238}U 俘获展宽效应越弱，因而多普勒反馈随 MA 质量分数的增大而减小。同时可以发现 BOL 的多普勒反馈随 MA 质量分数降低得最快，BOEC 次之，而 EOEC 降低得最慢，这主要是因为 MA 核素裂变性能优于 ^{238}U，随着 MA 质量分数的增大，^{238}U 的消耗相应降低所致。

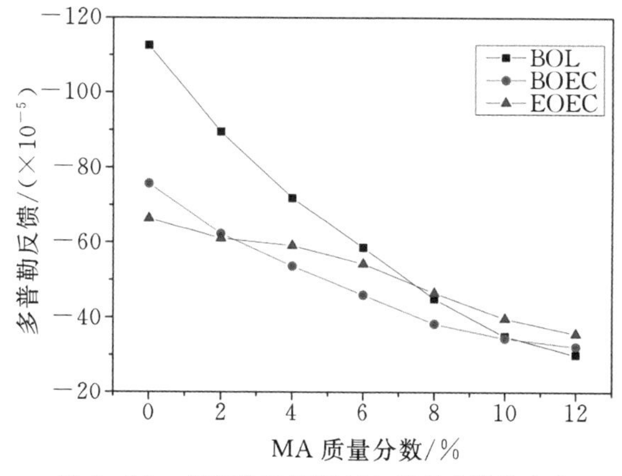

图 8-11　多普勒反馈随 MA 质量分数的变化

3. 空泡反应性反馈

反应堆内产生空泡对反应性的影响主要有两方面:①堆芯能谱的硬化(中子慢化降低)将引起反应性增大;②中子泄漏的增大将引起反应性的降低。空泡反应性反馈在大型钠冷快堆中通常具有很大的正值,是将液态金属钠密度设置为零的堆芯与参考堆芯反应性之差。空泡反应性反馈随 MA 质量分数的变化如图 8-12 所示,可见 BOL 的空泡反应性反馈随 MA 质量分数的增大而快速增大,空泡反应性反馈随 MA 质量分数从 0.0%到 12.0%几乎增大了一倍;而 BOEC 和 EOEC 的空泡反应性反馈随 MA 质量分数增加缓慢增大,且 EOEC 的空泡反应性反馈更大。由图 8-7 可知,堆芯能谱随 MA 质量分数的增大而变硬,而 MA 核素的裂变阈能低于^{238}U,且其在高能区的裂变截面大于^{238}U,堆芯裂变能力随 MA 质量分数的增大而增大,因此空泡反应性反馈随 MA 质量分数的增大而增大。而 MA 核素含量随堆芯的运行而降低,因此 BOL 的空泡反应性反馈大于 BOEC 和 EOEC,而 BOEC 又大于 EOEC。由于空泡反应性反馈为正反馈效应,当堆芯冷却剂密度降低或产生空泡时会带来正反馈,从而降低堆芯的安全性,由图可见,堆芯空泡反应性反馈会随堆芯的倒料运行而恶化。

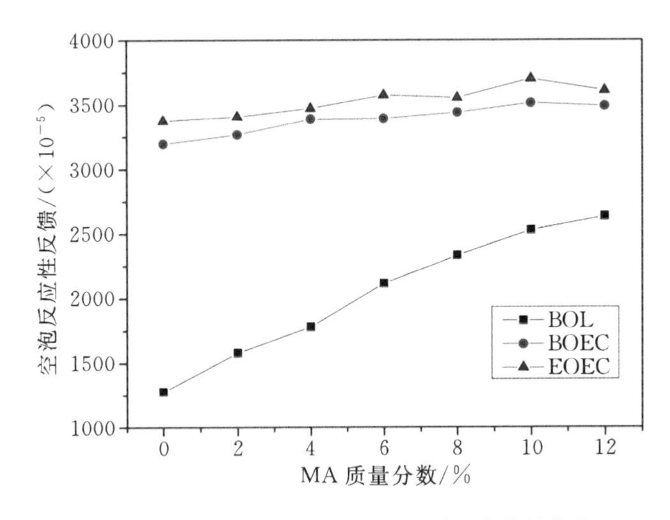

图 8-12　空泡反应性反馈随 MA 质量分数的变化

4. 有效缓发中子份额

有效缓发中子份额 β_{eff} 在堆芯事故瞬态下功率的响应中扮演重要角色,采用蒙特卡罗方法计算有效缓发中子份额[22]:

$$\beta_{\mathrm{eff}} = 1 - \frac{k_{\mathrm{p}}}{k_{\mathrm{eff}}} \tag{8-5}$$

式中：k_p是只考虑瞬发中子时计算得到的有效增殖因数；k_{eff}是同时考虑缓发中子和瞬发中子时计算得到的有效增殖因数。

有效缓发中子份额随 MA 质量分数的变化如图 8－13 所示。由图 8－13 可知^{238}U 的有效缓发中子份额明显大于其它 MA 核素，MA 添加时替换了相应的^{238}U，这导致有效缓发中子份额随 MA 质量分数的增加而减小。随着堆芯的倒料运行，^{238}U逐步消耗，这导致 BOL 的有效缓发中子份额比相应 MA 质量分数下BOEC的有效缓发中子份额大，而 EOEC 又大于 BOEC。

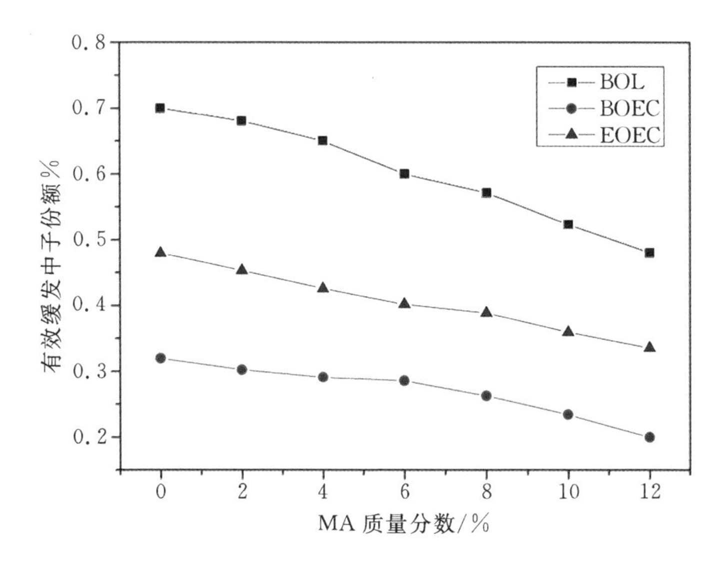

图 8－13　有效缓发中子份额随 MA 质量分数的变化

参考文献

[1] International Atomic Energy Agency. Options for management of spent fuel and radioactive waste for countries developing new nuclear power programs: No. NW－T－1. 24[R]. Vienna: Vienna International Centre，2018.

[2] ZHANG Y P, WALLENIUS J, FOKAU A. Transmutation of americium in a medium size sodium cooled fast reactor design[J]. Annals of Nuclear Energy, 2010, 37(5): 629－638.

[3] ZHANG Y P, WALLENIUS J, JOLKKONEN M. Transmutation of americium in a large sized sodium-cooled fast reactor loaded with nitride fuel[J]. Annals of Nuclear Energy, 2013, 53: 26－34.

[4] PALMIOTTI G, SALVATORES M, ASSAWAROONGRUENGCHOT M. Impact of the core minor actinide content on fast reactor reactivity coefficients[J]. Journal of Nuclear Science and Technology, 2012, 48: 628－634.

[5] ABÁNADES A , PÉREZ-NAVARRO A. Engineering design studies for the transmutation of nuclear wastes with gas-cooled pebble-bed ADS[J]. Nuclear Engineering and Design, 2007, 237: 325 - 333.

[6] GULEVICH A, KALUGIN A, PONOMAREV L, et al. Comparative study of ADS for minor actinides transmutation[J]. Progress in Nuclear Energy, 2008, 50: 359 - 362.

[7] STANCULESCU A. Accelerator driven systems (ADSs) for nuclear transmutation[J]. Annals of Nuclear Energy, 2013, 62: 607 - 612.

[8] SAHIN S, UBEYLI M. LWR spent fuel transmutation in a high power density fusion reactor[J]. Annals of Nuclear Energy, 2004, 31: 871 - 890.

[9] SIDDIQUE MT, KIM MH. Conceptual design study of Hyb-WT as fusion-fission hybrid reactor for waste transmutation[J]. Annals of Nuclear Energy, 2014, 65: 299 - 306.

[10] 吴宏春,竹田敏一,谢仲生.在快堆中布置慢化靶件嬗变亚锕系元素的优化设计[J].核科学与工程,1999,19(3):221 - 227.

[11] SANDA T, FUJIMURA K, KOBAYASHI K, et al. Fast reactor core concepts for minor actinide transmutation using hydride fuel targets[J]. Journal of Nuclear Science and Technology, 2012, 37(4): 335 - 343.

[12] YAMAWAKI M, SUWARNO H, YAMAMOTO T, et al. Concept of hydride fuel target subassemblies in a fast reactor core for effective transmutation of MA[J]. Journal of Alloys and Compounds, 1998, 271: 530 - 533.

[13] ALLEN K, KNIGHT T. Destruction rate analysis of transuranic targets in sodium-cooled fast reactor (SFR) assemblies using MCNPX and SCALE 6.0[J]. Progress in Nuclear Energy, 2010, 52: 387 - 394.

[14] ALLEN K, KNIGHT T, BAYS S. Actinide destruction and Power peaking analysis in a 1000 MWt advanced burner reactor using moderated heterogeneous target assemblies[J]. Progress in Nuclear Energy, 2011, 53: 375 - 394.

[15] LIU B, WANG K, TU J, et al. Transmutation of minor actinides in the pressurized water reactors[J]. Annals of Nuclear Energy, 2014, 64: 86 - 92.

[16] TAKEDA T, YOKOYAMA K. Study on neutron spectrum for effective transmutation of minor actinides in thermal reactors[J]. Annals of Nuclear Energy, 1997, 24 (9): 705 - 719.

[17] HYLAND B, GIHM B. Scenarios for the transmutation of actinides in CANDU reactors [J]. Nuclear Engineering and Design, 2011, 241: 4794 - 4802.

[18] 赵伟.高通量超热中子堆芯设计及长寿命核废物嬗变的研究[D].北京:华北电力大学,2011. https://library.ncepu.edu.cn/index.html

[19] MUKAIYAMA T, YOSHIDA H, OGAWA T. Minor actinide transmutation in fission reactors and fuel cycle consideration, September 22 - 24, 1992[C]. Vienna: International

Atomic Energy Agency, IAEA-TECDOC - 693, 1993.

[20] OHKI S, NAGANUMA M, OKUBO T, et al. Faster breeder reactor core concept for heterogeneous minor actinide loading[J]. Journal of Nuclear Science and Technology, 2013, 50 (1): 59 - 71.

[21] 胡赟. 钠冷快堆嬗变研究[D]. 北京:清华大学,2009. http://cdmd. cnki. com. cn/Article/CDMD - 10003 - 2010215003. htm

[22] NAGAYA Y, MORI T. Calculation of effective delayed neutron fraction with Monte Carlo perturbation techniques[J]. Annals of Nuclear Energy, 2011, 38: 254 - 260.

下篇

热工安全特性

>>>第9章 稳态热工水力特性分析

9.1 行波堆 TP-1 堆芯单通道与子通道分析

单通道系统程序假设流动过程是一维的,采用集总参数的方法,以平衡态流体动力学模型为基础,包括各种传热模型以及部件过程模型,采用点堆中子动力学模型计算反应堆的功率,从而能够实现对整个复杂系统回路的模拟,并分析事故及瞬态过程中系统的响应。但是一维的系统模型无法给出限制反应堆性能的关键参数的三维分布信息。子通道模型考虑了相邻通道冷却剂之间在流动过程中存在的横向的质量、动量和能量的交换,能对全堆芯燃料组件或元件进行详细分析计算,得出稳态和瞬态工况下堆芯冷却剂流量、温度和压力等参数的分布以及燃料元件的温度场。子通道程序计算时需要冷却剂入口流量、温度等边界条件。

国外很早就开展了热工水力多尺度耦合研究,并取得了很大的成功,许多成果都已经应用到实际的反应堆安全分析中。美国西北太平洋实验室,Thurgood 等(1983)将子通道程序 COBRA-TF 与系统程序 TRAC-PF 源代码整体编译,建立了著名的整体耦合程序 COBRA/TRAC 程序[1]。Smith 等利用并行虚拟机(Parallel Virtual Machine,PVM)技术,将 RELAP5/MOD3 与 CONTAIN 进行了耦合,并对假想的沸水堆核电站 ATWS(Anticipate Transient Without Scram)事故进行了分析,通过与 RELAP5 单独运行结果对比验证了耦合程序的合理性与优越性[2]。美国贝蒂原子能实验室的 Aumiller 等也采用并行虚拟机技术成功实现了 RELAP5-3D 与 COBRA-TF 的半隐式耦合[3]。

9.1.1 行波堆 TP-1 简介

泰拉能源公司设计 50 万 kW 功率的钠冷行波堆 TP-1 有多个目的:实现行波堆的并网发电;验证“驻波”概念和燃料置换方案;验证关键设备的数学模型与运行性能相符;为 115 万 kW 行波堆的设计奠定基础,并验证燃料和材料性能。TP-1 主要参数如表 9-1 所示[4]。

表 9-1　TP-1 主要参数

参数	值
热功率/电功率	1200 MW/500 MW
温度(堆芯进/出口)	360 ℃/510 ℃
堆芯压降	1 MPa
最低寿命	40 a
燃料类型	U-Zr 合金燃料,HT-9 包壳
主泵	2 个机械泵
中间换热器	4 个

9.1.2　子通道程序开发及验证

子通道模型考虑了在流动过程中相邻通道冷却剂之间存在着横向的质量、动量和能量的交换,能对全堆芯燃料组件或元件进行详细分析计算。

1. 子通道程序

在使用金属绕丝定位的燃料组件中,金属绕丝以一定的螺距呈螺旋式绕在燃料棒的包壳表面,这种固定方式使得在每一个横截面上绕丝和燃料棒相切。

燃料组件内一般存在三种类型的子通道,分别为内部子通道、边子通道和角子通道。图 9-1 是带有绕丝的燃料组件子通道示意图。金属绕丝在径向上旋转一个圆周时,经过的轴向距离称为螺距(H)。在棒束中流动的实验结果表明,绕丝在流体流动中主要产生两个影响:第一,增加了棒束中的总压降;第二,改变了流体在包壳表面的流动方向。因为一个通道内的金属绕丝,通常是按照相邻通道的三根燃料棒上绕丝缠绕一半螺距时所占流道面积的平均值计算的。润湿周长 P_{wi} 是各通道内燃料棒和管壁表面的周长之和加上绕丝周长的一半或六分之一,在子通道分析方法中,对于内通道采用 1/2,对于角通道采用 1/6。

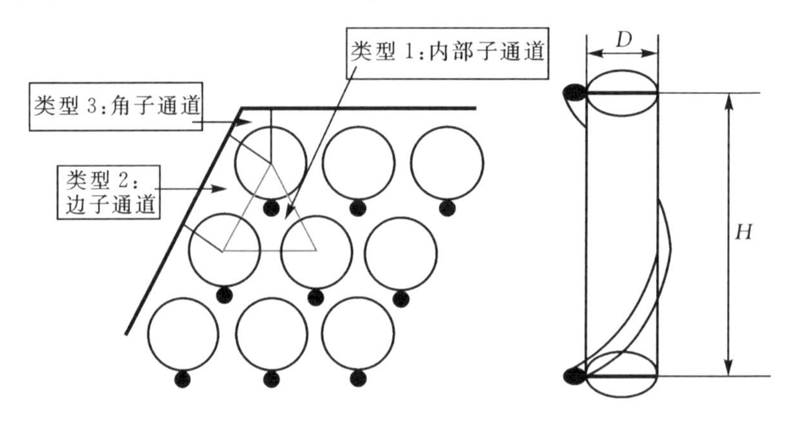

图 9-1　子通道和绕丝的几何示意图

对于如图9-1所示的带有金属绕丝定位格架的燃料组件,内部子通道的流通面积等于燃料棒之间的面积减去二分之一金属绕丝的横截面积,即

$$A_1=\frac{\sqrt{3}}{4}P^2-\frac{\pi D^2}{8}-\frac{\pi s^2}{8} \tag{9-1}$$

式中:A_1 为内部子通道流动面积;P 为燃料棒间距;D 为燃料棒外径;s 为绕丝直径。

$$P_{w1}=\frac{\pi D}{2}+\frac{\pi s}{2} \tag{9-2}$$

式中:P_{w1} 为内部子通道润湿周长。

对于边子通道,流通面积等于燃料棒与壁面之间的面积减去二分之一金属绕丝的横截面积,即:

$$A_2=P\left(\frac{D}{2}+s\right)-\frac{\pi D^2}{8}-\frac{\pi s^2}{8} \tag{9-3}$$

$$P_{w2}=P+\frac{\pi D}{2}+\frac{\pi s}{2} \tag{9-4}$$

式中:A_2 为边子通道流动面积;P_{w2} 为边子通道润湿周长。

对于角子通道,流通面积等于燃料棒与盒内角之间的面积减去六分之一绕丝横截面积,即

$$A_3=\frac{1}{\sqrt{3}}\left(\frac{D}{2}+s\right)^2-\frac{\pi D^2}{24}-\frac{\pi s^2}{24} \tag{9-5}$$

$$P_{w3}=\frac{\sqrt{3}}{3}(D+2s)+\frac{\pi D}{6}+\frac{\pi s}{6} \tag{9-6}$$

式中:A_3 为角子通道流动面积;P_{w3} 为角子通道润湿周长。

2.热工水力模型

正常工况下,反应堆堆芯的液态金属冷却剂为单相流动,采取子通道方法计算以确定通道出口处的流速,以及确定各通道出口处的冷却剂温度和密度。这些目标的求解通常根据四个守恒方程来确定。由于燃料组件的几何形状会对流场产生种种限制,很难采用一般的坐标系来处理流场问题。对于这种情况,Meyer提出的控制容积近似法对于求解复杂的流场问题很成功,并且在不断地研究各种数值解法。选用的四个守恒方程是质量、能量、轴向动量和横向动量守恒方程。为建立合理的数学模型,在每个通道中划分控制体,通过燃料棒之间的间隙建立这些控制体的横向联系,通常需要做如下假设:①燃料组件进口处的冷却剂温度(或焓)、密度和压力已知,燃料组件出口处的压力已知;②假定对于燃料组件内的每个子通道条件①所假定的初值都相同;③冷却剂流入或留出控制体的任何流量在穿过该控制体的边界之后便失去它的指向。

(1)质量守恒方程。

把控制体看成通道 i 在长度为 dz 的轴向段所占的空间。通道 i 与 j 个通道相邻。根据图 9－2 可以写出与通道 j 相邻的通道 i 的连续性方程。

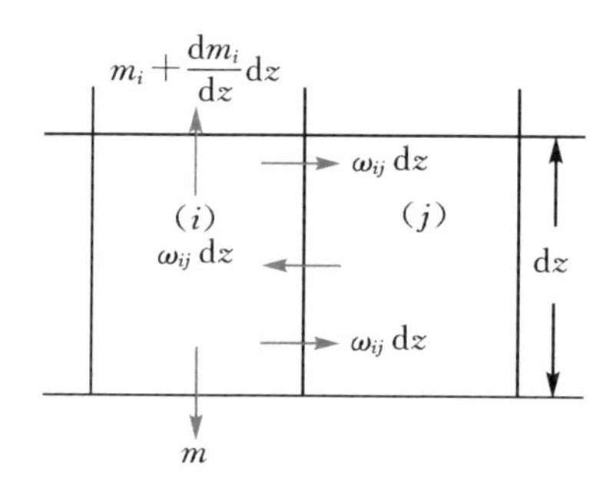

图 9－2　控制体质量交换示意图

在稳态情况下,根据控制体的质量守恒可以给出

$$m_i+\omega'_{ji}dz=m_i+\frac{dm_i}{dz}dz+\omega_{ij}dz+\omega'_{ij}dz \tag{9-7}$$

由于湍流搅混机理不发生净质量的迁移,所以式(9－7)中 $\omega'_{ji}=\omega'_{ij}$,上式可简化为

$$\frac{dm_i}{dz}=-\omega_{ij} \tag{9-8}$$

对于通道 i 周围有 j 个相邻通道,则

$$\frac{dm_i}{dz}=-\sum_{j=1}^{J}\omega_{ij} \tag{9-9}$$

式中:m_i 为冷却剂向上流动的质量流;dz 为控制体的轴向长度;ω_{ij} 为由绕丝和径向压力梯度引起的冷却剂通道单位长度的横流量;ω'_{ij} 和 ω'_{ji} 为湍流单位长度的横流量。

对于由绕丝引起的转向横流,在轴向每间隔一个螺距,通道 i 和通道 j 之间的横流一起脉动。在典型的快增殖堆三角形格栅中,通道 i 一般与另外三个通道相邻。来自通道 i 的横向流是全部相邻通道横向流的总和,对于单位长度的横流量一般与几何参数和 Re 有关。

对于 ORNL19 棒燃料组件,湍流搅混系数取 0.01;对于 P/D 小于 ORNL 的燃料组件,湍流搅混系数取 0.028。

(2)能量守恒方程。

图 9－3 为控制体能量交换示意图。

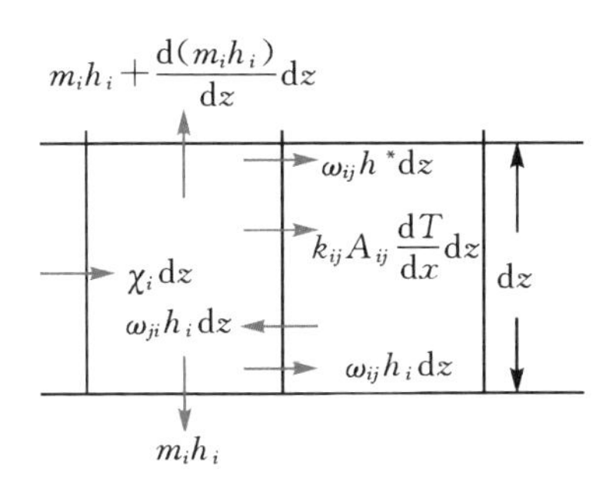

图 9-3　控制体能量交换示意图

$$m_i h_i + \chi_i \mathrm{d}z + \omega'_{ji} h_j \mathrm{d}z = m_i h_i + \frac{\mathrm{d}(m_i h_i)}{\mathrm{d}z}\mathrm{d}z - k_{ij} A_{ij} \frac{\mathrm{d}T}{\mathrm{d}x} + \omega_{ij} h^* \mathrm{d}z + \omega'_{ij} h_i \mathrm{d}z \tag{9-10}$$

将上式中右边的第二项展开：

$$\frac{\mathrm{d}(m_i h_i)}{\mathrm{d}z} = m_i \frac{\mathrm{d}h_i}{\mathrm{d}z} + h_i \frac{\mathrm{d}m_i}{\mathrm{d}z}$$

把 $\frac{\mathrm{d}m_i}{\mathrm{d}z} = -\omega_{ij}$ 代入上式，得到

$$\frac{\mathrm{d}(m_i h_i)}{\mathrm{d}z} = m_i \frac{\mathrm{d}h_i}{\mathrm{d}z} - \omega_{ij} h_i \tag{9-11}$$

由于快堆中液钠的导热性很强，与压水堆相比，导热项更为重要。其中导热项可以写成

$$k_{ij} A_{ij} \frac{\mathrm{d}T}{\mathrm{d}x} = k_{ij} \left(\frac{s}{\Delta x}\right)_{ij} \mathrm{d}z (T_j - T_i) \tag{9-12}$$

式中：$k_{ij} A_{ij} \mathrm{d}T/\mathrm{d}x$ 为在通道 i 周围通道 j 的热导；s 为横流宽度（$A_{ij} = s_{ij}\mathrm{d}z$）。

把方程（9-11）和（9-12）代入能量守恒方程（9-10）中，并且由 $\omega'_{ji} = \omega'_{ij}$，得到

$$\frac{\mathrm{d}h_i}{\mathrm{d}z} = \frac{1}{\dot{m}_i}\left[\chi_i - k_{ij} \left(\frac{s}{\Delta x}\right)_{ij} (T_i - T_j) + \omega_{ij}(h_i - h^*) - \omega'_{ij}(h_i - h_j)\right] \tag{9-13}$$

对于 i 通道周围有 j 个相邻的通道，有：

$$\frac{\mathrm{d}h_i}{\mathrm{d}z} = \frac{1}{\dot{m}_i}\left\{\chi_i + \sum_{j=1}^{J}\left[-k_{ij} \left(\frac{s}{\Delta x}\right)_{ij} (T_i - T_j) + \omega_{ij}(h_i - h^*) - \omega'_{ij}(h_i - h_j)\right]\right\} \tag{9-14}$$

式中：h^* 为通道内由转向横流带走的焓；χ_i 为通道内的线功率。

当冷却剂横流方向从通道 i 到通道 j 时，$h^*=h_i$；若冷却剂从通道 j 流向通道 i 时，$h^*=h_j$。

(3)轴向动量守恒方程。

通道 i 的轴向动量守恒方程为

$$m_iu_i+p_iA_i+u_j\omega'_{ji}\mathrm{d}z=m_iu_i+\frac{\mathrm{d}}{\mathrm{d}z}(m_iu_i)\mathrm{d}z+p_iA_i+\frac{\mathrm{d}}{\mathrm{d}z}(p_iA_i)\mathrm{d}z+F_i\mathrm{d}z+\rho_igA_i\mathrm{d}z+u^*\omega_{ij}\mathrm{d}z+u_i\omega'_{ij}\mathrm{d}z \tag{9-15}$$

当 $\omega_{ij}>0$ 时，$u^*=u_i$；当 $\omega_{ij}<0$ 时，$u^*=u_j$。

式中：u^*为产生转向横流通道内的冷却剂轴向速度；其中剪切项由摩擦损失项和形状损失项组成。

$$F_i\mathrm{d}z=\left(f_i\frac{\mathrm{d}z}{D_i}\frac{\rho_iu_i^2}{2}+K'_i\mathrm{d}z\frac{\rho_iu_i^2}{2}\right)A_i$$

式中：f_i 为摩擦因子；K'_i 为单位长度的形阻损失系数。

对于由绕丝引起的燃料组件内的压降，一般通过摩擦压降倍数对无绕丝的流动状况进行修正；或采用“有效流速”的概念，对管内流动的 Re 数、摩擦系数按照几何形状修正，得到带有绕丝组件的摩擦系数，具体参见下一章组件的压降模型。

因为 $m_i=\rho uA$，所以方程(9-15)中右边第二项密度变化可以写成

$$\frac{\mathrm{d}}{\mathrm{d}z}(m_iu_i)\mathrm{d}z=\left(m_i\frac{\mathrm{d}u_i}{\mathrm{d}z}+u_i\frac{\mathrm{d}m_i}{\mathrm{d}z}\right)\mathrm{d}z \tag{9-16}$$

把连续方程中 $\frac{\mathrm{d}\dot{m}_i}{\mathrm{d}z}=-\omega_{ij}$ 代入方程(9-16)，得

$$\frac{\mathrm{d}}{\mathrm{d}z}(m_iu_i)\mathrm{d}z=\left[-2u_i\omega_{ij}-\left(\frac{m_i}{\rho_iA_i}\right)^2\frac{\mathrm{d}(\rho_iA_i)}{\mathrm{d}z}\right]\mathrm{d}z \tag{9-17}$$

把这些代入轴向动量方程中得到

$$\frac{\mathrm{d}}{\mathrm{d}z}(p_iA_i)=-\left(\frac{\dot{m}_i}{A_i}\right)^2\left[\frac{f_iA_i}{2D_i\rho_i}+\frac{K'_iA_i}{2\rho_i}-\frac{1}{\rho_i^2}\frac{\mathrm{d}}{\mathrm{d}z}(\rho_iA_i)\right]-\rho_igA_i+(2u_i-u^*)\omega_{ij}-(u_i-u_j)\omega'_{ij} \tag{9-18}$$

对于通道 i 周围有 j 个相邻的通道有：

$$\frac{\mathrm{d}}{\mathrm{d}z}(p_iA_i)=-\left(\frac{\dot{m}_i}{A_i}\right)^2\left[\frac{f_iA_i}{2D_i\rho_i}+\frac{K'_iA_i}{2\rho_i}-\frac{1}{\rho_i^2}\frac{\mathrm{d}}{\mathrm{d}z}(\rho_iA_i)\right]-\rho_igA_i+\sum_{J=i}^{J}\left[(2u_i-u^*)\omega_{ij}-(u_i-u_j)\omega'_{ij}\right] \tag{9-19}$$

式中：$F_i\mathrm{d}z$ 为剪切应力；m_iu_i 为轴向动量流密度；ρ_iA_i 为轴向压力。

(4)横向动量守恒方程。

控制体的受力平衡关系式为

$$\rho^* u^*(z)slv(z)+v\omega_{ij}\mathrm{d}z+p_i s\mathrm{d}z=p_j s\mathrm{d}z+K_{ij}\frac{\rho^* v^2}{2}s\mathrm{d}z+$$

$$\rho^* u^*(z+\mathrm{d}z)slv(z+\mathrm{d}z)+\left[v\omega_{ij}+\frac{\partial}{\partial x}(v\omega_{ij})\mathrm{d}x\right]\mathrm{d}z \tag{9-20}$$

式中：$\rho^* u^*(z)slv(z)$ 为冷却剂进入控制体后产生的横向动量；ρ^* 和 u^* 为产生横向流动通道内的冷却剂的密度和轴向速度；$\rho^* u^*(z+\mathrm{d}z)slv(z+\mathrm{d}z)$ 为冷却剂通过控制体的动量损失；$v\omega_{ij}\mathrm{d}z$ 为通过横截面进入控制体的动量流；$\left[v\omega_{ij}+\frac{\partial}{\partial x}(v\omega_{ij})\mathrm{d}x\right]\mathrm{d}z$ 为流出控制体的动量流；K_{ij} 为综合考虑了横向流摩擦损失和形阻损失的系数。

因为在间隙中 $\omega_{ij}=\rho^* vs$，所以方程可以写成

$$\frac{\partial}{\partial x}(v\omega_{ij})+\frac{\partial}{\partial z}(u^*\omega_{ij})=(p_i-p_j)\frac{s}{l}-K_{ij}\frac{\omega_{ij}^2}{2\rho sl} \tag{9-21}$$

在稳态计算中，由于方程中左边两项对动量的贡献很小，在程序中可以令方程左边为零，得到

$$(p_i-p_j)\frac{s}{l}-K_{ij}\frac{\omega_{ij}^2}{2\rho sl}=0 \tag{9-22}$$

3.辅助模型

(1)功率分布模型。

在程序中，忽略燃料组件内燃料棒的径向功率分布，给定组件内燃料棒的最大线功率密度 $q_{\max}$，然后根据燃料棒沿轴向上的余弦功率分布，计算出燃料棒在各节点处的功率，如图9-4所示。

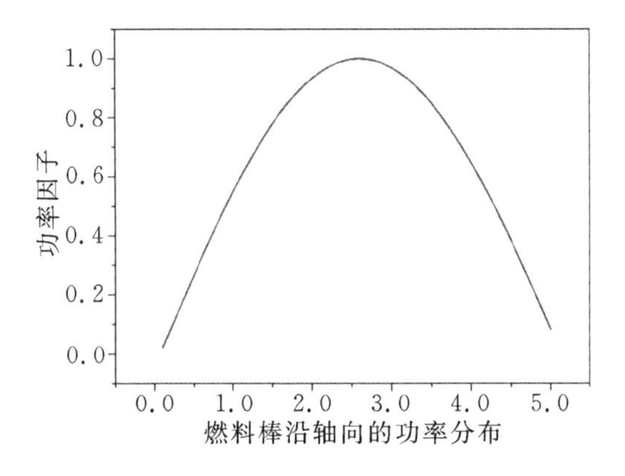

图9-4　燃料棒沿轴向的功率分布

(2)燃料芯块与冷却剂间的传热模型。

在堆芯的芯块部分,当完成了对冷却剂的流量、温度、密度和焓值的求解后,需要对热构件即燃料元件和包壳之间进行导热和对流换热的求解,以确定燃料芯块的温度和包壳表面的温度。具有内热源的圆柱形燃料棒,其内部的稳态温度分布可以从热传导方程中得到[5]。图 9-5 是用于推导圆柱热传导方程的燃料芯块导热模型示意图(假定燃料中的热源是均匀的)。

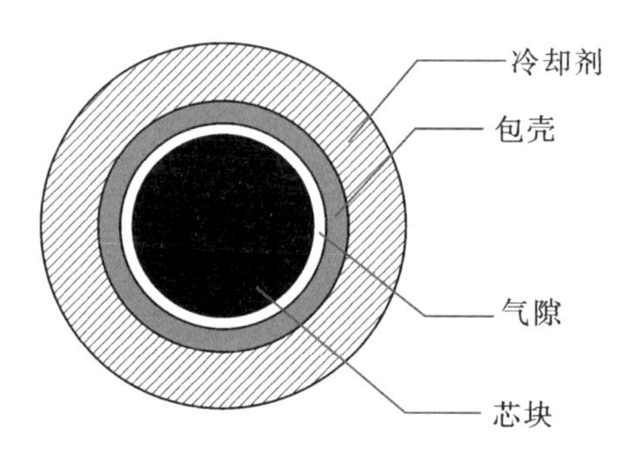

图 9-5　燃料芯块导热模型示意图

对于快中子增殖堆,燃料棒的包壳必须能承受高温,在大多数 LMFBR(Liquid Metal cooled Fast Breeder Reactor)中包壳材料都选用经过 20%冷加工的 316 型不锈钢,这种不锈钢高温强度特性优良,与混合氧化物和液钠冷却剂的相容性很好。

要确定燃料棒内的温度分布,一般从热源开始,沿实际的热流方向向外通过系统各个传热层到热阱;也可以反向来进行计算,即通过冷却剂的温度来确定包壳表面和芯块的温度分布。

不考虑燃料芯块的轴向导热,将燃料芯块沿径向划分为四个控制体,燃料芯块的径向导热方程为

$$q_i = \frac{2\pi\kappa_f}{\ln(r_{i+1}/r_i)}(T_i - T_{i+1})$$

式中:i 为燃料芯块的径向节点号;κ_f 为燃料芯块的热导率;T_{i+1} 为相邻节点的中心燃料温度;q_i 为相邻节点间的线热流密度。

燃料芯块表面与包壳之间有细小的间隙,采用对流换热模型,燃料芯块与包壳表面之间的传热方程为

$$q_g = \frac{2\pi(T_f - T_c)}{\dfrac{1}{h_g r_f} + \dfrac{\ln \dfrac{r_{cc}}{r_{ci}}}{\kappa_c}}$$

式中：h_g 为气隙的传热系数；r_f 为燃料芯块外径；κ_c 为包壳的导热率；r_{cc} 为燃料棒包壳的中心半径；r_{ci} 为燃料棒包壳的内半径；T_f 为燃料芯块的表面温度；T_c 为燃料包壳的中心温度；q_g 为燃料芯块通过气隙传向包壳的线热流密度。

燃料棒表面包壳与液钠冷却剂之间传热方程为

$$q_c = \frac{2\pi(T_c - T_b)}{\frac{\ln(r_{co}/r_{cc})}{\kappa_c} + \frac{1}{h_s r_{co}}}$$

式中：r_{co} 为燃料棒包壳的外半径；T_b 为液钠冷却剂的温度；q_c 为燃料包壳传向冷却剂的线热流密度；h_s 为包壳表面的对流换热系数。

(3)液态金属的流动与传热模型。

液态金属的传热特性明显不同于水，其主要原因是液态金属的 Pr 数极低，Pr 数是一个对流动传热性质有重要影响的无量纲数：

$$Pr = \frac{c_p \mu}{\kappa} = \frac{\upsilon}{a}$$

对于包括水在内的多数流体，Pr 数通常为 1～10，气体的 Pr 数小于 1，液态金属的 Pr 数极小，一般为 0.001～0.01。这就说明液态金属中，导热占支配地位。液钠的黏度和比热与水差别不大，但其热导率约是水的 100 倍。液态金属满足快堆在冷却剂流速和压力较低的情况下，需要一种传热系数高的冷却剂。

实验已经证明了液态金属的代表传热特性的 Nu 数有如下形式的关系[6]：

$$Nu = \alpha + \beta Pe^{\gamma} \tag{9-23}$$

式中：α、β 和 γ 都是常数；$Pe = Pr \times Re$。

在上式中：右侧第一项和第二项分别是导热和对流的贡献，通过大量的实验得出，常数 γ 的值接近于 0.8，而 α 和 β 则和流体换热界面的形状有关，不同形状的棒束和圆管得出的常数值均有所差别。

①液态金属在圆管内的换热关系式。对于液态金属在圆管内的传热特性研究，国内外已经做了许多实验，得出了一些换热的经验关系式[7-9]，表 9-2 列出了一些液态金属在圆管内的换热关系式。由于实验的工况不同，得出的关系式稍有差别。

表 9-2　液态金属在圆管内的 *Nu* 数关系式

序号	作者	Nu 数关系式	边界条件
1	石双凯	$Nu = 4.36 + 0.013Pe$，$Pe \leqslant 100$ $Nu = 4.8 + 0.024Pe^{0.8}$，$200 \leqslant Pe \leqslant 3000$	热流密度 12～59 W/cm²
2	Lyon	$Nu = 7 + 0.025Pe^{0.8}$，高 Pe 数	常热流密度

续表

序号	作者	Nu 数关系式	边界条件
3	Skupinski	$Nu = 4.82 + 0.0185Pe^{0.827}$, $0.01 \leqslant Pe \leqslant 0.03$	
4	Sleicher	$Nu = 6.3 + 0.0167Pe^{0.85}Pr^{0.08}$	常热流密度
5	Stromquist	$Nu = 3.6 + 0.018Pe^{0.8}$, $88 \leqslant Pe \leqslant 4000$	
6	Kirillov	$Nu = 4.5 + 0.018Pe^{0.8}$	
7	Ibragimov	$Nu = 4.5 + 0.014Pe^{0.8}$	

②液态金属在环形通道的换热关系式。许多学者也对液态金属在环形通道的流动换热特性开展了许多理论和实验分析[10-13]，这些实验大都集中在 150～400 ℃的温度范围内，而 Pe 数大都为 100～1000。环形通道内的换热关系式和圆管内的经验关系式都具有如式(9-23)那样的形式。表 9-3 给出了国内外一些学者提出的液态金属在环形通道下的 Nu 数关系式。

表 9-3 液态金属在环形通道的 Nu 数关系式

序号	作者	Nu 数关系式	边界条件
1	张贵勤	$Nu = 4.548 + 0.027Pe^{0.9709}$ $100 \leqslant Pe \leqslant 1000$	
2	张永积	$Nu = 6.98 + 0.038Pe^{0.79}$ $Nu = 6.33 + 0.0196Pe^{0.8}$ $200 \leqslant Pe \leqslant 1300$	壁面两侧热流密度相等
3	Lyon	$Nu = 4.9 + 0.0175Pe^{0.8}$	
4	秋穗正	$Nu = 4.276 + 0.0247Pe^{0.804}$	
5	Wemer	$Nu = 0.75(7.0 + 0.025Pe^{0.8})(D_{out}/D_{in})^{0.3}$ $100 \leqslant Pe \leqslant 10000$	

③液态金属在棒束间的换热关系式。在快中子增殖堆的堆芯中，典型的 Re 数在 50000 左右，Re 数和 Pe 数中的轴向流速由燃料组件的平均速度、通道的流通面积、热工水力半径及流量分配因子决定。对于具有节-径比(P/D)的液态金属冷却剂在棒束通道之间的换热特性，自 20 世纪 60 年代，国内外学者已经做了许多的实验测量其换热系数，并提出了许多不同的经验关系式。这些实验的栅距和直径比从 1.1 至 1.95，而试验中 Pe 数范围也很广，$30 \leqslant Pe \leqslant 5000$。由于越来越多的国家重视快堆对燃料循环和废料处理的重要性，所以这些关于液态金属在棒束中的

传热关系式，就不可避免地应用到快中子增殖堆堆芯的换热设计之中，无论是在稳态条件下计算燃料包壳表面的温度，还是在瞬态条件下预测液态金属的沸腾起始点，都需要应用这些换热关系式，尽管这些经验关系式的不确定性仍相当大，但它对燃料棒包壳温度和最大燃料温度的影响相对较小。因此，从快堆的设计观点出发，采用现有的液态金属传热关系式符合设计要求。

液态金属对流换热关系式通常以 Nu 数关于 Pe 数的关系式形式出现，棒束通道中的流动换热有：

$$Nu = \frac{hD_e}{\kappa}$$

$$Pe = RePr = \frac{\rho VD_e C_p}{\kappa}$$

式中：D_e 为当量水力直径。

通道 i 的当量水力直径为：

$$D_e = \frac{4A_i}{P_{wi}}$$

式中：A_i 为通道 i 的流通面积；P_{wi} 为通道 i 的湿周。

对于液态金属钠在燃料棒束通道中的流动，如在 500 ℃ 时（$Pe = 200$，$Pr = 0.0042$），Re 数为 50000，液态金属钠的流动完全进入湍流状态。

最早的液态金属在棒束中的传热关系式由 Dwyer 发表[14]。对于液态金属快中子增殖堆来说，燃料组件中 P/D 的设计值约为 1.2。表 9－4 给出了国外一些快中子增殖堆燃料组件中的直径、节距参数。

表 9－4　典型快中子增殖堆燃料棒直径、节距参数

堆型	CRBR 美国	SNR－30 德国	MONJU 日本	FFTF 美国	BN－600 苏联	SUPERPHENIX 法国	CDFR 英国
定位格架	绕丝	格栅	绕丝	绕丝	绕丝	绕丝	格栅
燃料棒直径/mm	5.8	6.0	6.5	5.8	6.9	8.5	5.84
燃料棒节距/mm	7.3	7.9	7.9	7.3	7.0	9.8	7.35
燃料棒节距-直径比 P/D	1.26	1.32	1.22	1.24	1.15	1.15	1.25

快堆正常运行时，燃料组件内的典型 Pe 数是 150～300。

Borishanskii、Gotovskii 和 Firsova[15]给出了 $1.1 \leqslant P/D \leqslant 1.5$ 时的关系式：

$$Nu = 24.15\lg\left[-8.12 + 12.76\left(\frac{P}{D}\right) - 3.65\left(\frac{P}{D}\right)^2\right], Pe \leqslant 200 \quad (9-24)$$

$$\begin{aligned} Nu = &24.15\lg[-8.12 + 12.76(P/D) - 3.65(P/D)^2] + \\ &0.0174[1 - e^{-6\left(\frac{P}{D}-1\right)}](Pe - 200)^{0.9}, 200 \leqslant Pe \leqslant 2000 \end{aligned} \quad (9-25)$$

在上述的 P/D 范围内，式(9－24)与式(9－25)大多数实验数据符合良好。

Graber 和 Rieger[16]给出了当 $150 \leqslant Pe \leqslant 3000$，$1.25 \leqslant P/D \leqslant 1.95$ 时的关系式：

$$Nu = \left[0.32\left(\frac{P}{D}\right) - 0.007\right](Pe)^{0.8-0.024\left(\frac{P}{D}\right)} + 0.25 + 6.2\left(\frac{P}{D}\right) \quad (9-26)$$

式(9－26)在 $P/D \leqslant 1.2$ 时与实验数据相比，估算出的 Nu 值偏高。

在进行反应堆设计时选用的换热关系式必须保证包壳和燃料的温度不能超过允许的最大温度。西屋电力公司为美国设计的 FFTF 快堆燃料组件在进行稳态热工水力特性分析时，采用的换热关系式为：

对于 $200 \leqslant Pe \leqslant 2000$：

$$Nu = 4.0 + 0.16\left(\frac{P}{D}\right)^{5.0} + 0.33\left(\frac{P}{D}\right)^{3.8}\left(\frac{Pe}{100}\right)^{0.86} \quad (9-27)$$

在 20 世纪 80 年代初美国政府和美国公司联合投资建设的 CRBRP 反应堆中，当 $1.05 \leqslant P/D \leqslant 1.15$ 时，采用了由 Carelli[17]修正的关系式：

当 $1.2 \leqslant P/D \leqslant 1.3$ 时：

$$Nu = 4.0 + 0.16\left(\frac{P}{D}\right)^{5.0} + 0.33\left(\frac{P}{D}\right)^{3.8}\left(\frac{Pe}{100}\right)^{0.86} \quad (9-28)$$

当 $1.05 \leqslant P/D \leqslant 1.15$ 时：

$$Nu = 4.496\left[-16.15 + 24.96\left(\frac{P}{D}\right) - 8.55\left(\frac{P}{D}\right)^2\right], Pe \leqslant 150 \quad (9-29)$$

$$Nu = 4.496\left[-16.15 + 24.96\left(\frac{P}{D}\right) - 8.55\left(\frac{P}{D}\right)^2\right]\left(\frac{Pe}{150}\right)^{0.3}, 150 \leqslant Pe \leqslant 1000 \quad (9-30)$$

表 9－5 给出了其他的一些国外学者提出的液态金属在棒束通道中的换热关系式[18-20]。

表 9-5 液态金属在棒束通道中的换热关系式

作者	Nu	P/D	Pe
Ushakov	$Nu=7.55\left(\frac{P}{D}\right)-\frac{20}{\left(\frac{P}{D}\right)^{13}}+\frac{0.041}{\left(\frac{P}{D}\right)^{2}}Pe^{0.56+0.19\left(\frac{P}{D}\right)}$	$1.3\leqslant P/D\leqslant 2.0$	$0\leqslant Pe\leqslant 4000$
Zhukov	$Nu=7.55\left(\frac{P}{D}\right)-14\left(\frac{P}{D}\right)^{-5}+0.007Pe^{0.64+0.246\left(\frac{P}{D}\right)}$	$1.25\leqslant P/D\leqslant 1.46$	$60\leqslant Pe\leqslant 2000$
Konstantin	$Nu=0.047\left(1-e^{-3.8\left[\left(\frac{P}{D}\right)-1\right]}\right)\left(Pe^{0.77}+250\right)$	$1.1\leqslant P/D\leqslant 1.95$	$30\leqslant Pe\leqslant 5000$
Dwyer O E 和 Tu P S	$Nu=0.93+10.81\left(\frac{P}{D}\right)-2.01\left(\frac{P}{D}\right)^{2}+0.0252\left(\frac{P}{D}\right)^{0.273}(Pe)^{0.8}$	$1.375\leqslant P/D\leqslant 2.2$	$70\leqslant Pe\leqslant 104$
Subbotin 等	$Nu=0.58\left(\frac{2\sqrt{3}}{\pi}\left(\frac{P}{D}\right)^{2}-1\right)^{0.55}Pe^{0.45}$	$1.1\leqslant P/D\leqslant 1.5$	$80\leqslant Pe\leqslant 4000$

④压降模型。对于单相流动，根据雷诺数的大小，与摩擦系数有关的流动模型有层流、过渡区流动和紊流三种。计算单相流的摩擦压降，采用达西（Darcy）公式，即

$$\Delta P=f\frac{L}{D_e}\frac{\rho V^2}{2}$$

式中：f 为达西-维斯巴赫（Darcy-Weisbach）摩擦系数；L 为燃料棒的长度；D_e 为通道内的热工水力当量直径。

f 与流体的流动性质（层流与紊流）、流动状态（定型流动即充分发展的流动与未定型流动）、受热情况（等温与非等温）、通道的几何形状及表面粗糙度等因素有关[21]。因此，计算单相摩擦阻力的关键就是要选择合理的阻力系数计算关系式。

层流壁面摩擦阻力系数为

$$f=\frac{64}{Re}\quad(Re<2000) \tag{9-31}$$

过渡区壁面摩擦阻力系数为

$$f = 0.048 \quad (2000 < Re < 3000) \tag{9-32}$$

紊流壁面摩擦阻力系数关系式[24]（$Re \geqslant 3000$）提供了以下三个。

柏拉修斯(Blausius)关系式：

$$f = \frac{0.3164}{Re^{0.25}} \tag{9-33}$$

麦克亚当斯(McAdams)关系式：

$$f = \frac{0.184}{Re^{0.2}} \tag{9-34}$$

尼古拉泽(Никурадзе)关系式：

$$\frac{1}{f^{0.5}} = -0.4 + 4.0\lg(Re \cdot f^{0.5}) \tag{9-35}$$

上述所有摩擦系数均为达西-维斯巴赫等温流动摩擦系数。

a. Rehme 模型。Rehme[22]引入了一个有效涡速度来修正由绕丝引起的棒束间涡流，并给出了一个关于有效速度和棒束间平均轴向流速比的修正因子：

$$F = \left(\frac{V_{\mathrm{eff}}}{V}\right)^2 = \left(\frac{P}{D}\right)^{0.5} + \left[7.6\,\frac{(D+s)}{H}\left(\frac{P}{D}\right)^{2.0}\right]^{2.16}$$

式中：D 为燃料棒的外径；s 为金属绕丝的直径；P 为栅距。

修正后摩擦因子 f' 定义如下：

$$f' = \frac{f}{F}\,\frac{P_{\mathrm{wt}}}{P_{\mathrm{w}i}}\left(\frac{64}{Re'} + \frac{0.0816}{Re^{0.133}}\right)$$

式中：$P_{\mathrm{w}i}$ 为通道 i 的湿周；P_{wt} 为所有通道湿周之和；Re' 为修正后的 Re 数。

其修正后的 Re' 数定义如下：

$$Re' = Re\sqrt{F}$$

方程中的摩擦因子可以表示成

$$f = \left(\frac{64}{Re}F^{0.5} + \frac{0.0816}{Re^{0.133}}F^{0.9335}\right)\frac{P_{\mathrm{w}i}}{P_{\mathrm{wt}}} \tag{9-36}$$

b. Engel 模型。Engel[23]根据实验结果提出了不同的计算摩擦压降的关系式，该实验是在 61 根棒束组成的流道下进行的，实验 Re 数范围为 50～40000，其中 $1.079 \leqslant P/D \leqslant 1.082$，$7.7 \leqslant H/D \leqslant 7.782$，在过渡区引进了间歇因子 ψ 来计算摩擦压降，对于 Re 数范围为 400～5000 的过渡区，ψ 的计算式为

$$\psi = \frac{Re - 400}{4600}$$

层流壁面摩擦阻力系数为

$$f = \frac{320}{Re\sqrt{H}}\left(\frac{P}{D}\right)^{1.5} \tag{9-37}$$

式中：H 为绕丝的螺距，m。

过渡区壁面摩擦阻力系数为

$$f = \frac{100}{Re}\sqrt{1-\psi} + \frac{0.55}{Re^{0.25}}\sqrt{\psi} \tag{9-38}$$

湍流区的壁面摩擦系数为

$$f = \frac{0.55}{Re^{0.25}} \tag{9-39}$$

c. Chiu-Rohsenow-Todreas(CRT)模型。CRT[24]模型引入了考虑下述两种压降分量的分离表达式：由冷却剂流体流过金属绕丝所引起的形阻压降和由冷却剂流体轴向及横向速度的合成速度所表征的表面摩擦压降。

因此，在CRT模型中，把压降写成两项的和：

$$\Delta p = \Delta p_s + \Delta p_r$$

式中：Δp_s 为表面摩擦压降；Δp_r 为垂直于绕丝的速度分量产生的形状压降。

对于形状阻力项，假设燃料棒的长度为 L，螺距为 H，则这根燃料棒有 L/H 个螺距，因此整根燃料棒的 Δp_r 可以表示为

$$\Delta p_r = K_D f_s \frac{\rho V_p^2}{2}\frac{L}{H}$$

式中：K_D 为形阻损失系数；V_p 为垂直于绕丝的速度分量；f_s 为无绕丝通道的表面摩擦系数。

摩擦压力损失的一般表达式为

$$\Delta p_s = f\frac{L}{D}\frac{\rho V^2}{2}$$

Chiu 等人通过几何变化把上式写成

$$\Delta p_s = f_s\frac{L}{D_e}\frac{\rho V_A^2}{2}\left[1+\left(C_2\frac{V_T}{V_A}\right)^2\right]^{1.375} \tag{9-40}$$

式中：D_e 为燃料棒的热工水力当量直径；V_A 为冷却剂的轴向速度；V_T 为冷却剂横向速度；C_2 为经验常数。

d. Novendstern 模型。在 Novendstern[25]模型中，引用有效摩擦系数来说明金属绕丝带来的影响。引入摩擦系数倍率 M，则有效摩擦系数由下式给出：

$$f_{eff} = Mf_{smooth}$$

摩擦系数倍率 M 可以由无量纲数 P/D、H/D 和 Re 数为基础的关系中得到，f_{smooth} 是 Re 数的函数。对于由于绕丝引起的超过光滑管值的 f 的增量，由Novendstern 给出的摩擦系数倍率 M 关系式为

$$M = \left[\frac{1.034}{\left(\frac{P}{D}\right)^{0.124}} + \frac{29.7\left(\frac{P}{D}\right)^{6.94}Re^{0.086}}{\left(\frac{H}{D}\right)^{2.239}}\right]^{0.885}$$

最后可以得到冷却剂通过燃料棒的压降 Δp ：

$$\Delta p = Mf_{\text{smooth}} \frac{L}{D_{\text{e}}} \frac{\rho V_i^2}{2} \tag{9-41}$$

式中：L 为燃料棒的长度；V_i 为通道 i 内冷却剂的流速。

冷却剂从燃料组件的公共入口腔室流入，从出口腔室流出，所以流体沿组件的轴向压降相等。在此物理事实上，Novendstern 提出了计算燃料组件内近似流速的模型，由压降相等得到

$$f_1 \frac{L}{D_{\text{e1}}} \frac{\rho V_1^2}{2} = f_2 \frac{L}{D_{\text{e2}}} \frac{\rho V_2^2}{2} = f_3 \frac{L}{D_{\text{e3}}} \frac{\rho V_3^2}{2}$$

由于三种通道内的几何流道形状不同，为了确定通道内的流量分配，必须首先计算组件中的平均轴向速度，平均轴向速度由下式进行计算：

$$m = \rho AV \tag{9-42}$$

式中：A 为通道流通面积之和。

若燃料组件内共有 N 个通道，则其通道流通总面积可由下式计算：

$$A = \sum_{i=1}^{N} N_i A_i$$

式中：A_i 为通道 i 的平均流通面积；N_i 为 i 型通道数目。

假设流体不可压缩，由流体的连续性可得

$$AV = N_1 A_1 V_1 + N_2 A_2 V_2 + N_3 A_3 V_3 \tag{9-43}$$

流量分配通过式(9-42)可以得到

$$\frac{V_1^{2-m}}{D_{\text{e1}}^{1+m}} = \frac{V_2^{2-m}}{D_{\text{e2}}^{1+m}} = \frac{V_3^{2-m}}{D_{\text{e3}}^{1+m}} \tag{9-44}$$

对于湍流，m 是 Blasius 摩擦系数关系式中的指数，取 0.25，且各通道的取值相等，利用式(9-43)和式(9-44)可以得到

$$V_i = \frac{VA}{\sum_{j=1}^{3} N_j A_j \left(\frac{D_{ej}}{D_{ei}}\right)^{\frac{1+m}{2-m}}} \tag{9-45}$$

一般用割流参数 X_i 来表示通道内的速度分布，所以上式可以写成

$$V_i = X_i V$$

美国曾在 FFTF 反应堆的燃料组件上进行过压降实验，表 9-6 是 FFTF 燃料组件的几何参数。由此参数下计算得到 $Re = 58000$ ，$M = 1.05$ 。

表 9-6 FFTF 燃料组件几何参数

堆型	燃料棒数	节距/mm	棒直径/mm	绕丝直径/mm	绕丝螺距/mm	棒长度/mm	P/D
FFTF	217	7.3	5.80	1.50	300	2380	1.26

图 9-6 和图 9-7 是液钠温度在 204 ℃和 593 ℃下实验数据与 Novendstern 模型计算结果比较。

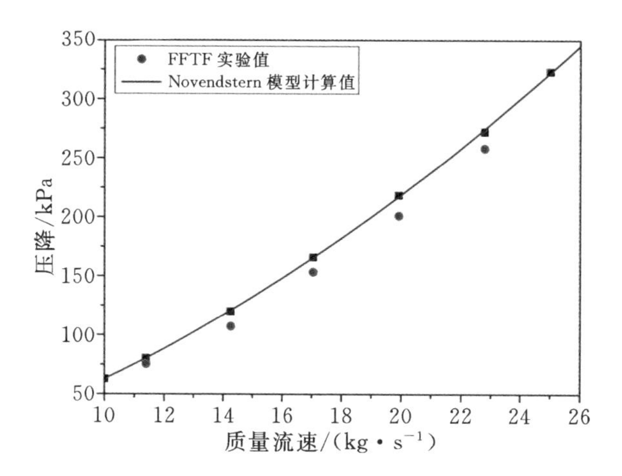

图 9-6　液钠温度为 204 ℃时 FFTF 组件压降

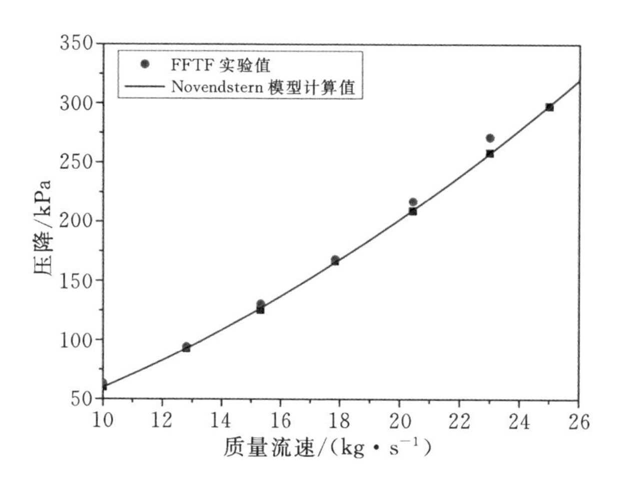

图 9-7　液钠温度为 593 ℃时 FFTF 组件压降

可以看出 Novendstern 模型与实验结果符合较好。

4. 湍流搅混模型

在燃料组件内，相邻的子通道之间会发生湍流搅混，这种搅混现象会降低最热通道中的焓值。搅混是由于流体做湍流运动时流体涡团的无定向随机湍流（流体速度脉动）导致相邻子通道之间发生质量交换，同时发生流体动量和能量的交换或转移。在等质量模型中，一般认为湍流交换无净质量转移，只造成净动量和能量的转移。在 COBRA 程序中就采用等质量模型。

子通道 i 到相邻子通道 j 的湍流搅混流量 ω'_{ij} 可以由以下公式计算得出：

$$\omega'_{ij} = \beta S_{ij} \bar{G}_{ij}$$

式中：β 为湍流搅混系数；S_{ij} 为通道 i 和通道 j 之间的间隙；$\bar{G}_{ij}$ 为相邻两个子通道的平均质量流密度。

国内外许多研究人员对湍流搅混系数 β 进行了研究，研究发现随着间隙与直径的比值（S/D）的增加，湍流搅混系数会减小。同时，β 一般也随雷诺数的增加而减小。表 9-7 总结了一些预测湍流搅混系数的经验关系式[26-29]，对于不同的间隙与直径的比值，选择不同的关系式进行计算。

表 9-7　湍流搅混系数计算公式列表

适用范围	公式	作者
$S/D = 0.036$	$\beta = 0.063Re^{-0.1}$	Rowe 和 Angle
$S/D = 0.149$	$\beta = 0.021Re^{-0.1}$	Rowe 和 Angle
$S/D = 0.334$	$\beta = 0.027Re^{-0.1}$	Castellana
$S/D = 0.375$	$\beta = 0.01683Re^{-0.1}$	Seale
$S/D = 0.833$	$\beta = 0.009225Re^{-0.1}$	Seale
$S/D = 0.028$	$\beta = 0.001571Re^{0.23}$	Gabraith 和 Knudsen
$S/D = 0.063$	$\beta = 0.002871Re^{0.12}$	Gabraith 和 Knudsen
$S/D = 0.127$	$\beta = 0.002277Re^{0.12}$	Gabraith 和 Knudsen
$S/D = 0.228$	$\beta = 0.005999Re^{0.01}$	Gabraith 和 Knudsen
$S/D = 0.100$	$\beta = 0.0070\ Re^{-0.065}$	Kelly 和 Todreas
	$\beta = 0.004\left(\frac{D_h}{S}\right)Re^{-0.1}$	Rogers 和 Rosehart
	$\beta = 0.005\left(\frac{D_h}{S}\right)\left(\frac{S}{d}\right)^{0.106} Re^{-0.1}$	Rogers 和 Rahir
	$\beta = 0.02968Re^{-0.1}$	Seale

5. **程序的开发**

冷却剂在燃料棒与燃料棒之间、燃料棒和燃料组件的盒壁之间流动，子通道定义为冷却剂流通的区域，其边界为燃料棒表面以及连接相邻棒中心的虚拟平面。沿轴向把子通道划分成许多控制体，在轴向和横向方向上各相邻通道进行动量、能量和质量的交换。

堆芯的子通道分析模型认为，相邻的子通道之间冷却剂在流动过程中存在着横向的动量、质量和能量的交换。由于这种横向的搅混作用，各个通道内冷却剂流量沿轴向会不断发生变化。另外，子通道内的压力场和焓场也不同于闭式通道内的压力场和焓场。搅混效应会使子通道内冷却剂的温度和焓值比无搅混通道有所降低；与此同时，燃料元件的表面温度也会有所降低，这些因素都有利于提高反应堆设计的经济性和安全性。

(1)计算方法。

子通道程序采用牛顿迭代法来求解控制容积方程[30]。该方法是不断地修正计算出的临时值，使残差接近 0。

假设方程：

$$F(x) = 0$$

式中：x 为方程的根。

令 $\tilde{x}$ 为求解的初始估计值，δx 为修正值，这样真实解为

$$x = \tilde{x} + \delta x$$

即

$$F(\tilde{x} + \delta x) = 0$$

将上式按泰勒级数展开得

$$\left[\frac{\mathrm{d}F(\tilde{x})}{\mathrm{d}x}\right]\delta x = -F(\tilde{x})$$

求出 δx 后，方程的解就被更新了，这个值作为下次迭代的初始值代入方程中进行新的求解。反复进行迭代求解，直至残差降到非常小。

整个程序的求解以控制方程为基础，采用隐式方法进行迭代求解，保证了数值算法的稳定性。在给定初值和边界条件后，求解横向和轴向动量方程，这时的冷却剂质量流量是假设的，由迭代进行修正。在求解质量方程时采用压力进行修正，使压力和流量得到调整，从而满足质量守恒方程。

(2)程序流程。

在稳态计算中，燃料组件沿轴向划分成许多控制体，考虑了相邻通道间的冷却剂质量、动量和能量的搅混，假设进口处的压力 $p_{i,\mathrm{in}}$ 相等，在确定堆芯入口参数后对四个基本方程进行求解。图 9-8 为子通道程序的流程图，也可以总结如下。

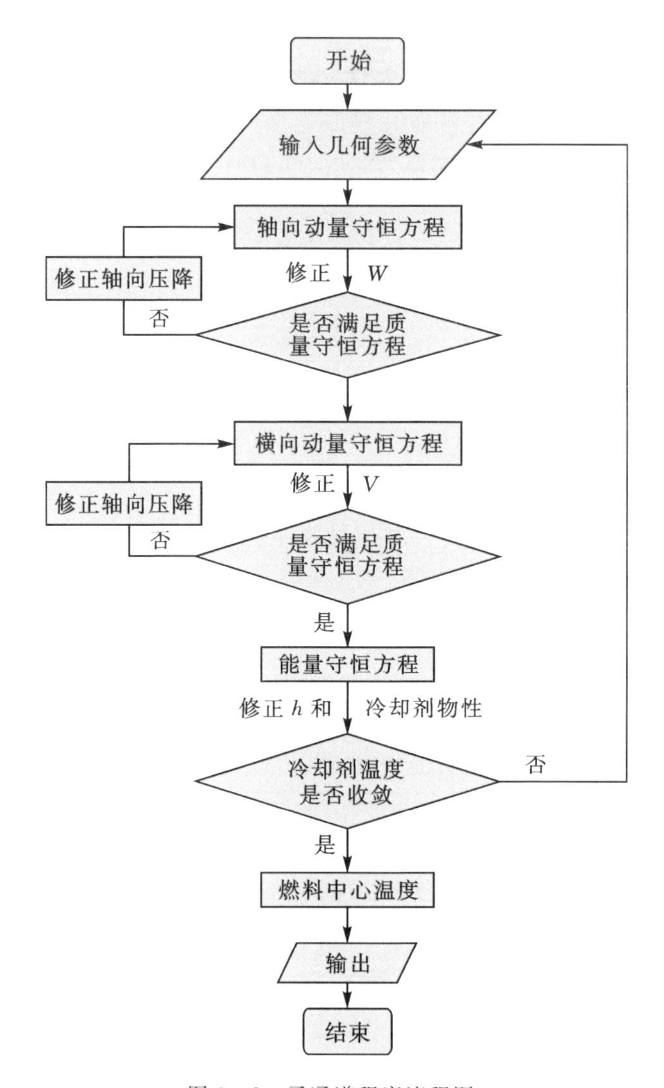

图 9－8　子通道程序流程图

①求解质量守恒方程。计算通道 i 的第一个步长，假定横流量 $\omega=0$，根据质量守恒方程(9－9)求出第一个控制体出口处的冷却剂流量。

②求解轴向动量守恒方程。在第一步计算中求出第一个控制体的冷却剂出口流量 m_1 后，将 m_1 代入轴向动量守恒方程中解出第一个控制体出口处冷却剂的压力 $p_{n,1}^{1}$，将 $p_{n,1}^{1}$ 代入横向动量守恒方程中继续求解。

③求解横向动量守恒方程。根据横向动量守恒方程(9－24)，由横向的压力梯度来确定各相邻子通道之间的横流量 $\omega_{n,1}^{1}$，把 $\omega_{n,1}^{1}$ 代入质量守恒方程中，重新求解出第一个控制体冷却剂出口处的流量 m_i。

④求解能量守恒方程。把重新求解得出的冷却剂出口处流量 m_i 代入能量守恒方程中，求出第一个控制体出口处的比焓值 $h_{i,1}$，调用物性程序，更新冷却剂密度、黏性系数等物性参数，并代入轴向动量守恒方程中重新计算第一个控制体出口处的压力 $p_{i,1}$，再通过相邻子通道间的横向压力梯度由横向动量守恒方程中解出新的横流速度 ω_{ij}，再根据质量守恒方程重新求出第一个控制体出口处的冷却剂质量流量 $m_{i,1}$，即重复步骤①～④直到满足迭代要求。

⑤进行下一个控制体计算。计算得出第一个控制体的出口参数，以此作为第二个控制体的入口参数，重复步骤①～④，直到燃料组件最后一个控制体。在最后一个控制体的出口处，检验各子通道的出口压力是否相等，给定一个收敛准则：

$$|p_{max} - p_{min}| \leqslant \varepsilon$$

式中：ε 为预先给定的误差控制值。

在程序计算中假定 $\varepsilon = 10^{-9}$，如果计算结果不满足上述给定的收敛准则，则需要对初始假定的入口参数进行修正，重复计算①～⑤。

最后，根据已经求出的通道内冷却剂温度来进行反向迭代求解，通过棒束通道中燃料棒的导热和对流换热模型依次求出燃料棒包壳表面温度和燃料芯块中心温度。

6. 程序的验证

(1)ORNL19 棒燃料组件。

橡树岭国家实验室曾经对 19 根棒的钠冷快堆燃料组件进行过热工水力特性实验，该实验是在 Fuel Failure Mockup 中进行的。Fuel Failure Mockup 是一个大型的高温钠设施，专为模拟钠冷快堆棒束条件下冷却剂的流动和传热而建立的。表 9-8 给出了实验的一些结构参数，表 9-9 给出了实验的运行参数。

橡树岭国家实验室进行了几种不同功率和流量情况下的实验，程序中只计算了两种不同的工况：第一种工况在高功率、高流量的情况下，功率设定为 16975 W/棒，质量流量为 3.08 kg·s^{-1}；第二种工况在低功率、低流量的情况下，功率为 263 W/棒，质量流量为 0.041 kg·s^{-1}。

表 9-8　橡树岭国家实验室 19 根棒实验的结构参数

燃料棒数	燃料棒节距/mm	燃料棒外径/mm	组件对边距离/mm	绕丝直径/mm	绕丝螺距/mm	燃料组件长度/mm
19	7.26	5.84	34.1	1.42	304.8	1016

表 9-9　橡树岭国家实验室 19 根棒实验的运行参数

系统运行压力/MPa	进口温度/℃	冷却剂质量流量/(kg・s^{-1})	平均线功率/W
0.101	315	3.08/0.041	16975/263

图 9-9 是美国橡树岭国家实验室 19 根棒燃料组件子通道划分示意图和燃料棒标号，整个燃料组件沿径向划分成了三种不同类型的子通道：组件中包括 42 个通道，其中内部子通道 24 个、边通道 12 个、角通道 6 个，燃料组件在沿轴向方向上划分了 50 个控制体。

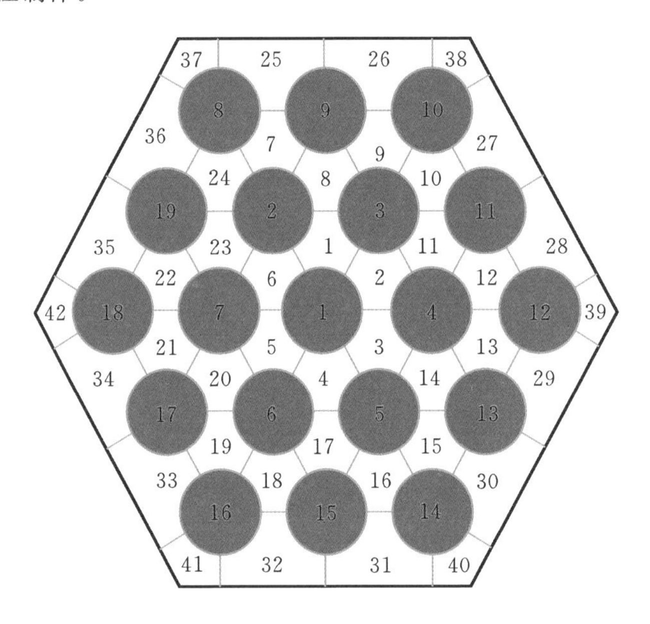

图 9-9　ORNL19 根棒燃料组件子通道和燃料棒编号

(2)低功率、低流量下出口处的无量纲温度。

图 9-10 是在低功率和低流量下燃料组件加热段出口处的无量纲温度分布。在此工况下 $Re = 1000$，SABRE4 程序的计算结果与实验结果基本一致，而 MATRA-LMR 和本程序在内部的计算结果均偏高，图中在低流量、低功率工况下冷却剂的导热作用对棒束中的温度分布作用更明显。

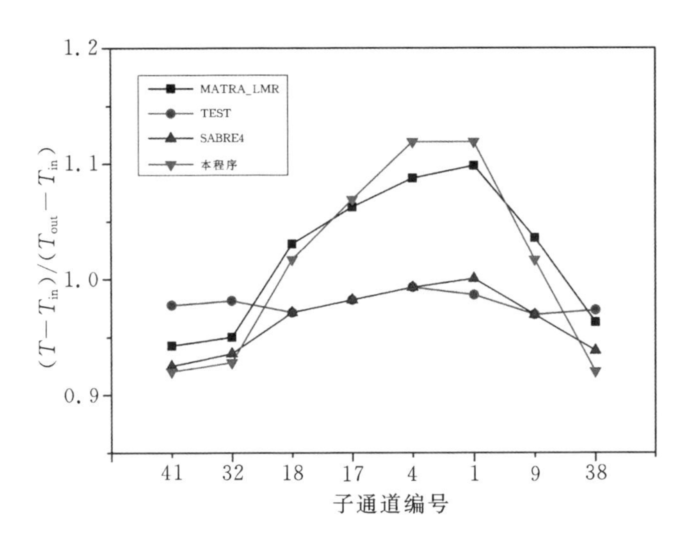

图 9-10 低功率和低流量下燃料组件加热段出口处的无量纲温度

(3)高功率、高流量下热工水力特性。

图 9-11 是在高功率和高流量的工况下燃料组件内 5 个不同的通道冷却剂温度沿轴向的变化，从图中看以看出，不同通道内的流体温度差别比较明显，这是因为选取湍流搅混系数 $\beta = 0.01$ 比较小的原因。

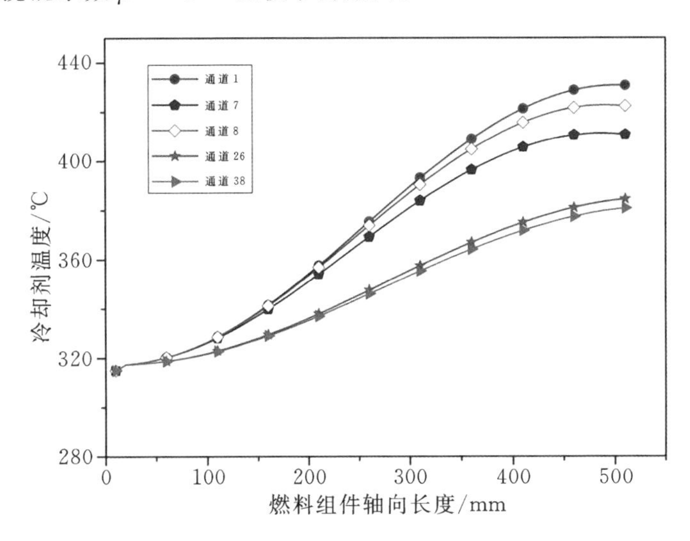

图 9-11 高功率和高流量下不同通道内冷却剂温度沿轴向变化

图 9-12 是高功率和高流量的工况下，燃料棒包壳表面温度沿轴向的变化，计算出包壳表面的最高温度在 1 号燃料棒上，最高温度为 435 ℃。

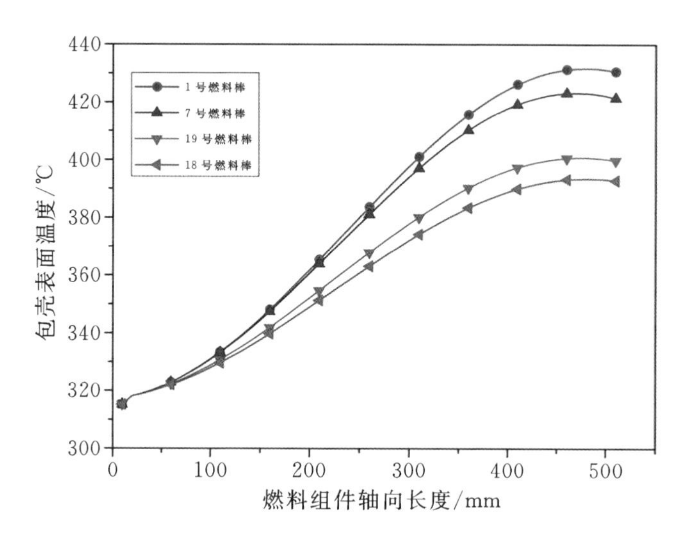

图 9-12　高功率和高流量下不同包壳表面温度变化

图 9-13 是高流量、高功率下，燃料组件出口处冷却剂温度分布云图。由于湍流搅混系数比较小，出口处冷却剂的温差明显，其内部子通道的冷却剂温度明显高于边通道和角通道冷却剂的温度。

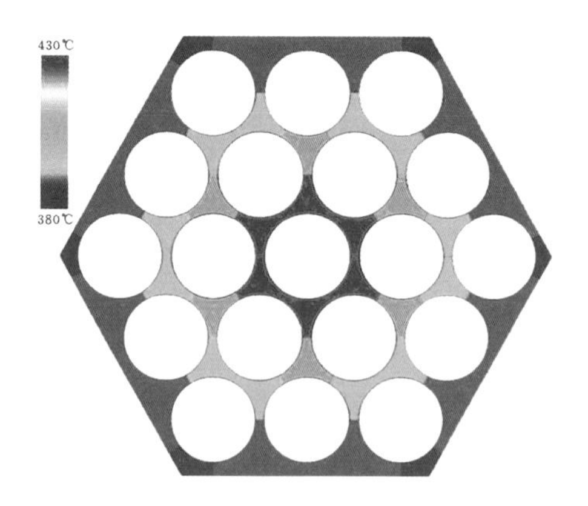

图 9-13　高功率、高流量下燃料组件出口处冷却剂温度分布云图

图 9-14 是高功率、高流量下燃料组件内 5 个不同通道冷却剂质量流量沿轴向的变化，可以看出，由于金属绕丝的搅混作用，冷却剂的质量流量沿轴向不断发生变化，在边通道 26 中冷却剂质量流量一直上升，在其它四个通道中冷却剂的质量流量先减少再增加。

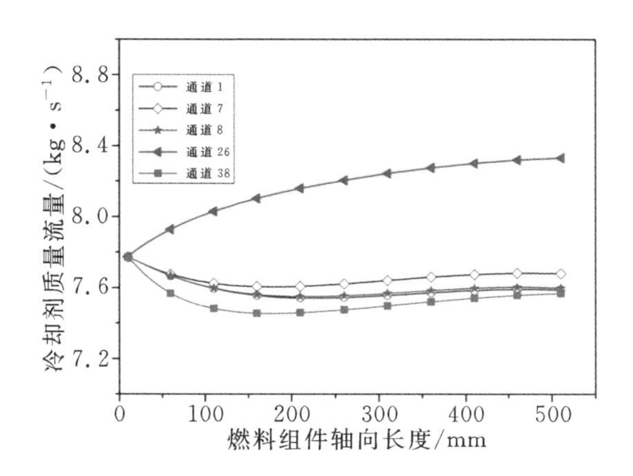

图 9-14　高功率、高流量下组件内不同通道冷却剂质量流量变化

图 9-15 是高功率、高流量下几种不同程序计算的燃料组件加热段出口处的无量纲温度分布，并与同一位置的实验结果相比较。相比于其它两种程序，自编程序 THACS 的计算结果和 MATRA-LMR 程序的计算结果比较接近，且与美国橡树岭国家实验室实验数据的最大误差不超过 15%，而 SABRE4 和 SLTHEN 程序的计算结果与实验结果差别较大。尽管这两个程序在计算内部一些通道的温度分布时比较准确，但是在计算得到燃料组件内边通道和角通道的温度分布时与实验结果差别较大，SABRE4 程序中计算出的边通道中的温度明显低于实验结果，而 SLTHEN 程序中冷却剂温度分布的计算结果在边通道符合较好，但是在计算内部通道的温度分布时和实验结果差别较大，这和SABRE4和 SLTHEN 程序中所采用的绕丝模型和压降模型有关。SLTHEN 和 SABRE4 程序把动量方程和能量方程联立，通过动量方程解出速度分布，再代入能量方程。根据燃料组件内部区域和外部区域流型把液态金属冷却剂在棒束中的流动分成两个区域：内部区域的搅混作用由有效涡流扩散率来表示，外部区域的搅混作用由绕丝的周向扰流表示。

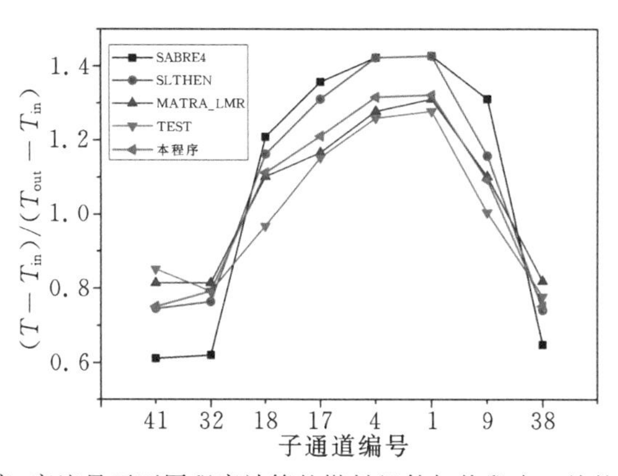

图 9-15　高功率、高流量下不同程序计算的燃料组件加热段出口处的无量纲温度分布

图 9-16 是高功率、高流量下程序计算的燃料组件加热段出口处的无量纲温度与 RELAP5-3D 和实验结果的比较，两者的计算结果都比实验值高。可以看出程序计算与用 RELAP5 搭建的子通道模型的计算结果有一定的差别，可能是由于在程序内部选取的搅混和换热模型不同。

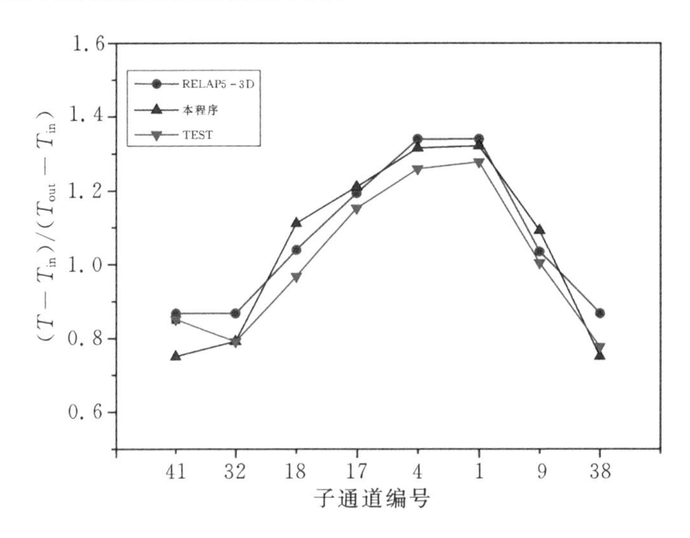

图 9-16 高功率、高流量下不同程序计算的燃料组件加热段出口处的无量纲温度分布

9.1.3 计算模型

1. 单通道分析

堆内功率分布采用西安交通大学对行波堆 TP-1 的 1/6 堆芯、93 个组件进行计算得到的堆芯功率因子[31-32]，如图 9-17 所示，并在此基础上进行进一步的热工水力分析。

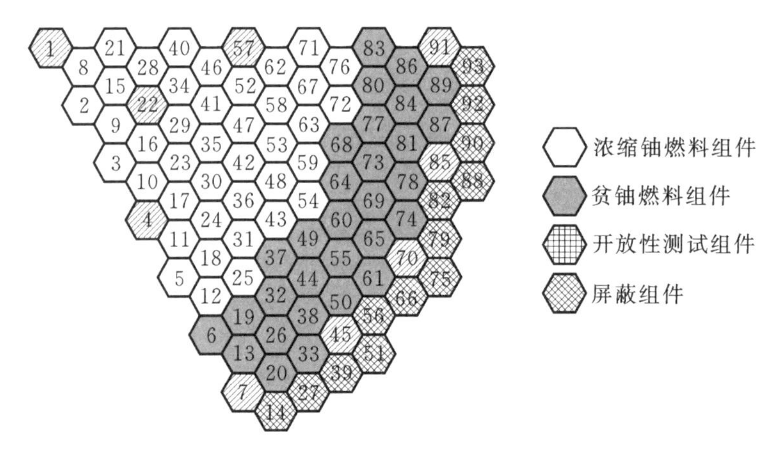

图 9-17 组件编号示意图

在 THACS 内，堆内传热采用单通道模型，将一个组件等效为一个通道。暂时不考虑轴向导热。燃料棒径向被分为七个控制体，分别为燃料棒 1、2、3，气隙，包壳 1、2、3，轴向分为十个等距控制体，芯块传热导热模型为含内热源的一维轴向导热模型。

2. **子通道分析**

在 SACOS - Na 中，对单个燃料组件轴向进行了合适的节点和控制体划分，径向上把组件流道划分成不同的子通道。冷却剂在燃料棒与燃料棒之间、燃料棒和燃料组件的盒壁之间进行流动，子通道定义为冷却剂流通的区域，其边界为燃料棒表面以及连接相邻棒中心的虚拟平面，在轴向和横向方向上各相邻通道进行动量、能量和质量的交换。TP - 1 燃料组件内包含 127 根燃料棒，组件内子通道和燃料棒编号如图 9 - 18 所示。

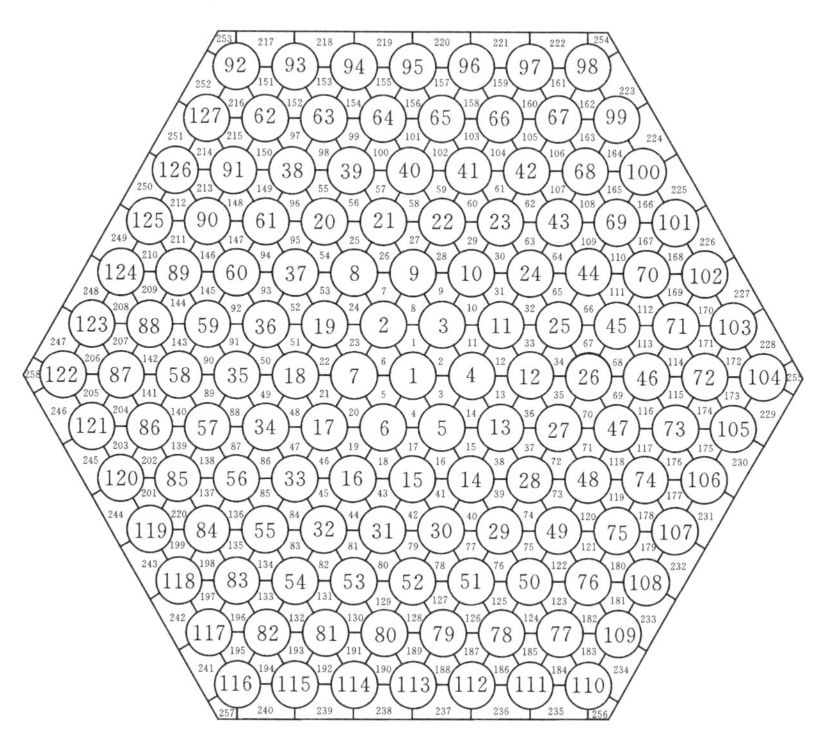

图 9 - 18　行波堆燃料组件子通道和燃料棒编号

考虑了相邻通道之间的冷却剂质量、动量和能量的搅混，假设进口处的压力相等，在确定堆芯入口参数后对质量守恒方程、轴向动量守恒方程、横向动量守恒方程和能量守恒方程进行求解，压降模型采用 Novendstern[33] 模型。

9.1.4 单通道计算结果分析

使用 THACS 对 TP-1 稳态工况进行计算，得到关键热工水力参数，并与设计值进行对比，对比结果如表 9-10 所示。由表可以看出，计算值与设计值符合良好，初步验证了程序的可靠性。

表 9-10 主要参数计算值与设计值对比

参数	设计值	稳态计算值
质量流量/($kg \cdot s^{-1}$)	6045.0	6045.0
热功率/MW	1200	1200
堆芯出口温度/℃	510.0	512.4
堆芯入口温度/℃	360	361.7

图 9-19 所示为堆芯内不同组件冷却剂出口温度沿轴向的变化，可以看出 8 号组件为行波堆内最热通道。

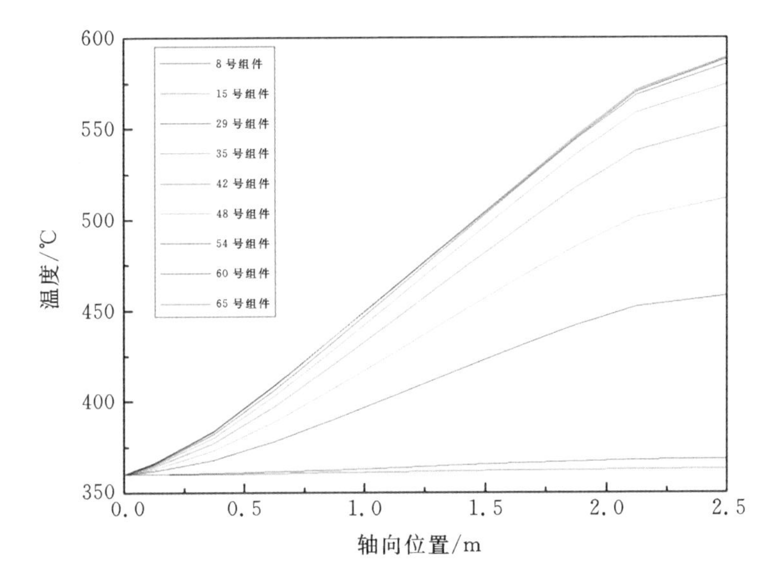

图 9-19 不同组件冷却剂出口温度沿轴向的变化

9.1.5 子通道计算结果分析

通过 THACS 计算结果可知，8 号组件为 TP-1 内最热组件，TAST 为 8 号组件，提供的参数为：冷却剂入口温度 360 ℃，冷却剂入口流量 12.319 $kg \cdot s^{-1}$。

图 9-20 所示为 8 号组件内冷却剂平均温度沿轴向的变化，可以看出，SACOS-Na计算得到的结果与 TAST 计算得到的结果相差不大，TAST 计算得到 8 号组件内冷却剂出口平均温度为 588.6 ℃，SACOS-Na 计算得到的结果为

592.3 ℃,相对误差为0.63%,表明了SACOS-Na计算结果的准确性。

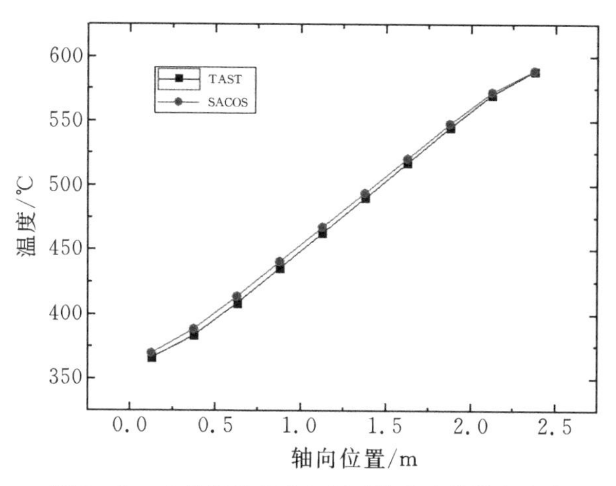

图9-20 8号组件内冷却剂平均温度沿轴向变化

图9-21所示为通道1、33、114、225和255内的冷却剂温度沿轴向变化,图9-22所示为出口截面冷却剂温度分布云图。其中,1、33和114号通道为组件内通道,225号为边通道,255号为角通道。可以看出,最热通道出现在内部通道,而角通道处出现最低的冷却剂温度。其中,1号通道的出口温度为618.3 ℃,255号通道的出口温度为560.2 ℃,相差58.1 ℃。从图中可以看出不同的通道冷却剂的温度明显不同,越靠近燃料组件中心流体的温度越高,这是因为在燃料棒的中心区域中,流体通道的热流密度大,而在其组件盒的外层,由于燃料盒的壁面不发热,冷却剂所受到的热流密度相对内部子通道较低,所以燃料组件的温度沿组件径向向外呈递减的变化。通过计算不同通道冷却剂的温度分布,在进行热工水力设计时可以有效地提高燃料组件的经济性。

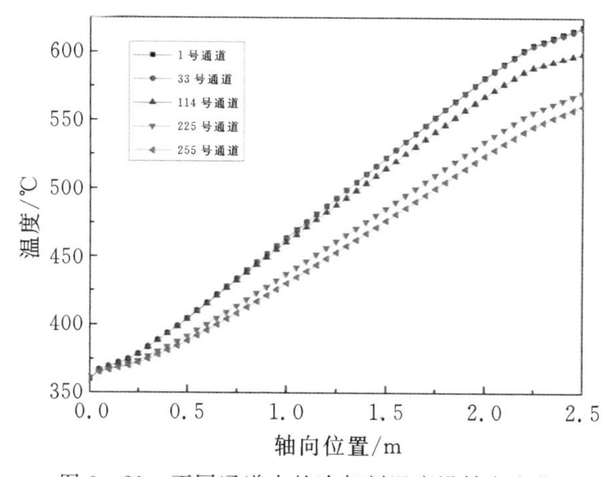

图9-21 不同通道内的冷却剂温度沿轴向变化

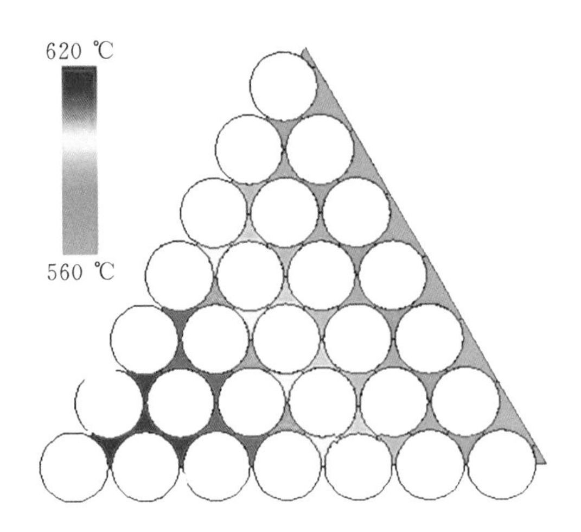

图 9-22　出口 1/6 截面冷却剂温度分布云图

图 9-23 是 7 种不同位置的燃料棒包壳表面温度沿轴向的变化，其中最高燃料棒表面温度为 619.3 ℃，最低燃料棒表面温度为 567.4 ℃。

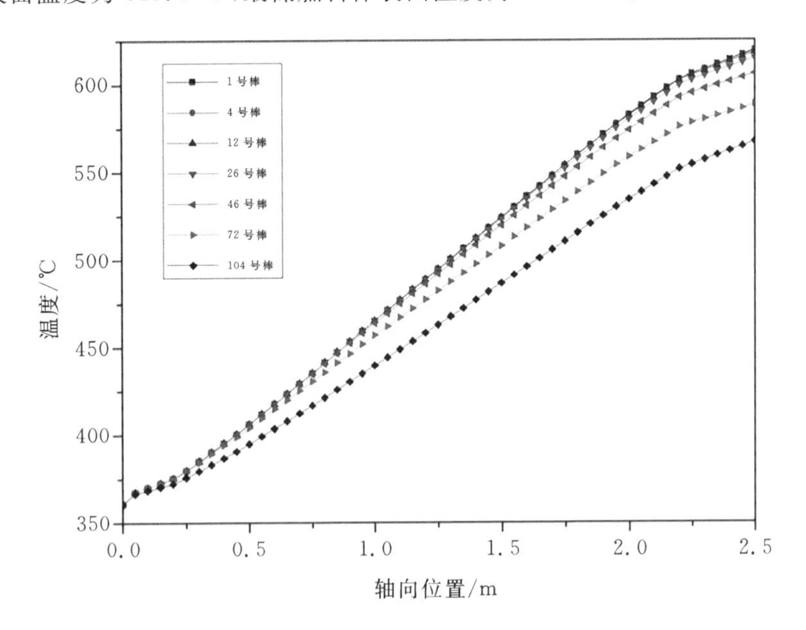

图 9-23　不同燃料棒包壳表面温度沿轴向变化

利用简单的分析模型可能获得燃料组件内冷却剂温度分布和质量流量分布的近似值。但是，对于快中子增殖堆的燃料组件的几何构造十分复杂，要获得精确解实际上是不可能的，造成这一结果的原因是横向质量、动量和能量迁移使反应堆内的所有通道相互紧密地联系在一起，导致单独对某一通道分析造成计算结果误差较大。图 9-24 是不同燃料组件通道内冷却剂速度沿轴向的变化曲线，在同一轴向位置处，各个通道之间的速度不同，由于相邻子通道冷却剂之间存在自然搅混和金属绕丝引起的强迫搅混作用，各个通道内冷却剂速度沿轴向方向变化非常明显。

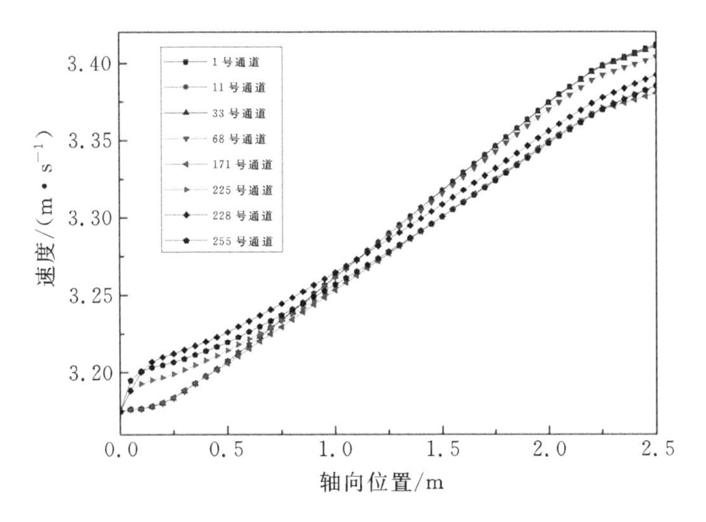

图 9-24 不同通道内冷却剂速度沿轴向的变化

9.2 轴向行波堆稳态热工水力特性分析

9.2.1 堆芯稳态热工水力分析程序开发及验证

在钠冷行波堆中，功率峰因子较大。为使堆芯有效冷却，需要根据功率对堆芯流量进行分配。本章建立了合理的并联多通道流量分配模型和流动换热模型，开发了堆芯稳态热工水力分析程序 SAST。

1. **热工水力模型**

堆芯稳态时，冷却剂钠为单相液体，可压缩性小，可以看作不可压缩流体，忽略重力做功，假设流体无内热源，得到以下守恒方程[34]。

质量守恒方程：

$$\sum_{i=1}^{n} W_i = W_t(1-\xi) \tag{9-46}$$

式中：W_i 为燃料组件 i 内质量流量；W_t 为堆芯总质量流量；ξ 为堆芯旁流系数。

动量守恒方程：

$$-\frac{dP}{dz} = \rho g + \left(\frac{f}{D_e} + K\right)\frac{W^2}{2\rho A^2} \tag{9-47}$$

式中：P 为压力；z 为燃料组件轴向位置；ρ 为冷却剂密度；g 为重力加速度，$g = 9.81\ \text{m}\cdot\text{s}^{-2}$；$f$ 为摩擦阻力系数；D_e 为水力学直径；K 为局部阻力系数；A 为流通面积。

能量守恒方程：

$$W\frac{\mathrm{d}h}{\mathrm{d}z} = qU_h \tag{9-48}$$

式中：h 为冷却剂焓值；q 为线功率密度；U_h 为加热周长。

2.燃料元件传热模型

采用单通道模型，对燃料棒沿轴向和径向划分控制体，包壳和芯块沿径向划分3个控制体。堆芯活性区域分为三类控制体：冷却剂、包壳和芯块，如图9-25所示，忽略包壳的内热源以及燃料棒的轴向导热。采用内节点法计算，先计算控制体界面温度，再通过相邻界面温度得到控制体温度。

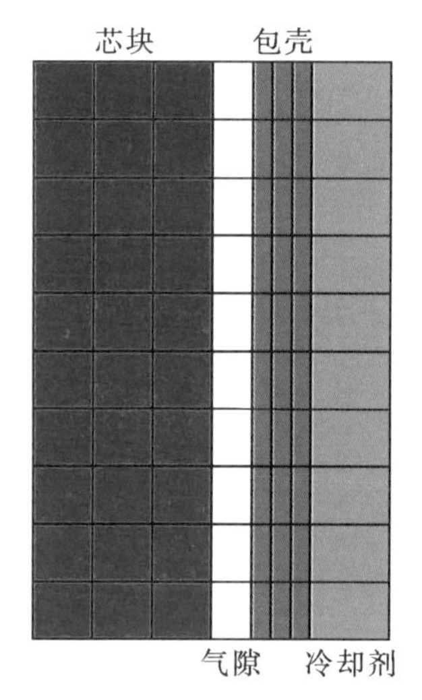

图 9-25　燃料棒控制体划分

对于每个燃料组件的轴向控制体 j，包壳外表面温度为

$$T_{co,j} = T_j + \frac{q_j}{\pi d_{co} h_j}$$

式中：$T_{co,j}$ 为包壳外表面轴向控制体 j 温度；T_j 为冷却剂轴向控制体 j 温度；q_j 为轴向控制体 j 的线功率密度；d_{co} 为包壳外径；h_j 为包壳与冷却剂轴向控制体 j 换热系数。

包壳轴向控制体 j 的径向导热方程为

$$T_{c,i+1,j} = T_{c,i,j} + \frac{q_j}{2\pi\kappa_{c,i,j}}\ln(d_{c,i,j}/d_{c,i+1,j})$$

式中：$T_{c,i+1,j}$ 为包壳轴向控制体 j 的径向控制体 $i+1$ 界面温度；$T_{c,i,j}$ 为包壳轴向控制体 j 径向控制体 i 界面温度；$\kappa_{c,i,j}$ 为包壳轴向控制体 j 的径向控制体 i 界面温度下的导热系数；$d_{c,i,j}$ 为包壳轴向控制体 j 的径向控制体 i 界面半径；$d_{c,i+1,j}$ 为包壳轴向控制体 j 的径向控制体 $i+1$ 界面半径。

燃料芯块与包壳之间存在气隙，随着反应堆的运行，燃料芯块会发生辐照肿胀并释放裂变气体，且芯块与包壳之间的换热很复杂，可能存在间隙换热、辐射换热以及接触导热等形式。为简化分析难度，本章忽略了上述效应，则燃料芯块轴向控制体 j 的外表面温度为

$$T_{fo,j} = T_{ci,j} + \frac{q_j}{2\pi\kappa_e}\ln(d_{ci}/d_{fo,j})$$

式中：$T_{fo,j}$ 为燃料芯块轴向控制体的外表面温度；$T_{ci,j}$ 为包壳轴向控制体 j 的内表面温度；κ_e 为液态金属钠导热系数；d_{ci} 为包壳内表面半径；$d_{fo,j}$ 为燃料芯块外表面半径。

燃料芯块轴向控制体 j 的径向导热方程为

$$T_{f,i+1,j} = T_{f,i,j} + \frac{q_j}{2\pi\kappa_{f,i,j}}\ln(d_{f,i,j}/d_{f,i+1,j})$$

式中：$T_{f,i+1,j}$ 为燃料芯块轴向控制体 j 的径向控制体 $i+1$ 界面温度；$T_{f,i,j}$ 为燃料芯块轴向控制体 j 的径向控制体 i 界面温度；$\kappa_{f,i,j}$ 为燃料芯块轴向控制体 j 径向控制体 i 界面温度下的热导率；$d_{f,i,j}$ 为燃料芯块轴向控制体 j 的径向控制体 i 界面半径；$d_{f,i+1,j}$ 为燃料芯块轴向控制体 j 的径向控制体 $i+1$ 界面半径。

3. 流量分配模型

在堆芯稳态热工水力分析中，最重要的目的是使堆芯出口温度分布尽量均匀，这有利于提高系统的热效率，并保证堆芯的有效冷却。在钠冷快堆中，堆芯流量通过大栅联箱和小栅联箱进行分配。冷却剂由钠泵注入大栅联箱中进行充分混合，再根据堆芯各区域功率密度的不同采用小栅联箱进行流量分配。本章充分借鉴钠冷快堆流量分配的方式，先通过功率分布将堆芯分区，即功率相近的相邻组件分为一区。相同区的组件具有相同的入口阻力系数，同一区的组件再通过各自功率密度的差异进行流量分配。堆芯区域的划分由用户给定。各区域的流量为

$$W_k = \frac{Q_k}{Q_t}(1-\xi)W_t$$

式中：W_k 为第 k 区所有组件的总质量流量；Q_k 为第 k 区所有组件的总功率；Q_t 为堆芯活性区总功率。

根据堆芯进出口压差和各区的流量，可得到各区的入口局部阻力系数。同一区内组件由于功率密度不同，组件内冷却剂钠的温度、密度等参数也会不同。假定

堆芯出口腔室压力一致，整个堆芯将存在流量再分配。通过迭代求解堆芯各组件的真实流量，为加速迭代过程，采用下述修正方法：

$$W_i = W_i + \alpha \cdot (\Delta P_{i,ex} / |P_{in} - P_{av,ex}|)$$

式中：W_i 为组件 i 的质量流量；$\Delta P_{i,ex}$ 为组件 i 的出口压力与堆芯出口平均压力之差，$\Delta P_{i,ex} = P_{i,ex} - P_{av,ex}$；$P_{in}$ 为堆芯入口压力；$P_{av,ex}$ 为堆芯出口平均压力；$P_{i,ex}$ 为组件 i 的出口压力；α 为松弛因子，根据收敛速度和误差进行调整。

堆芯出口压力为

$$P_{av,ex} = \sum_{i=1}^{N_A} P_{i,ex} / N_A$$

式中：N_A 为堆芯内组件的数量；$P_{av,ex}$ 为堆芯组件出口平均压力。

重复流量的修正过程，直到再分配得到的各组件流量使得各组件出口压力满足下述不等式：

$$\min(\Delta P_{i,ex}) < \varepsilon$$

式中：$\min(\Delta P_{i,ex})$ 为最小组件出口压力与堆芯出口平均压力之差；ε 为压力收敛判断准则。

4. 辅助模型

为准确分析钠冷行波堆和驻波堆稳态热工水力特性，除了要建立合理、完善的数学模型外，还需采用正确的辅助模型，包括换热模型、流动阻力模型以及物性模型等。

(1)换热模型。对于液态金属在具有一定栅距-棒径比的棒束通道内的换热特性，自二十世纪六七十年代起国内外学者进行了大量的实验研究，并提出了一系列不同的经验关系式。这些实验工况中，栅距-棒径比从 1.1 到 1.95，佩克莱数从 30 到 5000 不等。钠冷行波堆和驻波堆燃料组件与钠冷快堆组件相似，都采用带绕丝的棒束型结构。本章中的钠冷行波堆采用六边形组件设计，为三角形棒束通道，因此程序中需要使用液态金属平行流过三角形棒束通道的换热公式。

1969 年，Borishan skii 等[35]基于 7 棒束实验结果提出了以下关系式：

$$Nu = \begin{cases} 24.15\lg\left[-8.12 + 12.76\left(\dfrac{P}{D}\right) - 3.65\left(\dfrac{P}{D}\right)^2\right], & Pe \leqslant 200 \text{ 时} \\ 24.15\lg[-8.12 + 12.76(P/D) - 3.65(P/D)^2] + \\ 0.0174\left[1 - e^{-6\left(\frac{P}{D}-1\right)}\right](Pe - 200)^{0.9}, & 200 \leqslant Pe \leqslant 2000 \text{ 时} \end{cases} \tag{9-49}$$

式中：P 为棒间距；D 为棒外径。该关系式的适用范围为 $1.1 \leqslant P/D \leqslant 1.5$。

Graber 和 Rieger[36]采用 NaK 工质对 31 棒束进行了换热实验，提出以下关系式：

$$Nu=\begin{cases}0.25+6.2\left(\frac{P}{D}\right)+\left[0.32\left(\frac{P}{D}\right)-0.007\right]110^{\left[0.8-0.024\left(\frac{P}{D}\right)\right]}, Pe\leqslant 110\text{时}\\ 0.25+6.2\left(\frac{P}{D}\right)+\left[0.32\left(\frac{P}{D}\right)-0.007\right]Pe^{\left[0.8-0.024\left(\frac{P}{D}\right)\right]}, 150\leqslant Pe\leqslant 300\text{时}\end{cases} \tag{9-50}$$

该公式的适用范围为 $1.25\leqslant P/D\leqslant 1.95$ 。

Kazimi 等[37]利用 Na、Hg 和 NaK 等工质进行了一系列的实验,提出了以下关系式:

$$Nu=4.0+0.16\left(\frac{P}{D}\right)^{5.0}+0.33\left(\frac{P}{D}\right)^{3.8}\left(\frac{Pe}{100}\right)^{0.86} \tag{9-51}$$

该关系式的适用范围为 $1.15\leqslant P/D\leqslant 1.30$,$10\leqslant Pe\leqslant 5000$ 。美国西屋公司设计的 FFTF 快堆燃料组件在进行稳态热工水力特性分析时采用此换热关系式。

最近,Mikityuk 在评估了 Maresca、Borishanskii、Graber 及 Zhukov 等推荐的关系式的基础上提出了最符合上述所有实验数据的关系式[38]:

$$Nu=0.047\left(1-e^{-3.8\left(\frac{P}{D}-1\right)}\right)\left(Pe^{0.77}+250\right) \tag{9-52}$$

该公式的适用范围为 $1.1\leqslant P/D\leqslant 1.95$,$30\leqslant Pe\leqslant 5000$ 。

用户可以根据情况在程序中对棒束通道内对流换热公式进行自由选择,程序默认采用 Kazimi 提出的换热关系式。

(2)流动阻力模型。液态金属流动中产生的压力损失主要有:摩擦压降、重力压降、加速压降和局部形阻压降。其中摩擦阻力的计算比较复杂,相关摩擦阻力计算关系式如下。

单相流动根据雷诺数的大小可分为层流、紊流和过渡区流动三种。单相流摩擦压降计算采用 Darcy 公式:

$$\Delta p=f\frac{L}{D_e}\frac{\rho v^2}{2}$$

式中:f 为 Darcy 摩擦系数;L 为冷却剂通道的长度;D_e 为通道的当量直径;ρ 为冷却剂的密度;v 为冷却剂流动速度。

单相流动摩擦阻力计算的关键就在于摩擦系数的计算,摩擦系数与流体流型、通道的几何形状等有关。对于圆管中的摩擦压降计算有:

①层流区($Re\leqslant 2000$)

$$f=64/Re$$

②紊流区($Re\geqslant 3000$)

$$f=0.3164/Re^{0.25}$$

③过渡区($2000 < Re < 3000$)

$$f = f(Re = 2000) + \frac{Re - 2000}{3000 - 2000}[f(Re = 3000) - f(Re = 2000)]$$

式中，$f(Re = 2000)$ 为 $Re = 2000$ 时的摩擦系数；$f(Re = 3000)$ 为 $Re = 3000$ 时的摩擦系数。

目前大部分钠冷快堆燃料组件均采用带绕丝的棒束型结构，本书研究的行波堆和驻波堆燃料组件设计与钠冷快堆相似，因此需使用带绕丝的棒束模型计算摩擦压降。程序中添加了多个带绕丝棒束压降计算式供选择，主要包括以下几种。

Rehme 关系式[39]：

$$f = \left(\frac{64}{Re}F^{0.5} + \frac{0.0816}{Re^{0.133}}F^{0.9335}\right)\frac{P_{wi}}{P_{wt}} \tag{9-53}$$

$$F = \left(\frac{P}{D}\right)^{0.5} + \left[7.6\,\frac{(D+s)}{H}\left(\frac{P}{D}\right)^{2.0}\right]^{2.16} \tag{9-54}$$

式中：D 为燃料棒的外径；P 为栅距；s 为金属绕丝的直径；H 为绕丝螺距；P_{wi} 为通道 i 的润湿周长；P_{wt} 为所有通道总润湿周长。

Engel 等[40]基于实验结果提出了带绕丝棒束摩擦系数的计算式：

$$f = \frac{\frac{32}{\sqrt{H}}\left(\frac{P}{D}\right)^{1.5}}{Re}\sqrt{1-\psi} + \frac{0.48}{Re^{0.25}}\sqrt{\psi} \tag{9-55}$$

式中：当 $Re \leqslant 400$ 时，$\psi = 0$ ；当 $400 < Re < 5000$ 时，$\psi = \frac{Re - 400}{4600}$ ；当 $Re \geqslant 5000$ 时，$\psi = 1.0$ 。Engel 关系式的适用范围为 $P/D < 1.3$ ，$H < 0.3$ 。

Novendstern 关系式[41]引入一个摩擦系数倍增因子来修正金属绕丝带来的影响，摩擦压降计算式为

$$\Delta p = Mf_{\text{eff}}\frac{L}{D_{\text{e}}}\frac{\rho V_i^2}{2} \tag{9-56}$$

$$f_{\text{eff}} = M\frac{0.3164}{Re^{0.25}} \tag{9-57}$$

$$M = \left[\frac{1.034}{\left(\frac{P}{D}\right)^{0.124}} + \frac{29.7\left(\frac{P}{D}\right)^{6.94}Re^{0.086}}{\left(\frac{H}{D}\right)^{2.239}}\right]^{0.885} \tag{9-58}$$

式中：Δp 为通道摩擦压降；f_{eff} 为有效摩擦系数；M 为摩擦系数倍增因子；V_i 为通道 i 的冷却剂流速。

用户可根据需要自行选择压降计算模型，程序默认为 Rehme 关系式。

(3)物性模型。准确的液钠和燃料物性计算模型是热工水力计算的前提。本

节的物性模型包括钠的导热系数、钠的焓值、钠的比热容、钠的密度、钠的动力黏度、金属燃料及包壳材料的导热系数、金属燃料的密度以及金属燃料的比热容等。

5. 程序开发

本节采用并联多通道热工水力模型，对单个通道轴向上可任意划分控制体。程序流程图如图 9－26 所示。程序计算开始时，首先进行流量分区计算，得到一组满足质量守恒方程的各通道流量分配数据，将这组数据作为迭代计算的初始流量分布，应用已知的堆芯进口压力和焓值作为条件求解动量守恒方程和能量守恒方程，可计算出各通道第一个轴向控制体出口处的压力和焓值。轴向第一个控制体压降计算时所需的冷却剂物性按第一个轴向控制体温度确定。之后以第一个控制体出口处的压力和焓值作为第二个控制体的进口参数，计算出轴向上第二个控制体的出口压力及焓值。第二个控制体压降计算时所需的冷却剂物性按第二个控制体温度计算。如此沿轴向逐个进行计算到出口控制体为止。若计算得到的各通道出口压力不满足方程的收敛条件，需对各通道流量进行修正再重复以上计算过程，直到出口压力收敛为止。此时计算出的流量和温度分布即为所求。

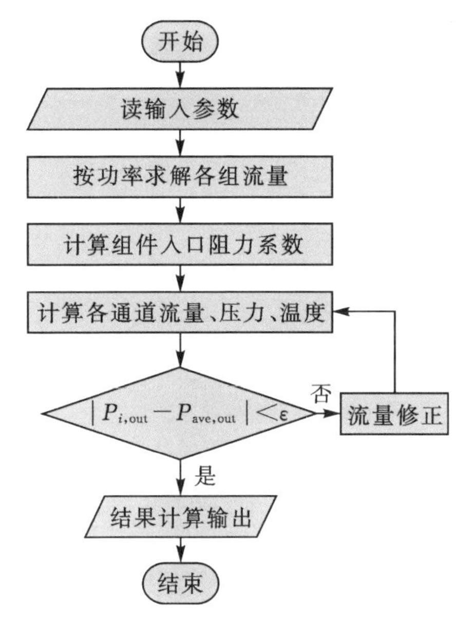

图 9－26　SAST 流程图

6. 程序验证

采用韩国 KALIMER－600 堆芯平衡循环设计数据[42]进行 SAST 程序验证。KALIMER 堆芯数据如表 9－11 所示，燃料组件参数如表 9－12 所示。

表 9-11　KALIMER 堆芯数据

参数	数值
堆芯热功率/MW	1523.4
堆芯进/出口温度/℃	390.0/545.0
总质量流量/(kg·s^{-1})	7731.3
内堆芯燃料组件数目	117
中间堆芯燃料组件数目	96
外堆芯燃料组件数目	120
反射层组件数目	72

表 9-12　KALIMER 堆燃料组件参数

参数	数值
燃料组件盒内对边距/mm	175.68
每盒燃料棒数目	271
燃料棒外径/mm	9.0
栅径比	1.167
包壳内径/mm	6.96
燃料棒直径/mm	6.03
活性区高度/mm	94.0

KALIMER-600 堆芯布置如图 9-27 所示，堆芯共 421 个组件，分别为：内堆芯 117 个燃料组件、中间堆芯 96 个燃料组件、外堆芯 120 个燃料组件、12 个初级控制棒组件、3 个次级控制棒组件、1 个停堆组件，以及 72 个反射层组件。

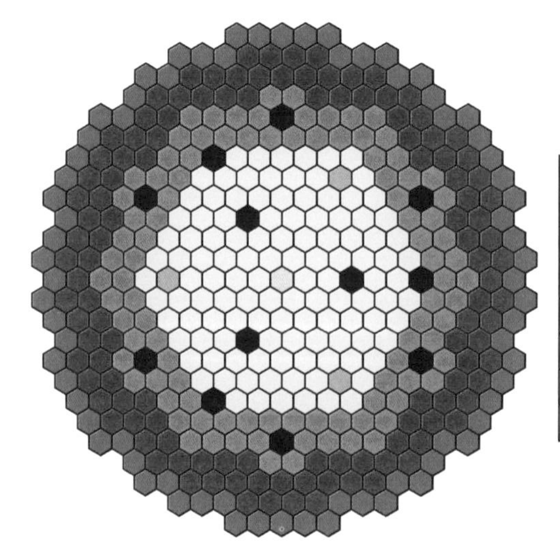

图例	说明	数量
	内堆芯	117
	中间堆芯	96
	外堆芯	120
	主控制棒	12
	次控制棒	3
	上部屏蔽结构	1
	反射层	72

图 9-27　KALIMER-600 堆芯布置简图

平衡循环堆芯组件功率分布和流量分组情况如图 9－28 所示。平衡循环堆芯流量共分为 9 个区域,流量为全堆芯流量的 92.2%,其余流量用于冷却其它非燃料组件。

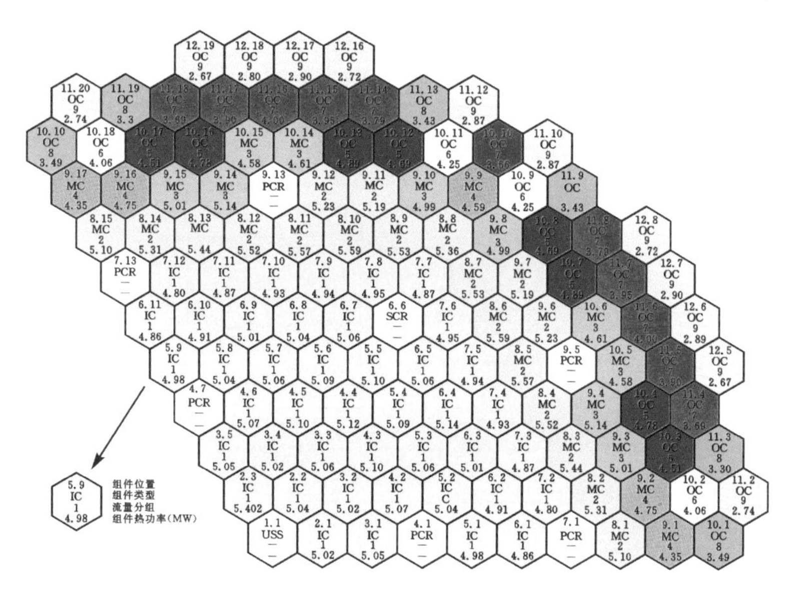

图 9－28　平衡循环堆芯组件功率分布和流量分组(1/3 堆芯)

SAST 程序计算的 KALIMER 平衡循环堆芯各区流量与设计值的对比如表 9－13所示。采用各流量分区组件的平均流量与设计值进行对比,可见 SAST 计算值与设计值符合很好,最大误差为－2.58%,证明 SAST 程序的流量分配模型合理可靠,可用于行波堆和驻波堆的稳态流量分配计算。

表 9－13　平衡循环堆芯各区流量对比

流量分区	组件类型	组件数量	组件流量设计值/(kg·s^{-1})	组件流量计算值/(kg·s^{-1})	相对误差/%
1	内堆芯	117	23.60	23.45	0.64
2	中间堆芯	54	25.50	25.34	0.63
3	中间堆芯	30	23.30	22.83	2.02
4	中间堆芯	12	21.40	21.63	－1.07
5	外堆芯	24	22.00	22.13	－0.59
6	外堆芯	12	19.00	19.49	－2.58
7	外堆芯	33	17.80	18.05	－1.40
8	外堆芯	15	15.50	15.91	－2.58
9	外堆芯	36	12.80	13.13	－2.58

SAST 程序计算的 KALIMER 平衡循环堆芯各流量分区出口温度与设计值的对比如表 9-14 所示。采用各流量分区组件的平均出口温度与设计值进行对比，可见 SAST 计算值与设计值符合很好，最大误差为－4.98 ℃，证明 SAST 程序的流动和换热模型合理可靠，可用于行波堆和驻波堆的稳态热工水力分析计算。

表 9-14　平衡循环堆芯各区出口温度对比

流量分区	组件类型	组件出口温度设计值/℃	组件出口温度计算值/℃	绝对误差/℃
1	内堆芯	563.00	566.93	3.93
2	中间堆芯	564.00	566.92	2.92
3	中间堆芯	565.00	566.92	1.92
4	中间堆芯	565.00	566.92	1.92
5	外堆芯	562.00	566.92	4.92
6	外堆芯	567.00	566.93	－0.07
7	外堆芯	567.00	566.92	－0.08
8	外堆芯	565.00	566.93	1.93
9	外堆芯	569.00	566.92	－2.08

9.2.2　堆芯流量分配

由于操作的限制，堆芯运行过程中不能根据实时的径向功率分布调整流量分配板，因此只能通过一次流量分配而满足堆芯全寿期内的要求。按堆芯径向功率分布进行流量分配，BOL、BOEC 和 EOEC 的径向功率峰因子分别为 1.64、1.54 和 1.50，且行波堆启堆后经过一段时间的运行能达到平衡循环，并长期运行。因此，行波堆的平衡循环热工特性是其关键。按 BOEC 径向功率分布进行流量分配，如图 9-29 所示，为使堆芯有效冷却，径向分为 10 个流量区域。

92.0%流量用于冷却堆芯，其余流量用于冷却非燃料组件。采用 SAST 对 BOEC 开展流量分配计算，得到入口局部阻力系数后用于 EOEC 和 BOL 的流量分配。由于各流量分区内燃料组件功率不同引起的重力压降差异很小，因此 EOEC、BOEC 以及 BOL 各燃料组件的流量几乎一致。相对功率流量比分布如图 9-30 所示，可见由于 BOEC 与 EOEC 径向功率分布基本一致，因此相对功率流量比接近 1。BOL 的堆芯径向中心区域功率更高而外侧区域功率更低，因此按 BOEC 径向功率分布进行流量分配时，BOL 径向中心区域相对功率流量比较大，而外侧较小，相对功率流量比的分布比 BOEC 和 EOEC 分散，最大为 1.11，而最小为 0.88。

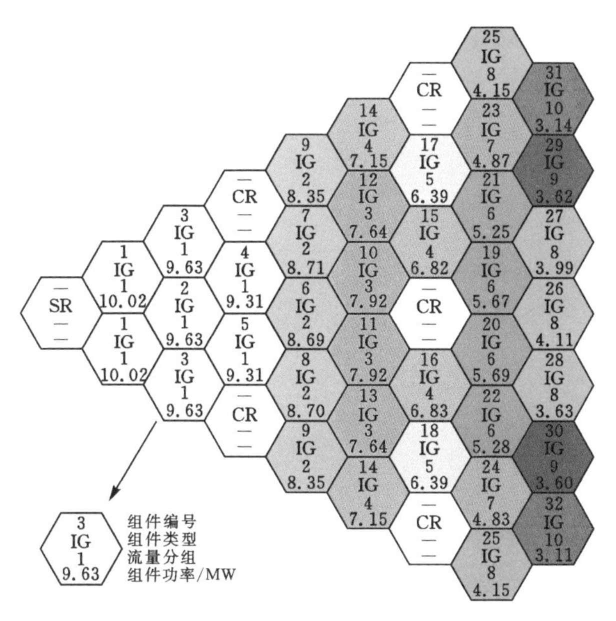

图 9-29　轴向倒料行波堆 BOEC 功率分布及流量分组

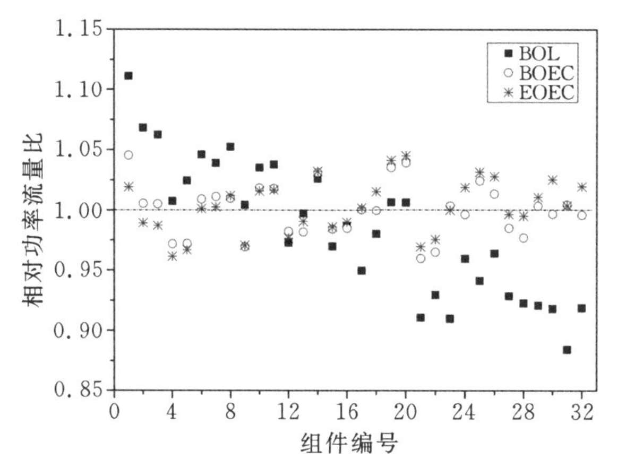

图 9-30　相对功率流量比分布

冷却剂出口温度分布如图 9-31 所示，可见 BOEC 和 EOEC 冷却剂出口温度均在设计值 510 ℃附近，BOEC 冷却剂出口温度与设计值最大温差为5.3 ℃，EOEC 冷却剂出口温度与设计值最大温差为 6.2 ℃。BOL 由于径向中心区域相对功率流量比较大而外侧较低，因此径向中心区域冷却剂出口温度较高而外侧区域较低，BOL 冷却剂出口温度与设计值最大温差为 17.6 ℃。

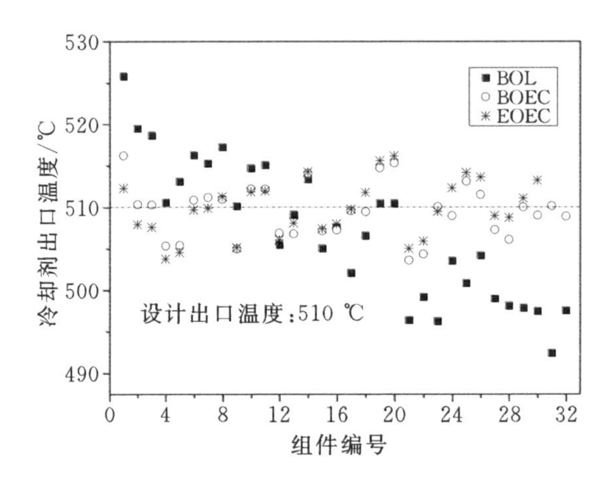

图 9-31　冷却剂出口温度分布

9.2.3　堆芯温度分布

由于堆芯的流量分配固定,而堆芯径向功率分布在启动和倒料过程中不断发生变化,因此堆芯热通道在轴向倒料行波堆运行过程中不断发生变化,且最热通道可能由于流量分配较低的原因,而只是冷却剂出口温度最高而并非包壳和燃料芯块温度最高的通道。因此,分析堆芯温度分布是否满足设计限值时,有必要同时分析热通道和功率最大通道的温度分布。

BOL 的热通道和功率最大通道均为 1 号组件,其温度分布如图 9-32 所示,可见由于堆芯功率主要集中在靠近堆芯顶部区域,因此冷却剂、包壳和燃料芯块温度均在该区域快速上升,包壳温度满足 650.0 ℃的设计限值,有 90.0 ℃的裕度;燃料芯块温度满足 800 ℃的设计限值,有 123.2 ℃的裕度。

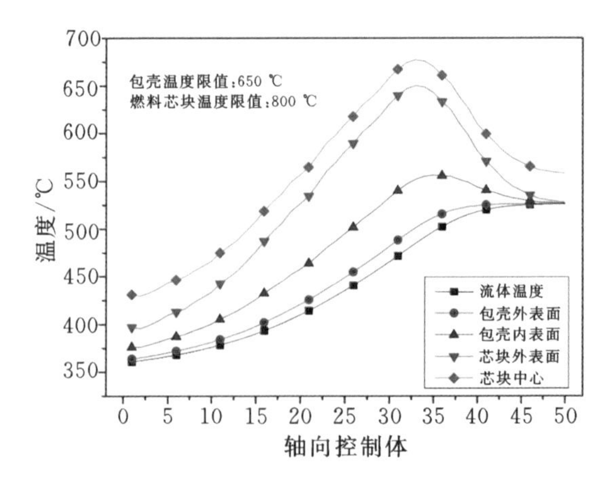

图 9-32　BOL 热通道和功率最大通道温度分布

BOEC的热通道和功率最大通道同样均为1号组件,其温度分布如图9-33所示,包壳温度满足650.0 ℃的设计限值,有101.6 ℃的裕度;燃料芯块温度满足800 ℃的设计限值,有131.4 ℃的裕度。可见,由于BOEC的流量分配更优,因而其包壳和燃料芯块的安全裕度更大。

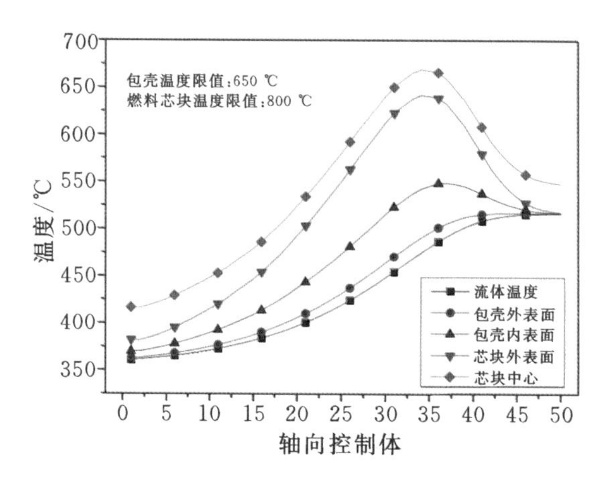

图9-33 BOEC热通道和功率最大通道温度分布

EOEC的热通道为20号组件,功率最大通道为1号组件,其温度分布如图9-34所示。2号组件在第6个流量区域,因其与其它组件功率相差较大,最大为7.2%,因此该组件未能得到充分冷却,冷却剂出口温度达到516.2 ℃,与设计值相差6.2 ℃。1号组件包壳和燃料芯块温度最高,分别为542.9 ℃和657.7 ℃,均在设计限值以内,分别有107.1 ℃和142.3 ℃的裕度。

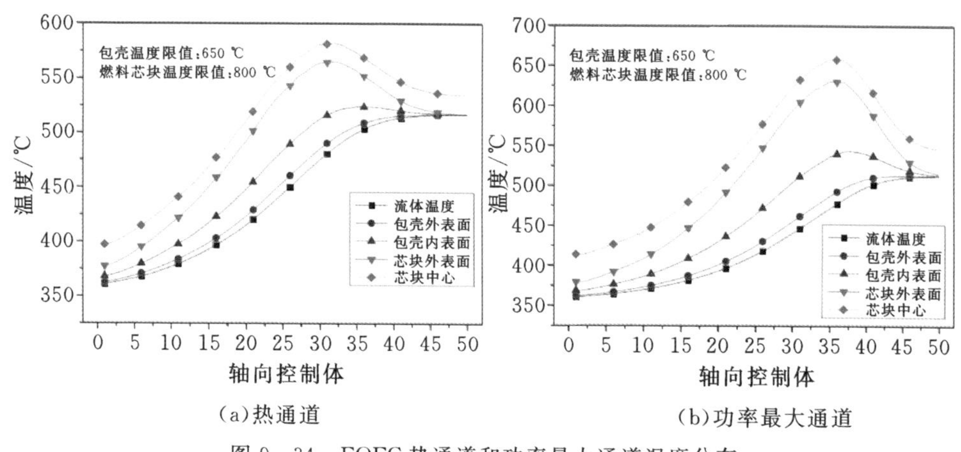

(a)热通道 (b)功率最大通道

图9-34 EOEC热通道和功率最大通道温度分布

9.3 径向行波堆稳态热工水力特性分析

9.3.1 堆芯流量分配

由于操作的限制,堆芯运行过程中不能根据实时的径向功率分布调整流量分配板,只能通过一次流量分配而满足堆芯全寿命周期内流量分配的要求。行波堆堆芯长期运行在平衡循环,平衡态的热工水力特性是研究的重点。由图7-32可见,EOEC的堆芯径向功率峰因子更大,因此以EOEC的堆芯径向功率分布进行流量分配。由于行波堆径向功率分布的极不均匀性,需要进行细致的流量分配才能实现堆芯各燃料组件的有效冷却。根据EOEC的径向功率分布,将流量分为18区,如图9-35所示。

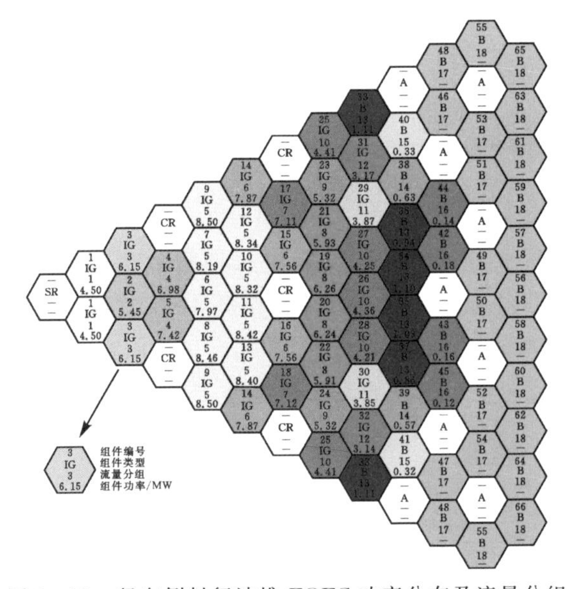

图9-35 径向倒料行波堆EOEC功率分布及流量分组

92.0%的流量用于冷却堆芯,旁流系数为8%,用于冷却非燃料组件。采用SAST对EOEC开展流量分配计算,得到入口局部阻力系数后用于BOEC和BOL的流量分配。由于各流量分区内燃料组件功率不同引起的重力压降差异很小,因此EOEC、BOEC以及BOL各燃料组件的流量几乎一致。相对功率流量比分布如图9-36所示。由图可见由于采用EOEC径向功率分布进行流量分配,因此EOEC的功率和流量基本匹配;BOEC的功率分布偏向堆芯外侧,因此内堆芯内侧功率流量比较低,而内堆芯外侧功率流量比较高;BOL在内堆芯中间区域功率较高,因此该区域功率流量比较高,BOL初始时刻外堆芯功率分布较低,特别是外堆芯内侧,因此该区域功率流量比最低。

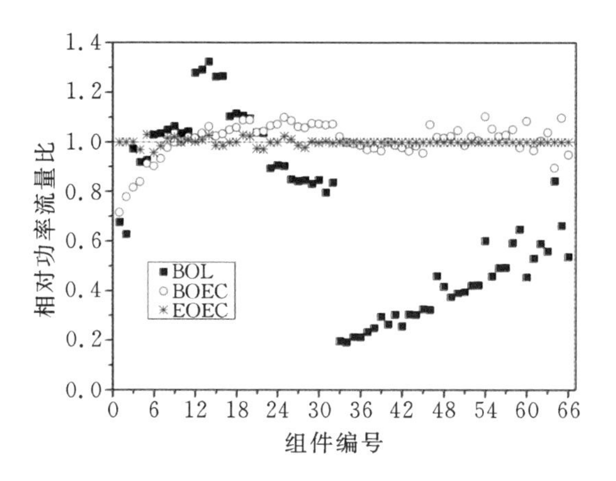

图 9-36　相对功率流量比分布

冷却剂出口温度分布如图 9-37 所示，可见 EOEC 堆芯出口温度分布均匀，维持在设计值 510 ℃附近。由于 BOEC 内堆芯内侧功率流量比较低，因此该区域得到充分冷却，出口温度低于设计值，而内堆芯外侧功率流量比较高，该区域未得到充分冷却，出口温度略高于设计值。BOL 堆芯径向功率分布与 EOEC 堆芯径向功率分布相差较大，特别是内堆芯中间区域、外侧区域以及外堆芯区域，因此 BOL 堆芯出口温度相差较大。

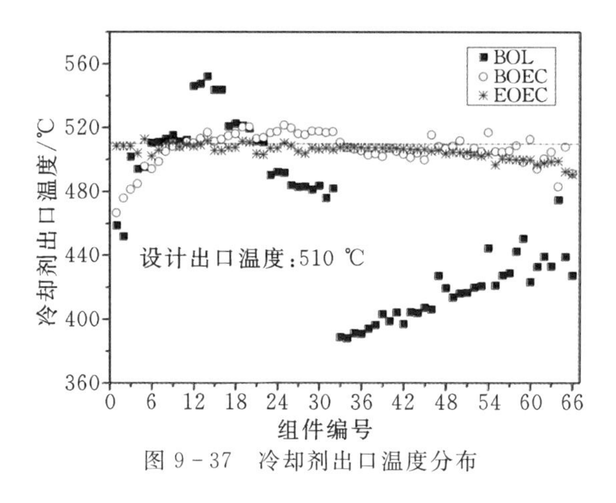

图 9-37　冷却剂出口温度分布

9.3.2　堆芯温度分布

由于堆芯的流量分配固定，而堆芯径向功率分布在启堆过程中不断变化，且在平衡循环中随倒料而波动，因此堆芯热通道在行波堆运行过程中也不断变化，且最热通道可能由于流量分配较低的原因只是冷却剂出口温度最高而非包壳和燃料芯块温度最高的通道。因此，分析堆芯温度分布是否满足设计限值时，有必要分析热通道和功率最大通道的温度分布。

BOL 的热通道和功率最大通道均为 14 号组件，其温度分布如图 9－38 所示，由于堆芯功率沿轴向分布平缓，因此冷却剂、包壳和燃料芯块温度均沿轴向变化相较于行波堆更为平缓，包壳温度满足 650.0 ℃的设计限值，有 82.4 ℃的裕度；燃料芯块温度满足 800 ℃的设计限值，有 167.8 ℃的裕度。

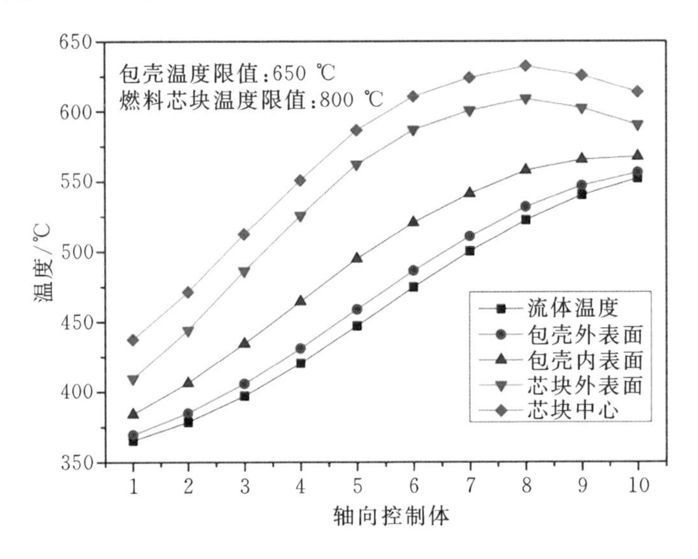

图 9－38　BOL 热通道和功率最大通道度分布

BOEC 的热通道为 25 号组件，功率最大通道为 13 号组件，温度分布如图 9－39所示。25 号组件在第 10 流量区域，其与其它组件功率最大相差 4.5%，因此该组件未得到充分冷却，冷却剂出口温度为 521.6 ℃，与设计值相差11.6 ℃。13 号组件包壳和燃料芯块温度最高，为 524.9 ℃和 599.6 ℃，在设计限值以内，有 125.1 ℃和 200.4 ℃的裕度。

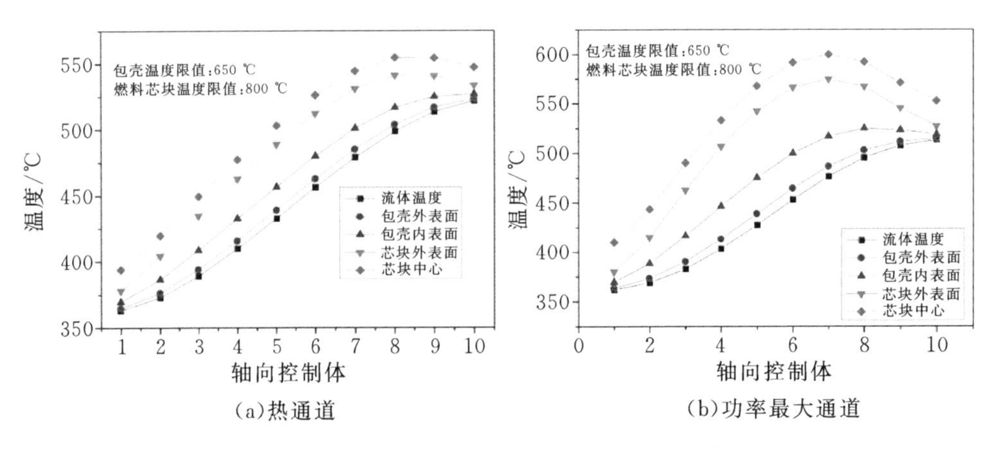

图 9－39　BOEC 热通道和功率最大通道温度分布

EOEC 的热通道为 5 号组件，功率最大通道为 9 号组件，其温度分布如图 9-40所示。5 号组件在第 4 个流量区域，其功率与其它组件最大相差 5.9%，未能得到充分冷却，冷却剂出口温度为 512.9 ℃，与设计值相差 2.9 ℃。9 号组件包壳和燃料芯块温度最高，分别为 523.0 ℃和 599.9 ℃，均在设计限值以内，分别有 127.0 ℃和 200.1 ℃的裕度。

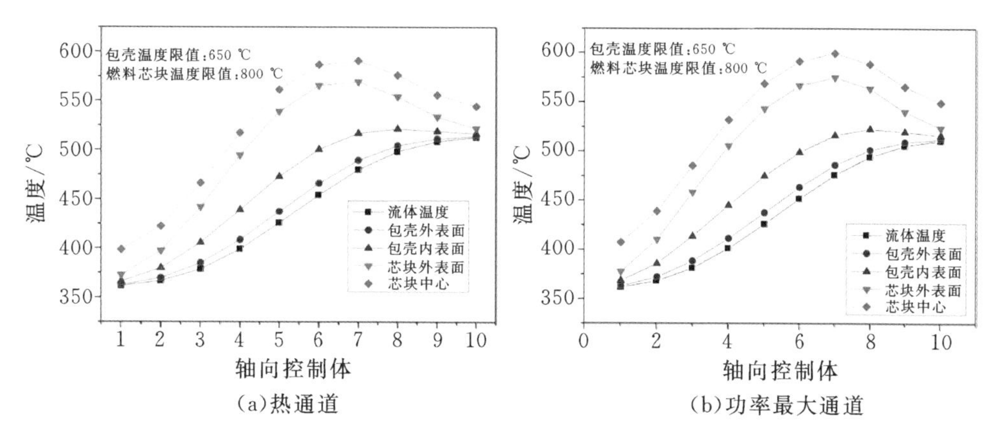

(a)热通道　　(b)功率最大通道

图 9-40　EOEC 热通道和功率最大通道温度分布

9.4　基于多孔介质方法的 TP-1 堆芯稳态热工水力分析

基于多孔介质模型的数值模拟方法常被用于模拟换热器和反应堆中流体的流动和传热问题。反应堆中有很多燃料组件，每一燃料组件中有从几十到几百根数目不等的燃料棒。若直接模拟反应堆中流动和换热，则需要大量的网格，计算工作量庞大。Patanker 等[43]提出分布阻力方法，也称为多孔介质模型方法。后续的研究表明，在新型反应堆的设计研究中，可使用多孔介质模型模拟堆芯内冷却剂的温度场、流场和压力场分布，对其热工水力特性进行分析研究[44]。

9.4.1　计算方法和模型

1. 多孔介质分析方法介绍

流动区域中的固体介质对流动产生几何和动量能量传递转换两方面的影响。多孔介质方法通过在流体的控制方程中加入孔隙率和有方向的表面穿透率来考虑几何的影响，引入分布阻力和分布热源来考虑动量和能量转换的影响。即将多孔介质视为某种理想的拟连续介质，通过引入孔隙率、分布阻力等参数，并采用局部体积平均法得到在这个拟连续介质中的三维非定常黏性流体的控制方程。多孔介质中流体流动的数值模拟从宏观流动遵循的控制方程出发，对多孔介质中的流动现象进行模拟[45]。

在 CFD 中，提供了真实速度公式（也称全多孔模型）计算多孔介质中的流动。全多孔介质模型为多孔介质域连同动量损失模型，同时基于纳维-斯托克斯方程和达西定律。它能够模拟几何结构太复杂以至于不便于划分网格的问题，能够应用于对对流项和扩散项影响很重要的棒束或管束区域中的流动。

在本章工作中，对行波堆 TP－1 的堆芯区域采用多孔介质模型，应用 CFD 的全多孔介质模型将复杂区域作为简单几何的独立域处理，而不需要描述域内部结构的几何细节。

2. TP－1 简介

TP－1 是泰拉能源公司将行波堆原理工程化的最新成果之一：主要用于验证行波堆概念和燃料置换方案；用来示范关键设备，证实模型和运行性能相符；为电功率为 1150 MW 行波堆 TPRP 的设计打下基础，用来认证燃料和材料。TP－1作为 TPRP 的技术原型堆，采用金属钠冷却。TP－1 的主要设计参数列于表 9－15，组件布置如图 9－41 所示，组件内燃料棒布置如图 9－42 所示。

表 9－15　TP－1 设计参数

参数	注释
功率	1500 MW（热功率）/500 MW（电功率）
堆芯进/出口温度	360 ℃/510 ℃
堆芯压降	1 MPa
燃料/包壳材料类型	U－Zr 合金/HT－9
最低寿命	40 a
主泵	2 个机械泵
中间换热器	4 个

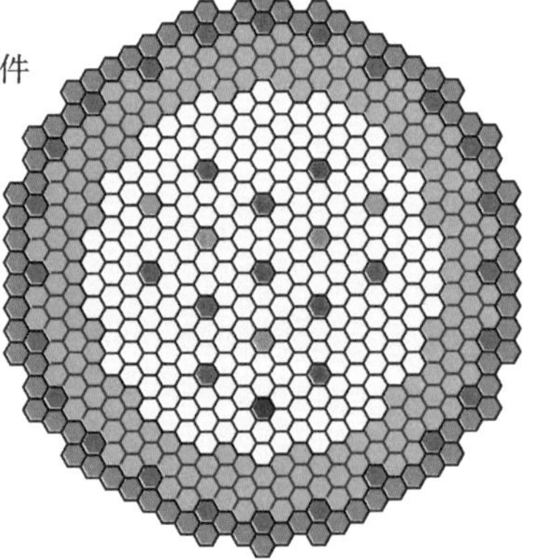

192 个可移动浓缩铀燃料组件
210 个固定贫铀燃料组件
10 个可移动和 24 个固定控制棒组件
3 个安全棒组件
2 个燃料开放性测试组件
1 个材料开放性测试组件
屏蔽组件

图 9－41　TP－1 堆芯组件布置示意图

燃料元件
D=12.6 mm
绕丝直径=1.16 mm
燃料活性区高度为 2.5 m
气腔长度为 2 m
包壳厚度为 0.55 mm
U-5%Zr 合金燃料
HT9 包壳、绕丝、组件盒

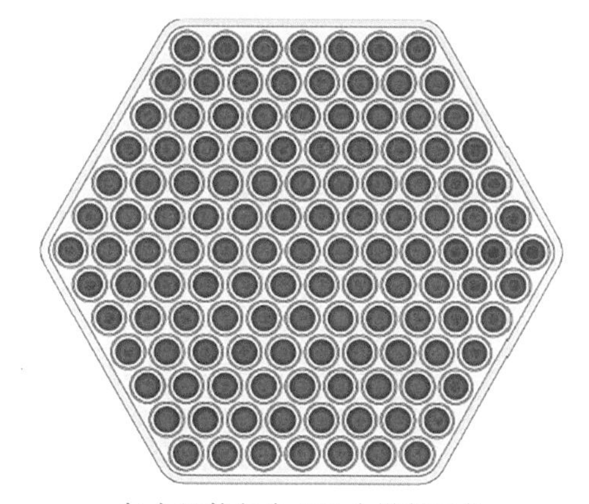

每个组件包含 127 个燃料元件，
对边距为 16.46 cm

图 9-42　组件内燃料棒布置示意图

3. 堆芯几何模型的建立、简化及网格划分

(1)堆芯几何模型。TP-1 堆芯几何模型共包括 80 个边长为 9.5 cm 的六边形组件，其高度为堆芯的活性区高度。由于缺少更详细的参数，在尽可能真实模拟反应堆堆芯流动和换热的前提下，对计算模型做如下简化。

①根据 TP-1 堆芯几何和功率分布存在对称性，选取 1/6 堆芯作为数值计算区域。选取除屏蔽组件外的 80 个组件作为研究对象，且将少量控制棒组件也作为燃料组件处理。1/6 堆芯横截面和组件编号示于图 9-43 中。

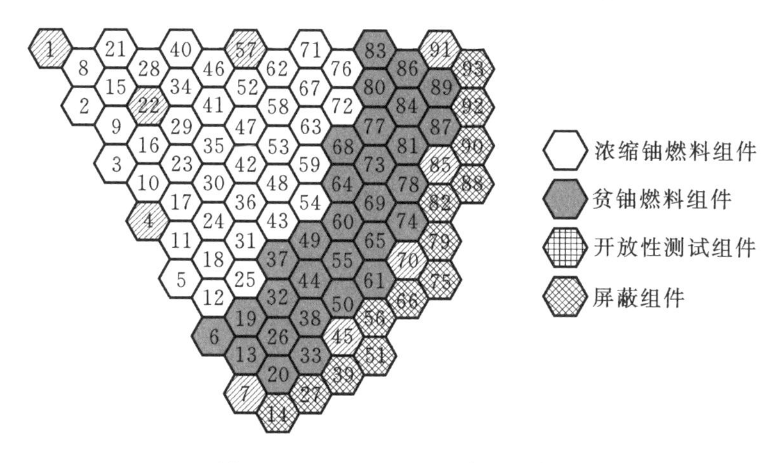

图 9-43　1/6 堆芯组件编号示意图

②行波堆各组件之间会有少量的冷却剂流动，各组件之间存在导热，但考虑到导

热量较小，在实际计算中，忽略组件间少量冷却剂的流动换热以及各组件间的导热。

(2)堆芯网格划分。采用六面体网格对 1/6 堆芯几何模型进行划分以提高计算速度和精度，网格质量较高，达到 0.65 以上，网格划分示于图 9-44 中。

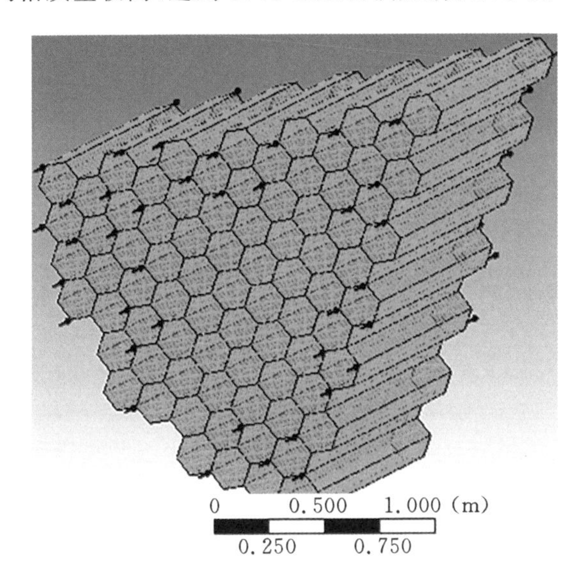

图 9-44　1/6 堆芯网格划分

本章使用 4 套网格对堆芯冷却剂流动进行预计算，将堆芯出口面的平均温度作为对比分析基准依据以进行网格无关性分析，最后选取较合适的网格进行后续计算。

4. 计算参数设置

将选取的 1/6 堆芯作为多孔介质的计算域，流体设置为液态钠，考虑重力加速度对流体流动的影响。选取 $k-\varepsilon$ 湍流模型，壁面函数法选择默认的Scalable，平均残差设置为 1.0×10^{-4}。

(1)多孔介质参数设置。对于多孔介质，孔隙率和阻力损失系数等参数的设定至关重要。

①孔隙率。组件的面孔隙率即为堆芯的体积孔隙率。组件的横截面积 A 为 234.555 cm^2，燃料棒和绕丝的总横截面积近似等于 194.042 cm^2，则孔隙率约为 0.1726。

②阻力损失系数。由于在给定计算模型中，已知的只有堆芯冷却流动的总压降和所流经的通道高度，且横向流动较 Y 轴的轴向流动少。因此，在对堆芯的数值模拟中，将阻力损失模型选择为定向损失模型。损失模型所采用的速度类型选择为真实速度。流向损失以二次阻力系数给出。此时，压降的表达式为

$$\frac{\partial P}{\partial x_i}=-K_Q\left|\boldsymbol{U}\right|U_i \tag{9-59}$$

式中：P 为堆芯在轴向的压降；x_i 为轴向高度，i 为 y 轴轴向；$\boldsymbol{U}$ 为速度矢量；U_i 为 i 方向速度分量；K_Q 为二次阻力系数。本节只考虑 y 轴的轴向流动，故 $\boldsymbol{U}$ 和 U_i 均为轴向流速 v 。

计算过程中假设轴向压力呈线性变化，堆芯在轴向的压降 p 选取 TP－1 的设计值 1 MPa，轴向高度为 2.5 m。故二次阻力系数 K_Q 可用 CEL 语言表示为冷却剂轴向流速 v 的函数。冷却剂的总流量根据系统程序设置为 6045 $\mathrm{kg \cdot s^{-1}}$，且假定整个堆芯的流量均匀。

(2)堆芯稳态功率设置。采用 1/6 堆芯进行计算，采用得到的堆芯功率因子[33-34]进一步开展三维热工水力数值模拟。将得到的各组件轴向功率密度进行多项式插值拟合，并使用 CEL 语言将拟合的各组件轴向功率分布函数作为内热源项添加在子域内。

9.4.2　数值计算结果分析

1.堆芯温度场分布

图 9－45 为 1/6 堆芯温度分布，可见堆芯温度分布极不均匀，在径向呈波形分布，由内向外堆芯逐渐降低。在轴向，温度自下而上升高，内侧组件温度的升高最为明显，外侧组件温度升高的幅度与之相比则很小。堆芯温度分布的不均匀性主要与功率分布极不均匀有关。

计算得到的堆芯出口平面温度为 496.2 ℃，而 TP－1 的设计值为 510 ℃，绝对误差为 13.8 ℃，这在一定程度上验证了本计算的正确性和假设的合理性。堆芯出口温度最高的 8 号组件达到 650.9 ℃，与一般快堆的组件最高温度相比偏高，液态钠沸点约为 882.9 ℃，堆芯最高温度与之相比仍有一定的裕量。

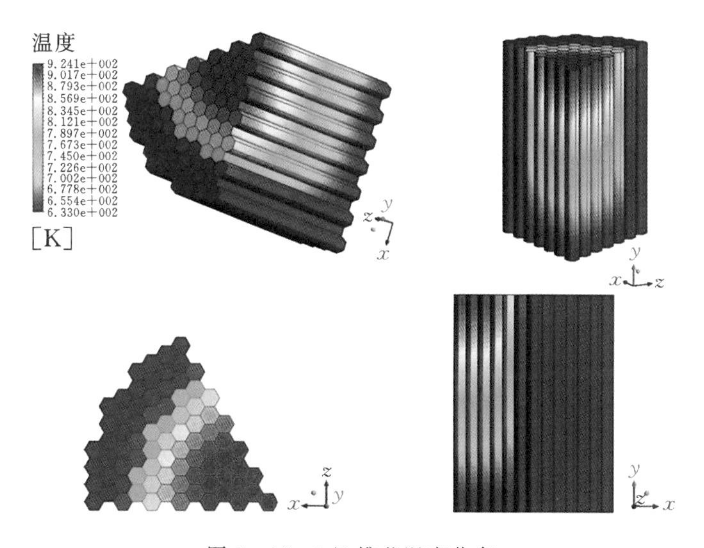

图 9－45　1/6 堆芯温度分布

图 9-46 为 1/6 堆芯中心截面的温度分布，与大多堆芯类似，冷却剂最高出口温度出现在堆芯内部的出口处。冷却剂的高温差会产生较大热应力，对堆芯材料提出更高要求。

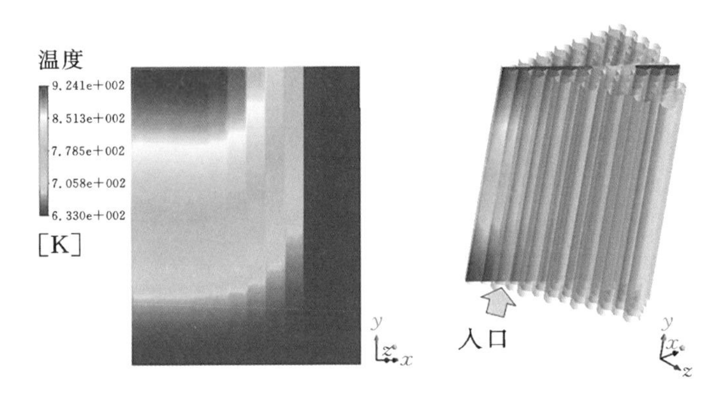

图 9-46　1/6 堆芯中心截面的温度分布

为定量分析堆芯温度分布，选取堆芯中心截面上 4 个不同的组件，其轴向温度分布如图 9-47 所示。图中，60 号组件的功率因子非常小，所以其燃料温度非常低，随轴向的变化也很小。而 8 号和 35 号组件的功率因子很大，随轴向位置的增大温度升高很快，进出口之间的温差约为 300 ℃。

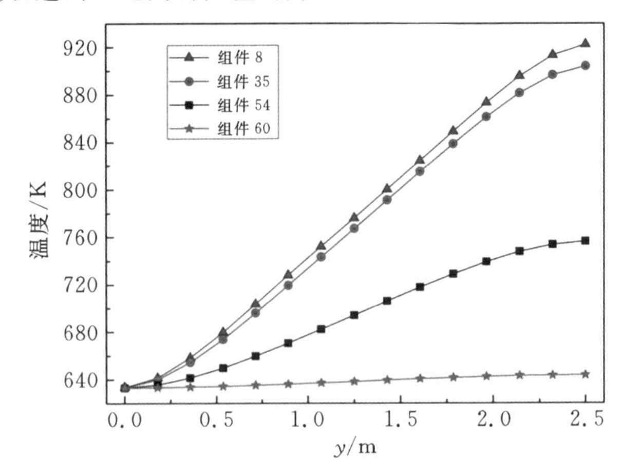

图 9-47　堆芯中心截面上不同组件沿轴向温度分布

2. 堆芯流场分布

图 9-48 为 1/6 堆芯速度分布矢量图和云图。在本计算中，组件与组件间的界面均设为壁面，壁面处的速度为零，在壁面间冷却剂流动的区域，速度由中心向外侧减小。由于每个组件子域中除内热源功率密度的设置不同外，其它初始和边

界参数设置均相同，故出口速度分布和云图形状非常相似。沿堆芯径向由内侧组件向外，速度有逐渐减小的趋势。这是由于，虽然流出组件的流量为定值，但径向的堆芯温度由内向外逐渐降低，导致冷却剂钠的密度增大，比体积减小。

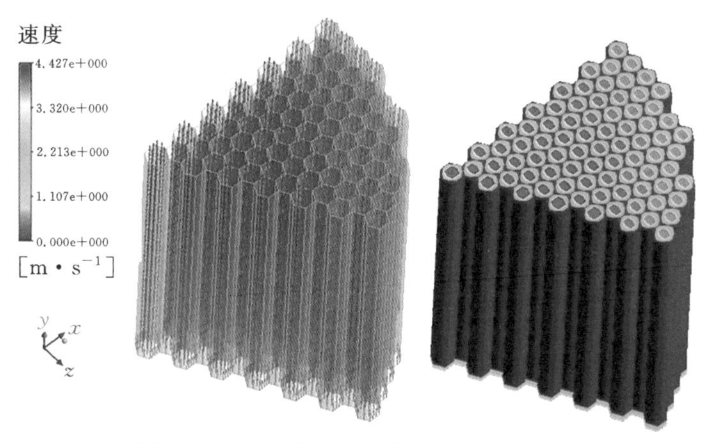

图 9-48　1/6 堆芯速度分布矢量图和云图

图 9-49 为 35 号组件内冷却剂沿轴向的速度变化，虽然轴向速度逐渐增大，但增大的幅度较小，约为 0.325 $m \cdot s^{-1}$。

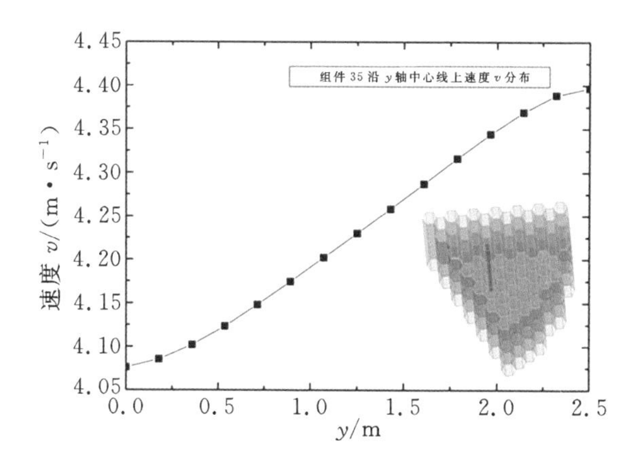

图 9-49　35 号组件内冷却剂沿轴向的速度变化

3. 堆芯压降分布

图 9-50 为 1/6 堆芯压降分布。堆芯压降沿轴向逐渐降低，计算得到的堆芯沿轴向的压降为 1.003 MPa，与TP-1的设计值 1 MPa 非常接近。由于TP-1组件内燃料棒使用绕丝固定，冷却剂在其中流动时横向搅混较大，但多孔介质模型认为组件内的布置为均匀分布，因而不能模拟出横向搅混的影响。

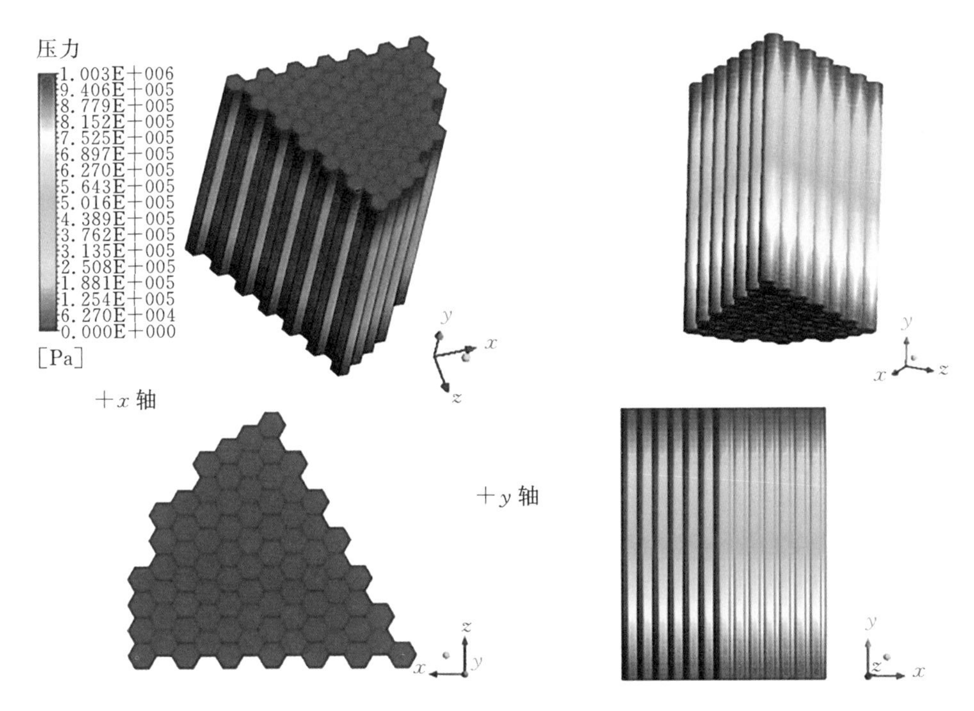

图 9-50　1/6 堆芯压降分布

参考文献

[1] THURGOOD M J, KELLY J M, GUIDOTTI T E, et al. COBRA/TRAC-A thermal-hydraulics code for transient analysis of nuclear reactor vessels and primary coolant systems: NUREG/CR-3046[R]. Washington, D. C.: U. S. Nuclear Regulatory Commission, 1983.

[2] SMITH K A, BARRATTA A J, ROBINSON G E. Coupled RELAP5 and CONTAIN accident analysis using PVM[J]. Nuclear safety, 1995, 36: 94-108.

[3] AUMILLER D L, TOMLINSON E T, BAUER R C. Incorporation of COBRA-TF in an integrated code system with RELAP5-3D using semi-implicit coupling, September 4-6, 2002[C]. Idaho: Idaho National Laboratory, RELAP5 International Users Seminar, 1995.

[4] GATES B. Innovating to zero! [EB/OL]. (2010-7-13)[2021-10-15]. https://www.ted.com/talks/bill_gates_ innovating_to_zero

[5] 杨世铭，陶文铨. 传热学[M]. 北京：高等教育出版社，1987.

[6] LYON RN. Liquid metal heat transfer coefficients[J]. Chemical Engineering Progress, 1945, 47(2): 75-79.

[7] SKUPINSKI E, TORTEL J, VAUTREY L, et al. Determination des coefficients de convection d'un alliage sodium-potassium dans un tube circulaire [J]. International Journal of

Heat and Mass Transfer, 1965, 8(6): 937-951.
[8] IBRAGIMOV M K, SUBBOTION V I, USHAKOV P A, et al. Investigation of heat transfer in the turbulent flow of liquid metals in tubes[J]. Journal of Nuclear Energy Parts A/b Reactor Science & Technology, 1962, 16(3):174-175.
[9] KIRILLOV PL, USHAKOV PA. Heat transfer to liquid metals: specific features, methods of investigation, and main relationships[J]. Thermal Engineering, 2001, 48(1): 50-59.
[10] CHENG X, BATTA A. Turbulent heat transfer to heavy liquid metals in circular tubes, July 11-15, 2004[C]. [S. L.]:The American Society of Mechanical Engineers, 2009.
[11] 张贵勤，向明忠，周学智. 液态金属在环管进口段的紊流换热实验研究[J]. 化工学报，1990，3：346-352.
[12] 秋穗正. 环形通道内液态金属钠沸腾特性及其两相流动不稳定性研究[D]. 西安：西安交通大学，1996.
[13] 张永积，张振灿，石双凯，等. 钠在同心环形通道流动时两侧加热对传热系数的影响[J]. 工程物理学报，1982，11：386-388.
[14] DEYER O E, BERRY H, HLAVAC P. Heat transfer to liquid metals flowing turbulently and longitudinally through closely spaced rod bundles[J]. Nuclear Engineering and Design, 1972, 23(3): 295-308.
[15] BORISHANSKII V M, GOTOVSKII MA, FIRSOVA É V. Heat transfer to liquid metals in longitudinally wetted bundles of rods[J]. Soviet Atomic Energy, 1969, 27(6): 1347-1350.
[16] GRABER H, RIEGER M. Experimental study of heat transfer to liquid metals flowing in line through tube bundles[C]. New York:[s. n.], 1973.
[17] KAZIMI M S, CARELLI M D. Heat transfer correlation for analysis of CRBRP assemblies [J]. Nuclear Engineering and Design, 1979, 239(12): 1959-1967.
[18] ZHUKOV A V, KUZINA Y A, SOROKIN A P. An experimental study of heat transfer in the core of a BREST-OD-300 reactor with lead cooling on models [J]. Thermal Engineering, 2002, 49(3): 175-184.
[19] KONSTANTIN M. Heat transfer to liquid metal: review of data and correlations for tube bundles[J]. Nuclear Science and Engineering, 2009, 239: 680-687.
[20] USHAKOV P A, ZHUKOV A V, MATYUKHIN M M. Heat transfer to liquid metals in regular arrays of fuel elements[J]. High Temperature, 1977, 15: 868-873.
[21] 于平安，朱瑞安，喻真烷，等. 核反应堆热工分析[M]. 上海：上海交通大学出版社，2002.
[22] 愈冀阳，贾宝山. 反应堆热工水力学[M]. 北京：清华大学出版社，2003.
[23] REHME K. Pressure drop correlations for fuel elements spacers[J]. Nuclear Technology, 1972, 17: 15-23.
[24] ENGEL F C, MARKLEY R A, BISHOP A A. Laminar, transition, and Turbulent parallel flow pressure drop cross wire-wrap-spaced rod bundles [J]. Nuclear Science and

Engineering, 1979, 69: 290 - 296.

[25] CHENG S K, TODREAS N E. Hydrodynamic models and correlations for bare and wire-wrapped hexagonal rod bundles-bundle friction factors[J]. Nuclear Engineering and Design, 1986, 92: 227 - 251.

[26] NOVENDSTERN E H. Turbulent flow pressure drop model for fuel rod assemblies utilizing a helical wire-wrap spacer system[J]. Nuclear Engineering and Design, 1972, 22: 19 - 27.

[27] ROGERS J T, TODREAS J T. Coolant mixing in reactor fuel rod bundles-single phase coolants in heat transfer in rod bundles[M]. New York:ASME, 1968: 1 - 56.

[28] ROSEHART R G, ROGERS J T. Turbulent interchange mixing between subchannels in closepacked nuclear fuel bundles[R]. [S. L.]:AECL, 1969.

[29] ROGERS J T, TAHIR A E E. Turbulent interchange mixing in rod bundles and the role of secondary flows[M]. New York:ASME, 1975: 75 - HT - 31.

[30] 邓建中，刘之行. 计算方法[M]. 西安：西安交通大学出版社，2001.

[31] 娄磊,吴宏春,曹良志,等. 行波堆初步概念设计研究:第 13 届物理年会[C]. 西安:[s. n.],2010.

[32] 娄磊,吴宏春,曹良志,等. 行波堆可行方案研究:重点实验室会议[C]. 成都:[s. n.],2011.

[33] NOVENDSTEN E H. Turbulent flow pressure drop model for fuel rod assemblies utilizing a helical wire-wrap spacer system[J]. Nuclear Engineering and Design, 1972,22:19 - 27.

[34] 苏光辉，秋穗正，田文喜. 核动力系统热工水力计算方法[M]. 北京：清华大学出版社，2013.

[35] BORISHANSKII V M, GOTOVSKI M A, FIRSOVA É V. Heat transfer to liquid metals in longitudinally wetted bundles of rods[J]. Soviet Atomic Energy, 1969, 27(6): 1347 - 1350.

[36] GRABER H, RIEGER M. Experimental study of heat transfer to liquid metals flowing in line through tube bundles[C]. New York:[s. n.], 1973.

[37] KAZIMI M S, CARELLI M D. Heat transfer correlation for analysis of CRBRP assemblies [J]. Nuclear Engineering and Design, 1979, 239(12): 1959 - 1967.

[38] MIKITYUK K. Heat transfer to liquid metal: review of data and correlations for tube bundles[J]. Nuclear Engineering and Design, 2009, 239(4): 680 - 687.

[39] REHME K. Pressure drop correlations for fuel elements spacers[J]. Nuclear Technology, 1972, 17: 15 - 23.

[40] ENGEL F C, MARKLEY R A, BISHOP A A. Laminar, transition, and Turbulent parallel flow pressure drop cross wire-wrap-spaced rod bundles [J]. Nuclear Science and Engineering, 1979, 69: 290 - 296.

[41] NOVENDSTERN E H. Turbulent flow pressure drop model for fuel rod assemblies utilizing a helical wire-wrap spacer system[J]. Nuclear Engineering and Design, 1972, 22: 19 - 27.

[42] KALIMER - 600 conceptual design report[R]. [s. l.]:Korea Atomic Energy Research Institute, KAERI/TR - 3381, 2007.

[43] PATANKER S V, SPALDING D B. A calculation procedure for the transient and steady state behavior of shell and tube heat exchangers[M]. Heat exchangers: Design and theory source book. New York: McGraw Hill, 1974: 155 - 176.

[44] 姚朝晖，王学芳，沈孟育. 堆芯冷却剂流动和传热特性的数值模拟[J]. 核动力工程，1997，18(4)：332 - 339.

[45] 李亨，张锡文，何枫. 论多孔介质中流体流动问题的数值模拟方法[J]. 中国石油大学学报：自然科学版，2000，24(5)：111 - 116.

>>>第 10 章　系统瞬态安全分析

10.1　TP-1 热工水力分析

10.1.1　数学物理模型

反应堆中子动力学方程可用于计算反应堆功率的动态变化特性。对于功率的空间分布几乎不变化或变化非常缓慢的情况下,采用点堆中子动力学方程式足以满足功率动态变化的要求。本章采用具有 6 组缓发中子、考虑了燃料多普勒效应和冷却剂密度等反应性反馈的点堆中子动力学方程求解堆芯裂变功率,采用隐式差分方法求解方程。采用 MCNP 对 TP-1 的 1/6 堆芯、93 个燃料组件进行计算,得到堆芯功率因子[1-2],然后开展进一步的热工水力分析。

堆内传热采用单通道模型,暂时不考虑轴向导热。燃料棒沿径向被分为 3 个控制体,分别为燃料、气隙和包壳,轴向被分为 10 个等距控制体,芯块热传导模型为含内热源的一维径向导热模型。

将上述模型自编程序进行计算,采用 SIMPLE 算法求解。

10.1.2　网格划分及边界条件

首先根据 TP-1 的堆芯参数,选取 1/6 堆芯进行实体建模。图 10-1 为 1/6 堆芯组件布置、实体模型及网格示意图。模型中包括 93 个边长为 9.5 cm 的六边形组件,模拟高度为组件的活性区高度,为 2.5 m。堆芯的轴向为 y 轴方向,冷却剂液态钠沿 y 轴正方向流入。

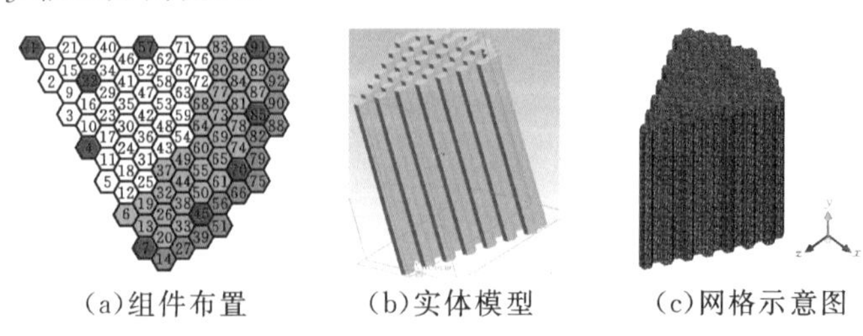

(a)组件布置　(b)实体模型　(c)网格示意图

图 10-1　1/6 堆芯组件布置、实体模型及网格示意图

所有网格均为六面体网格，网格质量大于 0.6，网格进口边界设置为速度进口，出口设置为压力出口。采用多孔介质对 TP－1 堆芯进行温度场和流场的数值模拟。

10.1.3　计算结果

1. 稳态计算结果

考虑反应性反馈的影响，堆芯功率会根据温度的变化自动调节，最终达到一个稳定的状态，此时的堆芯功率即为稳态功率。

（1）功率与温度。图 10－2 为 1/6 堆芯的功率分布云图，图 10－3 为 8 号、35 号、54 号和 60 号组件轴向上的功率分布曲线。可见，堆芯功率沿轴向先增大后减小；径向上越靠近堆芯中心，功率越大；堆芯轴向和径向的功率分布非常不均匀。稳态时，堆芯最高功率密度为 1.1595×10^{8} W·m^{-3}，平均功率密度约为 3.9701×10^{7} W·m^{-3}。

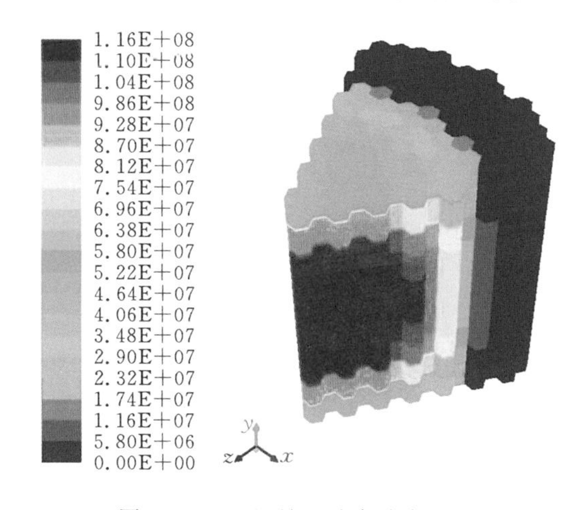

图 10－2　1/6 堆芯功率分布云图

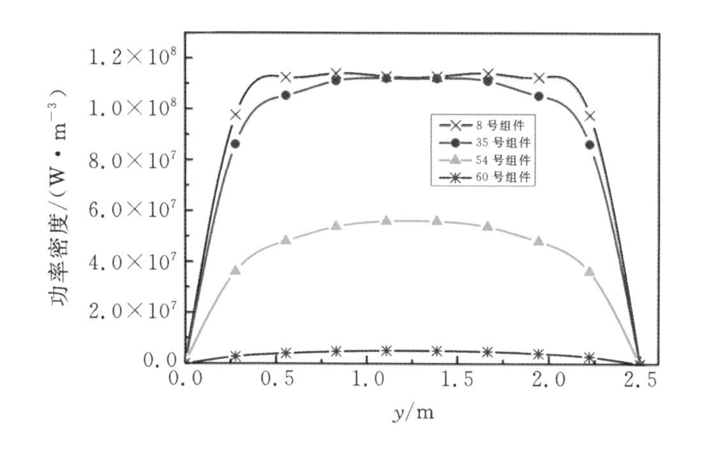

图 10－3　8、35、54 和 60 号组件轴向上的功率分布曲线

功率分布的不均匀性导致温度分布极其不均匀。图 10－4 为 1/6 堆芯稳态温度分布云图。可见，径向上呈现波形分布，由内向外温度逐渐降低；轴向上温度沿 y 轴自下而上逐渐升高。

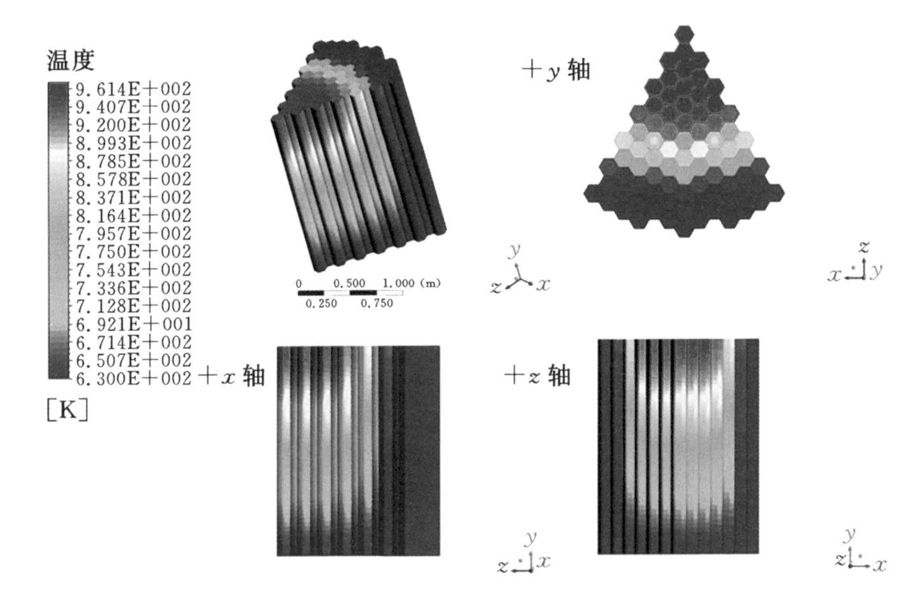

图 10－4　1/6 堆芯稳态温度分布云图

正 y 轴视图为堆芯出口面，堆芯出口冷却剂平均温度为 516.73 ℃，与TP－1 的设计值 510 ℃的绝对误差为 6.73 ℃。冷却剂平均温度为 437.92 ℃，燃料棒平均温度为 518.41 ℃；冷却剂最高温度为 629.03 ℃，包壳最高温度为 700.11 ℃，燃料棒最高温度为 788.53 ℃，与一般快堆的组件最高温度值相比偏高，这主要与功率分布因子有关。此外，模型的简化，如忽略了燃料组件间的横向搅混，没有考虑堆芯控制棒和测试组件，都会对结果的准确性产生影响。液态钠沸点约为 882.9 ℃，堆芯最高温度与之相比仍有一定的裕量。

距离堆芯中心越近的组件，其温度升高越明显；距离堆芯中心较远的组件，其温度升高的幅度比较小。图 10－5 为堆内 8 号、35 号、54 号和 60 号燃料组件中心轴向温度分布。可见，8 号组件的温度升高最为明显，入口到出口的温升达到332 ℃，而 60 号组件的温升只有 12 ℃。堆芯不同区域的温度梯度及偏高的温度都对行波堆堆芯组件内的燃料元件芯块和包壳等材料的性能提出了更高的要求。

(2)速度与压力。图 10－6 为 1/6 堆芯速度分布矢量图和云图。燃料组件壁面上的速度为零，这是因为设置计算时，将组件壁面设置为无滑移壁面，因此每个燃料组件中，壁面速度为零，距离组件中心越近则速度越大，组件中心速度最大。

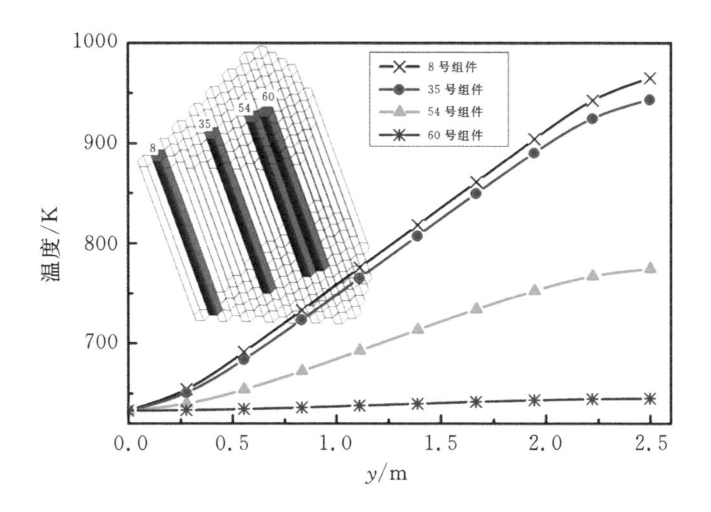

图 10-5 8、35、54 和 60 号组件轴向温度分布

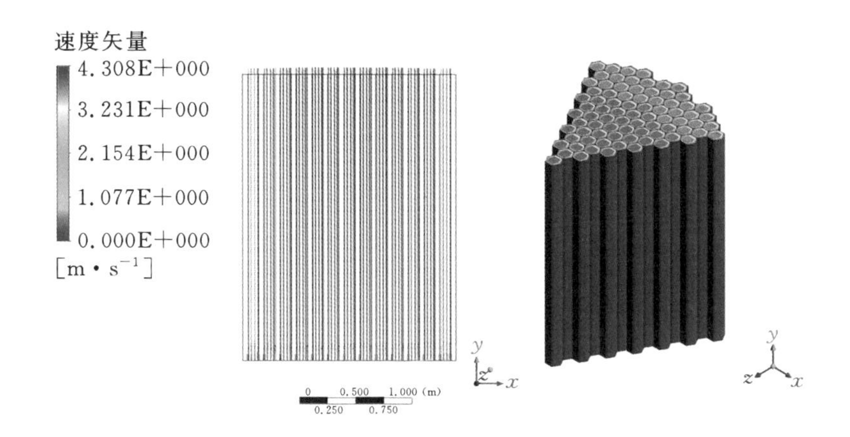

图 10-6 1/6 堆芯速度分布矢量图和云图

图 10-7 为 1/6 堆芯压降分布云图，堆芯压力沿 y 轴自下而上逐渐降低。堆芯每个横截面都处于压力等值面，图 10-8 为堆芯半高处横截面压力分布云图，图 10-9 为堆芯中心纵向剖面压降分布云图，其压力值是相对于计算区域参考压力的相对值。计算出的整个 1/6 堆芯的压降约为 0.63 MPa，与 TP-1 设计值 1 MPa 相差较大，这是因为压降模型中只计算了提升压降和摩擦压降，虽然数值上存在一定差距，但压降的基本变化趋势相同。

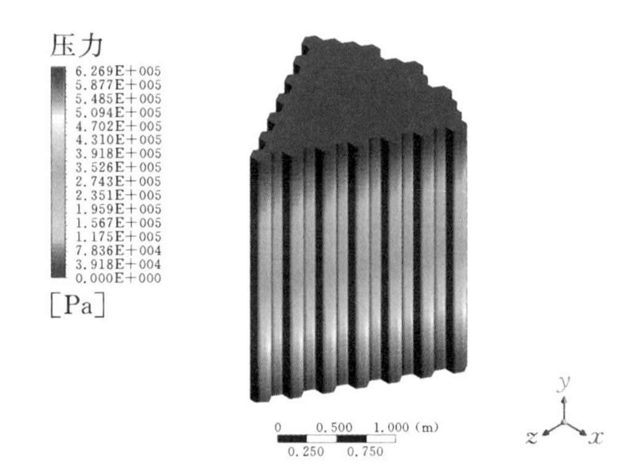

图 10-7　1/6 堆芯压降分布云图

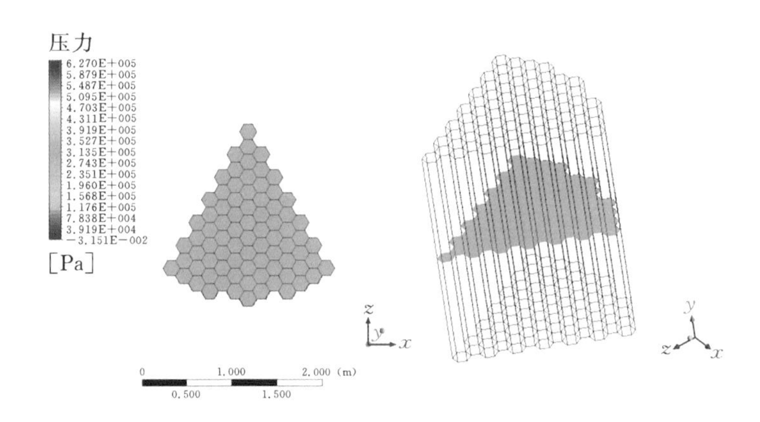

图 10-8　堆芯半高处横截面压力分布云图

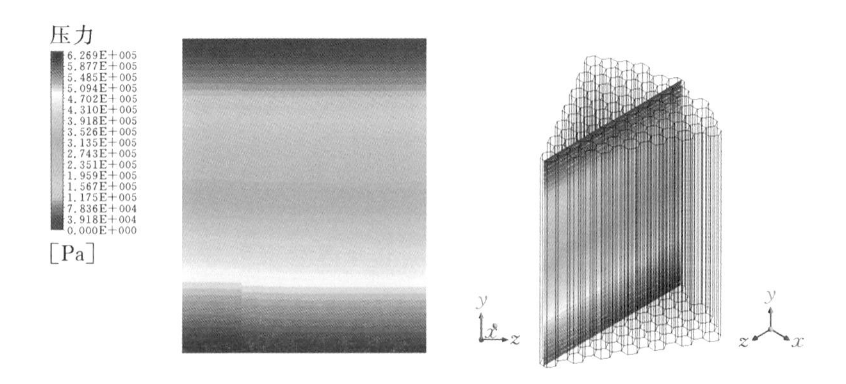

图 10-9　堆芯中心纵向剖面压降分布云图

2. 反应性引入事故

在计算程序中，给定反应性引入速率以模拟钠冷行波堆的动态响应过程。在稳定运行工况下开始计算，计算中冷却剂流量始终保持额定值，反应性引入速率为 $20\times10^{-5}\,s^{-1}$，在 5 s 内共线性引入 100×10^{-5} 的反应性。事故保护停堆系统在功率达到整定值的情况下不投入工作。本节分析了在反应性引入事故工况下堆芯功率动态变化情况，以及事故后堆芯包壳和燃料的峰值温度。

图 10－10 为反应性引入事故下反应堆堆芯功率的瞬态变化情况。在事故发生的前 5 s 内，由于引入了正反应性，堆芯功率迅速增大；之后由于温度升高引入的负反应性反馈，堆芯功率升高放缓；事故后期，引入的正反应性和负反应性反馈达到平衡，堆芯功率最终稳定在额定值的 135％左右。

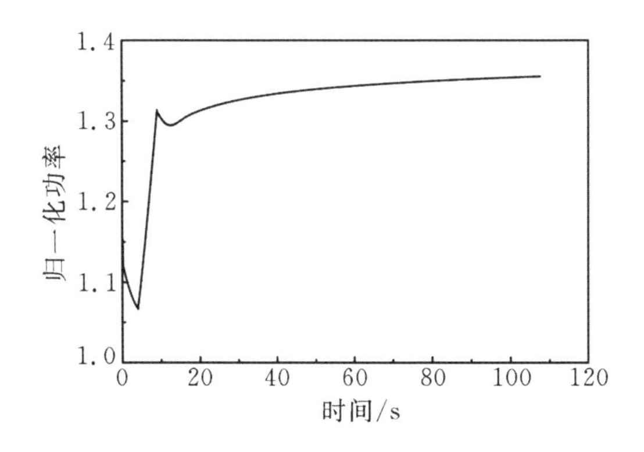

图 10－10　反应堆堆芯功率的瞬态变化情况

图 10－11 为反应性变化情况。可见，在事故引入反应性上升的阶段，由冷却剂温度和燃料棒温度引起的反应性也迅速下降，大约在 10 s 时，下降速度开始减缓，在 80 s 左右时趋于稳定。冷却剂温度变化引起的负反应性反馈在 30×10^{-5} 左右，燃料棒温度变化引起的负反应性反馈约为 70×10^{-5}，这两个负的反应性与事故引入的正反应性相平衡，总反应性最终趋于 0，堆芯再次回到稳定状态。此时，堆芯功率维持在额定值的 135％左右，堆芯的温度也比稳态时要高，但没有超过安全限值，堆芯仍处于安全状态。

图 10－12 为燃料棒平均温度和冷却剂平均温度随时间的变化。事故发生的前 10 s 内，冷却剂和燃料棒平均温度迅速上升；约 15 s 时，上升区域开始减缓；大约 90 s 时趋于稳定。冷却剂平均温度最终稳定在 740 K 左右，燃料棒平均温度最终稳定在 840 K。图 10－13 为堆芯内燃料棒和包壳最高温度随时间的变化。可见包壳最高温度最终稳定在 1100 K 左右，燃料棒最高温度最终稳定在 1225 K 左右。

图 10－14 为事故后堆芯出口冷却剂平均温度随时间的变化。前 20 s 内堆芯

出口冷却剂温度急剧升高,40 s 左右趋于稳定,维持在约 845 K,而堆芯出口冷却剂最高温度约为 1090 K,离钠的沸点 1156 K 还有一定的安全裕量。

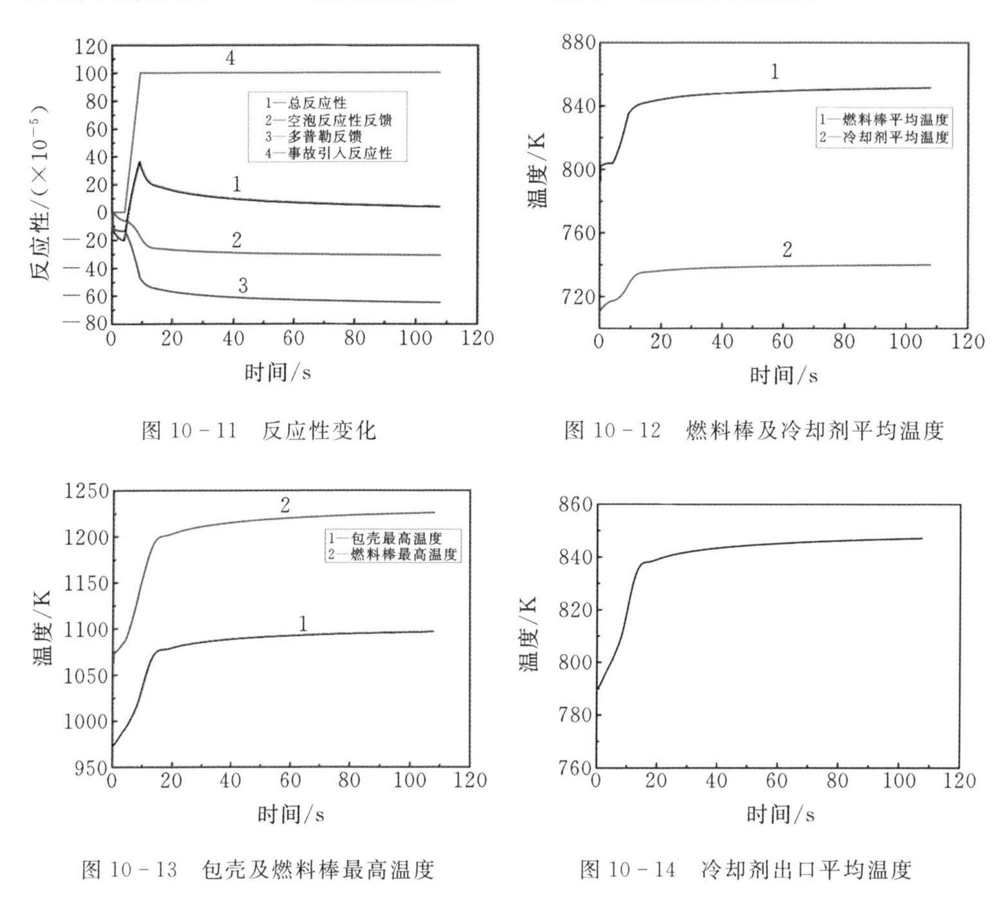

图 10-11　反应性变化

图 10-12　燃料棒及冷却剂平均温度

图 10-13　包壳及燃料棒最高温度

图 10-14　冷却剂出口平均温度

10.2　超临界水冷行波堆系统安全分析

超临界水冷堆是第四代反应堆中唯一的水冷堆,具有诸多优势[3]:①使用超临界水作为工质,可以实现很高的热效率,从而提高燃料利用率;②超临界水冷堆中不存在气液相变,因此不需要蒸汽发生器和稳压器,相对常规压水堆其系统结构可以大大简化;③超临界水冷堆的进出口焓差大,堆芯流量较小,从而泵功率可以很小;④冷却剂流量小,这样在发生失水事故时,质能的释放量减小,具有较高的安全性;⑤压力容器内冷却剂装量少导致慢化减小,且堆芯内冷却剂密度小,因此超临界水冷堆可以设计成快堆;⑥由于使用直接循环系统且可以采用较小的压力容器,因此可以使核岛厂房小型化;⑦全世界已累积了丰富的水冷堆设计和运行经验,因此发展超临界水冷堆具有很好的技术延伸性。

鉴于超临界水冷堆的诸多优点，国外学者提出了超临界水冷行波堆初步概念设计，即把行波堆堆芯概念运用到超临界水冷堆中，且采用快堆的形式。超临界水被认为是特别适合用于行波堆的冷却剂，这是因为堆芯进出口超临界水密度变化很大，燃料组件进口密度是出口密度的10倍，这样堆芯上部的中子能谱比下部的中子能谱更加“尖锐”，从而导致下部更容易发生裂变，上部更容易进行增殖，从而形成一个增殖-燃烧波。如果采用了行波堆堆芯概念，这个增殖-燃烧波将是一个能自发向上移动的行波。

10.2.1 超临界水冷行波堆概念设计

德国斯图加特大学研发的超临界水冷堆经历了充分的发展和验证，是一种比较成熟的设计[4-5]。这种超临界水冷堆堆芯轴向截面布置如图10-15所示，燃料组件分为点火区燃料组件(seed assembly)和再生区燃料组件(blanket assembly)。点火区燃料组件提供主要的热功率，采用MOX燃料，一个组件由163根燃料棒和6根控制棒组成，大部分裂变在这里产生；再生区燃料组件可分担部分热功率和反应性，也可与ZrH层一起作为中子吸收剂，它采用贫化UO_2燃料，一个组件有270个水棒。堆芯内还存在位于再生区内的氰化物薄板和环绕堆芯一圈的反射层，氰化物薄板对来自点火区的中子进行减速，反射层反射中子以提高中子经济性。

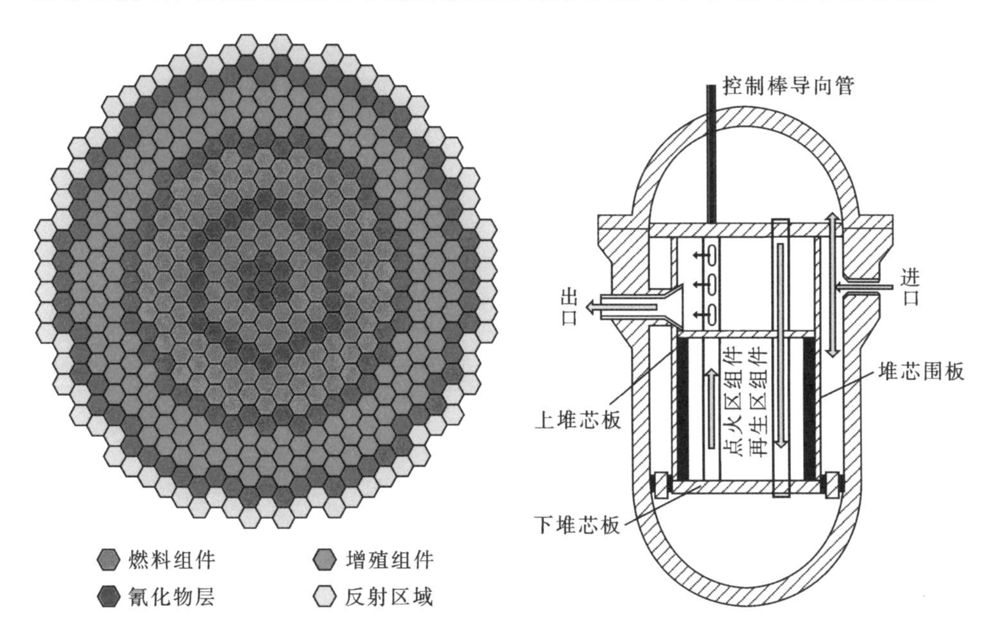

图10-15 SCWR堆芯轴向截面布置　　图10-16 压力容器本体结构及其内冷却剂流程

压力容器本体结构及其内冷却剂流程如图10-16所示，冷却剂从主泵经集水管线进入堆芯，小部分冷却剂流入下降段，大部分冷却剂流入上封头，从上封头载入再生区燃料组件冷却剂通道，沿冷却剂通道向下流动并进行加热升温，接着流进下封头混合腔室，在这里与来自下降管段的冷却剂混合，之后进入点火区燃料组件冷却剂通道并向上流动，冷却剂在这里进行主要的加热升温，然后流进上腔室，最后流出堆芯，进入汽轮机。

超临界水冷行波堆基于上述超临界水堆的设计[6]，但超临界水冷行波堆具有自身的特点，应对堆芯结构进行修改。行波堆中行波沿燃料棒轴向移动，移动的速度为 4.5 cm·a^{-1}，为了实现数十年不换料，行波堆的有效堆芯应该设计得较高；行波堆轴向功率分布不均匀系数很大，为了实现较高的热功率，行波堆的有效堆芯也应该设计得较高。

为了让反应堆达到额定参数要求，保证系统稳定运行，超临界水冷行波堆采用了如下三个控制系统，如图 10－17 所示。

(1)汽轮机进口压力控制(见图 10－17①)，通过调节汽轮机控制阀门的开度来使汽轮机进出口处的压力稳定。

(2)主蒸汽温度控制(见图 10－17②)，通过调节主泵改变主给水流量来使主蒸汽温度稳定。

(3)功率控制(见图 10－17③)，通过控制棒来使反应堆功率稳定。

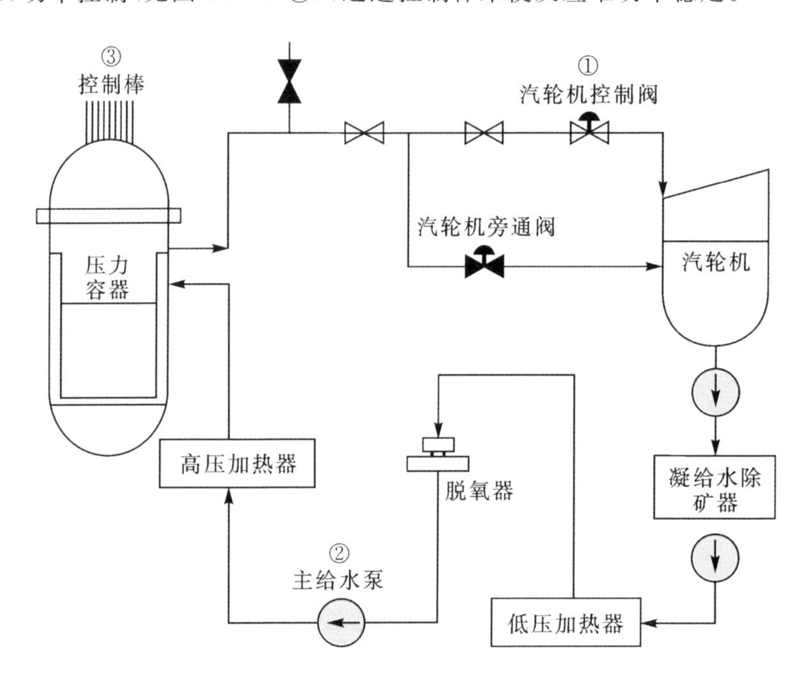

①—汽轮机进口压力控制；②—主蒸汽温度控制；③—功率控制。

图 10－17　控制系统示意图

10.2.2　数学物理模型

1. 功率求解模型

采用具有 6 组缓发中子的点堆中子动力学方程描述堆芯内中子动力学行为。每个时间步长都考虑了控制棒位置对反应堆的影响，考虑了冷却剂密度反应性系数和燃料温度反应性系数，通过计算堆芯冷却剂密度平均值和燃料棒温度平均值来考虑空间分布对反应性反馈的影响。通过轴向功率非均匀分布因子来确定每个燃料节点对于整个堆芯功率的贡献，点火区燃料组件轴向功率非均匀分布因子由行波堆堆芯物理计算得到，轴向功率分布如图 10－18 所示[6]。行波堆堆芯的轴向功率非均匀分布与常规压水堆不同，它的不均匀性分布系数非常大。在用点堆方程求出堆芯的最大线功率以后，再乘上相应节点的轴向功率非均匀分布因子，得到此节点的最大线功率，然后可以算得此节点的功率密度。

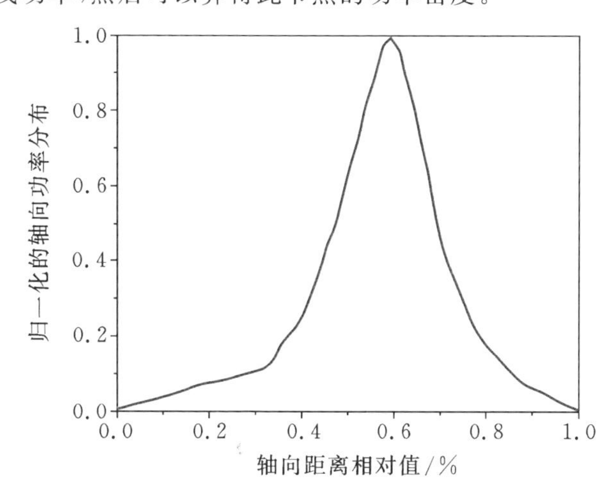

图 10－18　堆芯轴向功率分布

2. 热构件导热模型

把燃料芯块沿径向分为 i 个圆环，用如下公式计算它们之间的热平衡：

$$\rho V_i c_p \frac{T_i^{k+1} - T_i^k}{\Delta t} = 2\pi\Delta z(r_{i-1}Q''^k_{i-1} - r_i Q''^k_i) + Q'''^k V_i \tag{10-1}$$

式中：k 为时间步；Δt 为时间步长；Δz 为轴向节点高度；i 为径向圆环的数量；T_i^k 为第 i 个圆环的平均温度；Q''^k_i 为第 i 个圆环的外表面热流密度；r_i 为第 i 个圆环的外直径；Q''^k_i 为轴向第 i 个节点的功率密度；V_i 为第 i 个圆环的体积；ρ 为燃料芯块的密度；c_p 为燃料芯块的定压比热。

第 i 个圆环外表面的热流密度由如下公式求得：

$$Q''^k_i = \frac{2\pi\Delta z K_f \cdot \dfrac{T_i^{k-1} + T_{i+1}^{k-1}}{2}}{\ln\left(\dfrac{r_{i+1}}{r_i}\right)}(T_i^{k-1} - T_{i+1}^{k-1}) \tag{10-2}$$

式中：K_f 为燃料芯块的热导率。

气隙和包壳的热传导也由方程(10-1)和(10-2)求得，只是它们没有热源，公式中功率密度应为零。从燃料芯块中心到包壳，由内到外逐步计算，最终可以得到包壳与冷却剂之间的热流密度。

10.2.3　程序编制

STAT 程序可以进行稳态和事故瞬态计算。进行稳态计算时，首先读取输入文件，设定系统参数、初始参数和边界条件，分别选择是否启动三个控制系统，计算结束时程序会自动储存计算结果，它们将作为下一次计算的输入文件。进行事故瞬态计算时，把稳态计算的结果作为输入文件，分别选择是否启动三个控制系统，然后引入各种事故，并在程序中进行设置，从而进行瞬态计算。

根据系统中各个部件的结构和功能划分控制体，节点图如图 10-19 所示，图中数字代表每个控制体的节点数量。程序中平均管和热管并行计算，热管与平均管的计算基本一致，只是假设它具有 120%加热功率，程序中通过压降和动量方程的计算，得到平均管和热管之间的流量分配。冷却剂进入压力容器后分别进入了下降管段流道和上封头流道，在正常工况时，通过孔板调节局部阻力使两个流道达到压力平衡，从而使两个流道的流量按一定比例分配。在非正常工况时，两个流道之间可能会失去压力平衡，流量会重新分配，程序通过压降和动量方程计算得到新的流量分配。

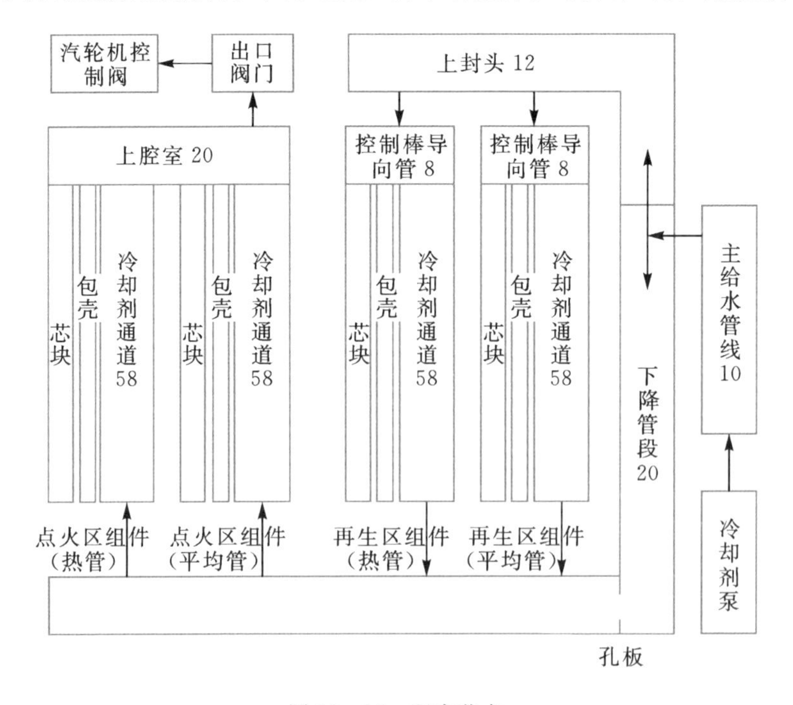

图 10-19　程序节点

采用模块化编程思想，程序模块分设备模块和功能模块，通过各个模块的虚实结合来模拟整个系统的瞬态反应。设备模块有主泵模块、辅助给水模块、给水管线模块、下降管段模块、上封头模块、冷却剂通道模块、混合腔室模块、上腔室模块、汽轮机控制模块、蒸汽释放阀模块；功能模块有参数初始化模块、燃料棒传热导数计算模块、汽轮机进口压力控制模块、主蒸汽温度控制模块、功率控制模块、物性模块和结果输出模块。

STAT 程序主要计算质量和能量守恒方程、燃料棒热传导和点堆方程，它们之间的关系如图 10－20 所示。在每一个时间步长，主程序通过质能守恒方程计算出各个控制体中冷却剂的温度、压力、焓值、密度、流速和压降，还计算出堆芯内冷却剂平均密度，提供给点堆方程计算模块；点堆方程计算模块计算出燃料功率密度，提供给燃料棒热传导计算模块；燃料棒传热导数计算模块计算燃料芯块、气隙和包壳之间的热平衡，得到它们的温度和热流密度，并且提供包壳外侧热流密度给主程序，提供燃料平均温度给点堆方程计算模块。STAT 程序计算流程如图 10－21 所示。

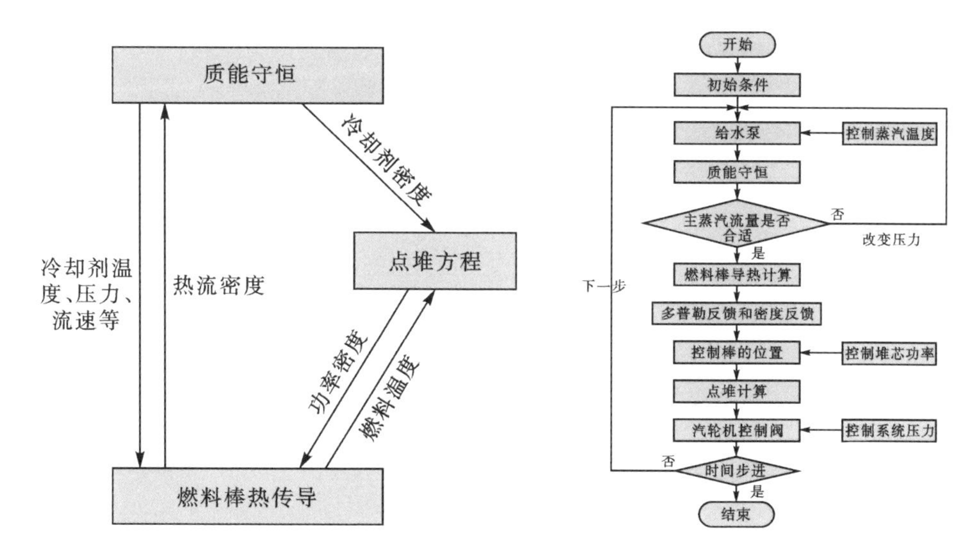

图 10－20　STAT 程序的基本结构　　图 10－21　STAT 程序计算流程

10.2.4　计算结果与分析

1. 稳态计算

在稳态计算中，堆芯进出口温度设定不变，程序会自动调整堆芯流量，使其与堆芯功率相匹配。瞬态计算中启动三个控制系统，用来调整相应参数使其达到设定要求，当系统稳定时程序结束并记录计算结果。行波堆堆芯点火区燃料组件轴向功率分布不均匀系数非常大，导致燃料棒包壳温度分布不均匀系数非常大，假设反应堆进出口冷却剂温度不变，那么有效堆芯高度对于包壳温度分布有较大的影响。设计有效堆芯高度分别为 2.5 m、3.0 m、3.2 m 和 3.4 m，计算有效堆芯高度对于燃料棒温度分布的影响，四种设计中反应堆相关参数如表 10－1 所示。系统稳定时点火区燃料组件包壳温度分布如图 10－22 所示，在超临界快堆的热工设计准则中，要求正常运行时燃料棒包壳峰值温度低于650 ℃，因此超临界水冷行波堆有效堆芯高度必需大于 3.0 m。

表 10－1　四种不同反应堆设计参数

参数	数值			
有效堆芯高度/m	2.5	3.0	3.2	3.4
热功率/MW	1065.0	1273.5	1358.9	1443.8
给水流量/($kg \cdot s^{-1}$)	546.2	653.3	696.5	740.4
系统压力/MPa	25			
最大线功率/($W \cdot cm^{-1}$)	250			
平均功率密度/($MW \cdot m^{-3}$)	105			
堆芯进/出口温度/℃	279.9/503.7			
堆芯进/出口密度/($kg \cdot m^{-3}$)	777.7/88.8			
堆芯进/出口焓值/($kJ \cdot kg^{-1}$)	1229.6/3179.5			
平均燃耗/($GW \cdot d \cdot t^{-1}$)	43.4			

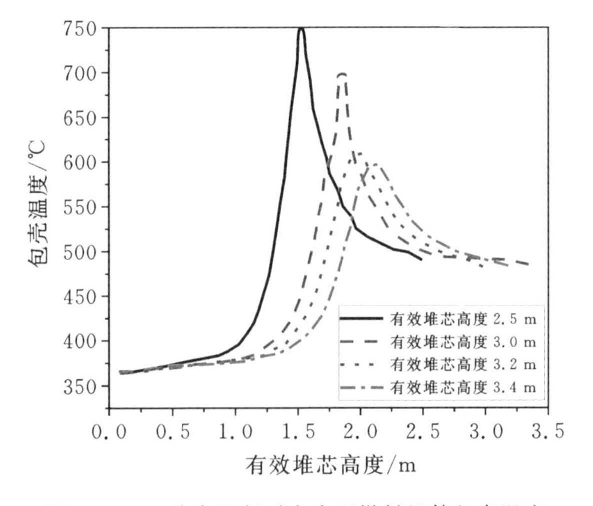

图 10－22　稳定运行时点火区燃料组件包壳温度

2. 主给水丧失事故

设置堆芯高度为 3.4 m，在系统稳定的基础上引入主给水丧失事故。假设主泵于 0.01 s 开始惰转，主泵惰转时间假设为 5 s，主给水流量最终减少到 0 $kg \cdot s^{-1}$。启动压力控制系统，关闭主蒸汽温度控制系统和功率控制系统，启动辅助给水系统，辅助给水系统从发生事故到开始注入的延迟时间为 30 s，辅助给水从开始注入到达到最大注入流量需要 2 s，辅助给水的最大流量为 50 $kg \cdot s^{-1}$。

事故发生后压力和功率变化如图 10－23 所示，由于启动压力控制系统，系统压力维持在超临界压力。由于反应性反馈和控制棒停堆的影响，堆芯功率快速降低到余热水平。

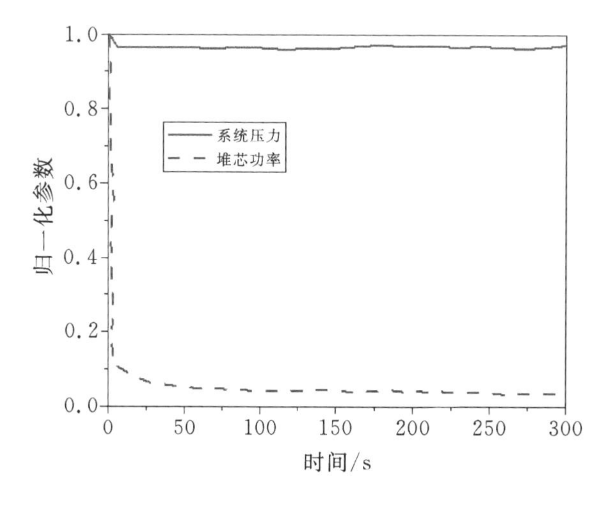

图 10－23　系统压力和堆芯功率的瞬态变化

堆芯流量变化如图 10－24 所示，主给水流量在 5 s 惰转时间内线性降为 0 $kg \cdot s^{-1}$，在 0.52 s 时主给水流量降为初始值的 90%，低流量信号触发停堆信号，1.07 s 开始停堆，辅助给水信号于 0.01 s 时产生，但要延迟到 30 s 时才开始注入。由于事故后超临界水堆堆芯内冷却剂的密度变化很大，所以瞬态过程中堆芯出口与堆芯进口的流量并不完全一致；堆芯出口离点火区燃料组件出口不远，两者流量几乎一致。

点火区燃料组件冷却剂通道进出口温度及包壳峰值温度如图 10－25 所示。在 5 s 惰转时间内，点火区燃料组件包壳峰值温度快速上升；辅助给水开始注入后，包壳峰值温度有所降低。由于点火区燃料组件内流量较小，但在 49.0 s 时，包壳峰值温度又开始上升，在 93.8 s 包壳峰值温度上升到最大值 1129.3 ℃；之后由于组件内流量的增大和堆芯功率的减小，包壳峰值温度逐渐减小。计算结果表明，辅助给水能有效地阻止包壳过热，最大包壳峰值温度出现在辅助给水打开以后，说明辅助给水的延迟时间和辅助给水的流量对于包壳峰值温度有影响。计算结果还表明,主泵惰转时间、反应性反馈和有效堆芯高度等因素对包壳峰值温度有影响。

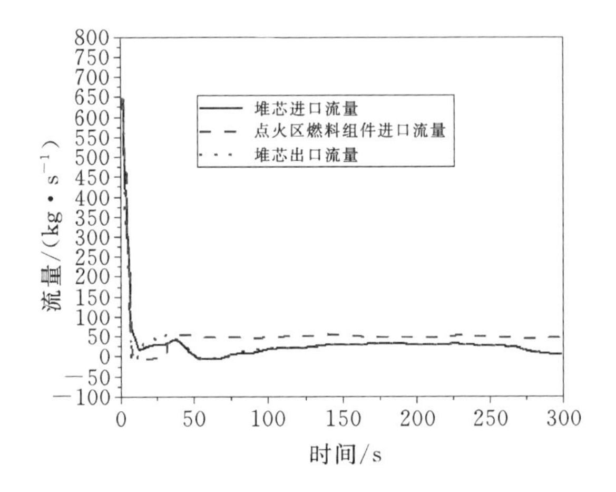

图 10-24　堆芯流量的瞬态变化

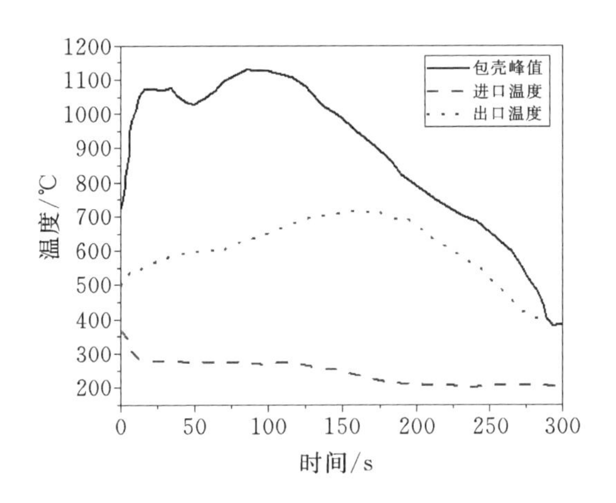

图 10-25　点火区燃料组件温度瞬态变化

10.3　池式钠冷行波堆系统安全分析

10.3.1　池式钠冷行波堆系统简介

池式钠冷行波堆系统主回路如图 10-26 所示,钠池内设置两台主泵和四台中间热交换器构成两个主要的回路。一回路系统依靠机械泵推动液态金属钠强迫循环导出堆芯产生的热量,中间热交换器依靠机械泵推动二回路钠强迫循环,中间热交换器一次侧依靠冷热钠池液位差驱动液态金属钠流动与二回路钠换热导出热池热量,机械泵从冷池吸入液态金属钠注入堆芯入口腔室,经流量分配孔板对堆芯不同区域进行流量分配,使堆芯得到充分冷却。

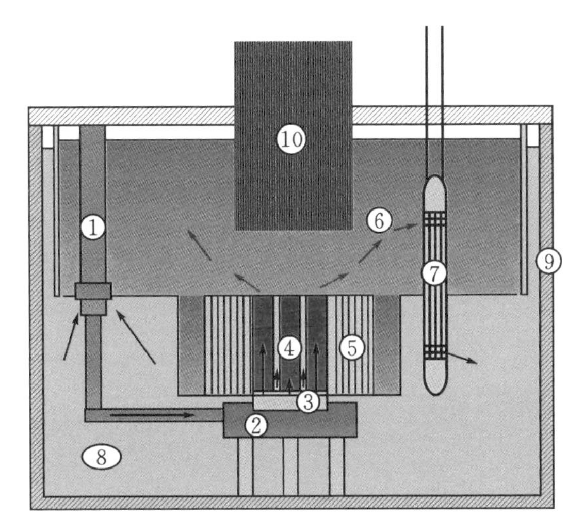

1—主泵;2—入口腔室;3—流量分配板;4—堆芯;5—钢套屏蔽;
6—热池;7—中间热交换器;8—冷池;9—主容器系统;10—中心测量柱。

图 10-26 池式钠冷行波堆系统主回路示意图

池式钠冷行波堆系统的主要参数如表 10-2 所示,堆芯热功率为 1250 MW,采用金属燃料,以增加堆芯的增殖能力。

表 10-2 池式钠冷行波堆主要热工水力参数设计

参数	参数值
热功率/MW	1250
冷却剂流量/(kg·s^{-1})	8000.0
堆芯进/出口温度/℃	360.0/510.0
中间热交换器二次侧流量/(kg·s^{-1})	7200.0
中间热交换器二次侧进/出口温度/℃	320.0/487.0

采用 THACS 程序对池式钠冷行波堆系统 BOEC 进行瞬态安全分析。THACS 程序包括堆芯功率求解模型、堆芯传热模型、热钠池模型、中间热交换器模型、主泵模型和冷池模型等。基于 THACS 程序对钠冷行波堆一回路系统进行建模,如图 10-27 所示,假定两台主泵和四台热交换器的动态特性在瞬态变化中一致,仅选取其中的一台进行建模。堆芯部分基于保守性的原则,选择堆芯功率最大组件进行分析以获得整体的动态特性,设定与之对应的热通道且焓升因子为1.2,

假定其流量与平均通道相同;堆芯旁流量为8.0%。热钠池采用两区模型,冷钠池采用三区模型,来考虑堆芯瞬态过程中钠池内的热分层现象,中间热交换器一次侧入口位于热钠池下层,出口位于冷钠池中层。

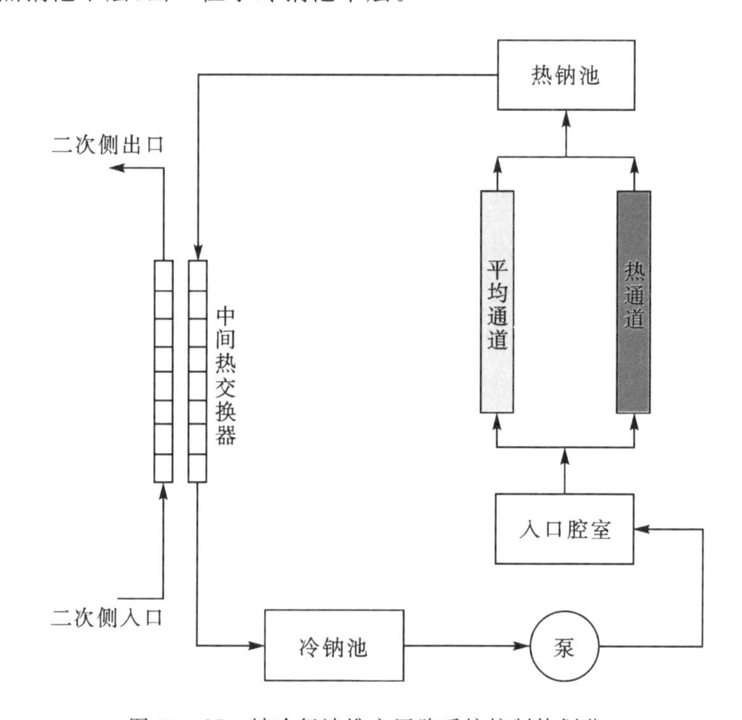

图10-27　钠冷行波堆主回路系统控制体划分

10.3.2　池式钠冷快堆安全分析程序开发及验证

池式钠冷快堆系统安全分析程序包含堆芯、腔室、钠池、中间换热器、主泵和管道等模型,采用交错网格技术建立离散方程组,采用Gear算法求解方程;可用于池式钠冷快堆系统稳态和瞬态的单相和两相分析。

1.堆芯功率求解模型

反应堆的功率主要由两部分组成:裂变功率以及衰变功率。准确模拟堆芯功率的变化是反应堆瞬态分析的关键。

1)堆芯裂变功率求解模型

(1)中子动力学。堆芯的裂变功率与堆芯的中子注量率成正比,求解堆芯的裂变功率可以转化为求解堆芯中子通量随时间与空间的变化,在压水堆的安全分析中通常采用点堆动力学模型来近似描述堆芯裂变功率的变化。点堆模型假设中子注量率和先驱核浓度可以按时-空变量分离,并且认为其形状函数与时间无关,即堆芯功率的空间分布是不变的,而反应性反馈遵循相同的规律。在反应堆偏离临界状态不远、扰动不大且功率分布变化不大的情况下,这种假设是合理的。快中子堆和热中子堆在反应堆动态特性上是相同的,而上述的点堆近似应用在快中子堆比压水堆上更为合适,这是因为快中子堆的堆芯结构更为紧凑,意味着中子注量率在时间和空间上的变量可以分离,而这正是点堆模型成立的必要条件,在快中子堆安全分析程序中通常采用点堆模型来描述堆芯裂变功率的变化[7]。本章采用考虑 6 组缓发中子的点堆动力学方程来描述堆芯裂变功率的变化,并考虑各种反应性反馈,点堆动力学方程如下:

$$\frac{\mathrm{d}N(t)}{\mathrm{d}t}=\frac{\rho(t)-\beta}{\Lambda}N(t)+\sum_{i=1}^{6}\lambda_i C_i(t) \tag{10-3}$$

$$\frac{\mathrm{d}C_i(t)}{\mathrm{d}t}=\frac{\beta_i}{\Lambda}N(t)-\lambda_i C_i(t),\quad i=1,2,\cdots,6 \tag{10-4}$$

式中:$N(t)$ 为堆芯裂变功率;t 为时间;$\rho(t)$ 为总反应性;β 为总有效缓发中子份额;Λ 为瞬发中子代时间;λ_i 为第 i 组缓发中子的衰变常数;$C_i(t)$ 为第 i 组缓发中子的裂变功率;β_i 为第 i 组缓发中子份额。

在点堆方程中,堆芯裂变功率主要由总反应性 ρ 控制,包括由控制棒和停堆棒等引入的反应性以及由于反应堆参数变化而引入的反馈反应性,前者由用户输入,后者需要由计算得出。任一时刻,总的反应性可以表示为

$$\rho(t)=\rho_{\mathrm{a}}(t)+\sum\rho_i(t)$$

式中:$\rho(t)$ 为总的反应性;$\rho_{\mathrm{a}}(t)$ 为控制棒和停堆棒等引入的反应性;$\rho_i(t)$ 为各种反馈效应引入的反应性。

(2)反应性反馈模型。在反应堆瞬变的过程中,各系统参数的变化会导致反应性的变化,因此计算堆芯功率时需要计算各种反应性反馈。程序中考虑的反应性反馈包括:燃料的多普勒反馈、燃料轴向尺寸变化、冷却剂密度变化、堆芯直径变化、控制棒伸长,以及燃料组件弯曲等引入的反应性反馈。

①燃料多普勒反馈。多普勒效应是指当燃料温度上升时,$^{238}\mathrm{U}$ 的共振峰展宽,中子的吸收增加,导致引入负反应性的一种负反馈。

对于采用金属燃料的快堆,堆芯的有效增殖因子 k_{eff} 与燃料的温度 T 满足如下关系式:

$$\frac{\mathrm{d}k}{\mathrm{d}T}=\frac{K_{\mathrm{DOP}}}{T^{3/2}} \tag{10-5}$$

式中:K_{DOP} 为多普勒常数。将从初态到末态积分,且考虑在一般瞬态中 k_{eff} 的值大约为 1,可以得到:

$$k-k_0=2K_{JK}^{\mathrm{DOP}}\left(\frac{1}{\sqrt{T_{0JK}}}-\frac{1}{\sqrt{T_{JK}}}\right)$$

式(10－5)给出的是局部的燃料温度变化与引入的多普勒反应性的关系，考虑到不同位置处的燃料对反应性的贡献不同，并且在计算中堆芯采用并联多通道模型，可以得到如下关系式：

$$\rho_{JK}^{\mathrm{DOP}} = 2K_{JK}^{\mathrm{DOP}}\left(\frac{1}{\sqrt{T_{0JK}}} - \frac{1}{\sqrt{T_{JK}}}\right)$$

式中：J 为燃料控制体所在的通道编号；K 为燃料控制体所在的轴向位置编号；K_{JK}^{DOP} 为编号为 J、K 的燃料控制体的权重多普勒常数；T_{0JK} 为编号为 J、K 的所有的燃料控制体的初始平均温度，K；T_{JK} 为通道 K 中轴向位置编号为 J 的所有的燃料控制体的平均温度，K；ρ_{JK}^{DOP} 为编号为 J、K 的所有的燃料中多普勒效应引入的反应性。

多普勒反馈的反应性的值相加，即得到总的多普勒反应性表达式：

$$\rho_{\mathrm{DOP}} = 2\sum_{J}\sum_{K}\left[K_{JK}^{\mathrm{DOP}}\left(\frac{1}{\sqrt{T_{0JK}}} - \frac{1}{\sqrt{T_{JK}}}\right)\right] \tag{10-6}$$

需要注意的是，K_{JK}^{DOP} 是空间位置的函数，需要由用户根据反应堆的特点输入。冷却剂的密度对燃料的多普勒效应有影响，冷却剂密度越低，中子谱越硬，燃料的多普勒效应越小。因此，最终计算金属燃料钠冷快堆的多普勒反馈反应性需要考虑钠的有效空泡份额 X_{JK}^{Na}，其定义式为

$$X_{JK}^{\mathrm{Na}} = \frac{\rho_{0JK}^{\mathrm{Na}} - \rho_{JK}^{\mathrm{Na}}}{\rho_{0JK}^{\mathrm{Na}}} \tag{10-7}$$

式中：ρ_{JK}^{Na} 为通道 J 中轴向位置编号为 K 的流体控制体当前时刻的密度；ρ_{0JK}^{Na} 为通道 J 中轴向位置编号为 K 的流体控制体初始时刻的密度。

考虑到钠的密度影响，权重多普勒常数的表达式转化为

$$K_{JK}^{\mathrm{DOP}} = \alpha_{JK}^{\mathrm{DOP}}(1 - X_{JK}^{\mathrm{Na}}) + \beta_{JK}^{\mathrm{DOP}}X_{JK}^{\mathrm{Na}} \tag{10-8}$$

式中：$\alpha_{JK}^{\mathrm{DOP}}$ 为有钠时的权重多普勒常数；$\beta_{JK}^{\mathrm{DOP}}$ 为无钠时的权重多普勒常数。

$\alpha_{JK}^{\mathrm{DOP}}$ 与 $\beta_{JK}^{\mathrm{DOP}}$ 都是由用户输入的，将式(10－7)与式(10－8)代入式(10－6)，可以得到

$$\rho_{\mathrm{DOP}} = 2\sum_{J}\sum_{K}\left[\left(\alpha_{JK}^{\mathrm{DOP}}\left(1 - \frac{\rho_{0JK}^{\mathrm{Na}} - \rho_{JK}^{\mathrm{Na}}}{\rho_{0JK}^{\mathrm{Na}}}\right) + \beta_{JK}^{\mathrm{DOP}}\frac{\rho_{0JK}^{\mathrm{Na}} - \rho_{JK}^{\mathrm{Na}}}{\rho_{0JK}^{\mathrm{Na}}}\right)\left(\frac{1}{\sqrt{T_{0JK}}} - \frac{1}{\sqrt{T_{JK}}}\right)\right] \tag{10-9}$$

对于采用氧化物或氮化物燃料的快堆，堆芯的有效增殖因子 k_{eff} 与燃料的温度 T 满足如下关系式[8]：

$$\frac{\mathrm{d}k}{\mathrm{d}T} = \frac{K_{\mathrm{DOP}}}{T}$$

类似的，针对陶瓷燃料快堆的多普勒反应性计算，THACS 程序中使用了式

(10－10)。

$$\rho_{DOP} = \sum_J \sum_K \left[\left(\alpha_{JK}^{DOP} \left(1 - \frac{\rho_{0JK}^{Na} - \rho_{JK}^{Na}}{\rho_{0JK}^{Na}} \right) + \beta_{JK}^{DOP} \frac{\rho_{0JK}^{Na} - \rho_{JK}^{Na}}{\rho_{0JK}^{Na}} \right) \cdot \ln \frac{T_{JK}}{T_{JK0}} \right] \tag{10-10}$$

以上给出了钠冷快堆多普勒反应性的计算方法,需要用户输入的是有钠时的权重多普勒常数 α_{JK}^{DOP} 以及无钠时的权重多普勒常数 β_{JK}^{DOP} 。在不知道权值的情况下,可以采用平均的方法近似处理。ARIES 程序、SASSYS－1 以及SSC－K程序等也采用类似的方法来求解多普勒反馈引入的反应性。

②燃料轴向膨胀。燃料温度上升以后,轴向和径向的膨胀导致其密度变小,单位体积内核裂变材料减少,因此引入负的反应性。注意,该反应性主要是由燃料芯块的轴向膨胀引入的,其径向膨胀引入的反应性较小。采用自由膨胀模型,引入的反应性则采用燃料价值理论,并且假定燃料芯块是自由膨胀的[9],则

$$\rho_{AX} = \sum_J \sum_K \omega_{JK} \frac{\left[\frac{\rho_{0JK}}{\rho_{JK}} - 1 \right]}{N_{co}} \tag{10-11}$$

式中: ω_{JK} 为通道编号为 J 、轴向节点编号位置为 K 的燃料控制体价值系数; ρ_{AX} 为轴向膨胀引起的反应性变化; ρ_{JK} 为通道编号为 J 、轴向节点编号位置为 K 的燃料控制体当前时刻的密度; ρ_{0JK} 为通道编号为 J 、轴向节点编号位置为 K 的燃料控制体初始时刻的密度; N_{co} 为带燃料的控制体个数。

③堆芯径向膨胀。由于对于径向膨胀的定义方法比较多,在此选用两种计算方法,堆芯径向膨胀和结构径向膨胀。堆芯径向膨胀是由于燃料的密度变化引起的燃料棒的径向膨胀带来的反应性反馈,计算过程如下:

$$\rho_{RX} = \sum_J \sum_K \alpha_{JK} \frac{\left[\left(\frac{\rho_{0JK}}{\rho_{JK}} \right)^{0.5} - 1 \right]}{N_{co}} \tag{10-12}$$

式中: ρ_{0JK} 为通道 J 中轴向编号为 K 的燃料控制体初始时刻密度; ρ_{JK} 为通道 J 中轴向编号为 K 的燃料控制体当前时刻密度; ρ_{RX} 为燃料径向膨胀引起的反应性反馈; N_{co} 为带燃料的控制体的个数。

④结构径向膨胀。当钠冷快堆的冷却剂温度上升时,堆芯支撑结构将会沿径向膨胀,导致堆芯尺寸变大,堆芯内冷却剂增多,中子泄漏随之增加而引入一个负的反应性。堆芯的径向膨胀会受到堆芯径向约束系统的影响,机理比较复杂,且随着不同的堆芯结构而不同。

假设堆芯支撑板与上部负荷板的膨胀共同左右了堆芯径向的膨胀。而堆芯支撑板的温度主要取决于堆芯入口温度,上部负荷板的温度主要取决于堆芯出口的温度,这样,两者温度变化的不一致,可能导致堆芯径向膨胀的不一致,为了衡量堆

芯径向膨胀的大小而引入了两个径向膨胀权重因子 W_{LP} 与 W_{GP}，于是可以得到以下堆芯径向膨胀的关系式：

$$\xi = W_{LP}\xi_{LP} + W_{GP}\xi_{GP} \tag{10-13}$$

式中：ξ 为堆芯当前直径与堆芯初态直径的比值；W_{LP} 为上部负荷板的径向膨胀权重因子；ξ_{LP} 为上部负荷板的当前直径与初始状态直径的比值；W_{GP} 为下部负荷板的径向膨胀权重因子；ξ_{GP} 为下部负荷板的当前直径与初始状态直径的比值。

堆芯径向膨胀引入的反应性与堆芯的膨胀存在如下的关系式：

$$\rho_{RX} = K_{RX}\ln\xi \tag{10-14}$$

式中：ρ_{RX} 为堆芯径向膨胀引入的反应性的值；K_{RX} 为堆芯径向膨胀引入反应性的系数。

将式(10-13)代入式(10-14)，可以得到

$$\rho_{RX} = K_{RX}\ln(W_{LP}\xi_{LP} + W_{GP}\xi_{GP}) \tag{10-15}$$

需要指出的是，程序中 K_{RX} 需要由堆芯物理计算给出，由用户输入；而 W_{LP} 与 W_{GP} 的值也需要用户输入，其推荐值为 0.5。

⑤空泡反应性反馈。其计算公式如下：

$$\rho_{void} = \sum_{J}\sum_{K}\alpha_{CD}\left(1 - \frac{\rho_{JK}}{\rho_{0JK}}\right) \tag{10-16}$$

式中：α_{CD} 为冷却剂密度价值。

⑥控制棒和安全棒轴向伸长反馈。其计算公式如下：

$$\rho_{CR} = \sum_{J}K_{CR}(T_{CR} - T_{0CR})/N_{ch} \tag{10-17}$$

式中：K_{CR} 为控制棒反应性的温度系数；ρ_{CR} 为控制棒轴向伸长引起的反应性变化；T_{CR} 为控制棒驱动机构的温度；T_{0CR} 为控制棒驱动机构初态的温度；N_{ch} 为带燃料的通道个数。

⑦燃料和结构材料的密度反馈。

a. 燃料的密度反应性反馈

$$r_{EXP} = \frac{1 + \alpha_{EXP}(T_{DEN})}{1 + \alpha_{EXP}(T_{0DEN})} \tag{10-18}$$

$$x_k = x_{k-1} + \Delta x_k \times r_{EXP} \tag{10-19}$$

在燃料温度变化的过程中，初始时刻单个燃料控制体 JK 上下两端的轴向坐标分别为 x_K 与 x_{K+1}，当其温度上升或下降的过程中其坐标变为 x'_K 与 x'_{K+1}，则依据变化前后的坐标可以分为整体上移、整体下移、整体收缩、整体膨胀四种类型，如图 10-28 所示。

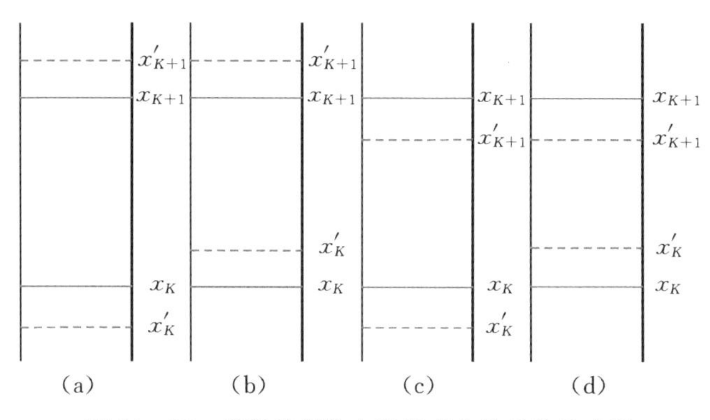

图 10-28　燃料控制体在温度变化前后的示意图

对于图 10-28 中的(a)、(b)、(c)、(d)四种类型，控制体内质量的变化如式(10-20)、式(10-21)、式(10-22)和式(10-23)所示：

$$\Delta m_{JK}=m_{JK0}\frac{x_{K+1}-x_K}{x'_{K+1}-x'_K}-m_{JK0}=m_{JK0}\frac{x_{K+1}+x'_K-x_K-x'_{K+1}}{x'_{K+1}-x'_K} \tag{10-20}$$

$$\Delta m_{JK}=m_{J(K-1)0}\frac{x'_K-x_K}{x'_K-x'_{K-1}}+m_{JK0}\frac{x_{K+1}-x'_K}{x'_{K+1}-x'_K}-m_{JK0} \tag{10-21}$$

$$\Delta m_{JK}=m_{JK0}\frac{x'_{K+1}-x_K}{x'_{K+1}-x'_K}+m_{J(K+1)0}\frac{x_{K+1}-x'_{K+1}}{x'_{K+2}-x'_{K+1}}-m_{JK0} \tag{10-22}$$

$$\Delta m_{JK}=m_{J(K-1)0}\frac{x'_K-x_K}{x'_K-x'_{K-1}}+m_{J(K+1)0}\frac{x_{K+1}-x'_{K+1}}{x'_{K+2}-x'_{K+1}} \tag{10-23}$$

式中：Δm_{JK} 为通道 J 中轴向编号为 K 的燃料控制体质量的变化；m_{JK0} 为通道 J 中轴向编号为 K 的燃料控制体初态的质量；$m_{J(K+1)0}$ 为通道 J 中轴向编号为 $K+1$ 的燃料控制体初态的质量；$m_{J(K-1)0}$ 为通道 J 中、轴向编号为 $K-1$ 的燃料控制体初态的质量。燃料密度变化引起的反应性变化如下：

$$\rho_{\mathrm{dF}}=\Delta\rho=\sum_{JK}\omega_{JK}\frac{\Delta m_{JK}}{m_{JK}}$$

式中：ω_{JK} 为燃料价值。

需要指出的是，当轴向位置最高的控制体在末态的顶端位置高于原有的控制体时，计算的反应性需要加上一个修正值 ρ_{AX}^{MO}，该修正值的表达式如下：

$$\rho_{\mathrm{dF}}^{MO}=\frac{m_{JM}}{m_{JM0}}\frac{x'_{M+1}-x_{M+1}}{x'_{M+1}-x'_M}\omega_{JM} \tag{10-24}$$

式中：M 为轴向位置最高的燃料控制体的轴向位置编号；m_{JM0} 为轴向位置最高的燃料控制体的初始质量；ω_{JM} 为轴向位置最高处的燃料控制体的燃料价值。

b. 结构材料的密度反应性反馈

$$\rho_{ds} = \sum_{J}\sum_{K}\omega_{s}^{JK}\left(1-\frac{\rho_{s}^{JK}}{\rho_{s0}^{JK}}\right) \tag{10-25}$$

式中：ρ_{ds} 为结构材料密度变化引起的反应性；ω_{s}^{JK} 为通道 J 中轴向编号为 K 的结构材料密度反应性系数。

2)堆芯衰变功率的计算模型

除了堆芯裂变功率，反应堆还包括两个热源：裂变产物的放射性衰变和中子俘获产物的放射性衰变，即所谓的衰变功率。为了简化计算，假设各通道的衰变功率变化一致，并且采用考虑多组裂变产物的模型来计算堆芯功率中的衰变热，可以得到堆芯衰变热：

$$P_{DE} = \sum_{i=1}^{N}\lambda_{h}^{i}h_{i} \tag{10-26}$$

$$\frac{dh_{i}}{dt} = \beta_{h}^{i}n-\lambda_{h}^{i}h_{i} \tag{10-27}$$

式中：P_{DE} 为总的堆芯衰变功率；$\lambda_{h}^{i}h_{i}$ 为第 i 组裂变产物的衰变功率；n 为堆芯裂变功率；β_{h}^{i} 为第 i 组裂变产物的份额；λ_{h}^{i} 为第 i 组裂变产物的衰变常数。

采用多通道模型来描述堆芯，每一个通道内的燃料棒中具有相同轴向位置的燃料控制体认为具有相同的功率分布，在功率分布中将这些燃料控制体作为一个整体来对待，然后由堆芯物理计算给出稳态工况下该控制体所占的功率份额，认为在瞬态过程中该份额不变。可以得到燃料控制体内的内热源表达式：

$$Q_{V,JK} = P_{t}\varphi_{JK}/V_{JK}$$

式中：$Q_{V,JK}$ 为通道编号为 J 、轴向位置编号为 K 的燃料控制体的体积释热率；P_{t} 为堆芯总的热功率；φ_{JK} 为通道编号为 J 、轴向位置编号为 K 的燃料控制体的功率占总功率的份额；V_{JK} 为通道编号为 J 、轴向位置编号为 K 的燃料控制体的体积。

2. 堆芯热工水力模型

对于钠冷快堆而言，不同区域燃料组件的流量和功率不尽相同，而各个部分对于反应性反馈的影响也不同，为了准确模拟堆芯各个区域不同位置处的动态特性，采用并联多通道模型，认为堆芯由一系列并联通道组成，每一个通道代表热工水力特性和中子特性类似的一类组件，每个通道由一根燃料棒及其对应的流体组成，每一根燃料棒的燃料芯块和包壳沿轴向及径向分为若干个控制体，而流体只在轴向划分控制体。

为了更加准确地模拟组件的热工水力特性，在棒束以外的其它区域在每一个通道中都得到了体现，可以包括组件入口、转化区、屏蔽区以及组件出口等。

1)燃料元件的热传导模型

对于钠冷快堆,一般采用绕丝棒束的燃料组件。其单根燃料棒的结构与普通压水堆类似,都是圆柱形的,主要的不同点在于钠冷快堆的燃料棒直径较小,并且有的反应堆燃料芯块是中空的,如图 10-29 所示。

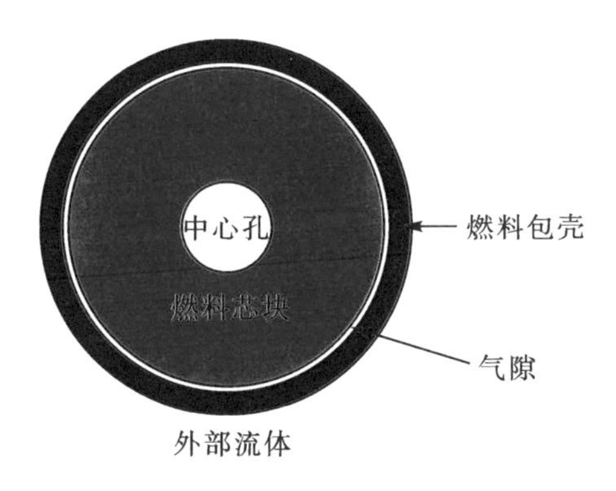

图 10-29　燃料棒横截面图

根据燃料元件的形状以及燃料芯块导热的特点,作出以下假设:

①忽略包壳材料中的内热源,认为内热源只存在于燃料芯块中;

②忽略燃料芯块和包壳的轴向导热,认为热量只沿径向传导。

根据上述假设条件,可以得到燃料元件芯块和包壳的热传导方程:

$$\rho_u c_u \frac{\partial T_u}{\partial t} = \frac{1}{r}\frac{\partial}{\partial r}\left(k_u r \frac{\partial T_u}{\partial r}\right) + Q_V, r_{ui} < r < r_{uo} \tag{10-28}$$

$$\rho_c c_c \frac{\partial T_c}{\partial t} = \frac{1}{r}\frac{\partial}{\partial r}\left(k_c r \frac{\partial T_c}{\partial r}\right), r_{ci} < r < r_{co} \tag{10-29}$$

边界条件为

$$\frac{\partial T_u}{\partial r}\Big|_{r=r_{ui}} = 0$$

$$k_u \frac{\partial T_u}{\partial r}\Big|_{r=r_{uo}} = k_c \frac{r_{ci}}{r_{uo}}\frac{\partial T_c}{\partial r}\Big|_{r=r_{ci}} = h_g\left(T_u\big|_{r=r_{uo}} - T_c\big|_{r=r_{ci}}\right)$$

$$k_c \frac{\partial T_c}{\partial r}\Big|_{r=r_{co}} = q$$

式中:T_u 为燃料芯块温度;T_c 为燃料包壳温度;Q_V 为燃料芯块的热源密度;r_{ci} 为包壳内表面半径;r_{co} 为包壳外表面半径;r_{ui} 为燃料芯块内表面半径;r_{uo} 为燃料芯块外表面半径;k_c 为燃料芯块的导热系数;k_u 为燃料包壳的导热系数;h_g 为气隙换

热系数；q 为燃料包壳外表面与流体对流换热的热流密度。

将上述导热方程对划分好的每一个控制体 i，利用能量守恒，可以得到以下形式的方程：

$$\rho_i V_i c_{pi} \frac{\mathrm{d}T_i}{\mathrm{d}t} = Q_{\mathrm{in}} - Q_{\mathrm{out}} + Q_{\mathrm{gen}} \tag{10-30}$$

式中：ρ_i 为控制体的密度；V_i 为控制体的体积；c_{pi} 为控制体的比热容；t 为时间；Q_{in} 为单位时间内导入控制体的热量；Q_{out} 为单位时间内导出控制体的热量；Q_{gen} 为单位时间内控制体内热源产生的热量。

图 10－30 是程序中所有固体部件控制体划分的方法，均采用内节点法。假定燃料芯块径向控制体的数目为 M，包壳轴向控制体的数目为 N，径向控制体的数目为 X，得到离散后的控制方程，取燃料芯块控制体 i 到燃料芯块中心线的距离为 r_i^{F}，间隙控制体 i 到燃料芯块中心线的距离为 r_i^{g}，燃料芯块控制体 i 到燃料芯块中心线的距离为 r_i^{c}，芯块控制体的径向宽度为 Δr_u，包壳控制体的径向宽度为 Δr_{c}。

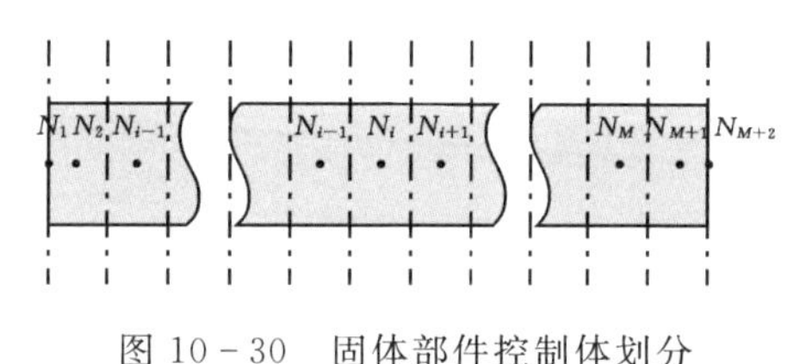

图 10－30　固体部件控制体划分

燃料芯块中间节点的控制方程

$$\rho_i V_i c_{pi} \frac{\mathrm{d}T_i^{\mathrm{F}}}{\mathrm{d}t} = V_i Q_V + 2\pi r_i^{\mathrm{F}} l_j k_{i-1,i}^{\mathrm{F}} \frac{T_{i-1}^{\mathrm{F}} - T_i^{\mathrm{F}}}{\Delta r_{\mathrm{u}}} - 2\pi r_{i+1}^{\mathrm{F}} l_j k_{i,k+1}^{\mathrm{F}} \frac{T_i^{\mathrm{F}} - T_{i+1}^{\mathrm{F}}}{\Delta r_{\mathrm{u}}}, i=2\sim(m-1) \tag{10-31}$$

燃料芯块内节点边界条件：

$$T_{M+2}^{\mathrm{F}} = T_{M+1}^{\mathrm{F}} \tag{10-32}$$

燃料和包壳之间的间隙填充物不确定，可以分两种情况来求解，一种是把间隙看作固体按导热求解：

$$T_1^{\mathrm{F}} = T_2^{\mathrm{F}} - \frac{0.5\Delta r_{\mathrm{u}}}{k_2^{\mathrm{F}}} \frac{r_2^{\mathrm{F}}}{r_1^{\mathrm{F}}} q_{\mathrm{uo}} \tag{10-33}$$

$$q_{\mathrm{uo}} = \frac{T_2^{\mathrm{F}} - T_{(X+1)}^{\mathrm{G}}}{\frac{0.5\Delta r_{\mathrm{u}}}{k_2^{\mathrm{F}}} \frac{r_2^{\mathrm{F}}}{r_1^{\mathrm{F}}} + \frac{0.5\Delta r_{\mathrm{c}}}{k_{X+1}^{\mathrm{G}}} \frac{r_{X+1}^{\mathrm{G}}}{r_1^{\mathrm{F}}}} \tag{10-34}$$

另一种是空隙中是流体，按对流换热求解：

$$T^{c}_{(n+2)}=\frac{h_{gc}T^{F}_{1}+k^{c}_{n+1}/(r^{c}_{n+1}-r^{c}_{n+2})\times\frac{r^{c}_{n+2}}{r^{F}_{1}}T^{c}_{N+1}}{h_{gc}+k^{c}_{n+1}/(r^{c}_{n+1}-r^{c}_{n+2})\times\frac{r^{c}_{n+2}}{r^{F}_{1}}} \tag{10-35}$$

$$T^{F}_{1}=\frac{h_{gf}T^{c}_{N+2}+k^{F}_{2}/(r^{F}_{2}-r^{F}_{1})T^{F}_{2}}{h_{gf}+k^{F}_{2}/(r^{F}_{2}-r^{F}_{1})} \tag{10-36}$$

包壳节点的控制方程

$$\rho_i V_i c_{pi}\frac{\mathrm{d}T^{c}_{i}}{\mathrm{d}t}=2\pi r^{c}_{i}l_i k^{c}_{i-1}\frac{T_{i-1}-T_i}{\Delta r_c}-2\pi r^{c}_{i+1}l_j k^{c}_{i,i+1}\frac{T^{c}_{i}-T^{c}_{i+1}}{\Delta r_c},i=2\sim(N+1)$$

当 $i=1$ 时，包壳外节点的控制方程为

$$q_{co}=k_{2,1}\frac{T_1-T_2}{\Delta r_c}\frac{r_2}{r_1}$$

式中：L_i 为控制体(燃料或包壳)i 的轴向高度；q_{co} 为燃料芯块表面与流体换热的热流密度；Q_V 为燃料控制体的热源密度；k_i 为控制体 i(燃料或包壳)的导热系数；$k_{i-1,j}$ 为控制体(燃料或包壳)i 与 $i-1$ 的调和导热系数。

2)一维单相热工水力模型

在冷却剂没有发生沸腾时，单相钠的可压缩性是很小的，可以当作不可压缩流体来对待，忽略重力和动能变化做的功，不考虑流体的体积释热并且忽略流体的轴向导热，可以得到以下方程。

质量守恒方程：

$$\frac{\partial\rho}{\partial t}+\frac{\partial}{\partial z}\left(\frac{W}{A}\right)=0 \tag{10-37}$$

动量守恒方程：

$$\frac{\partial}{\partial t}\left(\frac{W}{A}\right)+\frac{\partial}{\partial z}\left(\frac{W^2}{\rho A^2}\right)=-\frac{\partial p}{\partial z}-\frac{fW|W|}{2D_e\rho A^2}-\rho g \tag{10-38}$$

能量守恒方程：

$$\rho\frac{\partial h}{\partial t}+\frac{W}{A}\frac{\partial h}{\partial z}=\frac{qU}{A} \tag{10-39}$$

以上方程加上流体的物性方程共同组成了单相流体的热工水力基本方程。正如前文所述，程序中采用并联多通道模型，将一个通道沿轴向划分为 K 个控制体。采用交错网格技术将上述方程对每一个控制体进行积分，即可以获得每个控制体的参数的控制方程，求解的变量主要有流量、焓值以及压力，主控制体上用来存放压力和焓值，而动量控制体上用来存放流量，如图 10 - 31 所示。

当系统内全部处于不可压缩的单相状态时，由式(10 - 37)可以得出同一个封

闭管道内流体的流量是相等的，即

$$W_i = W_{\mathrm{in}} \tag{10-40}$$

因此，只需求解动量方程与能量方程就能获得流体的流量、压力以及焓值。堆芯模块的建模中，以入口流量、焓值和出口压力为边界条件。

对于动量方程，由于流体是不可压缩的，可以得到

$$\frac{l_i}{A_i}\frac{\mathrm{d}W_i}{\mathrm{d}t} = p_i - p_{i+1} - \Delta p_{\mathrm{f}i} - \Delta p_{\mathrm{g}i} - \Delta p_{\mathrm{a}i} \tag{10-41}$$

式中：l_i 为动量控制体 i 的高度；A_i 为动量控制体 i 的流通面积；$\Delta p_{\mathrm{f}i}$ 为控制体 i 的摩擦压降；$\Delta p_{\mathrm{a}i}$ 为控制体 i 的加速压降；$\Delta p_{\mathrm{g}i}$ 为控制体 i 的重力压降。

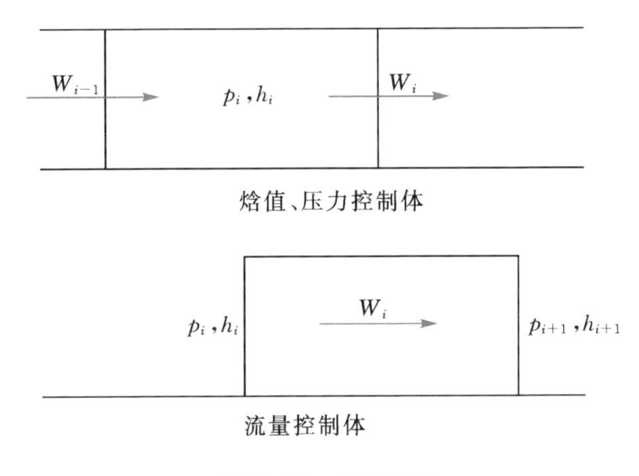

图 10-31　交错网格

将式(10-41)代入式(10-38)，并且将各个控制体的方程左右两边分别相加，可以得到

$$\frac{\mathrm{d}W_{\mathrm{in}}}{\mathrm{d}t} = \frac{p_1 - p_{\mathrm{out}} - \sum_{i=1}^{k}(\Delta p_{\mathrm{a}i} + \Delta p_{\mathrm{f}i} + \Delta p_{\mathrm{g}i})}{\sum_{i=1}^{k}\frac{l_i}{A_i}} \tag{10-42}$$

上述推导是建立在没有局部阻力损失的情形下的，考虑到可能存在的局部阻力损失，上式转化为

$$\frac{\mathrm{d}W_{\mathrm{in}}}{\mathrm{d}t} = \frac{p_1 - p_{\mathrm{out}} - \sum_{i=1}^{k}(\Delta p_{\mathrm{a}i} + \Delta p_{\mathrm{f}i} + \Delta p_{\mathrm{g}i} + \Delta p_{\mathrm{c}i})}{\sum_{i=1}^{k}\frac{l_i}{A_i}} \tag{10-43}$$

式中：$\Delta p_{\mathrm{c}i}$ 为控制体 i 的形阻压降。

对于能量方程，在控制体上采用迎风格式进行积分(认为流出控制体的流体的焓值与控制体自身的焓值相等)，可以得到如下的方程：

①当 $i=1$ 时

$$h_1 = h_{in}$$

②当 $i=1\sim(n+1)$ 时

$$\rho_f(p_i, h_i)A_i l_i \frac{dh_i}{dt} = q_i l_i U_i + W_{in}(h_{i-1} - h_i)$$

③当 $i=n+2$ 时

$$\rho_f(p_i, h_i)A_i l_i \frac{dh_i}{dt} = q_i l_i U_i + W_{in}(h_{i-1} - h_i)$$

式中：l_i 为主控制体 i 的高度；A_i 为主控制体 i 的流通面积；U_i 为主控制体 i 的加热周长；q_i 为主控制体 i 的表面热流密度；h_i 为主控制体 i 的焓值；h_{in} 为通道入口的焓值；W_{in} 为通道进口质量流量。

3)一维两相热工水力模型

在失流等事故工况下，堆芯可能发生沸腾，此时会出现两相流动的工况，在此选用比较简单的均匀流模型，并且考虑两相流体的可压缩性。认为气液两相的流速相等，两相处于热力学平衡状态。由于均匀流模型将两相流体当作一种流体来处理，其方程与单相的类似，但是在此处考虑了流体的可压缩性。

质量守恒方程：

$$\frac{\partial(\alpha\rho_g + (1-\alpha)\rho_f)}{\partial t} + \frac{\partial}{\partial z}\left(\frac{W}{A}\right) = 0 \tag{10-44}$$

动量守恒方程：

$$\begin{aligned}&\frac{\partial}{\partial z}\left(\frac{W}{A}\right) + \frac{\partial}{\partial z}\left(\frac{W^2}{(\alpha\rho_g + (1-\alpha)\rho_f)A^2}\right)\\&= -\frac{\partial p}{\partial z} - \frac{fW|W|}{2D_e(\alpha\rho_g + (1-\alpha)\rho_f)A^2} - (\alpha\rho_g + (1-\alpha)\rho_f)g\end{aligned} \tag{10-45}$$

能量守恒方程：

$$\frac{\partial(\alpha\rho_g h_g + (1-\alpha)\rho_f h_f)}{\partial t} + \frac{\partial}{\partial z}(\alpha\rho_g V_g h_g + (1-\alpha)\rho_f V_f h_f) = \frac{qU}{A} + \frac{\partial P}{\partial t} \tag{10-46}$$

整理式(10-44)、式(10-45)、式(10-46)可得

$$(\rho_g - \rho_f)\frac{\partial\alpha}{\partial t} + \left[\alpha\frac{\partial\rho_g}{\partial P} + (1-\alpha)\frac{\partial\rho_f}{\partial P}\right]\frac{\partial P}{\partial t} + \frac{\partial}{\partial z}\left(\frac{W}{A}\right) = 0 \tag{10-47}$$

$$(\rho_g h_g - \rho_f h_f)\frac{\partial \alpha}{\partial t} + \left[\alpha \frac{\partial \rho_g h_g}{\partial P} + (1-\alpha)\frac{\partial \rho_f h_g}{\partial P} - 1\right]\frac{\partial P}{\partial t} + \frac{\partial}{\partial z}(\alpha \rho_g V_g h_g + (1-\alpha)\rho_f V_f h_f) - \frac{qU}{A} = 0 \tag{10-48}$$

化简后的流量、压力和空泡份额对时间的偏微分如式(10－49)：

$$\begin{cases} \dfrac{\partial W}{\partial t} = -\dfrac{\partial}{\partial z}\left(\dfrac{W^2}{\rho A}\right) - A\dfrac{\partial P}{\partial z} - \dfrac{fW|W|}{2D_e \rho A} - \rho g A \\ \dfrac{\partial P}{\partial t} = \dfrac{A_2 C_1 - A_1 C_2}{A_1 B_2 - A_2 B_1} \\ \dfrac{\partial \alpha}{\partial t} = \dfrac{B_1 C_2 - B_2 C_1}{A_1 B_2 - A_2 B_1} \end{cases} \tag{10-49}$$

其中，

$$A_1 = \rho_g - \rho_f$$

$$B_1 = \alpha \frac{\partial \rho_g}{\partial P} + (1-\alpha)\frac{\partial \rho_f}{\partial P}$$

$$C_1 = \frac{\partial}{\partial z}\left(\frac{W}{A}\right)$$

$$A_2 = \rho_g h_g - \rho_f h_f$$

$$B_2 = \alpha \frac{\partial \rho_g h_g}{\partial P} + (1-\alpha)\frac{\partial \rho_f h_f}{\partial P} - 1$$

$$C_2 = \frac{\partial}{\partial z}(\alpha \rho_g V_g h_g + (1-\alpha)\rho_f V_f h_f) - \frac{qU}{A}$$

$$\rho = \alpha \rho_g + (1-\alpha)\rho_l$$

式(10－49)对空间离散，可以得到流量、压力和空泡份额的常微分方程，加上边界条件可以直接用 Gear 方法计算。

3. 主要设备模型

1)主泵模型

钠冷快堆中有电磁泵和离心泵两种泵，其中程序中电磁泵是由用户直接输入电磁泵的进出口压差，离心泵由用户直接输入扬程、流量、转速或者是用四象限类比曲线求解。离心泵的主要参数有泵的扬程 H、转矩 T_{hy}、体积流量 Q 和角速度 ω。这些参数之间有一定的联系和内部规律。通常把由实验得出的这些参数之间的对应关系的曲线称为泵的四象限曲线。通常将这些四象限曲线都转换成一种较简单的类比曲线。类比曲线是以扬程比和转矩比(真实值与额定值之比)的形式画出的，它们是泵的转速比和体积流量比的函数。设转速比 $\alpha=\omega/\omega_r$，扬程比 $h=H/H_r$，体积

流量比 $\nu=Q/Q_r$，转矩比 $\beta=T_{hy}/T_r$，下标 r 表示额定值。在类比曲线中，横坐标用 α/ν 或 ν/α 表示，纵坐标用 h/α^2 或 h/ν^2 表示，典型的四象限类比曲线如图 10－32 所示[10]。曲线以表格形式输入，因变量作为自变量的函数由表格查找或线性内插获得。已知主泵的体积流量和转速，利用泵的四象限特性类比曲线就可以得到主泵的扬程。

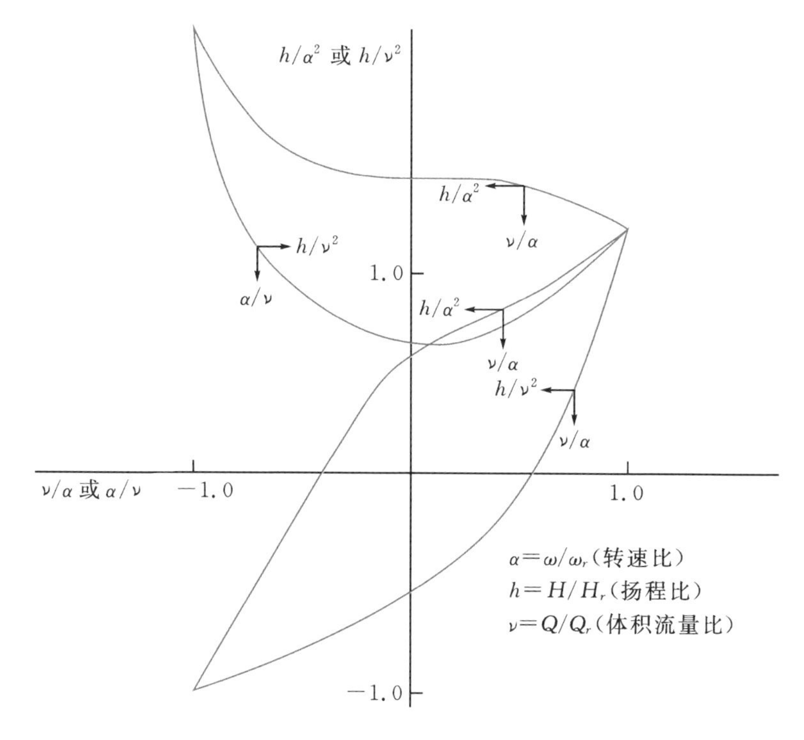

图 10－32　泵的四象限类比曲线

主泵的运行方式包括控制泵电动转矩和控制泵转速两种，当选择电动转矩受控方式时有以下三种：①常转矩；②转矩按用户提供的时间表变化；③转矩由控制系统控制。当转矩受控制时，泵的转速由力矩平衡关系式求得：

$$\frac{\mathrm{d}w}{\mathrm{d}t}=\frac{T_e-T_{hy}-T_f}{I} \tag{10-50}$$

式中：T_e 为泵的电动转矩，$T_e=0$ 可模拟泵的惰转；T_{hy} 为泵的水力转矩，由类比曲线求得；T_f 为泵的摩擦转矩，由泵速函数的三次多项式给出：

$$T_f=\sum_{i=1}^{4}C_i\left|\frac{w}{w_r}\right|^{i-1}$$

式中：C_i 由用户输入。泵转速受控方式也有三种不同的方式：①常转速，当 $w=0$ 时可模拟泵轴卡死;②转速按用户给出的时间表变化;③转速由控制系统控制。

2)中间换热器模型

中间换热器将一回路带有放射性的冷却剂与蒸汽发生器隔离开来,减少了一回路放射性流体外泄的可能性。目前,钠冷快堆电站中应用最多的是管壳式中间换热器,其典型结构如图 10-33 所示。换热器包含多根换热管,数目多达几千甚至上万根,准确模拟其每一根管道中流体的温度分布是相当困难的,也是没有必要的。在此采用一维平均管模型,并且认为流体是不可压缩的单相流体。忽略进出口腔室、流体自身以及管壁的轴向导热,可以得到一次侧流体、二次侧流体以及中间换热器管壁的控制方程:

$$A_f\rho_f c_{pf}\frac{\partial T_f}{\partial t}=-W_f c_{pf}\frac{\partial T_f}{\partial z}-U_f h_f(T_f-T_W) \tag{10-51}$$

$$A_s\rho_s c_{ps}\frac{\partial T_s}{\partial t}=-W_s c_{ps}\frac{\partial T_s}{\partial z}+U_s h_s(T_W-T_s) \tag{10-52}$$

$$A_W\rho_W c_{pW}\frac{\partial T_W}{\partial t}=-W_f h_f(T_f-T_W)-U_s h_s(T_W-T_s) \tag{10-53}$$

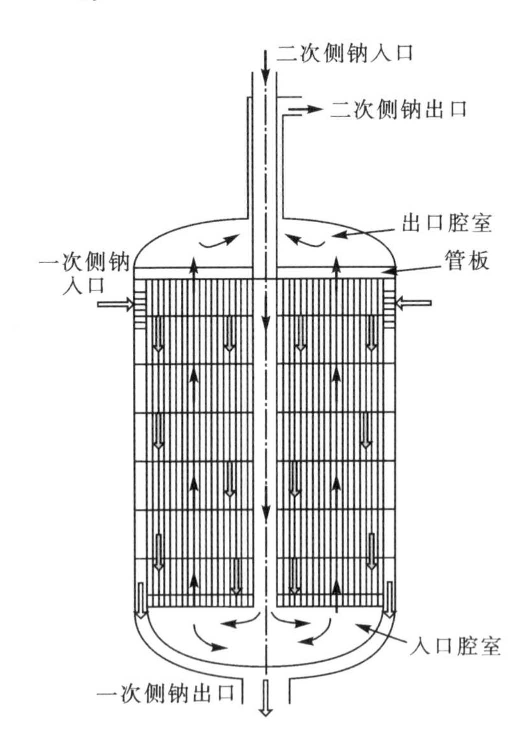

图 10-33　中间换热器示意图

式中:T_f、T_s、T_W 为一次侧、二次侧流体以及中间管壁的温度;A_f、A_s、A_W 为一次侧、二次侧流体以及中间管壁的横截面积；W_f、W_s 为一次侧流体、二次侧流体的质量流量；h_f、h_s 为一次侧流体、二次侧流体与管壁的对流换热系数；U_f、U_s 为一次侧流体、二次侧流体与管壁的接触面的润湿周长。

将中间换热器的一次侧流体、二次侧流体以及中间管壁分别沿着轴向划分为一系列控制体，如图 10－34 所示。

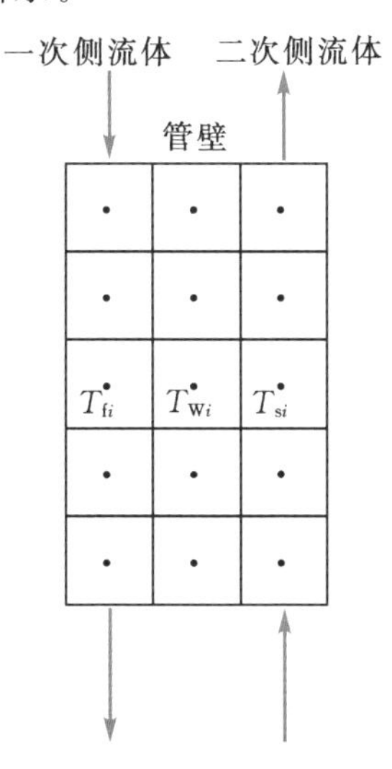

图 10－34　中间换热器能量控制体的划分

将上述三个方程针对每一个控制体积分，对流项采用迎风格式，可以得到每一个控制体的控制方程：

$$\frac{\mathrm{d}W_{\mathrm{IHX}}}{\mathrm{d}t}=p_{\mathrm{IHX,in}}-p_{\mathrm{IHX,out}}-\Delta p_{\mathrm{d}}$$

$$\frac{\mathrm{d}T_{\mathrm{f}i}}{\mathrm{d}t}=\frac{W_{\mathrm{f}}(c_{p\mathrm{f}(i-1)}T_{\mathrm{f}(i-1)}-c_{p\mathrm{f}i}T_{\mathrm{f}i})+U_{\mathrm{f}i}h_{\mathrm{f}i}(T_{\mathrm{f}i}-T_{\mathrm{W}i})l_i}{A_{\mathrm{f}i}\rho_{\mathrm{f}i}c_{p\mathrm{f}i}l_i}$$

$$\frac{\mathrm{d}T_{si}}{\mathrm{d}t}=\frac{W_{\mathrm{s}}(c_{p\mathrm{s}(i-1)}T_{\mathrm{s}(i-1)}-c_{psi}T_{si})+U_{si}h_{si}(T_{\mathrm{W}i}-T_{si})l_i}{A_{si}\rho_{\mathrm{f}i}c_{p\mathrm{f}i}l_i}$$

$$\frac{\mathrm{d}T_{\mathrm{W}i}}{\mathrm{d}t}=\frac{U_{\mathrm{f}i}h_{\mathrm{f}i}(T_{\mathrm{f}i}-T_{\mathrm{w}i})l_i-U_{si}h_{si}(T_{\mathrm{W}i}-T_{si})l_i}{A_{\mathrm{W}i}\rho_{\mathrm{W}i}c_{p\mathrm{W}i}l_i}$$

式中：i、$i-1$ 为控制体编号；l_i 为第 i 个控制体的长度。

3）钠池模型

在稳定运行工况下，热池和冷池内的温度分布是均匀的，发生事故后，热池和冷池内都会出现明显的分层现象。在强迫循环运行工况下，堆芯出口液态金属钠的流速和流量很大，能够使热池内的液态金属钠产生均匀的搅混。在自然循环工况下，流入上钠池的冷却剂的流量很小，热池内的液态金属钠不能够产生均匀的混合，此时，需要分别计算各层温度和质量等的变化，钠池的分层示意图如图 10－35 所示。

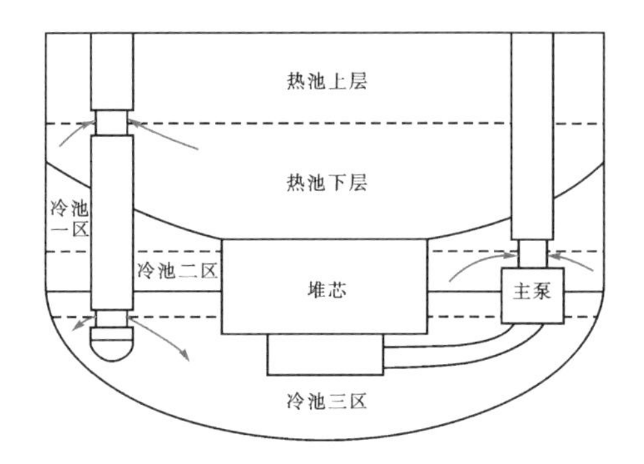

图 10－35　钠池分层模型示意图

由于分层模型的限制，钠池每层的进口和出口只有一个，而余热排出系统中的独立热交换器和中间热交换器的进出口都浸没在钠池中，因此控制方程中添加了一个能量源项和质量源项。

(1)下钠池模型。

对于下钠池用户可选择均匀混合模型或分区模型进行数值模拟，均匀混合模型中认为经过中间换热器(International Atomic Energy Agency，IHX)流出的钠与下钠池(冷钠池)中的流体会均匀混合，而流入泵中的流体的温度就是下钠池流体的平均温度，经推导控制方程如下：

$$H_{CP}=\frac{m_{CP}}{A_{CP}\rho_{CP}(T_{CP},P_{CP})} \tag{10-54}$$

式中：H_{CP} 为钠池的液位。

$$P_{CP}=P_{gas}+0.5\rho_{CP}(T_{CP},T_{CP})gH_{CP}$$

式中：P_{CP} 为钠池中心压力。

$$\frac{dm_{CP}}{dt}=G_{in}-G_{out}+\left(\frac{dm_{dum}}{dt}\right)_{net}$$

式中：$\left(\frac{dm_{dum}}{dt}\right)_{net}$ 为质量源项。

$$\frac{dh_{CP}}{dt}=\frac{h_{in}G_{in}-h_{CP}G_{out}}{m_{CP}}+\frac{\varepsilon_{CP}Q_{dum}}{m_{CP}}$$

式中：h_{CP} 为钠池的平均焓值；Q_{dum} 为钠池净热流量源项。

均匀混合模型中，认为无论在事故还是正常运行状态，钠池内的液钠都是均匀混合的。在正常运行中，两种模型对计算结果带来的影响不是很大，在事故状态下，三区内的液钠并不是均匀混合的，主泵从冷池吸入的液钠温度与冷池的平均温度并不相同，可能会高于冷池内的平均温度，在这种情况下，均匀混合模型计算的结果偏理想，三区模型能够相对较好地反应这一变化。当从中间热交换器内流出的钠流量较大时，认为钠流与冷池内液钠的混合是均匀的，但是在事故发生的时候，较低流量的钠无法保障冷池内钠的均匀混合，与热池一样，冷池内的钠也将出现分层现象。三区的分界线分别是中间热交换器一次侧出口位置和主泵的入口位置。基于上述分析，推导出如下所示的冷池内液钠的质量、流量和液位的数学方程式如下。

冷池内各区液钠质量变化的关系式：

$$\frac{\mathrm{d}m_{c1}}{\mathrm{d}t} = k_{11}\frac{m_{c1}}{m_{c1}+m_{c2}+m_{c3}}(W_{in}-W_{out})+\varepsilon_1\left(\frac{\mathrm{d}m_{dum}}{\mathrm{d}t}\right) \tag{10-55}$$

$$\frac{\mathrm{d}m_{c2}}{\mathrm{d}t} = k_{11}\frac{m_{c3}}{m_{c1}+m_{c2}+m_{c3}}(W_{in}-W_{out})+\varepsilon_2\left(\frac{\mathrm{d}m_{dum}}{\mathrm{d}t}\right) \tag{10-56}$$

$$\frac{\mathrm{d}m_{c2}}{\mathrm{d}t}\left(k_{11}\frac{m_{c2}}{m_{c1}+m_{c2}+m_{c3}}+k_{21}+k_{22}+k_{23}\right)(W_{in}-W_{out})+\varepsilon_3\left(\frac{\mathrm{d}m_{dum}}{\mathrm{d}t}\right) \tag{10-57}$$

冷池内各区液钠温度变化的关系式：

$$\begin{aligned}\frac{\mathrm{d}H_{c1}}{\mathrm{d}t} = {} & k_{11}(W_{in}H_{in}-W_{out}H_{c1})/(m_{c1}+m_{c2}+m_{c3})+ \\ & k_{21}W_{in}(H_{in}-H_{c1})/m_{c1}-H_{c1}\frac{\mathrm{d}m_{c1}}{\mathrm{d}t}/m_{c1}+\varepsilon_1 Q_{dum}/m_{c1}\end{aligned} \tag{10-58}$$

$$\begin{aligned}\frac{\mathrm{d}H_{c2}}{\mathrm{d}t} = {} & k_{11}(W_{in}H_{in}-W_{out}H_{c1})/(m_{c1}+m_{c2}+m_{c3})+ \\ & k_{21}(W_{in}H_{c1}-W_{out}H_{c2})/m_{c2}+ \\ & k_{22}(W_{in}H_{in}-W_{out}H_{c2})/m_{c2}+ \\ & k_{23}(W_{in}H_{c3}-W_{out}H_{c2})/m_{c2}-H_{c2}\frac{\mathrm{d}m_{c2}}{\mathrm{d}t}/\mathrm{d}m_{c2}+\varepsilon_2 Q_{dum}/m_{c2}\end{aligned} \tag{10-59}$$

$$\begin{aligned}\frac{\mathrm{d}H_{c3}}{\mathrm{d}t} = {} & k_{11}(W_{in}H_{in}-W_{out}H_{c1})/(m_{c1}+m_{c2}+m_{c3}+ \\ & k_{23}W_{in}(H_{in}-H_{c3})/m_{c3}-H_{c3}\frac{\mathrm{d}m_{c3}}{\mathrm{d}t}/m_{c3}+\varepsilon_3 Q_{dum}/c_{c3}\end{aligned} \tag{10-60}$$

式中：H_{c1}、H_{c2}、H_{c3} 为冷池各区钠的平均焓值；m_{c1}、m_{c2}、m_{c3} 为冷池各区钠的质量；L_c 为下钠池液位高度（从下池底部算起）；W_{in} 为钠池入口流量；H_{in} 为钠池入口平均焓值；W_{out} 为钠池出口流量；k_{11}、k_{21}、k_{22}、k_{23} 代表冷池内不同的搅混情形，其取值为：

$$k_{11}=\begin{cases}1,\text{强迫循环}\\0,\text{自然对流}\end{cases}$$

$$k_{21}=\begin{cases}0,\text{强迫循环}\\1,\text{自然对流且 } H_{in}>H_{c2}\text{ 时}\\0,\text{自然对流且 } H_{in}\leqslant H_{c2}\text{ 时}\\0,\text{自然对流且 } H_{in}\leqslant H_{c3}\text{ 时}\end{cases}$$

$$k_{22}=\begin{cases}0,\text{强迫对流}\\0,\text{自然对流且 } H_{in}>H_{c2}\text{ 时}\\1,\text{自然对流且 } H_{c3}\leqslant H_{in}\leqslant H_{c2}\text{ 时}\\0,\text{自然对流且 } H_{in}>H_{c3}\text{ 时}\end{cases}$$

$$k_{23}=\begin{cases}0,\text{强迫对流}\\0,\text{自然对流且 } H_{in}>H_{c2}\text{ 时}\\0,\text{自然对流且 } H_{in}\leqslant H_{c2}\text{ 时}\\1,\text{自然对流且 } H_{in}\leqslant H_{c3}\text{ 时}\end{cases}$$

(2)上钠池模型。

对于上池，认为强迫循环时，堆芯出口钠流量较大，堆芯上钠池均匀混合；但是在自然循环状态时，进入上钠池的动量很小，并不能保证充分混合而分为两层，分界线为一回路侧入口附近，分别计算各层温度及质量的变化[11]。当强迫循环流量比较大时，由堆芯出口流量的一部分直接流向 IHX，份额为 α，其大小取决于堆芯流量的大小，当降至自然循环水平时，α 取 0，目前认为自然循环与强迫循环的分界点为 0.05 倍的额定流量。

于是可以得出上钠池的质量、温度以及液位的控制方程：

$$\begin{aligned}\frac{\mathrm{d}H_{H1}}{\mathrm{d}t}=&\beta_{11}[(1-\alpha)W_{Core}H_{Core}-W_{H}H_{H1}]/(m_{H1}+m_{H2})+\\&\beta_{21}[W_{Core}H_{Core}-W_{H}H_{H1}]/m_{H1}-\\&H_{H1}\frac{\mathrm{d}m_{H1}}{\mathrm{d}t}/m_{H1}+\varepsilon_{H1}Q_{dum}/m_{H1}\end{aligned}\tag{10-61}$$

$$\begin{aligned}\frac{\mathrm{d}H_{H2}}{\mathrm{d}t}=&\beta_{11}[(1-\alpha)W_{Core}H_{Core}-W_{H}H_{H1}]/(m_{H1}+m_{H2})+\\&\beta_{22}[W_{Core}H_{Core}-W_{H}H_{H2}]/m_{H2}-\\&H_{H2}\frac{\mathrm{d}m_{H2}}{\mathrm{d}t}/m_{H2}+\varepsilon_{H2}Q_{dum}/m_{H2}\end{aligned}\tag{10-62}$$

$$\frac{\mathrm{d}m_{H1}}{\mathrm{d}t}=\beta_{11}\frac{m_{H1}}{m_{H1}+m_{H2}}[(1-\alpha)W_{Core}-W_{H}]+\beta_{21}(W_{Core}-W_{H})+m_{dum}\tag{10-63}$$

$$\frac{\mathrm{d}m_{\mathrm{H2}}}{\mathrm{d}t}=\beta_{11}\frac{m_{\mathrm{H2}}}{m_{\mathrm{H1}}+m_{\mathrm{H2}}}[(1-\alpha)W_{\mathrm{Core}}-W_{\mathrm{H}}]+\beta_{22}(W_{\mathrm{Core}}-W_{\mathrm{H}})\quad(10-64)$$

$$\begin{aligned}\frac{\mathrm{d}L_{\mathrm{H}}}{\mathrm{d}t}&=\beta_{11}[(1-\alpha)W_{\mathrm{Core}}-W_{\mathrm{H}}]L_{\mathrm{H}}/(m_{\mathrm{H1}}+m_{\mathrm{H2}})+\\&[1-\beta_{11}][W_{\mathrm{Core}}-W_{\mathrm{H}}]L_{\mathrm{H}}/(m_{\mathrm{H1}}+m_{\mathrm{H2}})\end{aligned}\quad(10-65)$$

$$W_{\mathrm{H}}=\beta_{11}(W_{\mathrm{IHX}}-\alpha W_{\mathrm{Core}})+(1-\beta_{11})W_{\mathrm{IHX}}\quad(10-66)$$

$$H_{\mathrm{IHX,in}}=\beta_{11}(\alpha W_{\mathrm{Core}}H_{\mathrm{Core}}+W_{\mathrm{H}}H_{\mathrm{H1}})/W_{\mathrm{IHX}}+\beta_{21}H_{\mathrm{H1}}+\beta_{22}H_{\mathrm{H2}}\quad(10-67)$$

$$\beta_{21}=\begin{cases}0,\text{强迫循环}\\1,\text{自然对流},H_{\mathrm{Core}}\geqslant H_{\mathrm{H2}}\\0,\text{自然对流},H_{\mathrm{Core}}<H_{\mathrm{H2}}\end{cases}$$

$$\beta_{22}=\begin{cases}0,\text{强迫循环}\\0,\text{自然对流},H_{\mathrm{Core}}\geqslant H_{\mathrm{H2}}\\1,\text{自然对流},H_{\mathrm{Core}}<H_{\mathrm{H2}}\end{cases}$$

式中：H_{H1}、H_{H2} 为上下两层钠的平均温度；m_{H1}、m_{H2} 为上下两层钠的质量；L_{H} 为两层钠池的液位高度；W_{IHX} 为中间换热器的一次侧入口流量；$H_{\mathrm{IHX,in}}$ 为 IHX 一次侧入口钠的平均温度；W_{core} 为堆芯出口流量；H_{core} 为堆芯出口钠的温度；W_{H} 为钠池内流向 IHX 的流量。

4)管道和腔室模型

对于管道，采用一维节点热平衡模型，将管壁以及流体沿着流动方向划分为若干控制体如图 10－36 所示，忽略管道与外界的换热，假设管内流体为不可压缩流体。

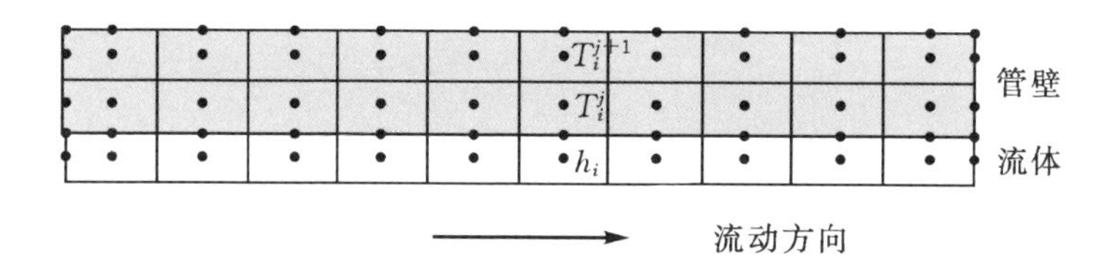

图 10－36　管道控制体的划分

质量方程：

$$W_{i+1}=W_i$$

根据不同的边界条件选择不同的动量方程：

$$\Delta P_i=\frac{1}{2}f_i\frac{L_i}{2D_{\mathrm{e}}}\rho_i v_i\mid v_i\mid+\rho_i gL_i\sin\theta+\frac{1}{2}k_i\rho_i v_i\mid v_i\mid$$

边界条件为进出口压力时的动量方程：

$$\frac{\mathrm{d}W_{\mathrm{P}}}{\mathrm{d}t}=\frac{P_{\mathrm{in}}-P_{\mathrm{out}}-\sum_{i=1}^{N}\Delta P_i}{L_{\mathrm{P}}/A_{\mathrm{P}}} \tag{10-68}$$

$$P_i=P_{i+1}+\Delta P_i+\frac{L_{\mathrm{P}i}}{A_{\mathrm{P}}}\frac{\mathrm{d}W_{\mathrm{P}}}{\mathrm{d}t}$$

边界条件为进口流量和压力时的动量方程：

$$P_i=P_{i-1}-\Delta P_i-\frac{L_{\mathrm{P}i}}{A_{\mathrm{P}}}\frac{\mathrm{d}W_{\mathrm{P}}}{\mathrm{d}t} \tag{10-69}$$

边界条件为进口流量和出口压力时为动量方程：

$$P_i=P_{i+1}+\Delta P_i+\frac{L_{\mathrm{P}i}}{A_{\mathrm{P}}}\frac{\mathrm{d}W_{\mathrm{P}}}{\mathrm{d}t} \tag{10-70}$$

能量方程：

$$Q_i=h_i\frac{4A_{\mathrm{P}}L_i}{D_{\mathrm{e}}}(T_{\mathrm{W}i}-T_{\mathrm{F}i}) \tag{10-71}$$

$$\frac{\mathrm{d}H_i}{\mathrm{d}t}=\frac{W_{\mathrm{P}}h_{i-1}-W_{\mathrm{P}}h_i+Q_i}{\rho_i L_{\mathrm{P}i}A_{\mathrm{P}}} \tag{10-72}$$

壁面导热方程：

$$\frac{\mathrm{d}T_{\mathrm{W}i}^{j}}{\mathrm{d}t}=\frac{Q_i^{j-1,j}+Q_i^{j+1,j}}{\rho_{\mathrm{W}i}^{j}c_{\mathrm{W}i}^{j}} \tag{10-73}$$

$$Q_i^{j-1,j}=\frac{2\pi L_i(r_j-\Delta r_j)(T_{\mathrm{W}i}^{j-1}-T_{\mathrm{W}i}^{j})}{r_j-r_{j-1}}\Big/\left(\frac{x}{\lambda_i^j}+\frac{1-x}{\lambda_i^{j+1}}\right)$$

$$Q_i^{j+1,j}=\frac{2\pi(r_j+\Delta r_j)L_i(T_{\mathrm{W}i}^{j+1}-T_{\mathrm{W}i}^{j})}{r_{i+1}-r_i}\Big/\left(\frac{x}{\lambda_i^j}+\frac{1-x}{\lambda_i^{j+1}}\right)$$

固体边界点温度更新为：

$$T_{\mathrm{W}_i}^{1}=\frac{T_{\mathrm{f}i}(r_2-r_1)h_i/2\lambda_1^2+T_{\mathrm{W}i}^{2}}{1+(r_2-r_1)h_i/2\lambda_i^2}$$

式中：i 为轴向控制体编号；j 为管壁径向控制体编号；ΔP_i 为流体控制体 ρ_i 的压降；i 为流体控制体 V_i 的密度；W_{P} 为流体控制体 i 的体积；W_{P} 为管道质量流量；H_i 为流体控制体 j 的焓值；q_i 为单位时间内流体控制体 j 传给管壁的热量；$Q_i^{j-1,j}$ 为第 $j-1$ 个控制体向第 j 个控制体的传热量；$\rho_{\mathrm{W}i}$ 为管壁控制体的密度；$c_{\mathrm{W}i}$ 为管壁控制体的比热；$T_{\mathrm{W}i}^{j}$ 为管壁控制体的温度。

5)管网模型

有些反应堆结构中存在分支结构，将这种结构，简化为管道网络结构，在程序中设置了管网模型，可以对多根管道的串并联进行计算。例如，EBR－Ⅱ进口处的管网结构示意图如图 10－37 所示，由 8 根管道、4 个节点、4 个边界点组成。

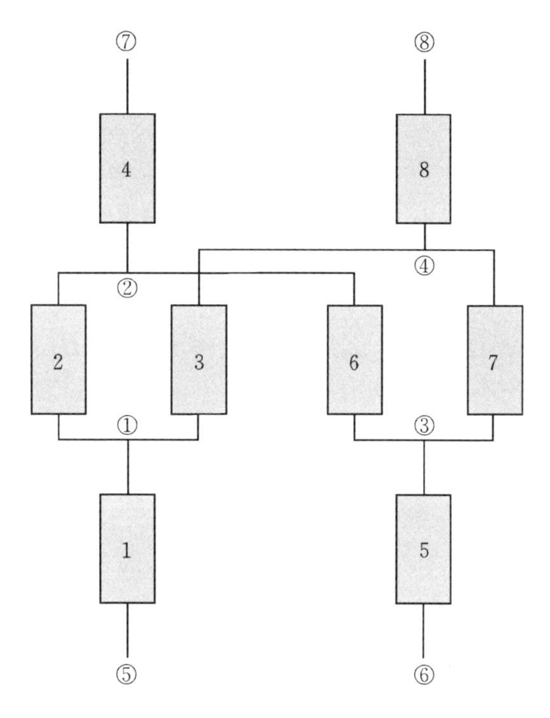

图 10－37 管网结构图

在建模时对其进行一定假设，假设管内流体为不可压缩流体，并忽略对外散热及壁面导热，根据节点处质量、动量和能量守恒得出控制方程如下。

动量守恒方程：

$$I_i \frac{\mathrm{d}W_i}{\mathrm{d}t} - P_i^{\mathrm{in}} + P_i^{\mathrm{out}} = \Delta P_i \tag{10-74}$$

式中：I_i 为 i 号管道内流体的流动惯量。

质量守恒方程：

$$\sum_{N_i} \frac{\mathrm{d}W_i}{\mathrm{d}t} = 0 \tag{10-75}$$

式中：N_i 为 i 号节点对应的管道数目；W_i 为 i 号管道内流体的质量流量，流入为正，流出为负。

能量守恒方程如下。

a. 管道内的焓值：

$$\frac{\mathrm{d}h_i}{\mathrm{d}t} = \frac{\mathrm{abs}(W_i^{\mathrm{in}})(h_i^{\mathrm{in}} - h_i)}{\rho_i L_i A_i} \tag{10-76}$$

b. 节点处的焓值：

$$\frac{\mathrm{d}h_j}{\mathrm{d}t}=\frac{\sum\limits_{i=N_j^+}W_i(h_i-h_j)}{\sum\limits_{N_j^+}W_i} \tag{10-77}$$

式中：N_j^+ 为 j 号节点流入的管道数；h_j 为 j 号节点对应的流入的流体焓值。

8 条管道有 8 个动量方程，4 个节点有 4 个连续性方程和 8 个压力、8 个流量，所以需要 4 个边界条件，进出口的流量或者压力。

6）蒸汽发生器模型

对钠冷快堆核电站的蒸汽发生器进行数学建模，通常有两种方法：一种采用固定网格，通过控制容积或有限差分法求解基本方程；另一种采用可移动边界，将各区域的边界位置表示为时间的函数。

为使模型简化，在建模过程中作出如下假设：简化为一维流动计算的单管模型；计算钠侧的流动特性时，钠冷却剂作为不可压缩流体来处理；解除动量方程和能量方程的耦合关系，动量方程通过另外一个管道模型考虑到整个系统中。

能量守恒方程：

$$\rho_i V_i\frac{\mathrm{d}h_i}{\mathrm{d}t}=Wh_{i+1}-Wh_i+q_iA_i \tag{10-78}$$

根据能量守恒可得管壁温度表达式：

$$mc_p\frac{\partial T_{\mathrm{W}}(t)}{\partial t}=h_1A_1(T_1-T_{\mathrm{W}})-h_2A_2(T_{\mathrm{W}}-T_2) \tag{10-79}$$

直流蒸汽发生器水侧分为单相流体和两相流体两种情况考虑。直流蒸汽发生器水侧的流体相继出现过冷水、饱和水、汽水混合物、饱和蒸汽和过热蒸汽，两相区计算使用均相流模型。

（1）单相流体区。

质量守恒方程：

$$W_{i+1}=W_i=W \tag{10-80}$$

动量守恒方程：

$$p_{i+1}=p_i-\left(\frac{W^2}{\rho_{i+1}A_{i+1}}-\frac{W^2}{\rho_iA_i}\right)-\rho_ig\Delta z_i-\frac{f_iW^2\Delta z_i}{2\rho_iD_eA^2}-\sum_{j=1}^{n}\left(\frac{f_1W^2}{2\rho A^2}\right)_j \tag{10-81}$$

能量守恒方程：

$$\rho_i V_i\frac{\mathrm{d}h_i}{\mathrm{d}t}=Wh_{i+1}-Wh_i+q_iA_i \tag{10-82}$$

（2）两相流体区。

对两相流体：

$$h_i=(1-x_i)h_{fi}+x_ih_{gi}$$

(3)辅助模型。

辅助模型包括对流换热关系式、临界热流密度关系式、空泡份额关系式及压降计算关系式。压降计算关系式在流动阻力模型中介绍,其它模型的计算如下。

单相流体对流换热关系式,对于大流量区($Re>2300$)可以采用迪图斯-贝尔特关系式或西德-塔特公式:

$$Nu = 0.023Re^{0.8}Pr^{n} \tag{10-83}$$

$$Nu = 0.023Re^{0.8}Pr^{0.33}\left(\frac{\mu}{\mu_{w}}\right)^{0.14} \tag{10-84}$$

小流量区($Re<2300$)采用科尔关系式:

$$Nu = 0.017Re^{0.33}Pr^{0.33}\left(\frac{Pr}{Pr_{w}}\right)^{0.25}Gr^{0.1} \tag{10-85}$$

饱和沸腾区换热关系式采用陈氏公式:

$$\begin{aligned} h = {} & 0.023F\left[\frac{G(1.0-x)D_{e}}{\mu_{f}}\right]^{0.8}\left[\frac{\mu c_{p}}{k}\right]^{0.4}\left(\frac{\kappa_{f}}{D_{e}}\right)+ \\ & 0.00122S\left[\frac{k_{f}^{0.79}c_{pf}^{0.45}\rho_{f}^{0.49}}{\sigma^{0.5}\mu_{f}^{0.29}h_{fg}^{0.24}\rho_{g}^{0.24}}\right](T_{w}-T_{s})^{0.24}(P_{w}-P_{s})^{0.75} \end{aligned} \tag{10-86}$$

膜态沸腾换热又称为干涸后弥散流换热,其换热机理十分复杂,公开发表的文献包含各种各样的物理模型,Groeneveld 对这些研究结果进行了系统地分析,总结出以下公式:

$$Nu_{g} = 5.2\times10^{-2}\left[Re_{g}\left\{x+\frac{\rho_{g}}{\rho_{f}}(1-x)\right\}\right]^{0.688}Pr_{g,w}Y^{-1.06} \tag{10-87}$$

$$Y = 1-0.1\left(\frac{\rho_{f}}{\rho_{g}}-1\right)^{0.4}(1-x)^{0.4}$$

对于单相蒸汽对流传热,大流量区采用西德-塔特关系式,小流量区选用西德-塔特关系式和麦克亚当斯关系式中的较大者:

$$\begin{cases} Nu = 0.023Re^{0.8}Pr^{0.33}\left(\dfrac{\mu}{\mu_{w}}\right)^{0.14} \\ h = 0.13k_{vf}\left[\dfrac{\rho_{vf}^{2}g\beta_{vf}(T_{w}-T_{g})}{\mu_{vf}^{2}}\right]^{1/3}\cdot\left(\dfrac{c_{p}\mu}{k}\right)_{vf} \end{cases} \tag{10-88}$$

临界热流密度模型可分为偏离核态沸腾(Depature of Nucleate Boiling,DNB)型和干涸 Dryout 型。前者含气率较低,传热为泡核沸腾;后者含气率高,主流一般处于环状流区域,出现液膜干涸现象。DNB 模型可选用 W-3 公式和 Sudo 公式,Dryout 型可选用 BiasiA、BiasiB 和 Zuber 公式。

空泡份额采用下式计算:

$$\alpha = \left[1+\left(\frac{1-x}{x}\right)\frac{\rho_{g}}{\rho_{f}}\right]^{-1} \tag{10-89}$$

滑速比的求解采用齐斯霍姆(Chisholm)关系式：

$$S = \left[x \frac{\rho_g}{\rho_f} + (1 - x) \right]^{1/2} \tag{10-90}$$

7)钠-空气热交换器模型

由于空气的比热小，仅为水比热的四分之一；密度远小于水，所以空冷器体积比较大，另外空气侧的膜传热系数很低，数量级小于钠-空气热交换器中钠侧换热系数和管壁导热系数。所以钠-空气热交换器一般采用扩展表面的翅片管和螺旋管等，换热管的种类比较多。

钠侧的计算模型与中间热交换器以及蒸汽发生器钠侧的计算模型一致。空气侧换热区采用一维单管模型，空气侧质量守恒方程：

$$W_{i+1} = W_i = W$$

能量守恒方程：

$$\rho_i V_i \frac{\mathrm{d}h_i}{\mathrm{d}t} = W h_{i+1} - W h_i + q_i A_i$$

动量守恒方程：

$$\rho_{i+1} = \rho_i - \left(\frac{W^2}{\rho_{i+1} A_{i+1}} - \frac{W^2}{\rho_i A_i} \right) - \rho_i g \Delta z_i - \frac{f_i W^2 \Delta z_i}{2 \rho_i D_e A^2} - \sum_{j=1}^{n} \left(\frac{f_1 W^2}{2 \rho A^2} \right)_j$$

空气侧烟囱区域的换热忽略不计，所有阻力按局部阻力计算，因此，空气侧流量计算公式：

$$\sum_{i=1}^{N} \Delta P_i + \Delta P_{\mathrm{stack}} + \Delta P_{\mathrm{O}} = 0 \tag{10-91}$$

式中：$\Delta P_{\mathrm{stack}}$ 为烟囱内压降，Pa；ΔP_{O} 为空气出口到入口高度所对应的环境内压降，Pa；ΔP_i 为传热区域第 i 个控制体压降，Pa。

$$W^2 = \frac{-\Delta P_{\mathrm{O}} - \rho_i g \Delta z_i - \Delta P_{\mathrm{stack}}}{\left(\frac{1}{\rho_{i+1} A_{i+1}} - \frac{1}{\rho_i A_i} \right) + \frac{f_i \Delta z_i}{2 \rho_i D_e A^2} + \sum_{j=1}^{n} \left(\frac{f_1}{2 \rho A^2} \right)_j} \tag{10-92}$$

空气侧辅助模型包括空气传热系数关系式和摩擦系数关系式，由于钠-空气热交换器换热管种类繁多，程序中只考虑了几种基本的换热管样式，其余形式的换热管计算时换热系数和摩擦阻力系数作为输入参数。

(1)垂直管束。

使用 Dittus - Boelter 公式计算垂直管束换热系数为：

$$Nu_f = 0.023 Re_f^{0.8} Pr_f^n \tag{10-93}$$

由于气体和壁面温差超过 50 ℃，所以要加物性影响修正系数 c_t，此时式中 n 恒取 0.4，气体被加热时，$c_t = (T_f / T_w)^{0.5}$；被冷却时，$c_t = 1.0$；下标 f、w 分别表示流体平均温度及壁面温度。Dittus-Boelter 公式仅能应用于旺盛湍流的范围，在过渡区计算值偏高。

另一个准确度比较高的公式为 Gnielinski 公式，此公式对温差和入口效应都做了考虑：

$$Nu_{\mathrm{f}}=\frac{(f/8)(Re-1000)/Pr_{\mathrm{f}}}{1+12.7\sqrt{f/8}(Pr_{\mathrm{f}}^{2/3}-1)}\left[1+\left(\frac{d}{l}\right)^{2/3}\right]c_{\mathrm{t}} \tag{10-94}$$

对于气体：

$$c_{\mathrm{t}}=\left(\frac{T_{\mathrm{f}}}{T_{\mathrm{w}}}\right)^{0.45},\quad \frac{T_{\mathrm{f}}}{T_{\mathrm{w}}}=0.5\sim1.5 \tag{10-95}$$

式中：l 为管长；f 为管内湍流流动的 Darcy 阻力系数，采用 Filonenko 公式：

$$f=(1.821\lg Re-1.64)^{-2} \tag{10-96}$$

Gnielinski 公式的适用范围 $Re_{\mathrm{f}}=2300\sim10^{6}$，$Pr_{\mathrm{f}}=0.6\sim10^{5}$ 。

摩擦阻力系数的计算采用尼古拉兹实验曲线，分为 5 个流动区域。

(2)横掠光滑管束。

横掠管束使用的 Zhukauskas 关联式。

横掠光管阻力系数计算为：

$$f=5.0Re^{-0.228} \tag{10-97}$$

(3)横掠翅片管。

只讨论空气横向流过错排环形翅片管束情况，如图 10-38 所示。

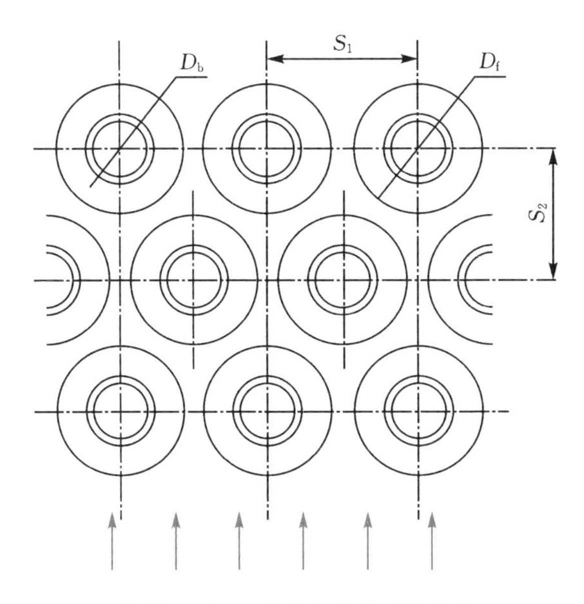

图 10-38　空气横向绕流翅片管束

(4)传热计算。

传热系数除了与空气速度或雷诺数有关外，还与两相邻翅片的间隙及翅片高度有关，而翅片厚度只对其有微弱的影响。Briggs 和 Young 得出的经验公式标准误差在 5%左右。

低翅片管束，$D_f/D_b = 1.2 \sim 1.6, D_b = 13.5 \sim 16\ \text{mm}$：

$$\frac{D_b h_f}{\lambda} = 0.1507\left(\frac{D_b G_{max}}{\mu}\right)^{0.667}\left(\frac{c\mu}{\lambda}\right)^{1/3}\left(\frac{Y}{H}\right)^{0.164}\left(\frac{Y}{\sigma}\right)^{0.075} \tag{10-98}$$

高翅片管束：

$$\frac{D_b h_f}{\lambda} = 0.1378\left(\frac{D_b G_{max}}{\mu}\right)^{0.718}\left(\frac{c\mu}{\lambda}\right)^{1/3}\left(\frac{Y}{H}\right)^{0.296} \tag{10-99}$$

式中：h_f 为以翅片管外表面为基准的空气膜传热系数；D_f、D_b 分别为翅片外径和翅根直径；Y、H、δ 分别为翅片的间隙、高度和厚度；λ、μ、c 为以平均温度选取的空气物性，单位同前。

(5)阻力计算。

Briggs 等温情况下的压力降计算，实验范围 $Re = D_b G_{max}/\mu = 2000 \sim 50000$，横向管间距与纵向管间距之比 $S_1/S_2 = 1.8 \sim 4.6$ 。

高翅片管束实验公式：

$$\Delta P = f\frac{N G_{max}^2}{2 g_c \rho}$$

摩擦系数 f 为：

$$f = 37.86\left(\frac{D_b G_{max}}{\mu}\right)^{-0.316}\left(\frac{S_1}{D_b}\right)^{-0.927}\left(\frac{S_1}{S_2}\right)^{0.516} \tag{10-100}$$

4. 辅助模型

1)钠物性模型

准确的钠物性计算模型是进行准确的热工水力分析的前提。钠物性计算模块的开发[12]依据 Fink[13]等的工作以及自主开发软件的钠物性计算模型。

(1)焓值。

饱和液态钠的焓值用 h_f 表示，过冷液态钠的焓值用 h_l 表示，而汽化潜热用 Δh_g 表示，饱和气体的焓值用 h_g 表示，过热气体的焓值用 h_v 表示，其单位均为 $\text{kJ}\cdot\text{kg}^{-1}$，并且其值的大小均为相对于温度为 298.15 K 的固态钠的值。

①饱和液态钠的焓值。

当 $371\ \text{K} \leqslant T \leqslant 2000\ \text{K}$ 时，

$$h_f(T) - h(s, 298.15) = -365.77 + 1.6582T - 4.2395\times10^{-4}T^2 + 1.4847\times10^{-7}T^3 + 2992.6\times T^{-1}$$

当 2000 K $\leqslant T \leqslant$ 2503.7 K 时，

$$h_f(T)-h(s,298.15)=2128.4+0.86496T-0.5\Delta h_g$$

当 371 K $\leqslant T \leqslant$ 2503.7 K 时，

$$\Delta h_g=393.37\left(1-\frac{T}{T_C}\right)+4398.6\left(1-\frac{T}{T_C}\right)^{0.29302},T_C=2503.7\text{ K}$$

②过冷液态钠的焓值

$$h_1(\rho,T)=h_f(T)-\frac{1013.9}{\rho_l}\left[1+\frac{T}{\rho_l}\left(\frac{\partial\rho_l}{\partial T}\right)_p\right](p-p_s)$$

式中：ρ_l 为对应温度下饱和液态钠的密度；p_s 为对应温度下的饱和压力值。

③饱和气体钠的焓值。

$$h_g(T)=h_f(T)+\Delta h_g(T)$$

④过热气态钠的焓值

$$h_v=h_g(p_s(T),T)+(x_2-x_{2h})\Delta h_2+(x_4-x_{4h})\Delta h_4$$

式中：x_2、x_4 为计算工况下 Na_2 与 Na_4 的质量分数；x_{2h}、x_{4h} 为与计算温度对应的饱和压力下的 Na_2 与 Na_4 的质量分数；N_1、N_2、N_4、为 Na、Na_2 以及 Na_4 的体积分数；Δh_2、Δh_4 为绝对零度时 Na_2 与 Na_4 的汽化潜热，其值分别为 $-1666.315\,kJ\cdot kg^{-1}$、$-1887.987kJ\cdot kg^{-1}$。

N_1、N_2、N_4 计算公式为：

$$\left.\begin{aligned}N_1+N_2+N_4&=1\\N_2&=pK_2N_1^2\\N_4&=p^3K_4N_1^4\end{aligned}\right\}\Rightarrow p^3K_4N_1^4+pK_2N_1^2+N_1=1\tag{10-101}$$

$$K_2=\exp\left(-9.95845+\frac{16588.3}{1.8T}\right)\tag{10-102}$$

$$K_4=\exp\left(-24.59115+\frac{37589.7}{1.8T}\right)\tag{10-103}$$

$$x_2=\frac{2N_2}{N_1+2N_2+4N_4}\tag{10-104}$$

$$x_4=\frac{4N_4}{N_1+2N_2+4N_4}\tag{10-105}$$

采用牛顿迭代法来求解 N_1、N_2 及 N_4，在该公式的计算中 p 为压力，单位为 atm(1 atm=101.325 kPa)。

(2)密度。

饱和液体钠的密度用 ρ_f 来表示，而过冷液体钠的密度用 ρ_l 来表示，饱和气体钠密度用 ρ_g 来表示，过热气体钠的密度用 ρ_v 来表示，两相气体钠的平均密度用 ρ_m

来表示，其单位均为 $kg \cdot m^{-3}$。

①过冷及饱和液体钠的密度。饱和液体钠的密度计算公式为：

$$\rho_f = 219 + 275.32\left(1-\frac{T}{T_C}\right) + 511.8\left(1-\frac{T}{T_C}\right)^{0.5}$$

在钠冷快堆的工作区域内，过冷液体钠与饱和液体钠的密度很接近，在此采用对应温度下的饱和液体钠的密度来计算过冷液体钠的密度：

$$\rho_l = \rho_f = 219 + 275.32\left(1-\frac{T}{T_C}\right) + 511.8\left(1-\frac{T}{T_C}\right)^{0.5}$$

②饱和及过热气体钠的密度。由于钠冷快堆运行的压力比较低，在此做如下近似：认为气体钠由单聚物、二聚物及四聚物组成，并且满足理想气体的状态方程。获得 Na、Na_2 以及 Na_4 的体积分数 N_1、N_2、N_4 后可以得到：

$$\overline{M} = 22.98977N_1 + 2\times 22.98977N_2 + 4\times 22.98977N_4 \tag{10-106}$$

式中：$\overline{M}$ 为平均摩尔质量，$g \cdot mol^{-1}$。

将式(10－106)代入理想气体的状态方程，即可以得到：

$$\rho_g = \frac{p\overline{M}}{RT}$$

式中：R 为气体常数，其值为 $8.314\ J \cdot mol^{-1} \cdot K^{-1}$。

③两相平均密度。采用两相流均匀流模型，认为气液两相的流速是相同的，于是可以得到两相混合物平均密度的计算方法：

$$\rho_m = \frac{1}{\dfrac{x}{\rho_g} + \dfrac{1-x}{\rho_f}}$$

$$x = \frac{h_m - h_f}{h_g - h_f}$$

式中：x 为两相混合物的平衡含气率；h_m 为两相混合物的焓值。

依据上述两式，可以推导得出均匀流模型中用到的两相混合物密度对焓值和压力偏导数的表达式：

$$\left(\frac{\partial \rho_m}{\partial h_m}\right)_p = -\rho_m^2\left(\frac{1}{\rho_g} - \frac{1}{\rho_f}\right)$$

$$\left(\frac{\partial \rho_m}{\partial p}\right)_{h_m} = \left[\left(\frac{1}{\rho_g} - \frac{1}{\rho_f}\right)\frac{x\dfrac{dh_g}{dp} + (1-x)\dfrac{dh_f}{dp}}{h_{fg}} + \frac{\dfrac{d\rho_f}{dp}}{\rho_f^2}(1-x) + x\frac{\dfrac{d\rho_g}{dp}}{\rho_g^2}\right]$$

式中：$(\partial \rho_m/\partial h_m)_p$ 为两相平均密度对焓值的偏导数；$(\partial \rho_m/\partial p)_{h_m}$ 为两相平均密度对压力的偏导数。

(3)导热系数。

①过冷及液态钠的导热系数。对于液体而言,压力值对导热系数的影响很小,可以忽略不计,在此认为液体的导热系数只取决于温度 T,计算公式为:

$$\lambda_l = \lambda_f = 124.67 - 0.11381T + 5.5226 \times 10^{-5} T^2 - 1.1842 \times 10^{-8} T^2$$

式中:λ_f、λ_l 为饱和及过冷液体的导热系数。

②饱和及过热气体钠的导热系数。对于气体钠的导热系数,在此取 Golden 与 Tokar 提出的公式,并且认为气体的导热系数仍然取决于温度 T,计算公式为[14]:

$$\lambda_v、\lambda_g = 5.02209 + 1.21963 \times 10^{-4}(T - 273.15) - 5.43767 \times 10^{-8}(T - 273.15)^2$$

式中:λ_v、λ_g 为饱和及过热蒸气钠的导热系数。

(4)动力黏度。

①过冷及饱和液体钠的动力黏度。考虑钠的实际流动,认为液体钠的黏性系数与压力无关,仅仅是温度的函数,计算公式为:

$$\eta_l = n_f = \exp\left(-6.4406 - 0.3958\ln T + \frac{556.385}{T}\right)$$

式中:η_f、η_l 为饱和及过冷液体钠的动力黏度。

②饱和及过热蒸汽钠的动力黏度。类似于液体钠,认为气体钠的黏性系数与压力无关,仅仅是温度的函数,计算公式为:

$$n_v = \eta_g = 0.4134 \times 10^{-3}\left(0.03427 + 8.176 \times 10^{-6}(1.8(T - 273.15))^2\right)$$

式中:η_g、η_v 为饱和及过热气体钠的动力黏度系数。

(5)饱和蒸汽压力。

钠的饱和蒸气压与温度的关系采用 Browning 和 Potter 提出的公式:

$$\ln p = 11.9463 - \frac{12633.7}{T} - 0.4672\ln T$$

式中:p 为钠的饱和蒸气压。

2)固体材料物性

(1)氧化物燃料。

目前大部分的钠冷快堆都选择混合氧化物燃料(MOX)作为标准燃料,具有良好的抗辐照性能以及化学相容性。假定混合氧化物燃料中 PuO_2 的摩尔分数为 y,温度为 T,孔隙率为 p,氧原子与金属原子的比为$\frac{n_O}{n_M}$($x=2-\frac{n_O}{n_M}$),燃耗百分比为 B。

①混合氧化物燃料的密度。

当 273 K $\leqslant T \leqslant$ 923 K 时,

$$\rho_{MOX} = \rho_s(273)(1 - p)\Big(9.9734 \times 10^{-1} + 9.802 \times 10^{-6} T - 2.705 \times$$

$$10^{-10}T^2+4.391\times10^{-13}T^3\Big)^{-3}$$

当 $T>923$ K 时，

$$\rho_{MOX}=\rho_s(273)(1-p)\Big(9.9672\times10^{-1}+1.179\times10^{-5}T-2.429\times10^{-9}T^2+1.219\times10^{-12}T^3\Big)^{-3}$$

$$\rho_s(273)=10970+490y$$

式中：ρ_{MOX} 为混合氧化物燃料的实际密度；$\rho_s(237)$ 为理想混合氧化物燃料在 273 K 时的密度。

②混合氧化物燃料的比容。

$$c_{p,MOX}=(1-y)c_p(T,UO_2)+yc_p(T,PuO_2)$$

$$c_p(T,UO_2)=193.238(1+0.011B)+2\times162.8647\left(\frac{T}{1000}\right)+3\times(-104.0014)\left(\frac{T}{1000}\right)^2+4\times29.2056\times\left(\frac{T}{1000}\right)^3+5\times1.9507\left(\frac{T}{1000}\right)^4-2.6441\left(\frac{T}{1000}\right)^{-2}$$

$$c_p(T,PuO_2)=311.7866(1+0.011B)+2\times19.629\left(\frac{T}{1000}\right)+3\times(-0.752)\left(\frac{T}{1000}\right)^2-7.0131\left(\frac{T}{1000}\right)^{-2}$$

式中：B 为燃料的燃耗；T 为燃料的温度；$c_{p,MOX}$ 为混合氧化物燃料的定压比热容；$c_p(T,PuO_2)$ 为二氧化钚燃料的定压比热容；$c_p(T,UO_2)$ 为二氧化铀燃料的定压比热容。

③混合氧化物燃料的导热系数。

$$\lambda_{MOX}=\lambda_0(T,x)F_D(B,T)F_P(B,T)F_M(p)F_R(T)$$

$$\lambda_0(T,x)=\frac{1.158}{2.85x+0.035+0.001T(-0.715x+0.286)}+\frac{1.158\times6400}{(0.001T)^{2.5}}\exp^{-16350/T}$$

$$F_D(B,T)=\omega[\arctan(1/\omega)]$$

$$\omega=\frac{1.09}{B^{3.265}}+0.0643\left(\frac{T}{B}\right)^{0.5}$$

$$F_P(B,T)=1+\frac{0.019B}{(3-0.019B)\left[1+\exp\frac{1200-T}{100}\right]}$$

$$F_M(p)=\frac{1-p}{1+2p}$$

$$F_{R}(T)=1-\frac{0.2}{1+\exp\frac{T-900}{80}}$$

式中：λ_{MOX} 为实际的混合氧化物燃料的导热系数；$\lambda_0(T,x)$ 为理想的混合氧化物燃料的导热系数；$F_D(B,T)$ 为可溶解的裂变产物的修正因子；$F_P(B,T)$ 为沉淀的裂变产物的修正因子；$F_M(p)$ 为燃料的孔隙率修正因子；$F_R(T)$ 为燃料辐照的修正因子。

(2)金属燃料。

初期的钠冷快堆大多采用金属燃料，金属燃料的导热性能好，但是在辐照的情况下会出现严重肿胀。典型的金属燃料为 U－Pu－Zr 合金，在此给出 U－Pu－Zr 合金的物性计算方法，主要参考资料是 SSC－K 程序的说明书。

①金属燃料的密度。

U－10%Zr 合金的密度：

$$\rho=16020\times(1.0122-4.629\times10^{-5}T+2.438^{-8}T^2-2.805\times10^{-11}T^3)$$

式中：ρ 为金属燃料的密度，$kg\cdot m^{-3}$。

②金属燃料的比热容。

U－10%Zr 合金的比热容的表达式：

$$c_p=\frac{1.359+0.05812T+1.086\times10^6T^{-2}}{0.238}$$

式中：c_p 为金属燃料的定压比热容，$J\cdot kg^{-1}\cdot K^{-1}$。

③金属燃料的导热系数为：

$$\lambda=\lambda_0\frac{1-p}{1+1.7p}$$

$$\lambda_0=17.5\left(\frac{1-2.23W_z}{1+1.6W_z}-2.62W_p\right)+1.54\times10^{-2}\left(\frac{1+0.061W_z}{1+1.61W_z}+0.90W_p\right)T$$

式中：λ 为金属燃料的导热系数；λ_0 为未辐照的金属燃料的导热系数；p 为金属燃料的孔隙率；W_p 为 Pu 的质量分数；W_z 为 Zr 的质量分数。

3)流动换热模型

换热系数的计算模型考虑了单相和两相钠的传热工况，并且考虑了普通圆管、环管以及绕丝棒束等不同的通道。对沸腾工况的计算比较简单，没有考虑过冷沸腾及单相蒸气换热的模型。

(1)单相流体的换热。

①圆管对流换热。程序中提供了常用的单相钠的对流换热计算关系式，用户可以根据实际工况进行选择使用。对于 $Re>3000$ 的湍流区域，有以下几个关

联式：

Lyon 关联式[15]：

$$Nu = 7 + 0.025Pe^{0.8}$$

该公式适用于均匀热流的条件。

Seban 关联式[16]：

$$Nu = 5.0 + 0.025Pe^{0.8}$$

该公式适用于均匀壁温的情形。

Aoki 关联式[17]：

$$Nu = 6.0 + 0.025(\bar{\phi}Pe)^{0.8}$$

其中：

$$\bar{\phi} = \frac{0.014[1 - \exp(-71.8\chi)]}{\chi}$$

$$\chi = \frac{1}{Re^{0.45}Pr^{0.2}}$$

对于 $Re \leqslant 3000$ 的层流区域，应用以下公式：

$$Nu = 4.36$$

这些关系式都含有一个较大的常数项，说明即使在流速较低时，液钠仍然有较大的传热系数，这是由于液钠较高的热导率所致。Nu 数的大小，主要取决于 Pe 数，这反映出在液态金属传热中，黏度不是起决定作用的参数。

②环管对流换热。取环形通道的外径为 D_2，内径为 D_1，均匀热流工况下，环管内充分发展的湍流换热的公式有以下两种供用户选择。

SSC - K 程序中推荐的公式：

当 $D_2/D_1 > 1.4$ 时：

$$Nu = 5.25 + 0.0188Pe^{0.8}\left(\frac{D_2}{D_1}\right)^{0.3}$$

当 D_2/D_1 趋于 1 时：

$$Nu = 5.8 + 0.02Pe^{0.8}$$

石双凯给出的公式[18]：

$$Nu = (4.19 + 0.0188Pe^{0.78})(D_2/D_1)^{0.3}$$

该公式的适用范围是 $143 \leqslant Pe \leqslant 1675$。

③平行流过棒束的换热。钠冷快堆燃料组件采用绕丝棒束结构，另外中间换热器的壳侧也是棒束结构，因此需要给出液态金属在棒束通道中的换热系数。国际上对液态金属的棒束换热进行了深入研究，并开展了大量的实验工作，整理了一

系列的实验关联式。将这些换热关联式均加在程序中供用户选择，主要包括以下几种。

FFTF公式[19]：

$$Nu = 4.0 + 0.16\left(\frac{P}{D}\right)^{5.0} + 0.33\left(\frac{P}{D}\right)^{3.8}\left(\frac{Pe}{100}\right)^{0.86}$$

式中：P为棒间距，m；D为棒的直径，m。该公式的使用条件为：$1.15 \leqslant P/D \leqslant 1.30$，$10 \leqslant Pe \leqslant 5000$。

修正的Schad公式[20]：

当$1.05 \leqslant P/D \leqslant 1.15$且$150 \leqslant Pe \leqslant 1000$时，

$$Nu = 4.496\left[-16.15 + 24.96\left(\frac{P}{D}\right) - 8.55\left(\frac{P}{D}\right)^{2}\right]Pe^{0.3}$$

当$1.05 \leqslant P/D \leqslant 1.15$且$Pe < 150$时，

$$Nu = 4.496\left[-16.15 + 24.96\left(\frac{P}{D}\right) - 8.55\left(\frac{P}{D}\right)^{2}\right]$$

当$1.15 \leqslant P/D \leqslant 1.3$时，

$$Nu = 4.0 + 0.16\left(\frac{P}{D}\right)^{5.0} + 0.33\left(\frac{P}{D}\right)^{3.8}\left(\frac{Pe}{100}\right)^{0.86}$$

Graber和Rieger提出的公式[20]：

当$150 \leqslant Pe \leqslant 3000$时，

$$Nu = 0.25 + 6.2\left(\frac{P}{D}\right) + \left[0.32\left(\frac{P}{D}\right) - 0.007\right](Pe)^{\left[0.8-0.024\left(\frac{P}{D}\right)\right]}$$

当$Pe < 110$时，

$$Nu = 0.25 + 6.2\left(\frac{P}{D}\right) + \left[0.32\left(\frac{P}{D}\right) - 0.007\right](110)^{\left[0.8-0.024\left(\frac{P}{D}\right)\right]}$$

该公式的适用条件为：$1.25 \leqslant P/D \leqslant 1.95$。

Borishanskii、Gotovskii和Firsova提出的关系式[21]：

当$200 \leqslant Pe \leqslant 2000$时，

$$Nu = 24.15\lg\left[-8.12 + 12.76\left(\frac{P}{D}\right) - 3.65\left(\frac{P^{2}}{D}\right)\right] + 0.0174\left[1 - \exp\left(6 - 6\left(\frac{P}{D}\right)\right)\right](Pe - 200)^{0.9}$$

当$Pe \leqslant 200$时，

$$Nu = 24.15\lg\left[-8.12 + 12.76\left(\frac{P}{D}\right) - 3.65\left(\frac{P}{D}\right)^{2}\right]$$

该公式的适用条件是$1.10 \leqslant P/D \leqslant 1.50$。

程序中用户可以自由选择棒束对流换热关系式，默认条件下对于燃料棒束的换热采用修正的 Schad 公式，对于中间换热器的壳侧换热采用 Graber 和 Rieger 提出的公式。

(2)钠的沸腾换热模型。

在失流事故工况下，燃料组件内部可能发生沸腾，因此需要给出钠的沸腾换热计算公式。本节中采用的沸腾换热的模型是液膜导热模型，参考了 SAS4A 里面钠的沸腾模型：

$$\delta_{TS} = f(\alpha, D_e)$$

$$h = \lambda_{TS}/\delta_{TW}, T - T_S > 100$$

$$h = h_c, T - T_S < -100$$

$$h = h_c + \frac{\lambda_{TS}/\delta_{TW} - h_c}{1 + e^{0.5T_S - T_C}}, -100 < T - T_S < 100$$

式中：h_c 为冷凝换热系数；δ_{TS} 为液膜厚度 α, D_e 为空泡份额、水力直径的函数；λ_{TS} 为液膜导热系数；h 为沸腾换热系数。

4)流动阻力模型

流体流动过程中的压力损失主要包括：重位压降、加速压降、摩擦压降和形阻压降。其中，重位压降和加速压降比较容易计算，而局部压降主要在于局部阻力系数的选取。摩擦压降的计算较为复杂，在此着重给出摩擦压降的计算。

(1)单相摩擦压降的计算。

单相摩擦压降的计算通常采用 Darcy 公式，即：

$$\Delta p_f = f \frac{l}{D_e} \frac{\rho V^2}{2}$$

式中：f 为 Darcy 摩擦系数；l 为流道长度；D_e 为水力直径；ρ 为流体密度；V 为流动速度。

因此单相摩擦压降计算的关键在于摩擦系数 f 的计算，f 与流型以及通道类型等均有关。在钠冷快堆的瞬态热工水力分析中，通道主要分为三种：圆管、棒束和圆环管。计算压降的过程中，圆环管当做圆管来处理，因此摩擦压降计算公式主要分为圆管和棒束两种。

①圆管内摩擦压降的计算。

层流流动($Re \leqslant 2000$)：

$$f = 64/Re$$

紊流流动($Re \geqslant 3000$)：对于紊流区，程序中提供了两种计算方法，如下所示。

Blasius 公式：

$$f = 0.3164/(Re)^{0.25}$$

科尔布鲁克公式[22]的 Zigrang - Sylvester 近似式[23]：

$$\frac{1}{\sqrt{f}}=-2\lg\left\{\frac{e/D_{\mathrm{h}}}{3.7}+\frac{2.51}{Re}\left[1.14-2\lg\left(\frac{e}{D_{\mathrm{h}}}-\frac{21.25}{Re^{0.9}}\right)\right]\right\}$$

该公式不同于原始的隐式科尔布鲁克公式，是一个显式形式，有助于减少程序迭代计算中的计算量，该公式与原始公式的误差小于 0.1%。

过渡区（$2000<Re<3000$）：

$$f=\frac{Re-2000}{3000-2000}[f(Re=3000)-f(Re=2000)]+f(Re=2000)$$

式中：$f(Re=3000)$ 为 $Re=3000$ 时的摩擦阻力系数；$f(Re=2000)$ 为 $Re=2000$ 时的摩擦阻力系数。

②绕丝棒束的摩擦压降的计算。目前主要钠冷快堆电站的燃料组件均采用绕丝棒束的结构，准确预测绕丝棒束通道的摩擦压降是准确进行堆芯压降计算的前提，程序中给出了多个绕丝棒束的摩擦压降计算公式，供用户选择，默认采用的是 Rehme 模型。

a. Engel－Markley－Bishop 模型。Engel 等给出的绕丝棒束摩擦系数的计算关系式为[24]：

$$f=\frac{\frac{32}{\sqrt{H}}(P/D)^{1.5}}{Re}(1-\psi)^{1/2}+\frac{0.48}{Re^{0.25}}\psi^{1/2}$$

式中：H 为绕丝的螺距。

ψ 的值由下面的式子给出：

当 $Re\leqslant 400$ 时，$\psi=0$；

当 $400<Re<5000$ 时，$\psi=\frac{Re-400}{4600}$；

当 $Re\geqslant 5000$ 时，$\psi=1.0$。

该公式的适用条件是：$P/D<1.3, H<0.3$。

b. Rehme 模型。Rehme 模型给出的绕丝棒束的摩擦系数的计算关系式为[25]：

$$f=\left(\frac{64}{Re}F^{0.5}+\frac{0.0816}{Re^{0.133}}F^{0.9335}\right)\frac{N_{\mathrm{r}}\pi(D+D_{\mathrm{W}})}{S_{\mathrm{t}}}$$

$$F=\left(\frac{P}{D}\right)^{0.5}+\left[7.6\frac{(D+D_{\mathrm{W}})}{H}\left(\frac{P}{D}\right)^{2}\right]^{2.16}$$

式中：D_{W} 为绕丝的直径；N_{r} 为棒的数目；S_{t} 为总的润湿周长。

c. Novendstern 模型。Novendstern[26] 选取 FFTF 燃料组件压力损失的测量结果，提出了计算绕丝棒束摩擦压降的计算关系式为：

$$\Delta p_{\mathrm{f}}=M\frac{0.3164}{Re^{0.25}}\frac{l}{D_{\mathrm{e1}}}\frac{\rho V_{1}^{2}}{2}$$

$$M = [1.034/(P/D)^{0.124} + 29.7(P/D)^{6.94} Re^{0.086}/(H/D)^{2.239}]^{0.885}$$

$$V_1 = \frac{\overline{V} A_T}{N_1 A_1 + N_2 A_2 \left(\frac{D_{e2}}{D_{e1}}\right)^{0.714} + N_3 A_3 \left(\frac{D_{e3}}{D_{e1}}\right)^{0.714}}$$

式中：Δp_f 为通道的摩擦压降；M 为摩擦系数倍率；N_i 为 i 子通道的数目；A_i 为 i 子通道的流通面积；A_T 为总的流通面积；V_1 为内子通道的流速；D_{ei} 为 i 子通道的等效水力直径；i 为子通道的编号，1 代表内子通道，2 代表边子通道，3 代表角子通道。

d. Cheng - Todreas 模型。Cheng 与 Todreas 给出了以下的计算压降的方法[27]：

当 $Re \leqslant Re_L$ 时，

$$f = \frac{C_{fL}}{Re}$$

当 $Re \geqslant Re_T$ 时，

$$f = \frac{C_{fT}}{Re^{0.18}}$$

当 $Re_L \leqslant Re \leqslant Re_T$ 时，

$$f = \frac{C_{fL}}{Re}(1-\psi)^{1/3} + \frac{C_{fT}}{Re^{0.18}}\psi^{1/3}$$

式中：

$$\lg\left(\frac{Re_L}{300}\right) = 1.7\left(\frac{P}{D} - 1.0\right)$$

$$\lg\left(\frac{Re_T}{1000}\right) = 0.7\left(\frac{P}{D} - 1.0\right)$$

$$\psi = \frac{\lg(Re) - (1.7(P/D) + 0.78)}{2.52 - (P/D)}$$

$$C_{fL} = \left[-974.6 + 1612.0\left(\frac{P}{D}\right) - 598.5\left(\frac{P}{D}\right)^2\right] \times \left(\frac{H}{D + D_w}\right)^{0.06 - 0.085(P/D)}$$

$$C_{fT} = \left\{0.8063 - 0.9022\lg\left(\frac{H}{D + D_w}\right) + 0.3526 \times \left[\lg\left(\frac{H}{D + D_w}\right)\right]^2\right\} \cdot \left(\frac{P}{D}\right)^{9.7}\left(\frac{H}{D + D_w}\right)^{1.78 - 2\left(\frac{P}{D}\right)}$$

e. Soblev 模型。Soblev[28]给出的绕丝棒束的摩擦系数的计算公式：

$$f = \left[1 + 600\left(\frac{D}{H}\right)^2\left(\frac{P}{D} - 1\right)\right] \times \left\{\frac{0.210}{Re^{0.25}}\left[1 + \left(\frac{P}{D} - 1\right)^{0.32}\right]\right\}$$

以上给出的圆管和棒束的摩擦系数均为等温流动摩擦阻力系数，对于非等温流动，应该乘以一个修正因子，即

$$f_{no} = f\left(\frac{\mu_w}{\mu_f}\right)^{0.6}$$

式中：f_{no} 为非等温流动的实际摩擦系数；f 为采用主流平均温度得到的等温流动摩擦系数；μ_w 为壁面温度对应的流体动力黏度；μ_f 为流体温度对应的流体动力黏度。

(2)两相摩擦压降的计算。

在钠冷快堆中，事故工况下堆芯可能发生沸腾，因此需给出两相摩擦压降的计算方法。本节中采取的计算方法为先计算全液相摩擦压降，再将其与两相摩擦倍增因子相乘获得两相摩擦压降：

$$\Delta p_{f,tp} = \phi_l^2 \Delta p_{f,l} = \phi_l^2 f_l \frac{l}{D_e} \frac{\rho V_l^2}{2}$$

式中：$\Delta p_{f,tp}$ 为两相混合物的实际摩擦压降；$\Delta p_{f,l}$ 为假定流体全部为液相时的摩擦压降；ϕ_l^2 为全液相摩擦倍增因子。

于是可以看出，计算两相摩擦压降转化为计算全液相摩擦倍增因子 ϕ_l^2，程序中给出了 4 种计算全液相摩擦倍增因子的方法[29]，以供选择，默认选择的是均匀流的两相摩擦倍增因子。

a. Lockhart－Martinelli 关系式

$$\phi_l^2 = 1 + \frac{20}{X_{LM}} + \frac{1}{X_{LM}^2}$$

式中：

$$X_{LM} = \left(\frac{1-x}{x}\right)^{0.9}\left(\frac{\rho_l}{\rho_g}\right)^{0.5}\left(\frac{\mu_l}{\mu_g}\right)^{0.1}$$

b. Lottes－Flinn 关系式

$$\phi_l^2 = \left(\frac{1}{1-(1+X_{LM}^{0.8})^{-0.378}}\right)^2$$

c. Kaiser 关系式

$$\ln\phi_l = 1.48 - 1.05\ln\sqrt{X_{LM}} + 0.09(\ln\sqrt{X_{LM}})^2$$

d. 均匀流的两相摩擦压降计算模型

$$\phi_l^2 = \left[1.0 + x\left(\frac{\rho_f - \rho_g}{\rho_g}\right)\right]\left[1.0 + x\left(\frac{\mu_f - \mu_g}{\mu_g}\right)\right]^{-0.25}$$

式中：x 为两相混合物的质量含气率。

(3)局部阻力计算。

钠冷快堆回路系统包含以下的局部阻力件：弯管、突扩、突缩、渐扩、渐缩、阀门和进出口等。局部阻力系数可按实验关系式计算，也可根据实验中测得的压降反推得到，标准件的局部阻力系数可以通过查阅摩擦阻力手册得到，在此不再详述。

为了使程序更加具有通用性，局部阻力系数作为输入参数读入。

5. **数值计算方法**

基本方程及其封闭所需要的辅助方程，构成了一套完整的求解钠冷快堆系统热工水力问题的方程组，基本形式为：

$$y' = f\left(t, y, y', \frac{\partial y}{\partial t}\right)$$

上述方程根据第 2 章所说的方法对划分的各控制体进行积分，消除空间变量，可以转化为各控制体变量的变系数非线性全微分方程组，具有以下的形式：

$$y' = f(t, y, y')$$

于是钠冷快堆瞬态热工水力特性的求解，转化为以时间 t 为基本参变量的非线性常微分方程组的初值问题：

$$\begin{cases} \dfrac{\mathrm{d}\boldsymbol{y}}{\mathrm{d}t} = f(t, y, y') \\ \boldsymbol{y}(0) = \boldsymbol{y}_0 \end{cases}$$

上述形式的非线性方程组可表示成 $\boldsymbol{y}' = \boldsymbol{f}(t, y)$ 的形式，对此类型非线性方程组可用 Jacobi 矩阵 $\partial \boldsymbol{f}/\partial \boldsymbol{y}$ 的特征值 $\lambda_i (i = 1, 2, \cdots, m)$ 进行分析。特征值的实部 Re_{μ_j} 对应振幅的增减，虚部 Im_{μ_j} 则对应于振动的角频率。当特征值的实部和虚部均小于零时，则认为系统是稳定的，即对任何初始扰动都随时间逐渐减弱。

定义时间常数：

$$\tau_j = \frac{1}{\mathrm{Re}_{\mu_j}}, j = 1, 2, \cdots, m$$

如果系统是由若干系统组合而成，不同的系统有不同的时间常数。其中最大的时间常数 $\tau_{\max}$ 表达整个系统在求解过程中的活跃时间，最小时间常数 $\tau_{\min}$ 表达了整个系统最敏感的反应速度。如果最大时间常数与最小时间常数相差悬殊，即 $\tau_{\max}/\tau_{\min} \gg 1$，则此常微分方程组便称为刚性方程组。

本书模型中包括了核反应堆系统瞬态动力学模型，在此模型中瞬发中子动态过程最快，缓发中子次之，而沸腾边界、通道入口流速等参数变化过程较慢，这些对象的控制方程即构成了刚性很强的方程组，其 $\tau_{\max}/\tau_{\min}$ 值可达 10^8 甚至更高量级。对一些经典的常微分方程求解显式方法，如 Adams 方法等，为保证数值解法稳定性，这要求时间步长为最小时间常数的量级。因此，积分总步数将达到 $\tau_{\max}/\tau_{\min}$ 或更高量级。这样即使方程组本身很简单，但由于刚性太强，计算工作量也会很大，同时当时间步长小到一定程度时，系统中那些时间常数较大的状态变量变化值将小于舍入误差，运行状态难以改变，这使得计算无法继续，导致失败。因此，经典的显式方法不适用于刚性微分方程组的求解。

与之相反,吉尔(Gear)算法[30]的时间步长只受截断误差的约束,是求解刚性方程组的有效方法。吉尔方法采用向后差分的隐式方法,并设计了一种病态稳定策略,可做到步长与特征值乘积大时是精确的,从而很好地跟踪解的快变部分;而对两者乘积小时又是稳定的,即当特征值很小时也不会失真。吉尔采用牛顿迭代法进行隐式求解,并相应地利用矩阵的系数结构的特点用直接法解线性方程,每前进一个步长解隐式方程组所需要的工作量比较小,这就加快了计算速度。此外,吉尔方法能够自启动,容易实现变阶和变步长。在吉尔方法中还配备了阿当姆斯(Adams)方法,当方程组的刚性不是太强时,可以使用阿当姆斯方法进行计算,以提高计算速度。综上所述,吉尔方法是一个求解刚性和非刚性问题的一阶常微分方程组初值问题的非常有效的计算方法。因此本程序选用吉尔方法求解描述钠冷快堆瞬态热工水力特性的刚性常微分方程组。实际计算结果表明,采用阿当姆斯预测-校正法与吉尔方法相结合的方式,在保证求解精度的同时,有效地提高了计算速度,取得了较好的效果。

6. **程序开发**

采用标准的 Fortran95 语言,开发适用于钠冷快堆系统的瞬态热工水力分析程序。程序采用面向对象的模块化建模方法,可移植性好。程序结构如图10－39所示,包含主程序、辅助模块、耦合模块、物性模块、输入模块、输出模块、系统模块以及数值算法模块,其中系统模块包括堆芯模块、热钠池模块、中间热交换器模块、冷钠池模块、主泵模块、腔室和管道模块、蒸汽发生器模块、空气热交换器模块和管网模块。各个模块既可以独立运行,又可以在耦合模块中由主程序调用一起求解。

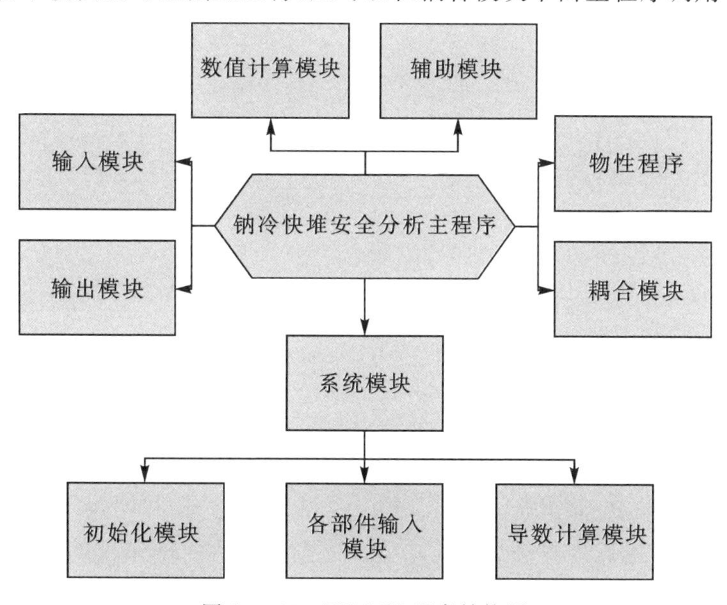

图 10－39　THACS 程序结构图

各程序模块的作用如下。

输入模块:主要负责数据输入卡片的读入。

耦合模块:调用各系统模块以及数值模块开展稳态及瞬态计算。

数值计算模块:Gear 方法模块,负责微分方程组的求解工作。

物性模块:提供钠、水及堆芯材料的热物性计算关系式。

辅助模块:提供换热系数、流体阻力系数以及其它辅助关系式计算的子函数。

输出模块:负责将程序计算的结果以文件形式或通过屏幕输出。

系统模块:负责反应堆的各个系统部件的输入、初始化和导数计算。

各部件输入模块:输入各部件的结构参数以及估测的温度、压力等物性参数。

初始化模块:在瞬态计算之前,给每个控制体赋初值。

导数计算模块:计算各个部件中物性参数的变化情况。

程序的仿真流程如图 10-40 和图 10-41 所示。程序类似于 Relap5 等程序,采用瞬态的求解方法来求解稳态,稳态与瞬态的数值方法一样,不同点在于边界条件的设置不同。

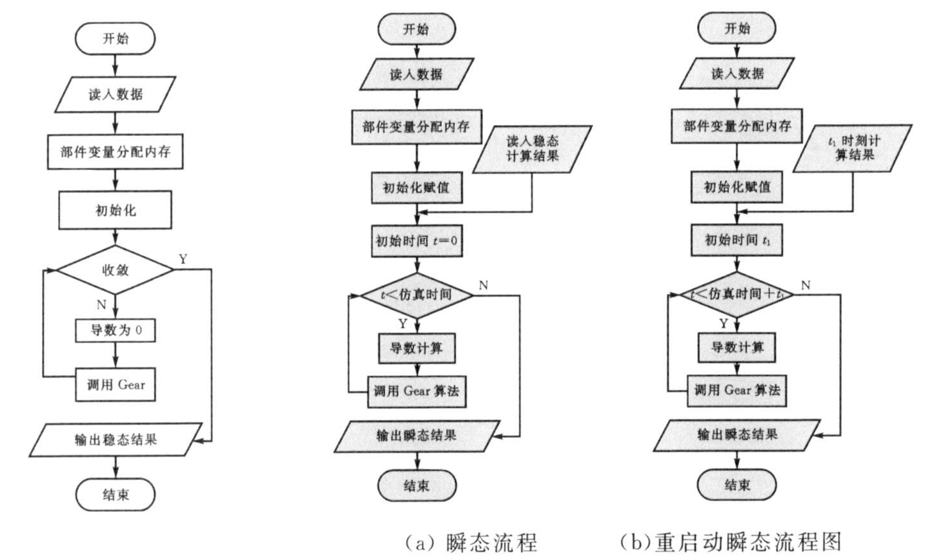

图 10-40 稳态计算流程图

(a) 瞬态流程 (b)重启动瞬态流程图

图 10-41 THACS 程序瞬态计算流程图

7. 程序验证

1)BN800 型反应堆基准题

国际原子能机构(IAEA)与欧盟(European Union,EU)提出了一个采用创新设计的 BN800 类型反应堆在无保护失流事故动态特性下的基准题,参与的机构有德国 FZK、俄罗斯 IPPE、法国 IPSN、日本 JNC 以及印度 IGCAR。该项目中给出了多个钠冷快堆系统分析程序针对这一基准题的计算结果，而且这些系统分析程序大多已经得到验证。下面将取该基准题对 THACS 程序进行初步验证。

该基准题中提出的堆芯布置如图 10－42 所示，包含低浓度燃料组件、中浓度燃料组件、高浓度燃料组件、转换区组件、不锈钢组件、反射层组件、屏蔽层组件、停堆棒以及补偿棒，堆芯主要参数由表 10－3 给出。

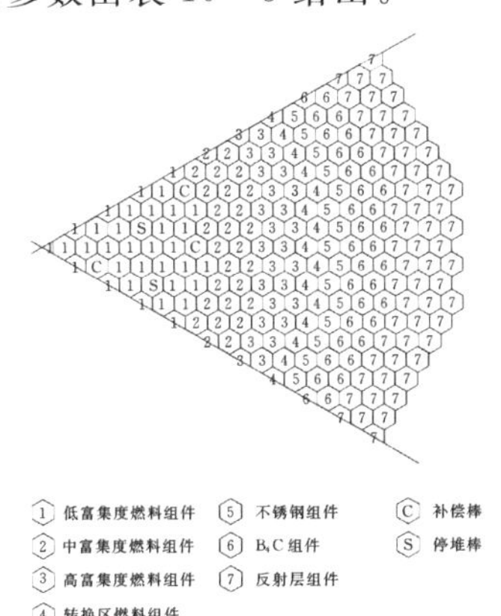

图 10－42 BN800 型反应堆基准题堆芯布置

表 10－3 BN800 型反应堆基准题堆芯主要参数

参数	注释	
热功率/MW	1500	
堆芯结构参数	易裂变区	可裂变区
组件对边距/m	0.1006	0.1006
组件流通面积/m^2	0.002403	0.001438
堆芯活性区的高度/m	0.851	1.58
轴向转换区的高度/m	0.355	0.0
燃料组件的数目	181/138/162	84
燃料棒的数目	127	37
燃料	$(U,Pu)O_{1.98}$	UO_2
理论燃料密度/($g \cdot cm^{-3}$)	10.97	10.69
燃料芯块的内半径/m	0.000825	0.0
燃料芯块的外半径/m	0.0028	0.0068
包壳内半径/m	0.0029	0.0066
包壳外半径/m	0.0033	0.0070
绕丝直径/m	0.00115	

续表

参数	注释	
轴向转换区棒内半径/m	0.0	0.0066
轴向转换区棒外半径/m	0.002825	0.0070
堆芯中子动力学参数		
钠总的空泡反应性	−0.00481	
燃料的总反应性	0.4019	
径向膨胀反应性系数	−0.5396	
有钠时的多普勒系数	−0.00811	
无钠时的多普勒系数	−0.00584	
中子代时间/s	4.418×10^{-7}	
分组	缓发中子份额	衰变常数/s^{-1}
第 1 组	7.67×10^{-5}	0.0128
第 2 组	7.68×10^{-4}	0.0303
第 3 组	6.56×10^{-4}	0.126
第 4 组	1.31×10^{-3}	0.332
第 5 组	5.92×10^{-4}	1.235
第 6 组	1.65×10^{-4}	3.015

控制体的划分：对于燃料组件，一个通道内，燃料棒沿径向区域划分为 9 个控制体，沿轴向划分为 9 个控制体，该区域的流体沿轴向与之对应，而入口、气腔、钠腔、屏蔽棒束和出口区域分别划分为两个控制体，流体和固体分别对应，一个通道内的控制体如图 10－43 所示。在建模的过程中做了以下合理的假定：计算中不考虑控制棒和停堆棒，认为流体全部流经燃料组件、转换区组件以及反射层组件。鉴于转化区组件和反射层组件对整体特性的影响很小，在建模过程中忽略其与燃料组件结构的差异，采用了相同的控制体划分方案。

(1)不考虑堆芯径向膨胀负反馈的无保护失流事故。

不考虑堆芯径向膨胀反馈时的计算结果如图 10－44 和图 10－45 所示，图中给出了基准题参与机构和 THACS 计算所得的堆芯相对功率及净反应性随时间的变化比较。从图中可以看出，各国计算结果大体趋势一致，但存在一定差别，整体上 THACS 计算值与其它程序的计算结果符合良好。

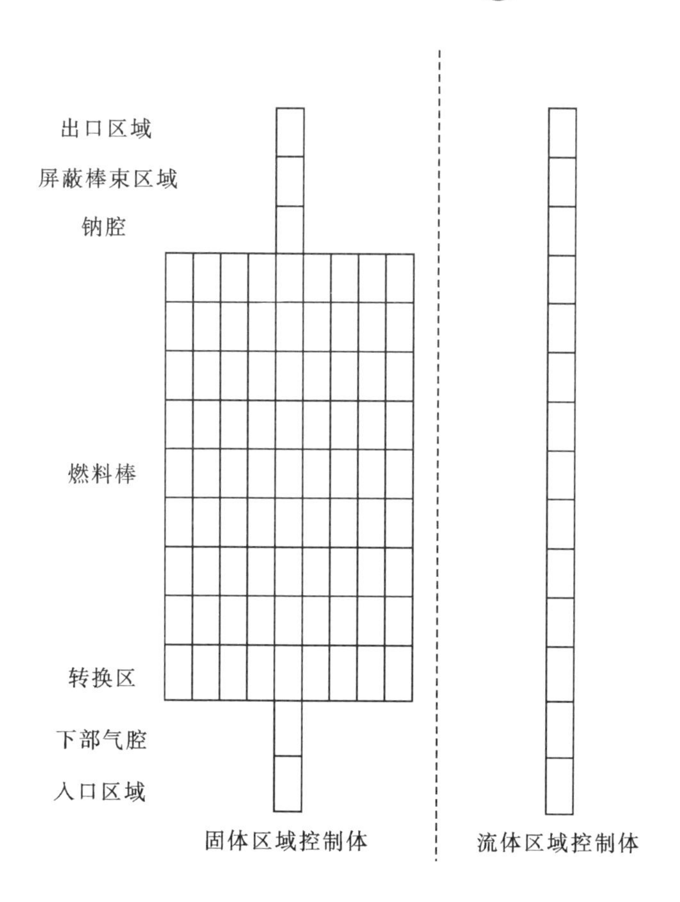

图 10－43　单个通道控制体的划分

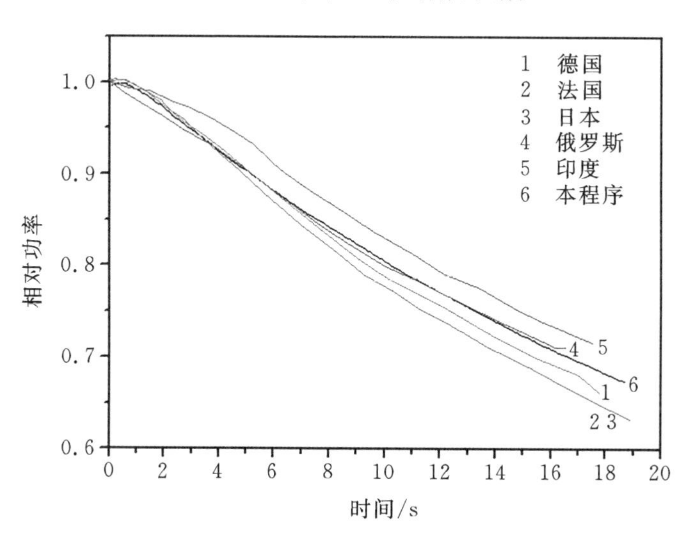

图 10－44　堆芯相对功率

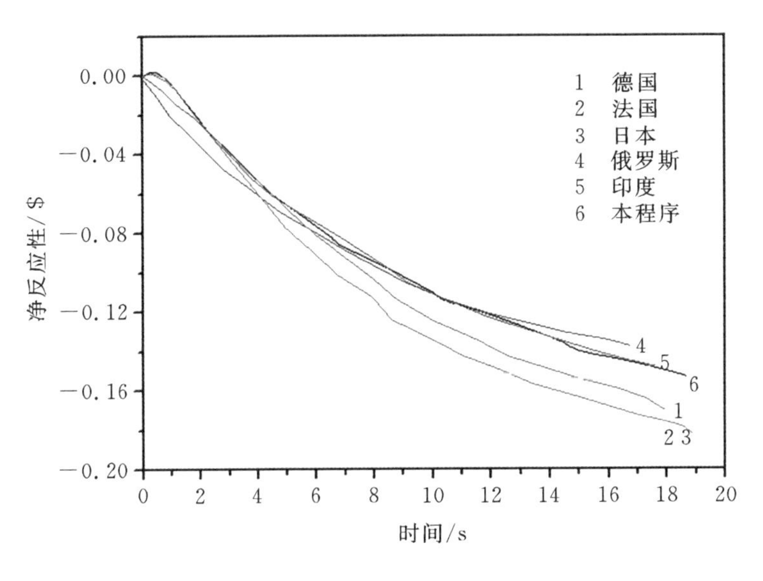

图 10-45 净反应性

表 10-4 给出了堆芯发生沸腾时各主要参数的比较情况。所有计算结果都表明了在事故 1 工况下,堆芯都会发生沸腾。THACS 计算中给出最先发生沸腾的通道的是 5,而其它参与者给出的是 5/1 通道。两者是一致的,主要原因是本书中采用 11 通道的模型来代表堆芯,而在其它研究者采用的是 31 个通道(德国采用的是 17 通道模型)。本节中的通道 5 与其文献中其它程序计算出来的 5/1 通道是一致的,都代表功率/流量比最大的通道。整体而言,计算结果与其它研究者计算的结果很接近,尤其是总的特性参数,如功率以及总的反应性。

表 10-4 事故 1 发生沸腾时各参数的比较

参数	FZK/SAS4A(德国)	PNC/SAS4A(日本)	IPPE/CRIF-SM(俄罗斯)	ICGAR/PINCHTRAN(印度)	XJTU/THACS
沸腾时间/s	17.96	18.96	16.72	17.60	19.9
发生通道	5/1	5/1	5/1	5/1	5
归一化功率	0.66	0.63	0.71	0.71	0.63
总的反应性/$	−0.170	−0.183	−0.135	−0.147	−0.169
多普勒反应性/$	0.026	−0.004	0.039	0.027	0.017
燃料膨胀反应性/$	−0.003	0.014	0.017	0.020	0.0499
钠空泡反应性/$	−0.207	−0.205	−0.188	−0.223	−0.291

(2)考虑堆芯径向膨胀反馈引入的反应性无保护失流事故。

图10-46和图10-47中给出了基准题参与国及THACS计算所得的功率及净反应性随时间的变化情况，表10-5中给出了堆芯发生沸腾时的各主要参数的比较。

可以看出，与事故1类似，对于考虑了堆芯径向负反馈的事故2，THACS程序计算结果仍然与其它程序的结果很接近，尤其是发生沸腾时的关键参数，堆芯相对功率和总的反应性很接近。初步验证了THACS程序在钠冷快堆瞬态事故分析中的可靠性。

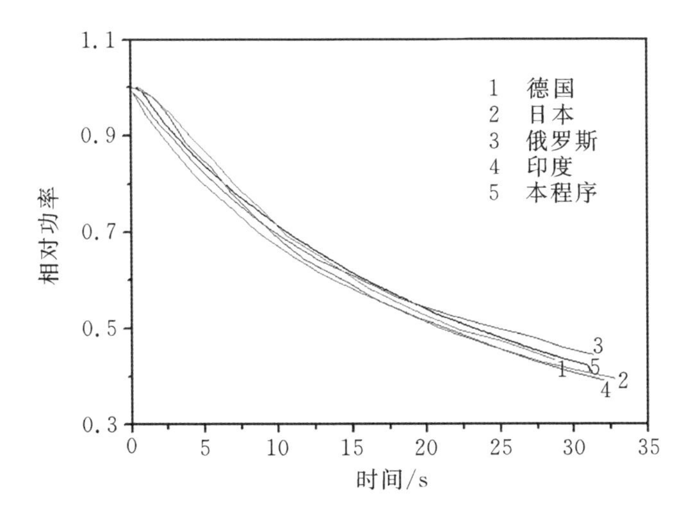

图10-46　堆芯相对功率

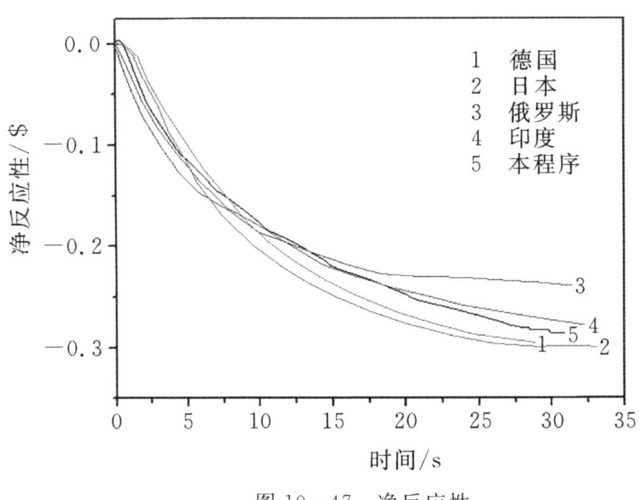

图10-47　净反应性

表 10-5　事故 2 发生沸腾时各参数的比较

参数	FZK/ SAS4A (德国)	PNC/ SAS4A (日本)	IPPE/ CRIF-SM (俄罗斯)	ICGAR / PINCHTRAN (印度)	XJTU/ THACS
沸腾时间/s	28.88	33.16	31.4	32.9	34.1
发生通道	5/1	5/1	5/1	5/1	5
归一化功率	0.43	0.39	0.44	0.39	0.41
总的反应性/$	−0.295	−0.299	−0.244	−0.278	−0.269
多普勒反应性/$	0.183	0.153	0.292	0.263	0.265
燃料膨胀反应性/$	0.174	0.220	0.100	0.100	0.288
钠空泡反应性/$	−0.223	−0.23	−0.203	−0.219	−0.275
径向膨胀反应性/$	−0.418	−0.432	−0.432	−0.454	−0.547

2)EBR-Ⅱ基准题

EBR-Ⅱ电站是美国阿贡国家实验室建造的采用金属燃料的钠冷快堆电站，该电站于 1964 年建成并于 1994 年退役。在其寿命后期，在 EBR-Ⅱ电站上开展了一系列用于验证钠冷快堆固有安全性的试验，包括无保护停堆失流和失热阱等事故。为了研究适用于第四代液态金属冷却快堆的中子、热工水力和安全分析等程序开展 V&V 工作并且培训新一代的钠冷快堆热工水力分析人才，IAEA 启动了关于美国 EBR-Ⅱ电站失流事故的基准题。该基准题的输入数据由美国阿贡国家实验室提供，来自其它国家和地区的 18 个机构针对阿贡国家实验室提供的数据开展相应的物理和安全分析计算，将计算结果与实验结果进行比较，评价各程序的准确性，西安交通大学属于参与者之一。

EBR-Ⅱ电站是一个单池式钠冷快堆，包含 3 个回路系统：主回路系统、中间钠回路系统以及汽和水回路系统。两个冷却剂主泵驱动流体从钠池进入两个入口腔室。高压腔室的流体主要进入堆芯驱动区，而低压腔室的流体主要进入堆芯转换区以及反射区。堆芯各区域流出的流体在出口腔室汇合，然后经 Z 形管进入中间换热器，而后再次进入钠池。

对 EBR-Ⅱ电站的一回路系统进行了建模，系统部件包括：堆芯、钠池、入口腔室、出口腔室、泵、中间换热器、管道和泵等，如图 10-48 所示。

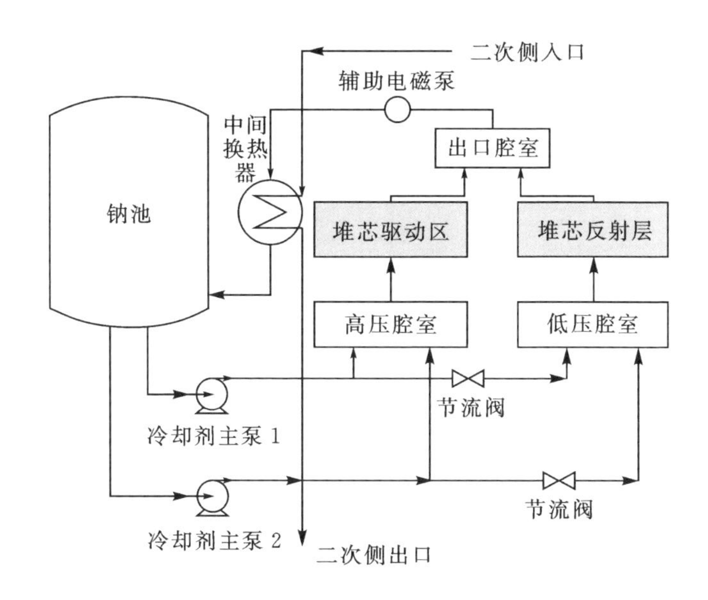

图 10-48 EBR-Ⅱ电站主回路系统图

EBR-Ⅱ电站的堆芯布置如图 10-49 所示,包含堆芯、内再生区和外再生区三个区。从中心算起,前 5 层组件组成了堆芯区,总共包括 61 个组件,在第 5 层上有两个位置安装了有热电偶的 XX09、XX10 测量组件,还有一个 XY16 堆芯测量通道。剩下的堆芯区域主要是燃料组件和辐照试验组件。内再生区包括 6~7 层,本来安装的是转换区组件,但是在本节的两个试验中,第 6 层安装的是燃料组件和辐照试验组件,第 7 层安装的是反射层组件。外再生区包括 8~16 层,安装的是转换区组件和反射层组件。SHRT-17 与 SHRT-45R 两个试验中堆芯各种燃料组件的数目可能略有不同,在文献中有详细的介绍[31]。堆芯模型建立中控制体划分方案如图 10-50 所示,在本节中对堆芯采用 7 通道模型:通道 1 代表平均燃料组件,代表了普通燃料组件以及半功率燃料组件等堆芯内部燃料组件的平均特性;通道 2 代表最热燃料组件;通道 3 代表 XX09 测量组件;通道 4 代表 XX10 组件;通道 5 代表内层反射区组件;通道 6 代表外层发射区组件;通道 7 代表转换区燃料组件。其中通道 1、5、6、7 代表了堆芯的整体特性,通道 2 代表了堆芯最热组件的特性,而通道 3、4 分别代表 XX09、XX10 测量组件,计算结果用来与测量结果进行比较以评价程序的准确性。根据燃料组件的结构,将上述六通道分别进行控制体划分,其中通道 1、2 结构类似,采用相同的控制体划分,而通道 3、4、5、6、7 分别采用单独的控制体划分方案,一共包含 6 种控制体划分方案,如图 10-50 所示(只给出了其中 2 种)。需要指出的是对于 EBR-Ⅱ反应堆的燃料棒,其燃料芯块与包壳之间的间隙是充满液体钠的，而不是气体，因此需要对钠层也设置一层控制体。

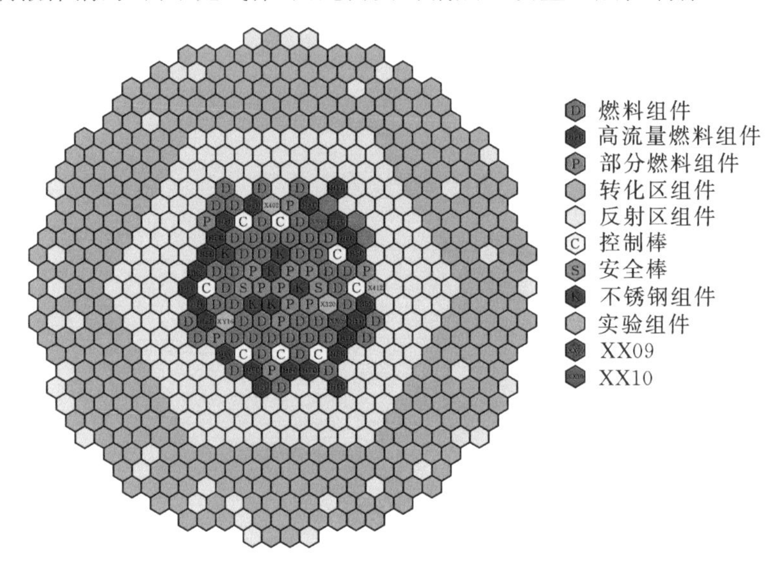

图 10-49　EBR-Ⅱ典型堆芯布置

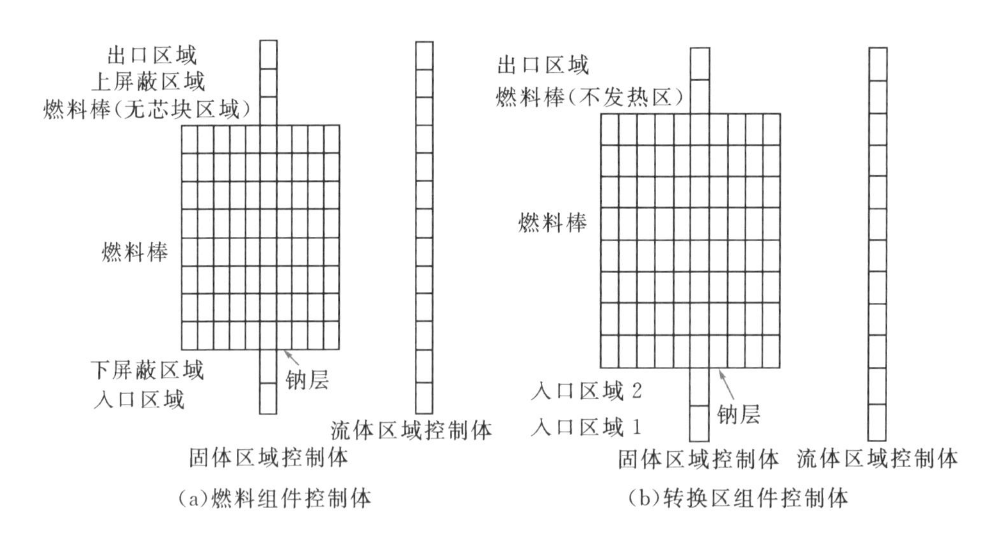

图 10-50　堆芯各通道控制体的划分

对于反射层组件，虽然其功率较低，仍对不锈钢棒沿径向和轴向均划分控制体。而对于燃料组件和转换区组件的燃料棒发热部分沿径向和轴向分别划分控制体，而不发热的部分沿轴向划分控制体，径向控制体可以选择划的稀疏些。对于钠池、入口腔室和出口腔室按照管道进行控制体划分，管道和中间换热器沿着流动方向划分一系列控制体。

(1)有保护失流事故。

事故设定为:初始状态反应堆在额定功率下运行,事故发生以后反应堆两台主泵因失去动力而惰转;与此同时,反应堆停堆系统启动,紧急停堆。

图 10-51 至图 10-54 给出了计算的边界条件,包括两台主泵的转速、堆芯的功率以及中间换热器二次侧的入口流量以及温度。此外,在该试验中,辅助电动泵的电源也已经断开。通过输入卡片输入边界条件和初始值,计算结果与各个机构计算的结果以及实验结果对比。下面选取的结果都是有实验数据的结果。图 10-55 是高压腔室进口温度,从图中可以看出实验数据抖动剧烈,但稳定值在 625 ℃附近,XJTU 的计算结果和实验值符合较好。

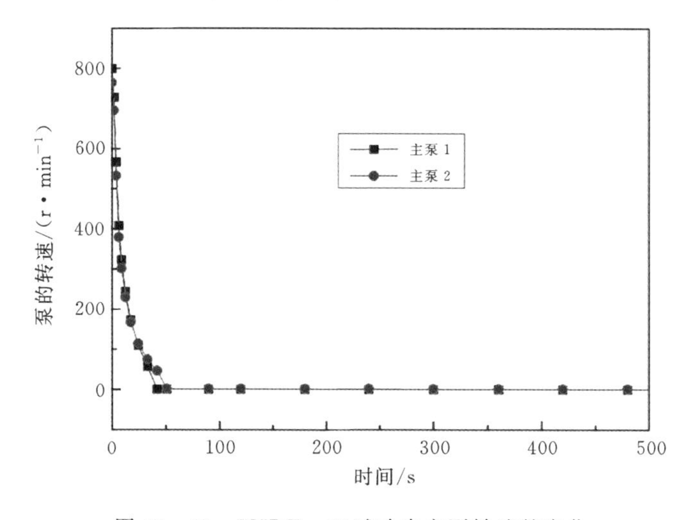

图 10-51　SHRT-17 试验中主泵转速的变化

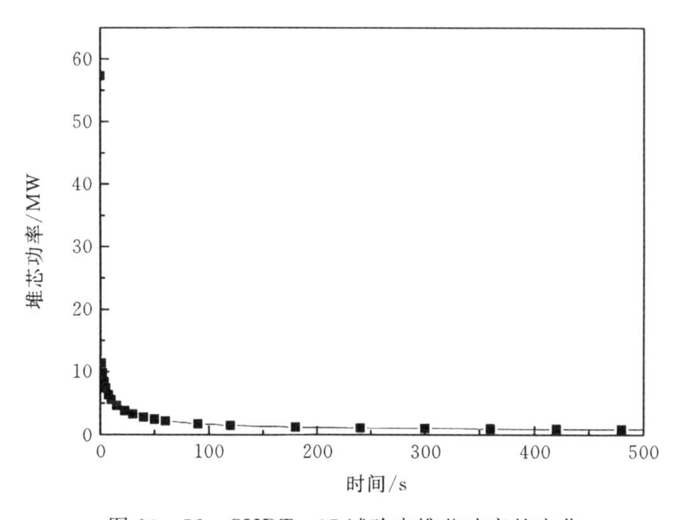

图 10-52　SHRT-17 试验中堆芯功率的变化

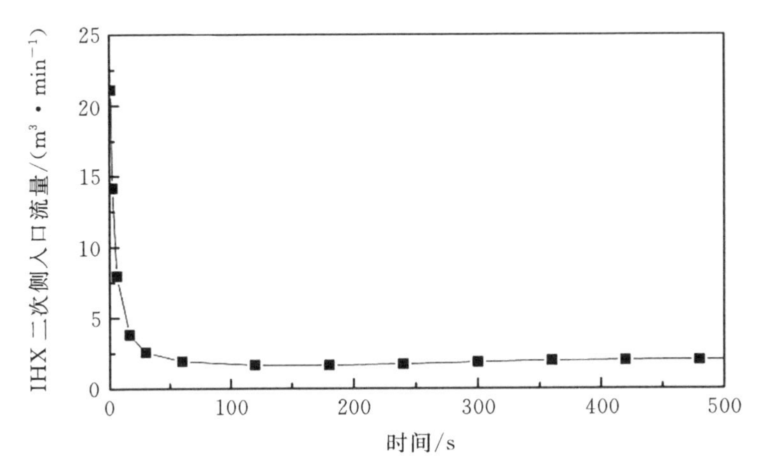

图 10-53　IHX 二次侧入口流量的变化

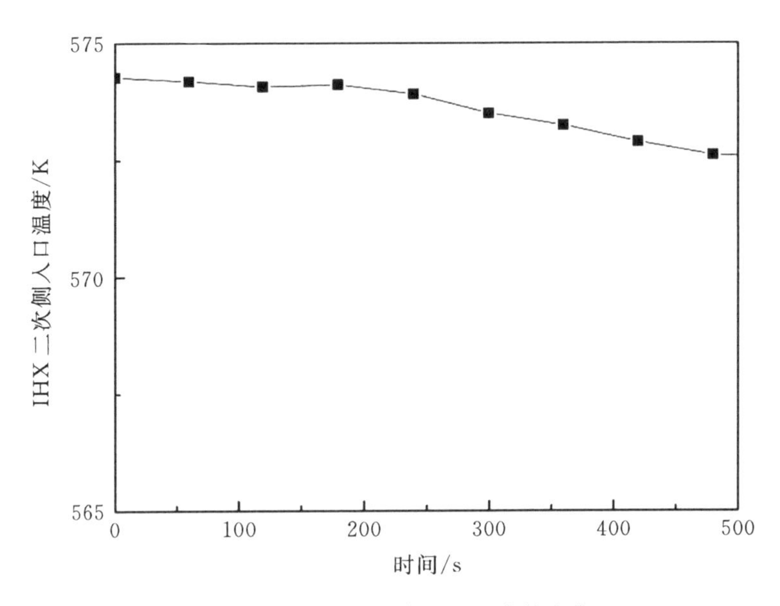

图 10-54　IHX 二次侧入口温度的变化

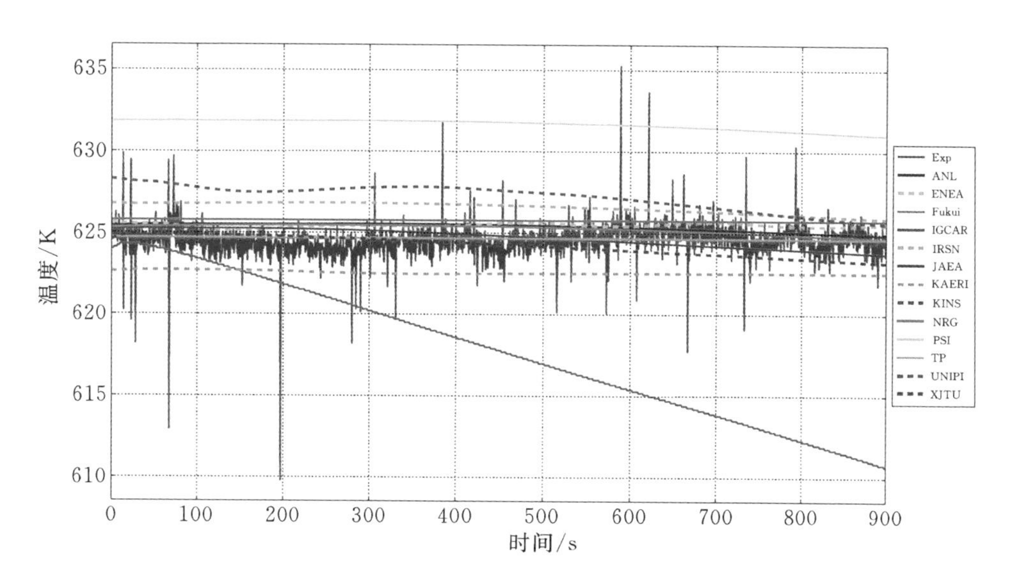

图 10-55　高压腔室进口温度

图 10-56 是 1 号泵低流量范围的结果，虽然无实验数据，但多数机构的计算值是一致的。图 10-57 是 2 号泵低流量时的结果，从图中可以看出各个机构计算差距不大，XJTU 和实验数据吻合得非常好。

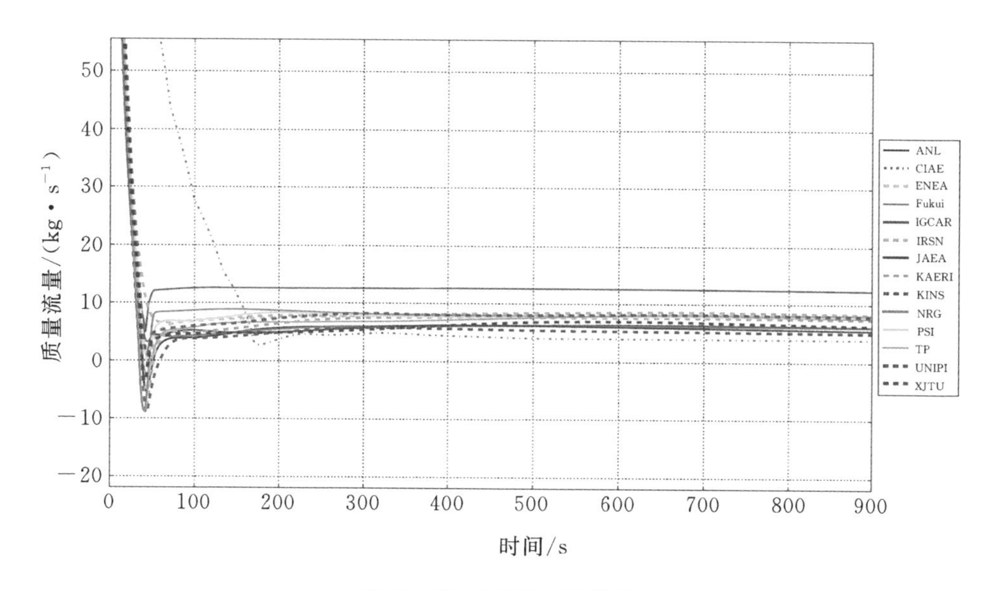

图 10-56　1 号泵质量流量

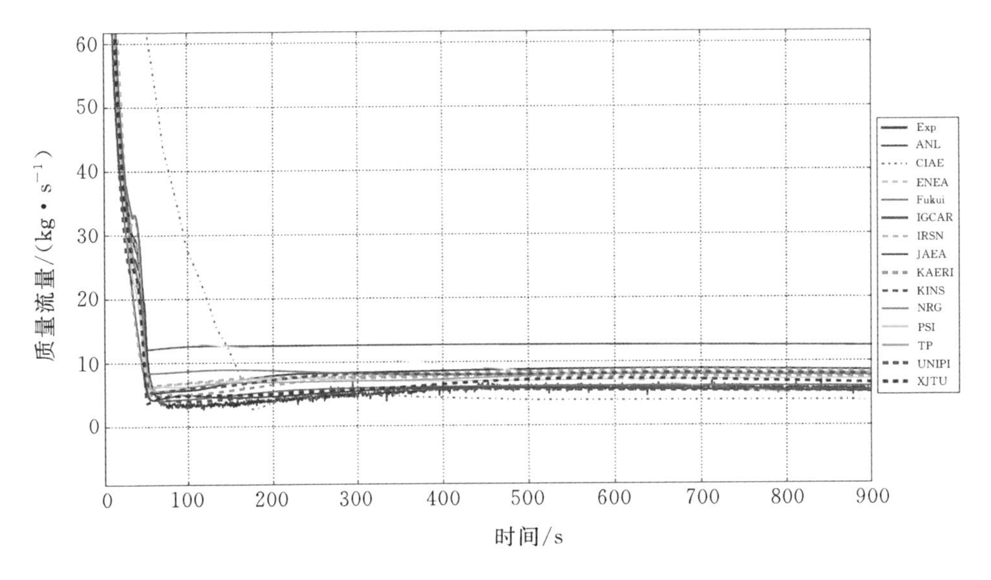

图 10-57　2 号泵质量流量

图 10-58 中是堆芯出来之后 Z 形管入口的温度变化，从图中可以看出各个机构的计算值一致，但开始一段时间内和实验值差距较大，后面逐渐趋向一致。图 10-59 中是 IHX 出口温度的稳定值，从计算结果来看各个机构计算结果相差较大，XJTU 的计算结果和实验值最接近。

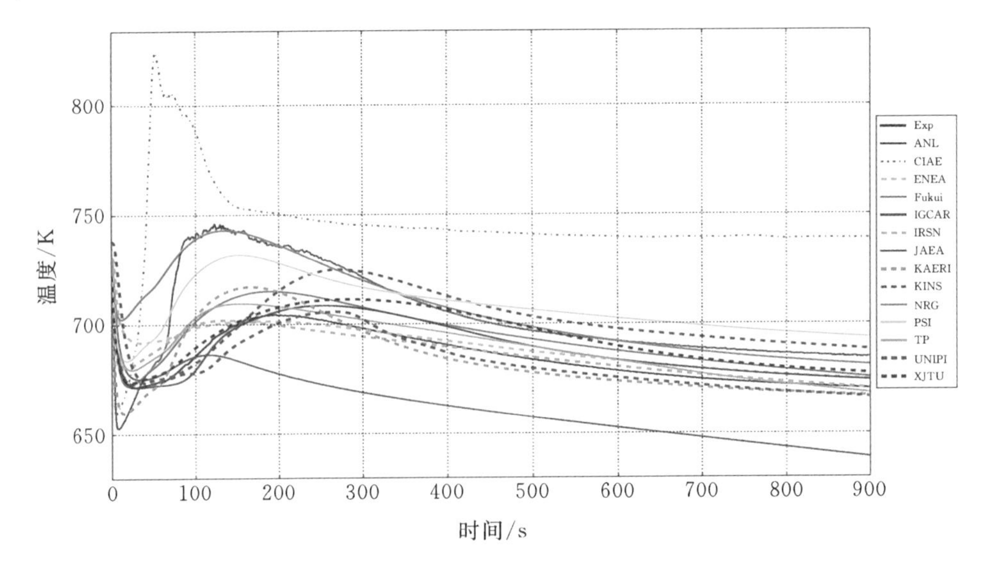

图 10-58　Z 形管进口温度

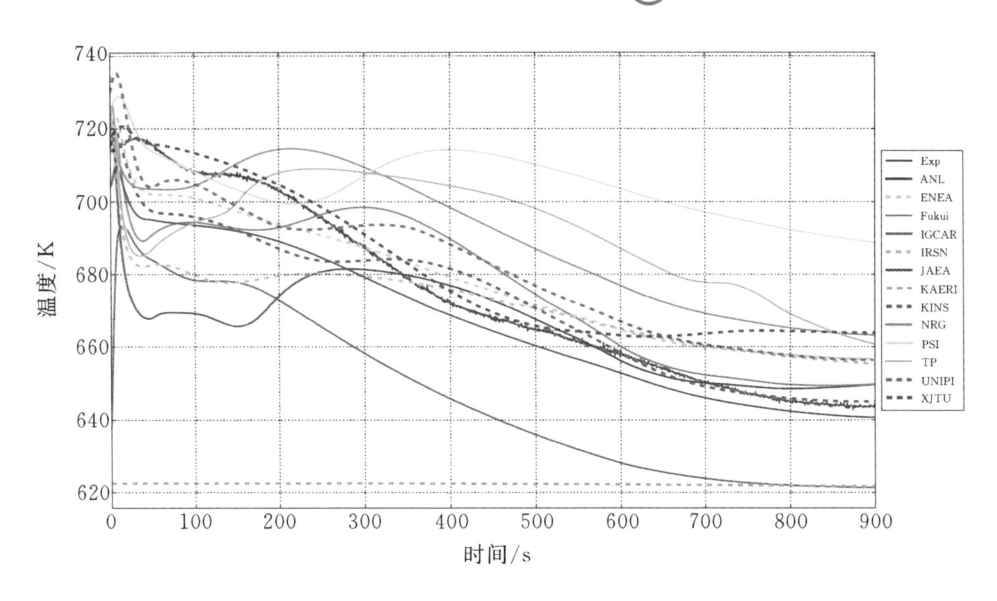

图 10-59　IHX 出口温度(SHRT-17)

(2)无保护失流事故。

事故设定为:反应堆在额定满功率下运行,两台主泵及中间回路钠泵突然失去电源而惰转,与此同时各停堆系统失效,辅助电动泵由于电源没有被切断而仍然在正常运行。一回路边界是两台主泵的转速如图 10-60 所示,中间回路边界条件是中间热交换器二次侧钠流量和进口温度,如图 10-61 和图 10-62 所示。

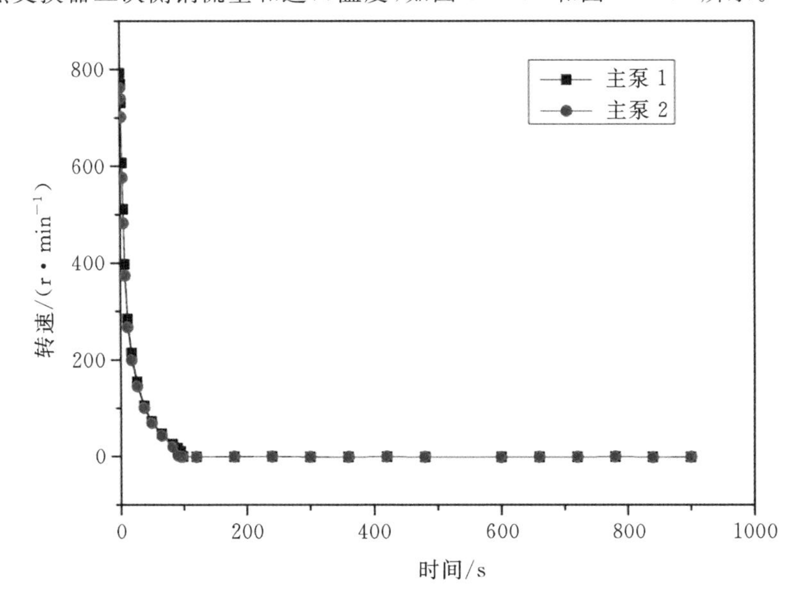

图 10-60　两台主泵转速(SHRT-45R)

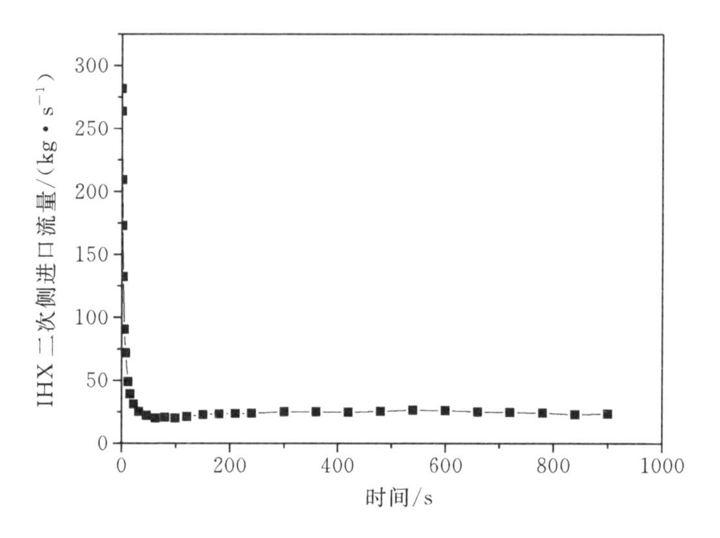

图 10-61　中间热交换器二次侧钠流量

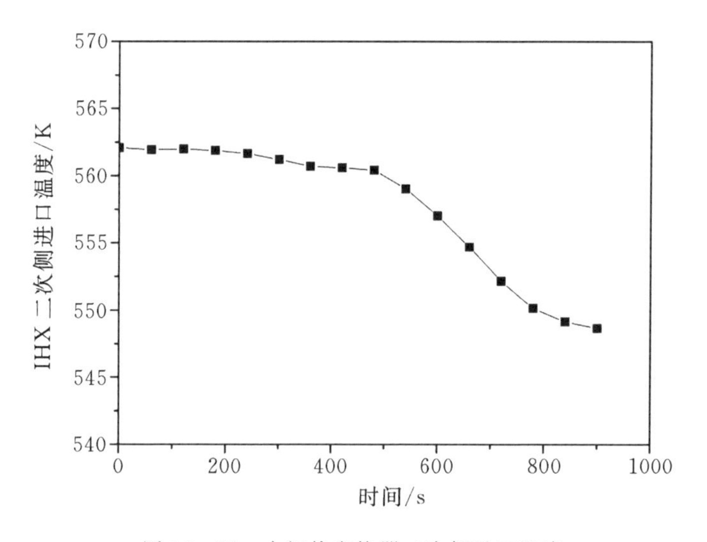

图 10-62　中间热交换器二次侧进口温度

图 10-63 为裂变功率曲线,各单位结果符合良好。

图 10-64 是净反应性的计算结果,净反应性包括多普勒反应性、冷却剂密度反应性、轴向膨胀反应性、径向膨胀反应性和控制棒轴向膨胀反应性。

由于净反应性无法直接测量,所以只有各个机构的计算结果比较,从图中可以看出各个机构净反应性的计算结果趋势一致且数值差别不大,XJTU 与阿贡实验室和泰勒能源的计算结果相近。

因为 1 号泵无实验数据,所以只有 2 号泵低流量时的流量变化如图 10-65 所示，在 640 s 时电磁泵的压头变大，导致流量增加。图中显示各个机构的计算值趋势一致，XJTU 的计算结果和实验数据吻合较好。

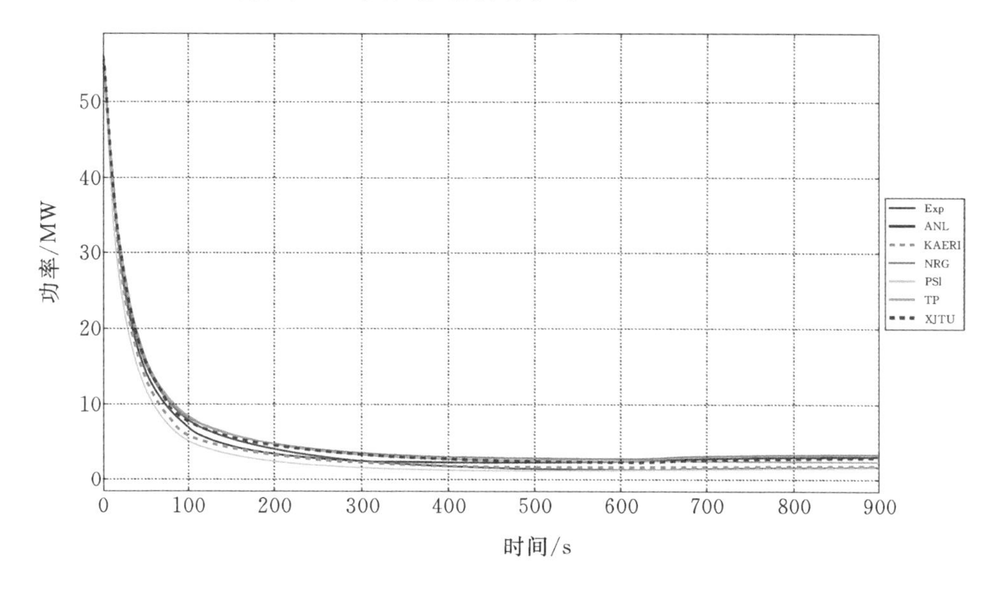

图 10－63　裂变功率

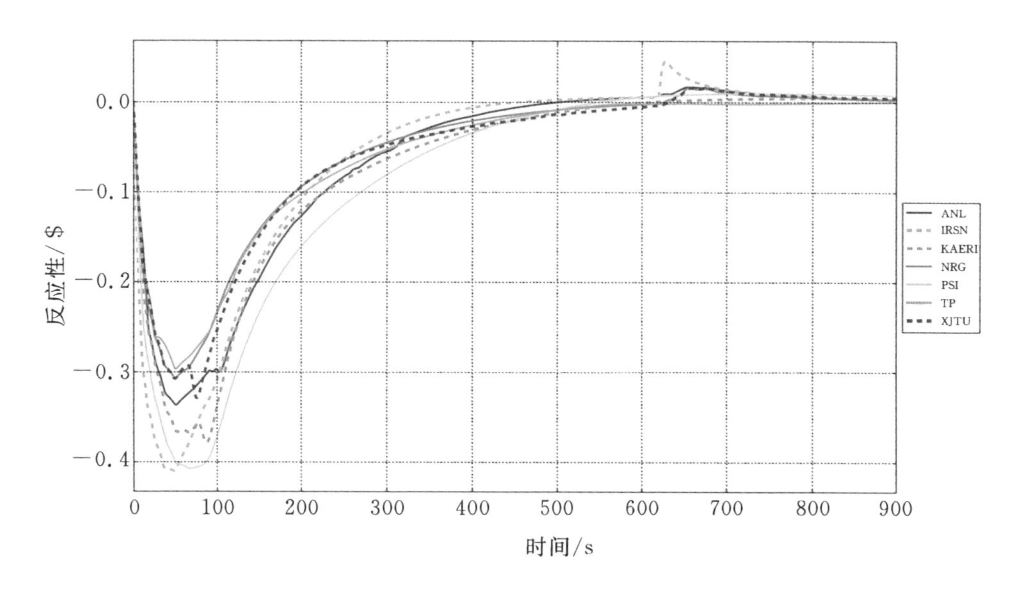

图 10－64　净反应性

图 10－66、图 10－67 以及图 10－68 中是几个关键点的温度值，Z 形管进口温度、IHX 出口温度以及高压腔室进口的温度，在 SHRT－45R 中的计算精确度比 SHRT－17 的要差一些，因为 SHRT－45R 是通过反应性算的功率，而 SHRT－17

是给定的功率，功率对温度的影响比较大，但从趋势上来说还是比较合理的。

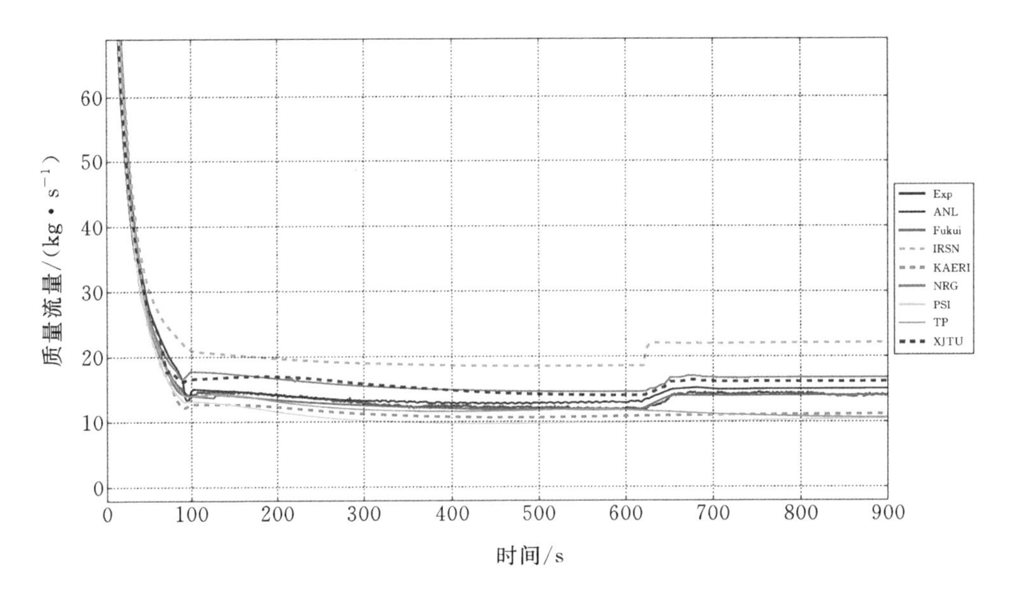

图 10-65　2 号泵质量流量

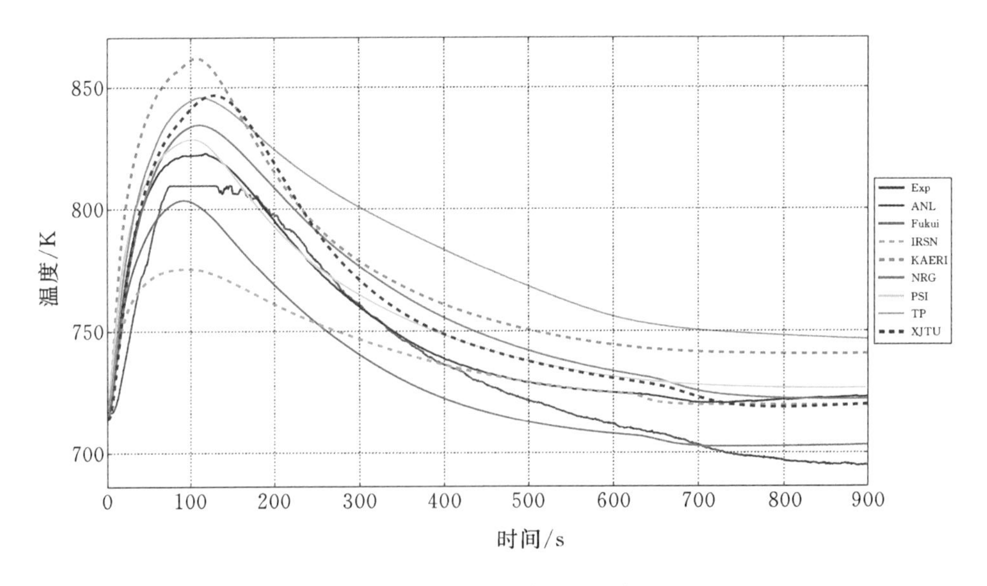

图 10-66　Z 形管进口温度

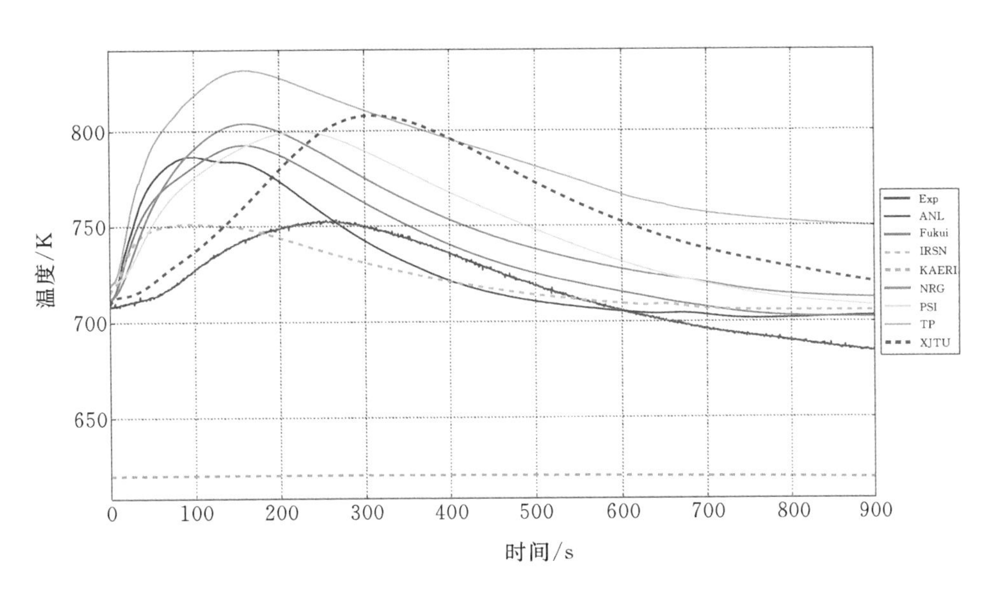

图 10-67 IHX出口温度

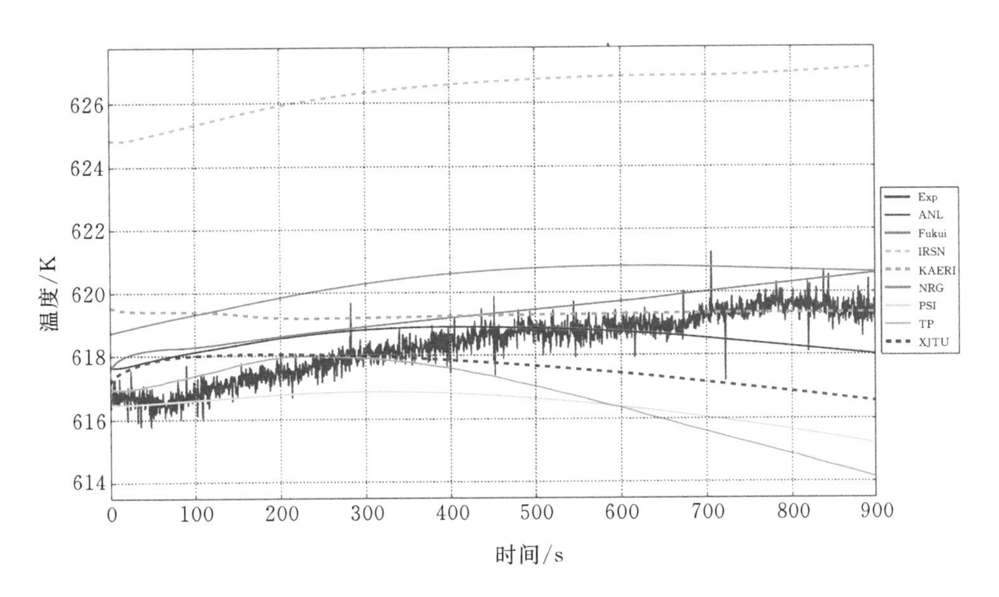

图 10-68 高压腔室进口温度

10.3.3 稳态特性

采用THACS程序计算的池式钠冷行波堆稳态计算结果如表10-6所示，可见其与设计参数基本吻合。

表 10－6　池式钠冷行波堆稳态计算结果

参数	设计值	计算值
冷却剂流量/($kg \cdot s^{-1}$)	8000.0	7990.7
堆芯进/出口温度/℃	360.0/510.0	359.7/510.6
中间热交换器一次侧进/出口温度/℃	—	510.6/359.8
中间热交换器二次侧进/出口温度/℃	320.0/487.0	320/487.3
包壳最高温度/℃	—	522.1
燃料芯块最高温度/℃	—	641.4

稳态时平均通道和热通道的冷却剂温度分布如图 10－69 所示，可见在 1.2 焓升因子下平均通道和热通道出口温度相差 30.6 ℃；稳态时平均通道和热通道的包壳内表面温度分布如图 10－70 所示，可见由于钠良好的导热性，包壳最高温度基本出现在堆芯出口位置，包壳温度低于 650 ℃的设计限值，热通道有约 110 ℃的裕度。

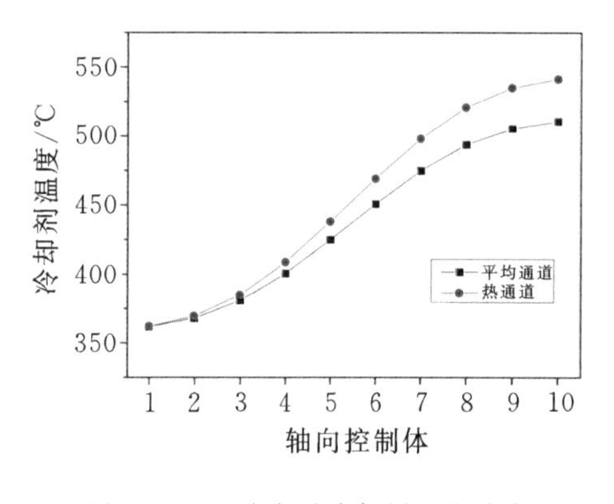

图 10－69　稳态时冷却剂温度分布

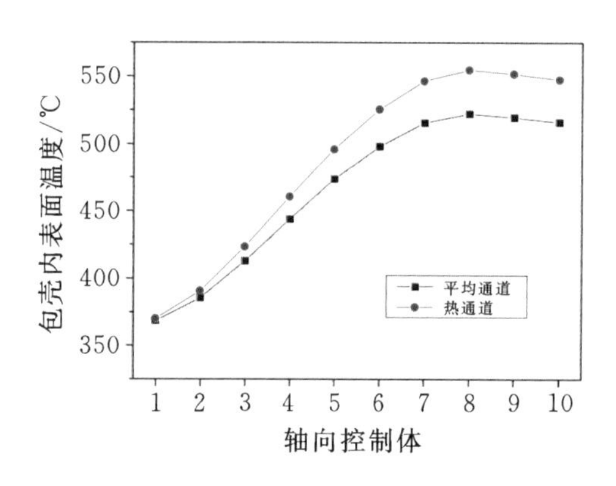

图 10－70　稳态时包壳内表面温度分布

稳态时平均通道和热通道的燃料芯块中心温度分布如图 10－71 所示，可见由于金属燃料良好的导热能力，燃料芯块中心温度低于 800 ℃的稳态设计限值，热通道有约 109 ℃的裕度。

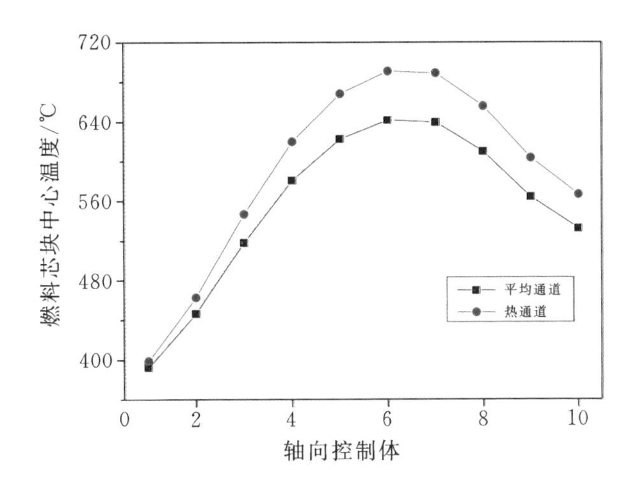

图 10-71 稳态时燃料芯块中心温度分布

10.3.4 事故安全分析

1.无保护超功率事故

超功率事故是指堆内突然引入一个额外的反应性而导致堆芯功率急剧上升，从而可能造成堆芯严重过热以及燃料元件和结构材料熔化。引入反应性的原因可能包括：控制棒抽空、冷却剂沸腾、冷却剂温度变化以及裂变材料的密集等。本章假定在超功率事故中：反应堆满功率运行，初始时刻 -0.3 \$（约 -144×10^{-5}）价值的调节棒误操作开始匀速抽出堆芯，12 s 内完全抽出；整个过程中控制系统不动作，主泵和换热器参数保持不变。

无保护超功率事故发生后堆芯相对功率和流量的变化如图 10-72 所示，可见随着正反应性的引入，堆芯功率迅速上升；之后由于堆芯负反馈作用上升速度减缓，约在 60 s 时达到峰值，约为额定功率的 1.45 倍。最后由于堆芯自身的负反馈作用，功率降低到额定值的 1.34 倍左右并逐渐稳定，堆芯在一个较高的功率水平下重新稳定运行，堆芯流量基本保持不变。

无保护超功率事故发生后系统温度的变化如图 10-73 所示，可见由于功率的增大，堆芯进出口温度、换热器一次侧进出口温度以及冷热钠池温度均有所上升。堆芯出口温度随堆芯功率的升高而快速上升，之后随堆芯功率的稳定而趋于稳定，在事故过程中堆芯出口温度上升约 68.4 ℃；热钠池由于自身的热惯性，温度上升较为缓慢，最后与堆芯出口温度一致；换热器入口位于热钠池下层，因而其温度变化与热钠池下层相似，最后与堆芯出口温度一致；换热器一次侧入口温度升高会增大换热器的换热温差，从而增大换热器的换热量，因此换热器一次侧出口温度上升幅度较小；换热器二次侧出口温度由于换热器换热量的增大而升高，在事故过程中换热器二次侧出口温度上升约 68.6 ℃;冷钠池由于自身的热惯性,温度上升缓慢,最后与换热器一次侧出口温度一致;主泵入口位于冷钠池中层,因而堆芯入口温度与冷钠池中层温度变化趋势一致。

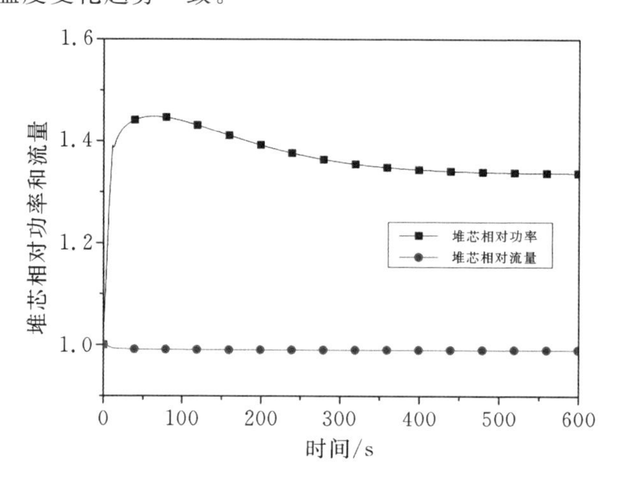

图 10-72　无保护超功率事故相对功率和流量的变化

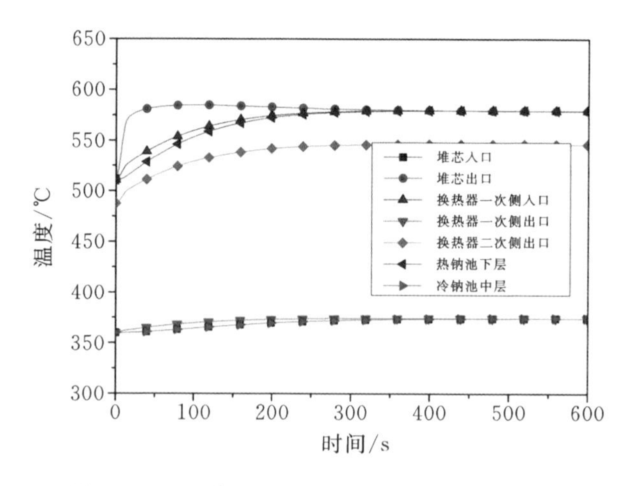

图 10-73　无保护超功率事故中系统温度的变化

无保护超功率事故发生后堆芯各反应性的变化如图 10-74 所示,可见随着堆芯燃料芯块和冷却剂温度的升高,轴向膨胀反馈、径向膨胀反馈和多普勒反馈迅速增大以抵消外部引入的正反应性以及冷却剂密度反馈带来的正反应性。堆芯总反应性随外部反应性的引入迅速增大,之后由于堆芯自身的负反馈作用而逐步降低,最后堆芯的总反应性趋近于零;在整个事故过程中,轴向膨胀反馈和径向膨胀反馈在堆芯安全方面起主导作用。

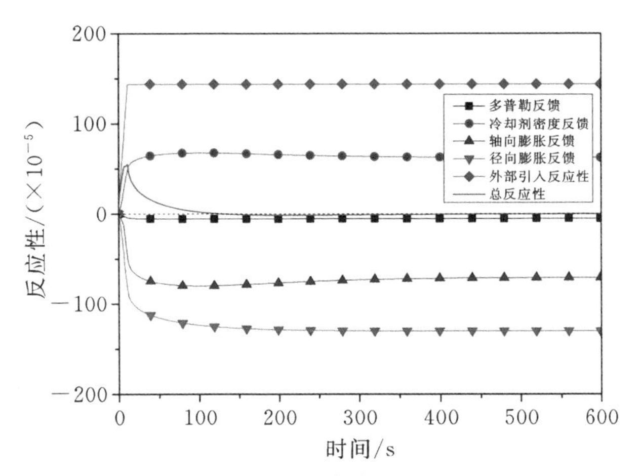

图 10-74　无保护超功率事故中反应性的变化

无保护超功率事故发生后包壳最高温度的变化如图 10-75 所示，可见平均通道和热通道包壳最高温度随功率的上升而迅速升高，之后随功率缓慢降低并趋于平稳；整个事故过程中平均通道包壳最高温度为 600.0 ℃，最终稳定在 593.3 ℃，距包壳温度限值 650 ℃有一定的裕度，热通道包壳最高温度为647.0 ℃，最终稳定在 637.0 ℃，距设计限值裕度较低。

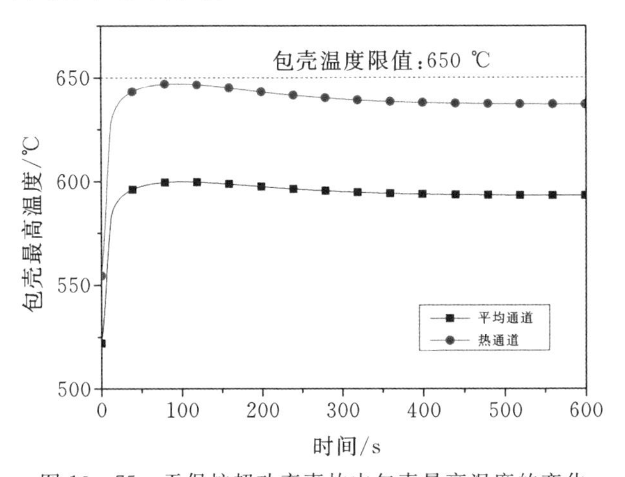

图 10-75　无保护超功率事故中包壳最高温度的变化

无保护超功率事故发生后燃料芯块最高温度的变化如图 10-76 所示，可见平均通道和热通道燃料芯块最高温度变化趋势与包壳相似，整个事故过程中平均通道燃料芯块最高温度为 747.2 ℃，最终稳定在 736.7 ℃，距燃料芯块瞬态温度限值 1250 ℃有很大的裕度；热通道燃料芯块最高温度为 800.0 ℃，最终稳定在 777.9 ℃，同样距燃料芯块温度限值有很大裕度。

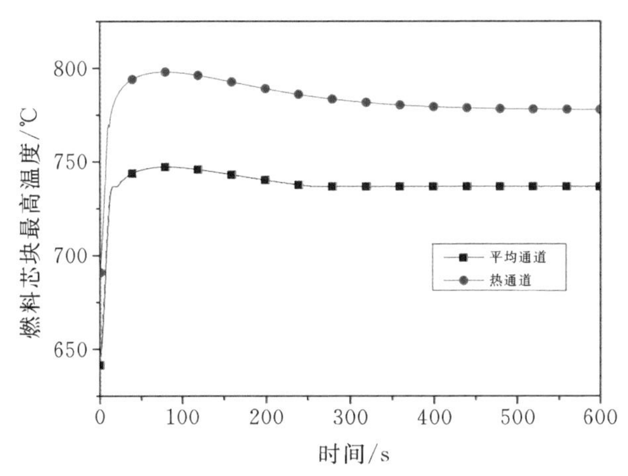

图 10-76　无保护超功率事故中芯块最高温度的变化

2. 无保护失热阱事故

钠冷行波堆正常工作时，堆芯热量经冷却剂带出后经过中间换热器传给中间钠回路，再经蒸汽发生器传递给三回路。如果中间钠回路或者三回路出现故障，会导致热量不能及时带走，堆芯因冷却能力不足而过热，即为失热阱事故。失热阱事故中假定：中间热交换器二次侧的流量在初始时刻 20 s 内线性降低为额定流量的 1.0%，主泵工作正常，停堆系统不动作。

无保护失热阱事故发生后堆芯相对功率和流量的变化如图 10-77 所示，可见事故后堆芯功率由于自身负反馈效应而迅速降低，约 400 s 后下降至衰变功率水平；堆芯流量基本保持不变。

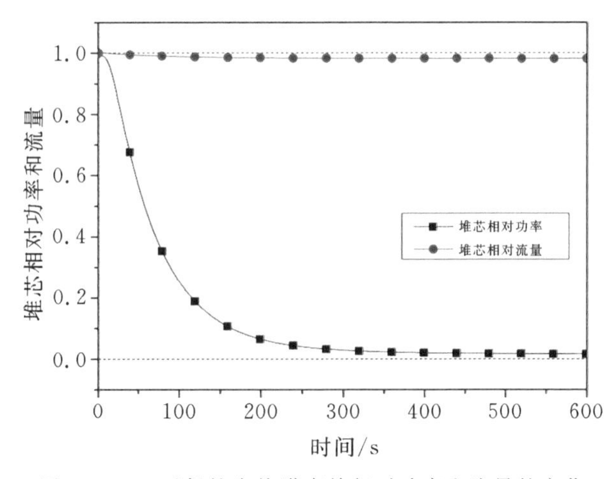

图 10-77　无保护失热阱事故相对功率和流量的变化

无保护失热阱事故发生后系统温度的变化如图 10-78 所示，可见由于换热器冷却能力迅速丧失，换热器一次侧出口温度迅速升高，之后由于堆芯功率下降及冷池冷钠流入热池，换热器一次侧出口温度逐步降低并趋于稳定。流量基本保持不变，热钠流入冷池，由于冷池的热惯性，其温度上升较慢，之后趋于稳定。堆芯出口温度随功率的降低而降低，但由于堆芯入口温度逐步升高，因此出口温度降低速度缓慢，最后趋于稳定；热钠池温度随堆芯出口温度的降低而降低，最后趋于稳定，最终整个系统温度稳定在约 506.0 ℃。

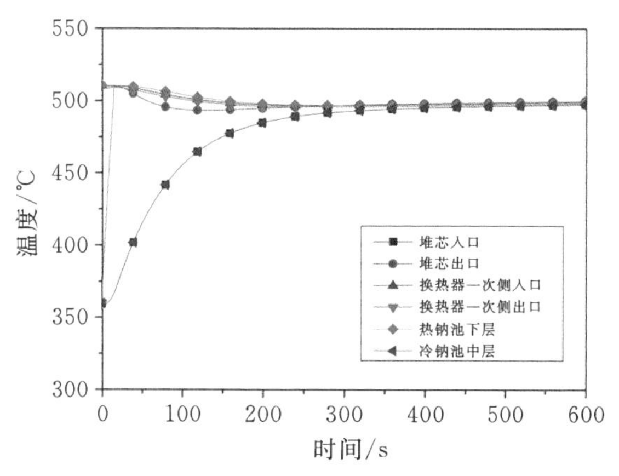

图 10-78 无保护失热阱事故系统温度的变化

无保护失热阱事故发生后堆芯各反应性的变化如图 10-79 所示，可见随着堆芯入口的过热径向膨胀反馈迅速增大，使得堆芯总反应性为负，导致堆芯功率逐步降低；冷却剂密度逐步降低，因而冷却剂密度反馈为负。值得注意的是事故过程中燃料温度逐步降低，因而多普勒反馈和轴向膨胀反馈为正。在整个事故过程中，径向膨胀反馈在堆芯安全方面起主导作用。

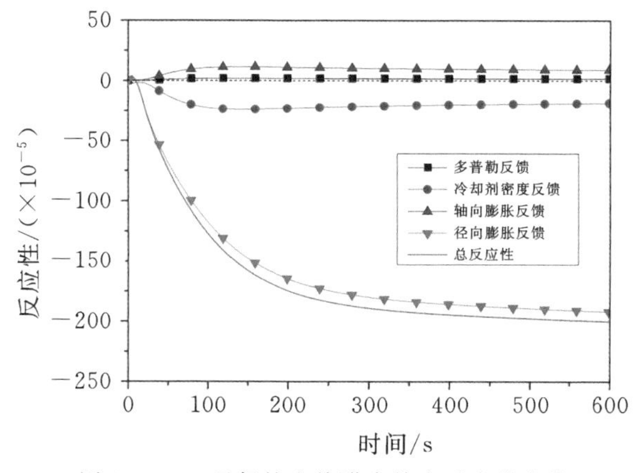

图 10-79 无保护失热阱事故中反应性变化

无保护失热阱事故发生后包壳最高温度的变化如图 10－80 所示，可见平均通道和热通道包壳最高温度随功率的下降而迅速降低，之后趋于平稳，最终稳定在约508.0 ℃，这说明无保护失热阱事故中包壳趋于安全。

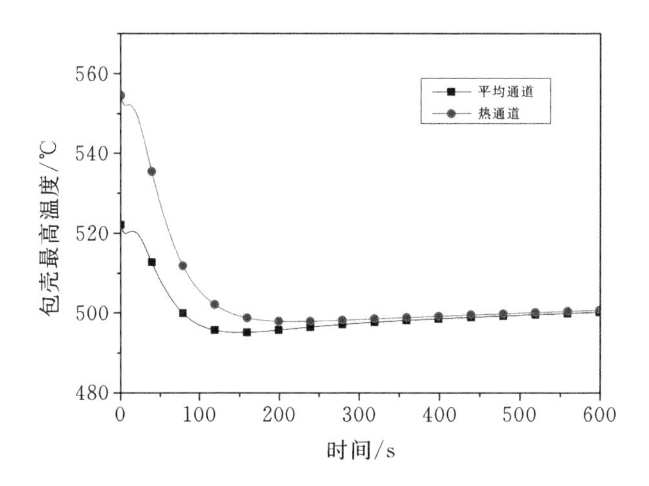

图 10－80　无保护失热阱事故中包壳最高温度变化

无保护失热阱事故发生后燃料芯块最高温度的变化如图 10－81 所示，可见平均通道和热通道燃料芯块最高温度变化趋势与包壳相似，最终稳定在510.0 ℃，燃料芯块同样在无保护失热阱事故中趋于安全。

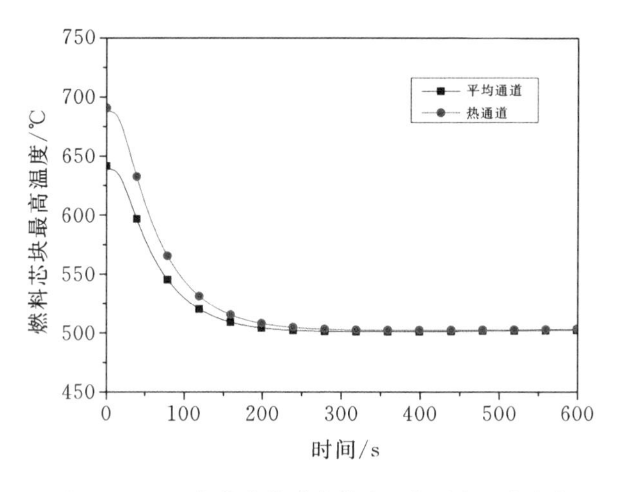

图 10－81　无保护失热阱事故中芯块最高温度变化

3. 失流事故

1)无保护失流事故

失流事故是指反应堆额定功率运行时主泵由于故障而被迫停转，使得冷却剂流量下降，导致冷却剂流量与堆芯功率失配，从而引起燃料芯块、包壳以及冷却剂等温度急剧上升，从而导致堆芯熔化等。失流事故是反应堆设计基准事故，一旦发生，停堆系统就会投入工作，使堆芯功率下降。本章首先假定最恶劣的情况：主泵在0 s时丧失动力惰转，转速下降至一半时间为6.5 s；停堆保护系统不动作；换热器二次侧参数保持不变。

无保护失流事故发生后堆芯相对功率和流量的变化如图10-82所示，可见随着流量的快速丧失，堆芯功率由于自身的负反馈效应也快速降低，但初始50 s内流量降低速度明显大于功率降低速度，因此必然会在事故初始一段时间内引起堆芯过热。约400 s后堆芯功率降低到衰变功率水平，系统内形成自然循环，流量为额定流量的7.3%。

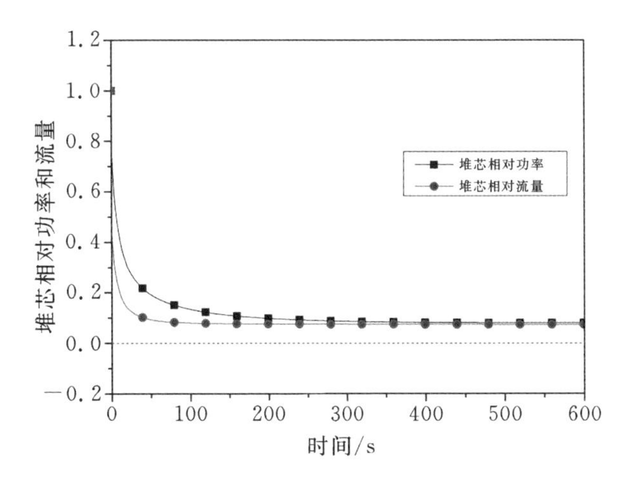

图10-82 无保护失流事故相对功率和流量变化

无保护失流事故发生后系统关键温度的变化如图10-83所示，由于流量的快速丧失，堆芯出口温度快速升高，约30 s时达到最大值694.7 ℃，之后随着功率的降低而逐步降低，最终趋于稳定。热钠流入热池，因而热钠池温度也会随之升高，但由于热池的热惯性，温度上升速度缓慢。换热器一次侧入口温度随堆芯出口温度的升高而升高；换热器二次侧参数保持不变，而换热器一次侧流量快速降低，因而换热器一/二次侧出口温度也随之迅速降低。由于流量和换热器一次侧出口温度的迅速降低，因而冷钠池和堆芯入口温度基本保持不变。

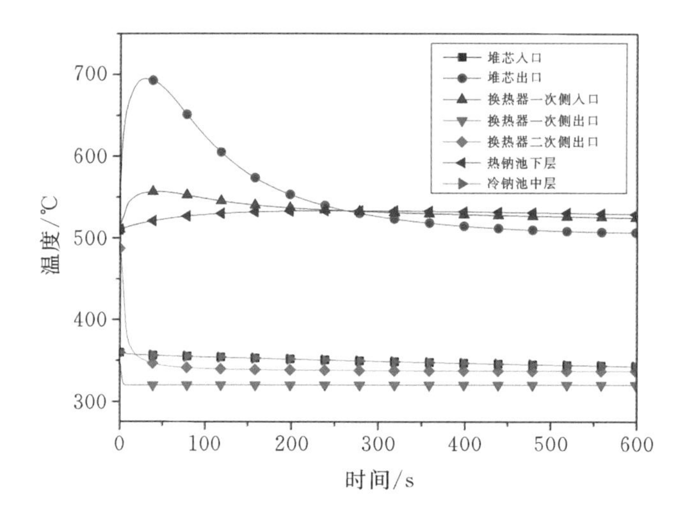

图 10-83　无保护失流事故系统关键温度变化

无保护失热阱事故发生后堆芯各反应性的变化如图 10-84 所示，可见随着流量的快速丧失，堆芯迅速过热，径向膨胀反馈带来很大的负反应性，是引起停堆的主导因素。

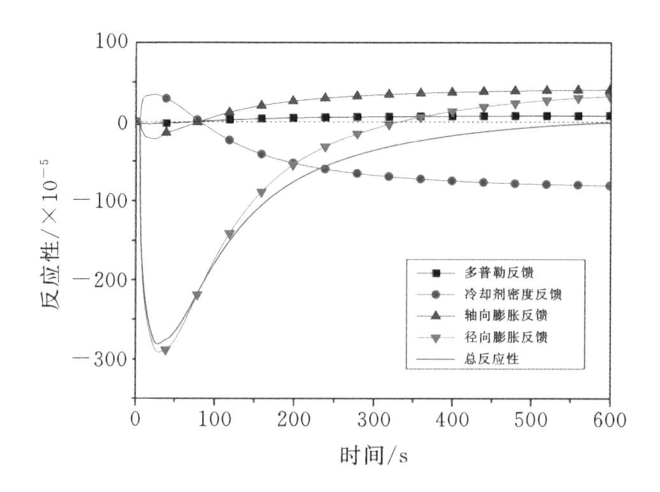

图 10-84　无保护失流事故中的反应性变化

无保护失流事故发生后包壳最高温度的变化如图 10-85 所示，可见平均通道和热通道包壳最高温度随流量的快速丧失而迅速升高，约 30 s 时达到峰值，平均通道最高包壳温度为 696.0 ℃，热通道最高包壳温度为 764.0 ℃，均超过设计限值 650 ℃；之后包壳温度随功率的降低而逐步降低并趋于平稳。

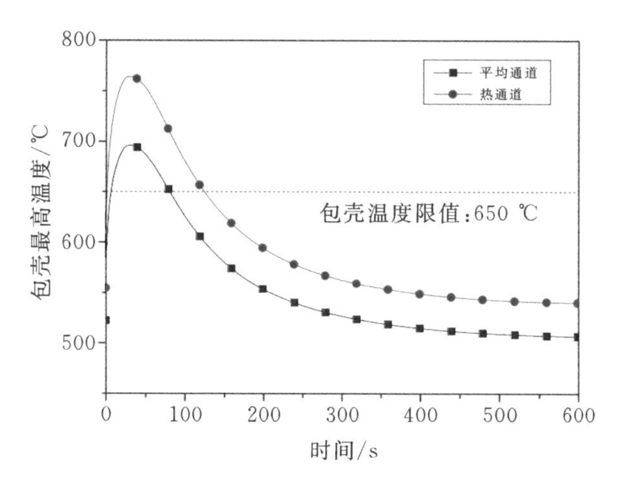

图 10 - 85　无保护失流事故中包壳最高温度变化

无保护失流事故发生后燃料芯块最高温度的变化如图 10 - 86 所示，图中平均通道和热通道燃料芯块最高温度变化趋势与包壳相似，约 30 s 时达到峰值，平均通道最高燃料芯块温度为 700.0 ℃，热通道最高燃料芯块温度为767.0 ℃，均在瞬态设计限值 1250 ℃以内，并具有较大的裕度；之后芯块温度随功率的降低而逐步降低并趋于平稳。

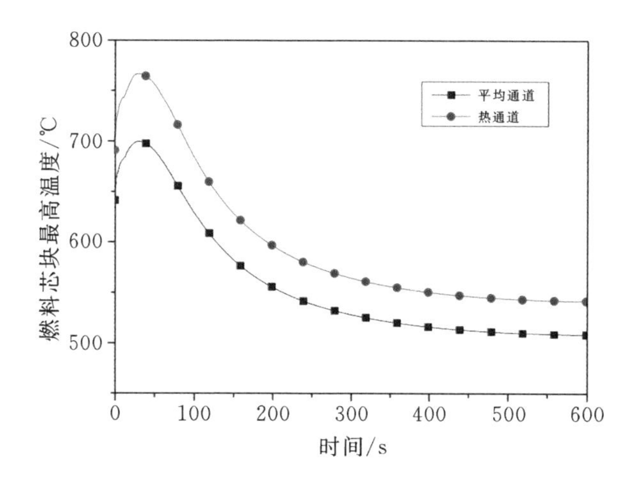

图 10 - 86　无保护失流事故中芯块最高温度变化

2)有保护失流事故

无保护失流事故中包壳存在熔化的风险，本节假定在 0 s 时刻触发停堆保护信号，安全棒在 7s 内线性插入价值为－1.4 ＄(672×10^{-5})的反应性。

有保护失流事故发生后堆芯相对功率和流量的变化如图 10 - 87 所示，可见随着堆芯自身的负反馈作用以及负反应性的引入，堆芯功率迅速降低，其降低速度比无保护失流事故更快，200 s 后堆芯功率降低到额定功率的 1.8%，系统内形成自然循环，流量为额定流量的 6.4%。

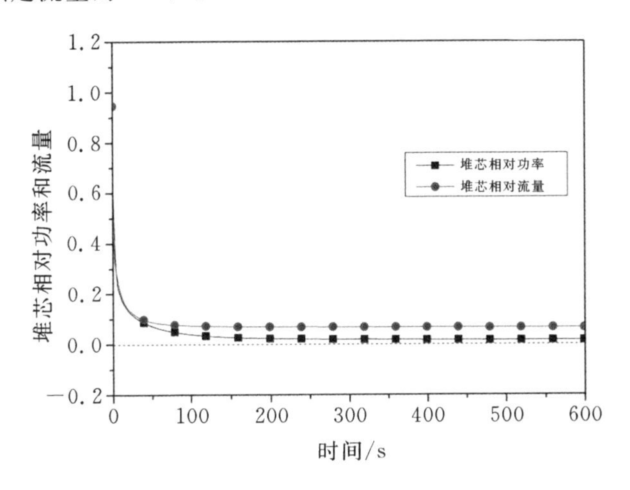

图 10-87　有保护失流事故相对功率和流量变化

有保护失流事故发生后系统关键温度的变化如图 10-88 所示，可见由于流量的快速丧失，堆芯出口温度快速升高，约 3 s 时达到最大值 584.5 ℃，之后随着功率的快速降低而迅速降低，最终趋于稳定；热钠流入热池，因而热钠池温度也会随之升高，但由于热池的热惯性、流量较低且堆芯出口温度升高较小，其温度上升速度很缓慢。换热器一次侧入口温度随堆芯出口温度的升高而升高，之后随堆芯出口温度的降低而缓慢降低。换热器二次侧参数保持不变，而换热器一次侧流量快速降低，因而换热器一/二次侧出口温度也随之迅速降低。由于流量降低且换热器一次侧出口温度迅速降低，冷钠池和堆芯入口温度基本保持不变。

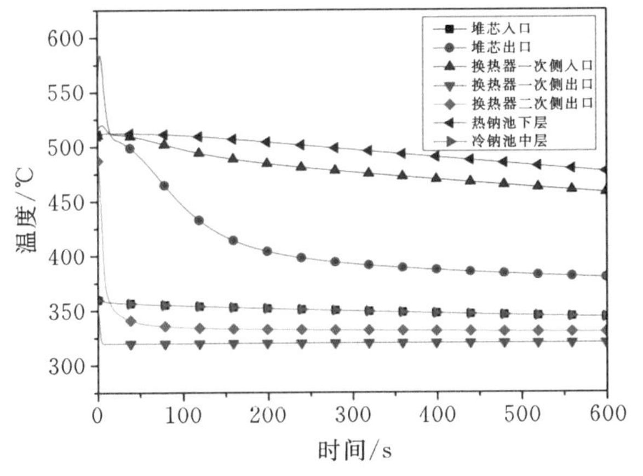

图 10-88　有保护失流事故系统关键温度变化

有保护失流事故发生后堆芯各反应性的变化如图 10-89 所示，可见负反应性的快速引入导致迅速停堆，堆芯冷却剂和燃料温度迅速降低导致径向膨胀反馈带来较大的正反应性，而冷却剂密度反馈带来较大的负反应性。有保护失流事故和无保护失流事故中各反应性变化存在很大差别。

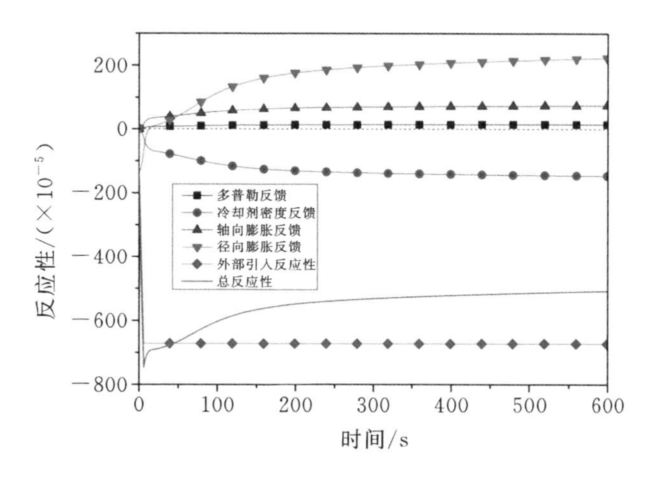

图 10-89 有保护失流事故中的反应性变化

有保护失流事故发生后包壳最高温度的变化如图 10-90 所示，可见平均通道和热通道包壳最高温度随流量的快速丧失而迅速升高，约 2 s 时达到峰值，平均通道最高包壳温度为 585.9 ℃，热通道最高包壳温度为 630.9 ℃，均在设计限值 650 ℃以内；之后包壳温度随功率的降低而逐步降低并趋于平稳。

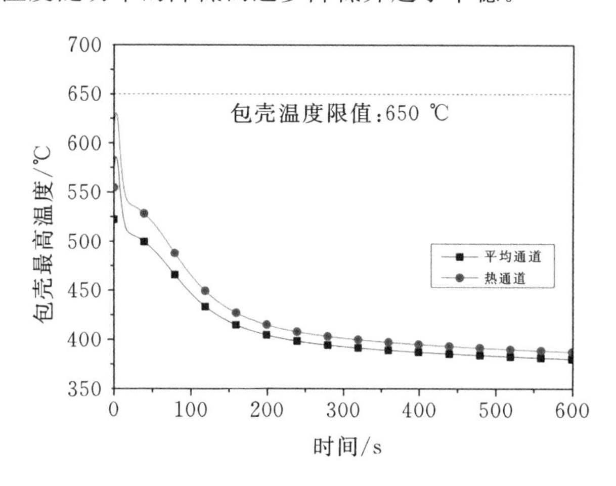

图 10-90 有保护失流事故中包壳最高温度变化

有保护失流事故发生后燃料芯块最高温度的变化如图 10-91 所示，可见平均通道和热通道燃料芯块最高温度在事故发生后随功率的降低而快速降低，并逐步趋于稳定，这说明在有保护失流事故中燃料芯块趋于安全。

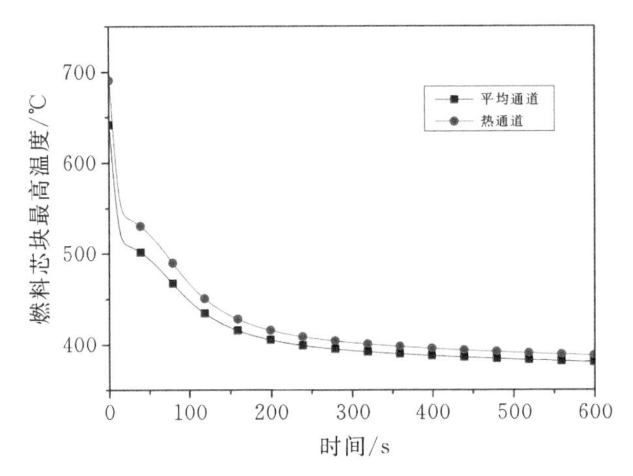

图 10－91　有保护失流事故中芯块最高温度变化

10.4　钠冷行波堆 TP－1 系统安全分析

10.4.1　计算模型

进行控制体划分的时候，需要考虑钠冷行波堆 TP－1 的系统结构和运行特点，并选择合适的参数作为求解变量。网格的划分还需要可以反映系统关键部件的热工水力学参数，并保证程序具有一定的计算精度和速度。

系统控制体和节点划分如图 10－92 所示，对一回路、二回路和三回路的主要部件进行了控制体划分，一回路和二回路之间通过中间热交换器进行参数的传递，二回路和三回路之间依靠蒸汽发生器进行系统热工水力学参数的耦合。一回路的主要部件包括堆芯、钠池和主泵。

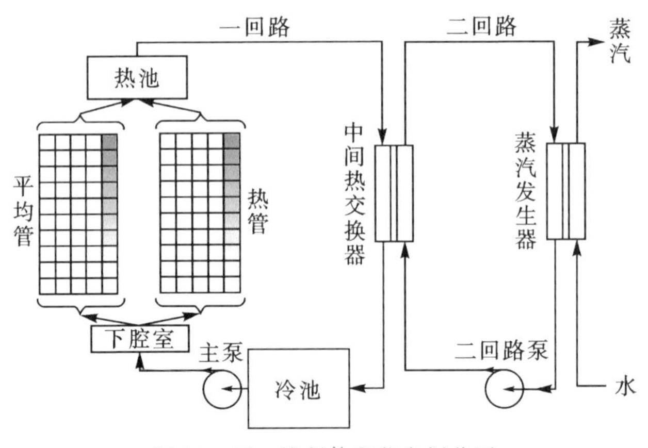

图 10－92　控制体和节点划分图

行波堆内功率分布极不均匀，如果对整个堆芯采用单通道模型，即将整个堆芯当作一根燃料元件处理，就不能反映出堆芯内的温度分布，本文沿堆芯径向选取了 9 个燃料组件，对每个燃料组件均使用单通道模型进行数值模拟，由于行波堆内各个燃料组件除了入口端和出口端之外都是封闭的，所以可以不考虑不同组件之间冷却剂的搅混。除了选取不同的组件进行研究外，还对堆芯进行了平均管和热管的计算。热管的计算主要是基于热点因子的考虑，为反应堆的设计和运行留下更多的安全裕量。

平均管和热管的控制体划分如图 10－93 所示，在实际计算的时候，平均管和热管计算并行，热管的计算以平均管的计算结果作为边界条件。平均管和热管采用相同的控制体划分。由于是进行钠冷行波堆的系统热工安全特性分析，需要考虑的是在稳定和事故工况下整个反应堆系统的热工水力学参数的响应，所以对堆芯就没有进行更进一步的控制体划分。

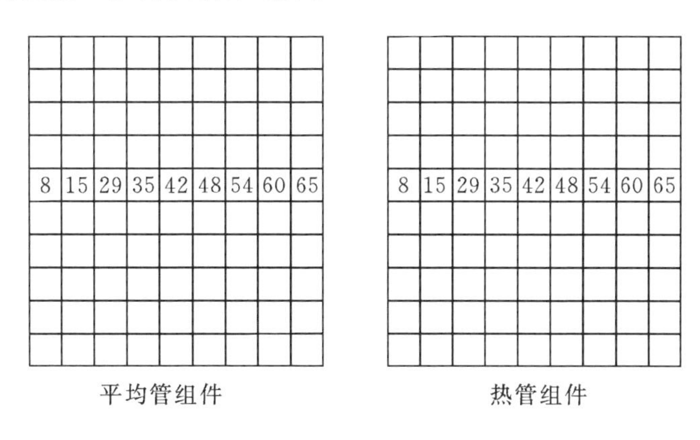

图 10－93　堆芯各组件控制体划分

本节用 9 个组件模拟整个堆芯内的流动和传热情况，沿轴向对各组件可以划分成任意数目的控制体，综合考虑计算时间和计算精度的要求，本文将组件沿轴向划分成 10 段控制体，这样既可以得到满足系统热工安全分析所需要的堆芯内冷却剂、包壳和燃料芯块的温度分布，也不需要消耗计算机太多的内存，求解所需时间在可以接受的范围内。

将各个组件等效为单根燃料元件，对燃料元件的控制体划分如图 10－94 所示。如前所述，将燃料元件划分为 10 个控制体，在径向上，冷却剂划分成 1 个控制体，包壳划分为 3 个控制体，分别为包壳 1、包壳 2 和包壳 3，将燃料芯块划分为 3 个控制体，分别为燃料芯块 1、燃料芯块 2 和燃料芯块 3，即在径向上将燃料元件划分为 7 个控制体。由于关心的是堆芯的温度分布，所以选择各控制体平均温度作为求解变量。

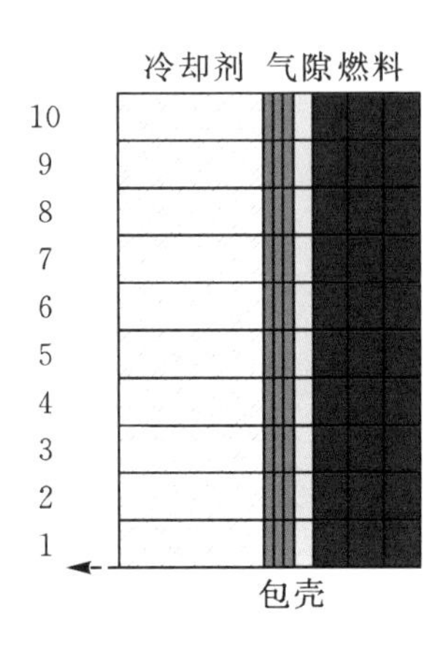

图 10-94　芯块节点划分

堆芯热池和冷池详细的温度场、压力场和速度场分布需要使用计算流体动力学软件或者编写相应程序计算。在系统安全分析程序里，只需要知道热池和冷池内液态金属钠整体的温度和流量随时间的变化，不需要进行过于详细的控制体划分。在考虑事故后热池和冷池内可能出现的分层效应，将热池划分为两个控制体，将冷池划分为三个控制体，均设置温度作为控制体的求解变量。对于堆芯入口腔室，将其划分为一个控制体。

相比于中间热交换器内的温度场和流场分布，本章主要考虑中间热交换器如何将钠池内的热量有效地导出，所以使用集中参数法模拟中间热交换器一、二次侧液态金属钠的流动传热。在进行中间热交换器一、二次侧液态金属钠的流动传热求解时，选择对数平均温差法。用 3 个控制体表示中间热交换器，分别代表中间热交换器一次侧冷却剂、二次侧流体和传热管壁，对一、二次侧流体选取流体平均温度作为求解变量，对传热管选取管壁平均温度作为求解变量。

对钠机械泵，设置四个求解变量，分别是钠机械泵出口处液态金属钠的焓、泵的转速、泵的水力转矩和泵的流量。对于功率的求解，设置 7 个变量，分别是点堆中子动力学方程中堆芯总功率和六组缓发中子的衰变功率。

蒸汽发生器是连接二回路和三回路的重要设备，水/蒸汽侧流动传热为复杂的两相流动换热，将蒸汽发生器沿轴向划分成 50 个控制体，对钠侧流体和水/蒸汽侧流体均取流体焓值作为求解变量，对蒸汽发生器管壁选取温度作为求解变量。

10.4.2　稳态热工水力特性

利用 THACS 程序进行了额定工况计算，得到了稳定运行状态下各主要部件的热工水力学参数，包括堆芯和蒸汽发生器内的温度分布。系统各回路主要控制节点的温度如表 10-7 所示。可以看出，计算获得的稳态值与设计值符合良好。

表 10－7　反应堆参数表

参数	额定值	稳态值	误差
流量/(kg·s^{-1})	6045.0	6045.0	0
热功率/MW	1200.0	1200.0	0
堆芯出口温度/℃	510.0	510.2	0.04%
堆芯入口温度/℃	360.0	358.1	0.53%
中间热交换器二次侧入口温度/℃	300.0	297.2	0.93%
中间热交换器二次侧出口温度/℃	480.0	480.1	0.02%
蒸汽发生器二次侧入口温度/℃	262.0	262.0	0
蒸汽发生器二次侧出口温度/℃	470.0	471.6	0.34%

堆芯出、入口冷却剂温度变化如图 10－95 所示，中间热交换器一次侧温度变化、二次侧温度变化和换热管壁温度变化如图 10－96 所示。蒸汽发生器轴向第 50 个控制体钠侧和水/蒸汽侧流体温度的变化如图 10－97 所示。可以看出，在程序运行的初始时间内，由于吉尔算法和给定的初始值的影响，各参数会有一定程度的波动，经过一段时间的迭代后，各主要参数不再随时间变化，即程序计算得到了额定功率下钠冷行波堆主要部件的关键热工水力学参数。对于蒸汽发生器水/蒸汽侧第 50 个控制体，温度出现振荡的主要原因是涉及复杂的两相流动和蒸汽发生器模拟所选用的模型，由于对蒸汽发生器采用的是固定节点模型，在本文中即沿轴向将蒸汽发生器分为 50 个控制体，依据该点含汽率的数值判断该控制体为过冷区、两相沸腾传热区或过热蒸汽区，如果中间某控制体由两相沸腾传热区变为过热蒸汽传热区，由于一次侧由钠侧传入该控制体的热量不会发生很大的变化，而该控制体的对流换热系数发生很大的变化，必然会导致水/蒸汽侧流体温度出现一个很大的波动。

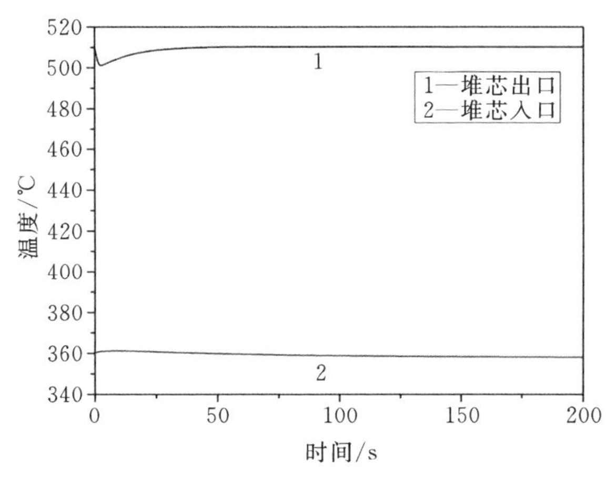

图 10－95　堆芯出、入口冷却剂温度变化

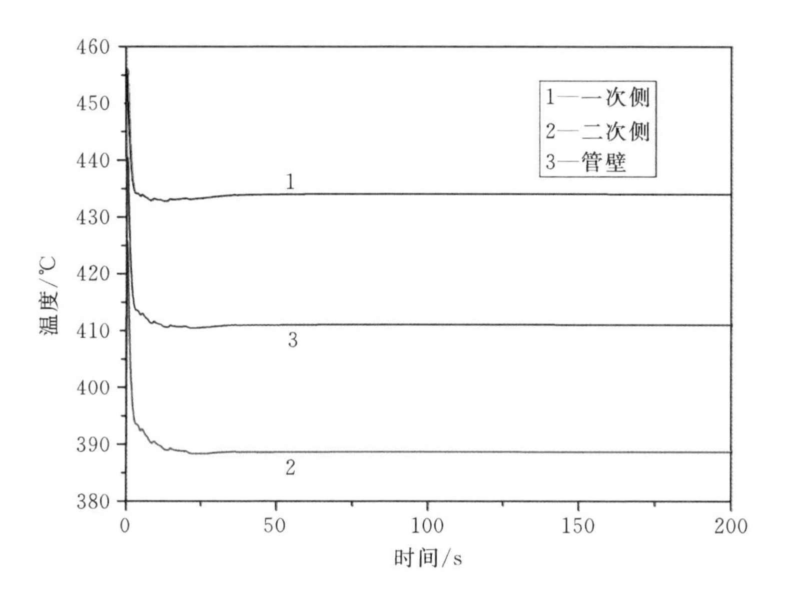

图 10-96　中间热交换器温度变化

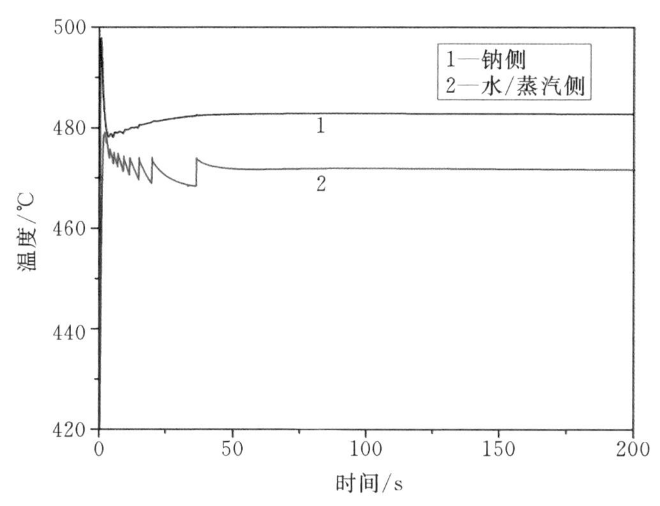

图 10-97　蒸汽发生器第 50 个控制体温度变化

计算得到了系统在额定工况下运行时堆芯内不同组件燃料元件轴向和径向控制体的温度分布，稳态时堆芯内不同组件冷却剂温度沿轴向变化如图10-98和图 10-99 所示，各组件的燃料芯块中心温度分布如图 10-100 和图 10-101所示。

对于平均管的计算，组件 8 第 1 个控制体的冷却剂温度是 367.4 ℃，第 10 个

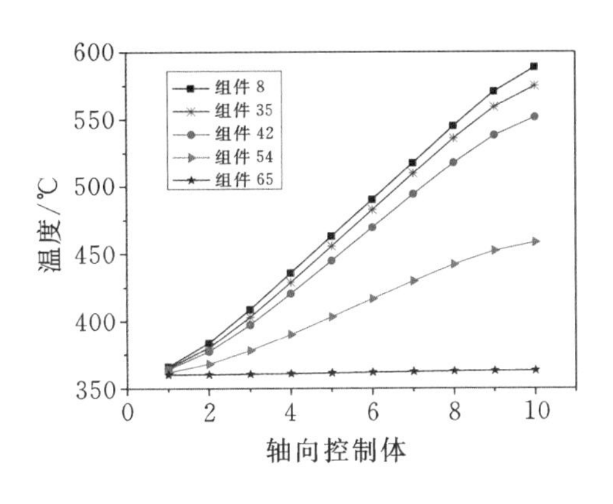

图 10-98　各组件冷却剂温度(平均管)

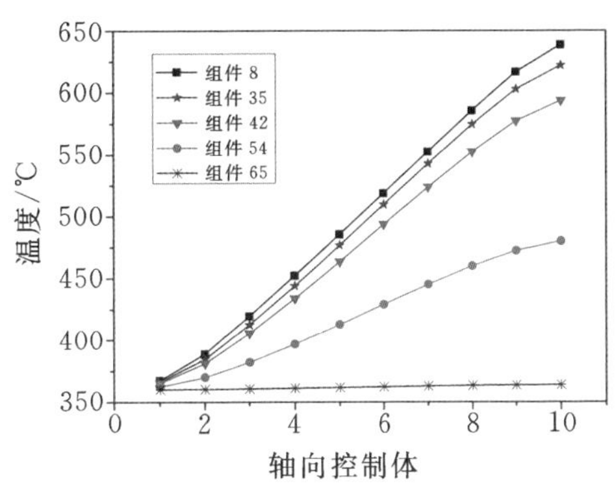

图 10-99　各组件冷却剂温度(热管)

控制体的冷却剂温度是 588.6 ℃,出入口控制体之间温度相差 221.2 ℃,组件 65 第 1 个控制体的冷却剂温度是 360.1 ℃,第 10 个控制体的冷却剂温度是 363.0 ℃,出入口控制体之间温度仅相差 2.9 ℃,8 号组件和 65 号组件入口控制体之间的温差不大,出口控制体之间的温差达到了 225.6 ℃。组件 8 燃料中心的最高温度出现在第 7 个控制体,为 921.7 ℃,组件 65 燃料中心的最高温度出现在第 7 个控制体,为 366.4 ℃。

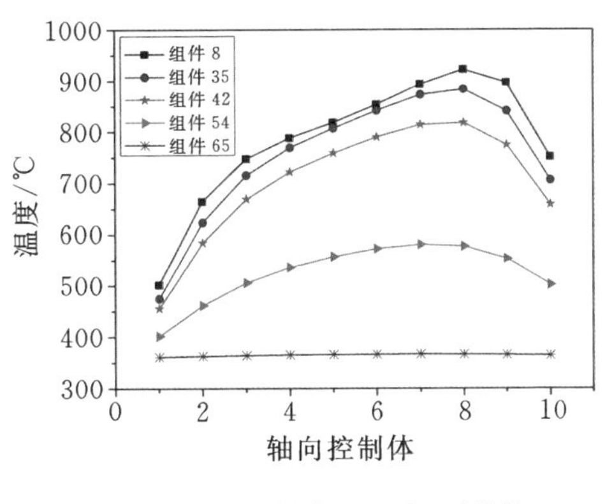

图 10-100　燃料中心温度(平均管)

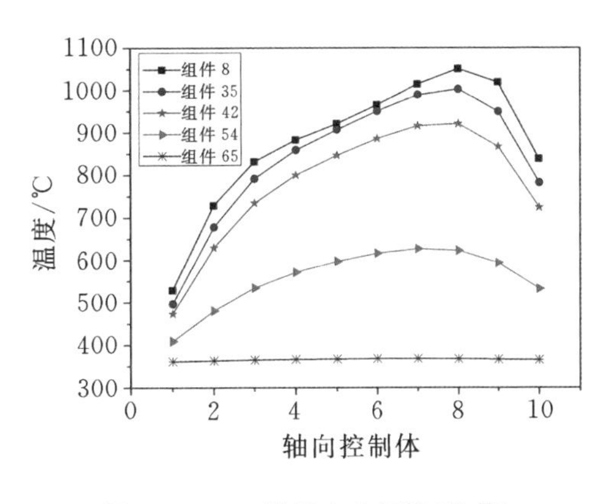

图 10-101　燃料中心温度(热管)

对于热管的计算,组件 8 第 1 个控制体的冷却剂温度是 366.1 ℃,第 10 个控制体的冷却剂温度是 638.8 ℃,出入口控制体之间温度相差 272.7 ℃;组件 65 第 1 个控制体的冷却剂温度是 360.1 ℃,第 10 个控制体的冷却剂温度是 363.7 ℃,出入口控制体之间温度仅相差 3.6 ℃,8 号组件和 65 号组件入口控制体之间的温差不大,出口控制体之间的温差达到了 275.1 ℃。组件 8 燃料中心的最高温度出现在第 8 个控制体,为 1050.8 ℃,组件 65 燃料中心的最高温度出现在第 7 个控制体，为 367.6 ℃。

由于行波堆内各组件之间的功率相差很大，而在计算时假设各个组件内的冷却剂流量相同，导致不同组件之间的冷却剂、包壳和燃料元件之间的温差很大。靠近堆芯内部的组件功率因子较大，如 8、29、35 号组件，计算得到的冷却剂平均温度和燃料元件温度较高，60 和 65 号组件的功率因子非常小，所以其冷却剂平均温度和燃料芯块中心温度均较低。较高的温差导致材料受到的热应力较大，对材料带来较大挑战。

如前所述，对于每一个组件，沿轴向分为 10 个控制体，冷却剂、包壳和燃料元件沿径向共分为 7 个控制体，为了形象地说明各组件内冷却剂、包壳和燃料芯块的温度分布，选取 29 号组件进行分析。29 号组件内各控制体的温度变化如图 10-102 和图 10-103 所示。可以看出，燃料元件的最高温度出现在轴向第 8 个控制体，包壳和冷却剂之间的温差不大，这主要是因为包壳的导热率较高且厚度较薄。

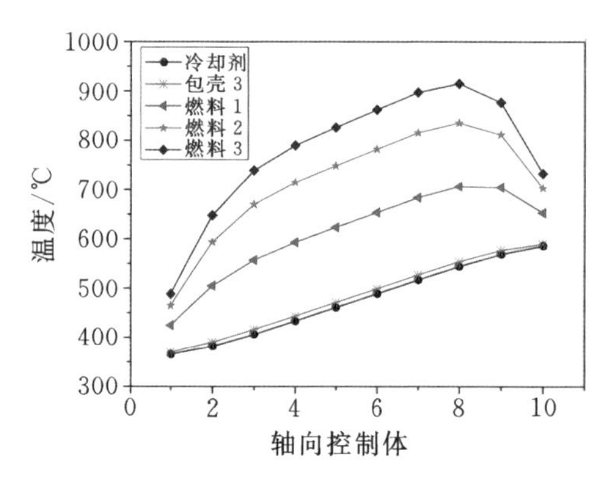

图 10-102　平均管 29 号组件温度

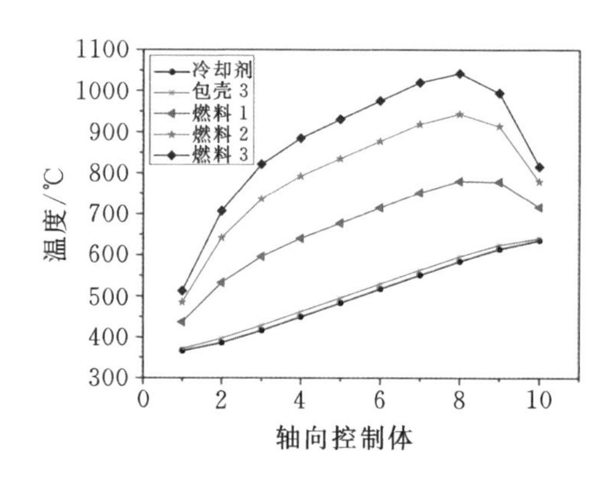

图 10-103　热管 29 号组件温度

蒸汽发生器的平衡态含汽率和空泡份额沿轴向的变化如图 10-104 所示，蒸汽发生器各控制体的温度沿轴向的变化如图 10-105 所示，换热量和一次侧、二次侧的传热系数的变化如图 10-106 所示。蒸汽发生器沿轴向划分为 50 个控制体，从第 1 到第 10 个控制体，二次侧的流体为单相水；从第 11 到第 23 个控制体，为两相流区；从第 24 个控制体到第 50 个控制体，二次侧为单相蒸汽区。在单相对流传热区，二次侧为过冷水，受到一次侧的加热温度逐渐升高，此时空泡份额为 0 且平衡态含汽率小于 0，这时的换热量主要受到二次侧的影响。在两相沸腾传热区，水/蒸汽的温度保持不变，相对于单相过冷传热区，两相区的表面传热系数远高于单相区，为了维持这样的传热量，管壁的温度和一次侧钠的温度较高，温差较大，在从单相过冷传热区过渡到两相沸腾传热区的时候，由于表面传热系数发生了很大变化，流体的温度不会突然发生大的变化，所以换热管的壁温会有一个下降。在单相蒸汽区，由于蒸汽的表面传热系数很小，即使不是很高的传热量，也会导致蒸汽温度发生很大变化，这可以从第 24 个控制体到第 50 个控制体的蒸汽温度的变化看出来。

在整个蒸汽发生器的传热区域内，一次侧钠的表面换热系数没有发生很大的变化，这主要是因为一次侧的钠一直处于单相区。二次侧的水经历了单相区、两相沸腾区和单相蒸汽区，所以换热系数会发生很大的变化。

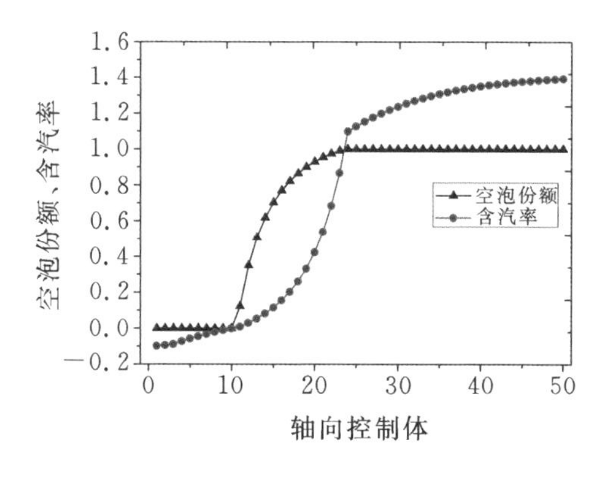

图 10 - 104　蒸汽发生器空泡份额、含汽率沿轴向变化

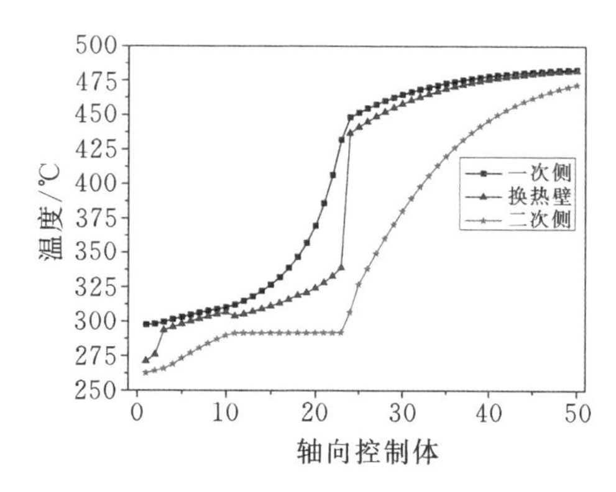

图 10 - 105　蒸汽发生器各控制体温度沿轴向变化

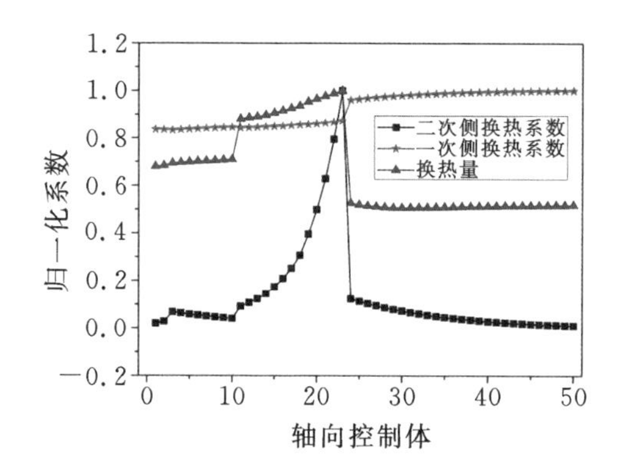

图 10 - 106　蒸汽发生器换热量、传热系数沿轴向变化

钠侧流体焓值沿高度的变化如图 10 - 107 所示，水/蒸汽侧流体焓值沿高度的变化如图 10 - 108 所示。

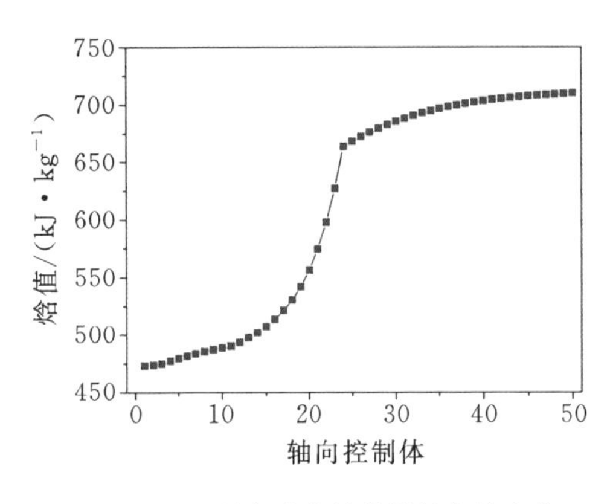

图 10-107　钠侧流体焓值沿轴向的变化

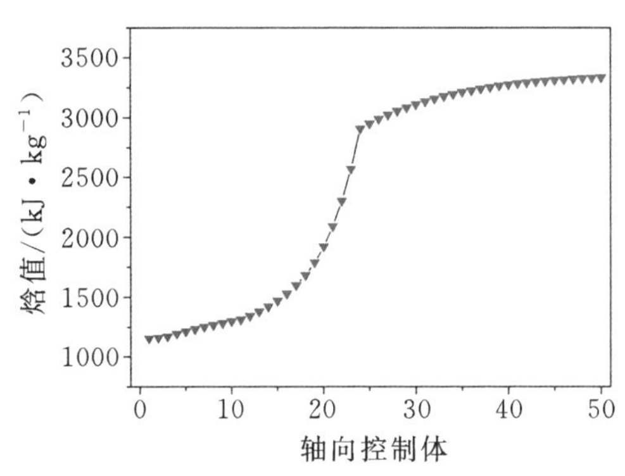

图 10-108　水/蒸汽侧流体焓值沿轴向的变化

可以看出，液态金属钠和水/蒸汽的焓值沿高度方向的变化规律相似，在两相传热区，由于换热量较大，钠侧和水/蒸汽侧的流体焓值的变化幅度都很大，而在靠近出口的单相蒸汽区，流体的焓值变化不大。

10.4.3　瞬态热工水力特性

1. 失流事故

在额定工况下运行时，钠冷行波堆的一回路和二回路依靠钠机械泵推动液态金属钠强迫循环从而导出堆芯产生的热量。行波堆 TP-1 的钠池内设置两台主泵和四台中间热交换器构成两条主要的回路。但是当钠池内的主泵因机械故障或主泵电机失电而被迫停运或个别环路阀门突然关闭时，堆芯的液态金属钠的流量会减少甚至中断，发生失流事故，堆芯的传热能力将会急剧恶化。

本节假设下述的失流事故，在失流事故中假设在 0.0 s 时，二回路的钠机械泵和三回路蒸汽发生器的给水正常，但是钠池内的两个主循环泵突然丧失电源，电机不能够继续为主泵提供电动转矩，主循环泵进入惰转状态，在主泵丧失电源 2.0 s 后启动紧急停堆，研究事故发生后钠冷行波堆 TP-1 系统各主要部件的热工水力学参数的瞬态变化。

在事故发生后，堆芯内液态金属钠流量的变化如图 10-109 所示。由于主循环泵停转，流经堆芯的冷却剂流量迅速下降。主循环泵开始自由惰转，最后，一回路的冷却剂过渡到自然循环阶段，该阶段冷却剂流量约为初始流量的 9.4%。

堆芯内燃料平均温度和冷却剂平均温度如图 10-110 所示，反应性变化如图 10-111 所示。刚开始发生事故的时候，流经堆芯的冷却剂流量迅速减少，导致冷却剂、包壳和燃料芯块的温度快速上升，特别是冷却剂的温度，会有一个急剧的上升。事故发生后，启动紧急停堆，引入了很大的负反应性(−0.1425 \$)，冷却剂和燃料芯块温度的升高也会引入一定的负反应性，两者综合作用会导致反应堆功率急剧下降，即需要导出的堆芯热量急剧减少，冷却剂、包壳和燃料芯块的温度也会随之降低。但这个时候，由于冷却剂和燃料芯块温度的降低，会引入正的反应性，这对于反应堆的安全是不利的，虽然在本节中由于冷却剂和燃料芯块温度升高引入的正反应性要远小于停堆引入的负反应性。事故后期自然循环阶段冷却剂流量趋于稳定，堆芯内的热量主要由衰变热产生，堆芯内冷却剂、包壳和燃料芯块的温度也逐渐稳定。

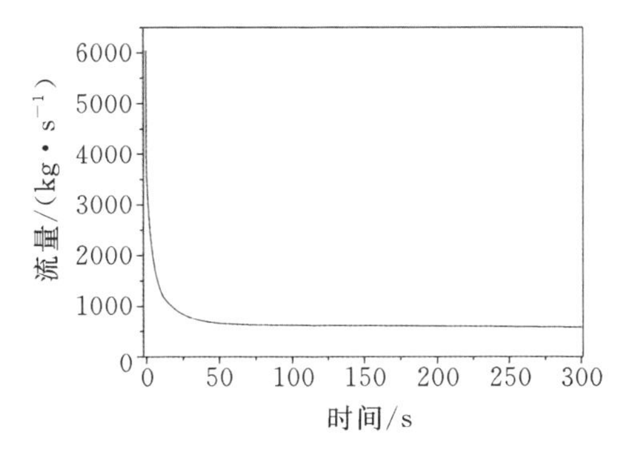

图 10-109　堆芯流量变化

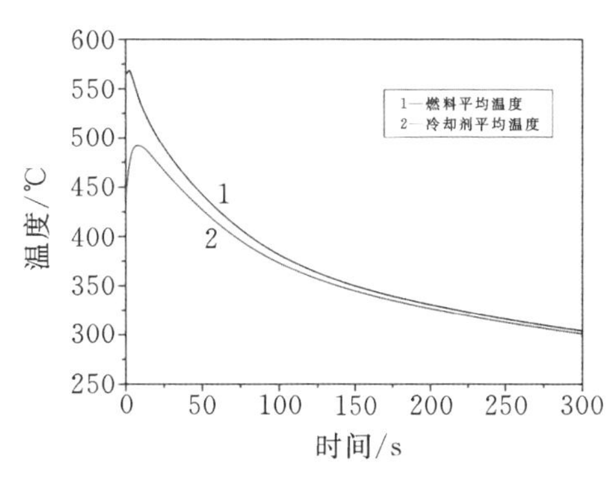

图 10-110　燃料平均温度和冷却剂平均温度随时间变化

堆芯出入口温度变化如图 10-112 所示，发生失流事故后流经堆芯的液态金属钠的流量迅速减小，出口处的液态金属钠的温度快速上升，冷却剂平均温度最高可以达到 594.1 ℃。事故后二回路和蒸汽发生器正常运转，热阱并没有丧失，一回路的流量不断减少，通过中间热交换器的流量也在减少，导致中间热交换器的一次侧出口温度不断降低，所以堆芯冷却剂入口温度不断减小。中间热交换器的温度变化如图 10-113 所示，事故发生后，中间热交换器一次侧、二次侧和换热壁的温

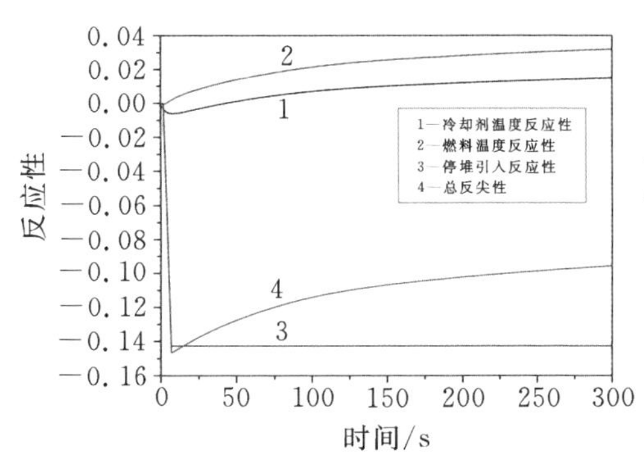

图 10-111　反应性随时间变化

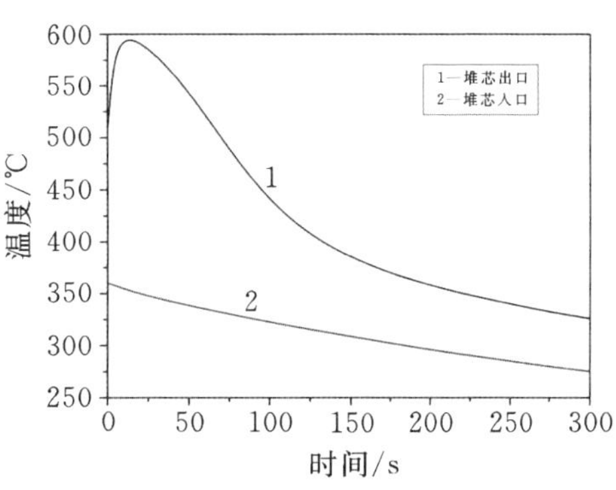

图 10-112　堆芯出入口平均温度变化

度均随着时间慢慢减小，这主要是由于蒸汽发生器的换热能力没有减少，但是堆芯产生的热量在不断地下降，即通过中间热交换器传递的热量在下降。

不同组件冷却剂出口温度分布如图 10－114 和图 10－115 所示。事故后各个组件液态金属钠的出口温度迅速上升，在 13.7 s 平均管出现最大冷却剂出口温度 718.3 ℃，在 14.1 s 热管出现最大冷却剂出口温度 796.9 ℃，但仍低于钠的沸腾温度，之后各个组件的冷却剂出口温度均下降。

堆芯也计算得到了选取的 9 个组件内的冷却剂、包壳和燃料芯块的温度随时间的变化，以 29 号组件为例，图 10－116 给出了它的轴向第 5 段各个控制体的温度随时间的变化。事故发生后冷却剂的温度和包壳的温度均上升很快，芯块的温度也会有一定程度的升高，但是与冷却剂和包壳相比温升较小，事故后期冷却剂、包壳和芯块的温度均逐渐减低，并趋于稳定。

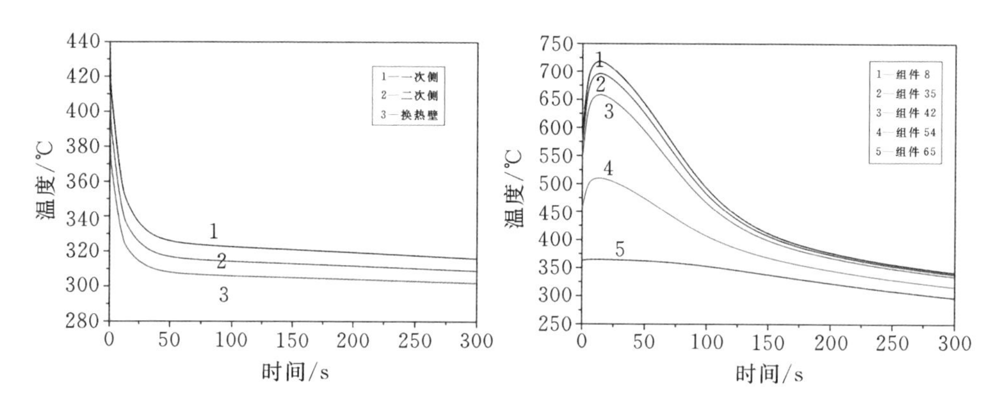

图 10－113　中间热交换器温度随时间的变化　图 10－114　不同组件冷却剂出口温度(平均管)

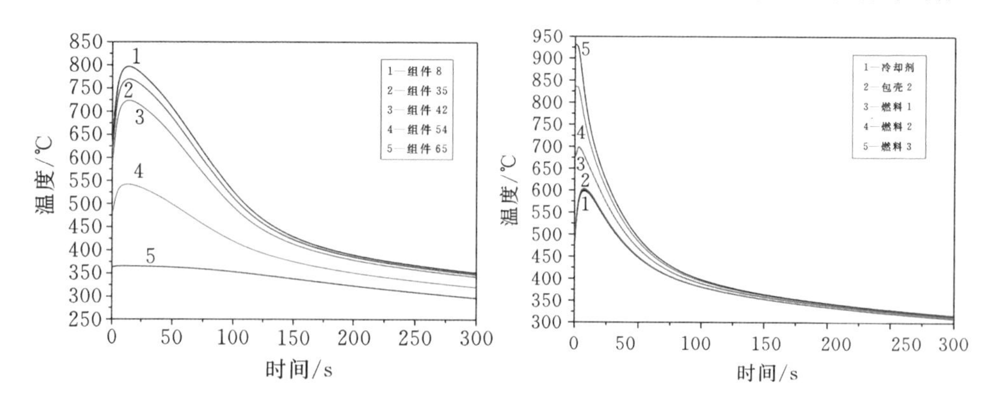

图 10－115　不同组件冷却剂出口温度(热管)　图 10－116　29 号组件轴向第 5 段各控制体温度随时间的变化

不同热管组件包壳内表面最高温度和燃料芯块中心最高温度分别如图

10－117和图 10－118 和所示，整个事故瞬态过程中包壳峰值温度为 797.1 ℃，事故发生以后由于堆芯功率快速下降燃料芯块中心温度持续下降。

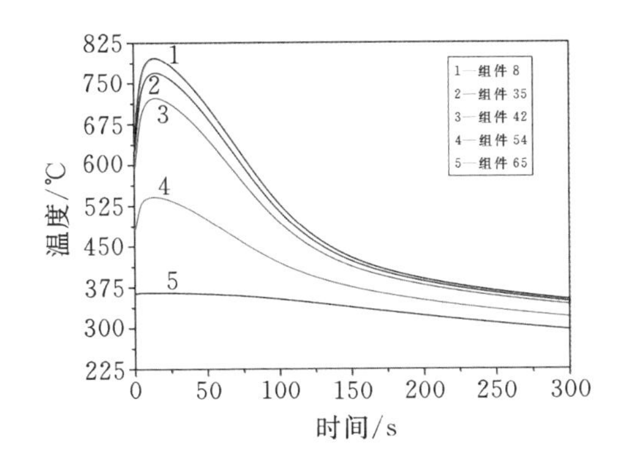

图 10－117 热管包壳内表面最高温度

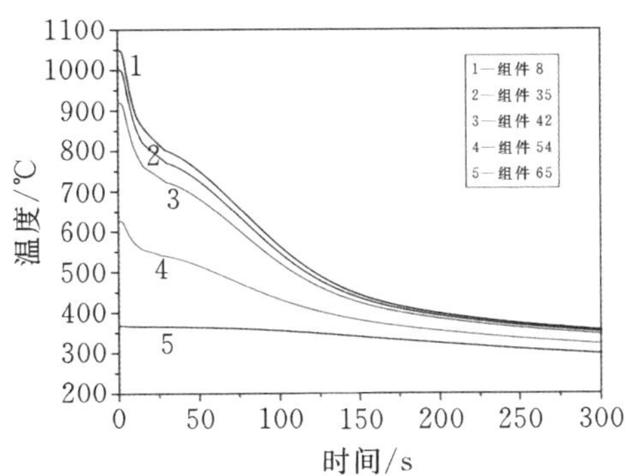

图 10－118 燃料芯块中心最高温度(热管)

事故发生后，蒸汽发生器一次侧和二次侧的流量依旧不变，二次侧的入口温度也不变化，为堆芯热量的导出提供热阱。蒸汽发生器的平衡态含汽率和空泡份额沿轴向的变化如图 10－119 和图 10－120 所示，在过热蒸汽段平衡态含汽率出现了一定的振荡，这主要是由于两相区振荡会导致两相区的换热量出现很大的变化，而过热蒸汽区的换热量相对较小，对其产生了很大的影响，蒸汽的温度变化较大，出现了一定程度的振荡。

在 9.4 s 之后，蒸汽发生器出口由过热蒸汽变为含汽率较高的两相流体，之后出口含汽率有一个较大的下降，最终维持在 0.22 左右，蒸汽发生器各个控制体的平衡态含汽率均出现了不同程度的下降，最终过冷流体段变长，流体发生沸腾的位置上移，过热蒸汽段消失。

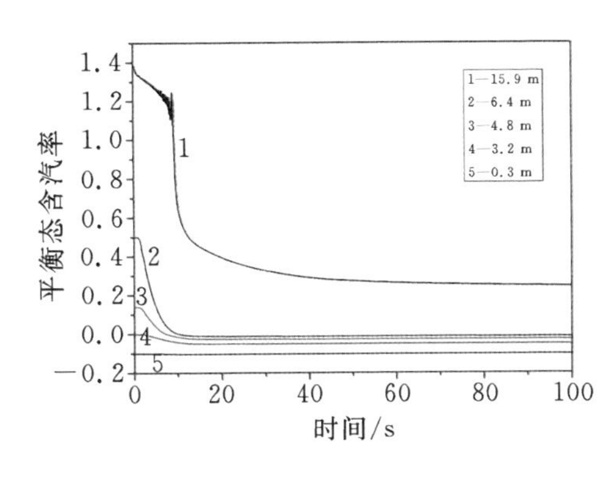

图 10－119 蒸汽发生器平衡态含汽率变化

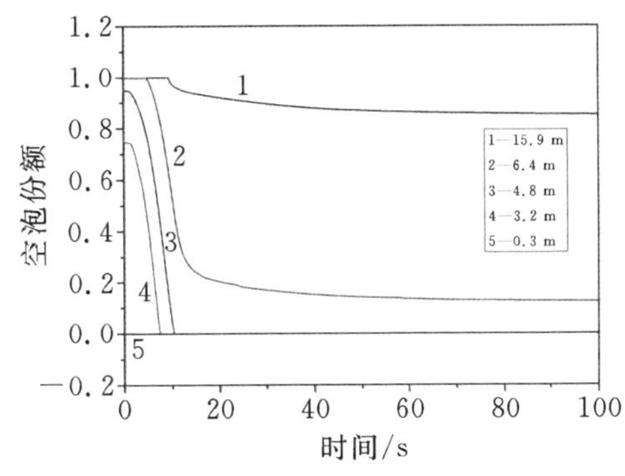

图 10－120 蒸汽发生器空泡份额的变化

蒸汽发生器一次侧液态钠的温度变化如图 10－121 所示，二次侧流体的温度变化如图 10－122 所示，蒸汽发生器换热管壁的温度变化如图 10－123 和图 10－124所示。可以看出，一、二次侧流体和传热管的温度在初始的 10 多秒时间内下降较快，在 10～40 s 缓慢地下降，之后各控制体温度维持在一个相对稳定的水平。

在 9.4 s 的时候，钠侧流体温度和传热管壁温度有不同程度的突降，这主要是由于在 9.4 s 时出口由过热蒸汽变为两相流体，流体的传热系数发生了很大的变化，进而导致钠侧流体和换热管壁温度的变化。在初始时刻各个控制体的温度都会出现不同程度的波动，这主要是事故发生后堆芯流体的温度发生了很大的变化，影响到蒸汽发生器，这将不利于蒸汽发生器的控制，对蒸汽发生器的材料来说也是一个很大的挑战。对于水/蒸汽侧流体来说，初始时刻特别是过热蒸汽段的温度波动更大。之后出口温度维持在两相沸腾的饱和温度，对钠池内的热量进行持续冷却。

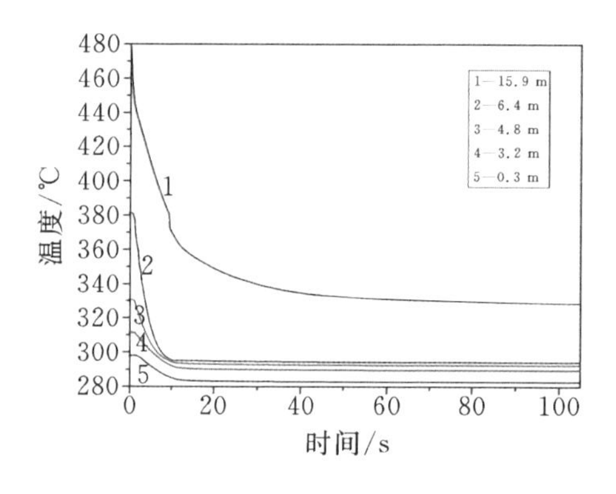

图 10－121　蒸汽发生器一次侧流体温度变化

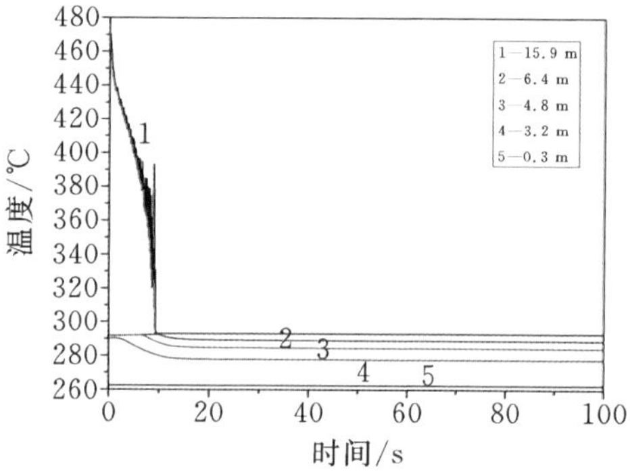

图 10－122　蒸汽发生器二次侧流体温度变化

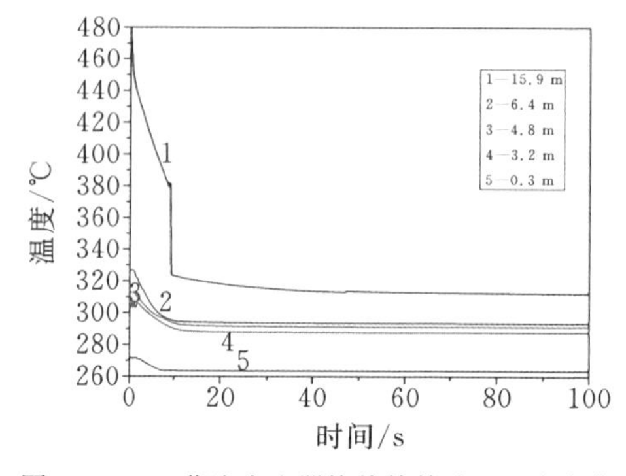

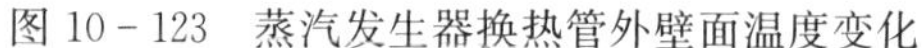

图 10－123　蒸汽发生器换热管外壁面温度变化

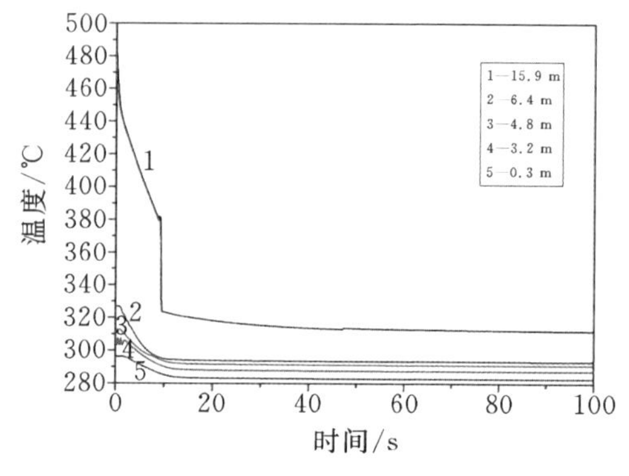

图 10－124　蒸汽发生器换热管内壁面温度变化

钠侧流体焓值随时间的变化如图 10－125 所示，水/蒸汽侧流体焓值随时间的变化如图 10－126 所示。可以看出由于停堆后反应堆功率下降较快，之后维持在一个相对稳定的衰变功率状态，所以对于蒸汽发生器，钠侧和水/蒸汽侧流体的焓值在事故发生的初始时刻均下降较大，之后都维持在一个相对稳定的水平。

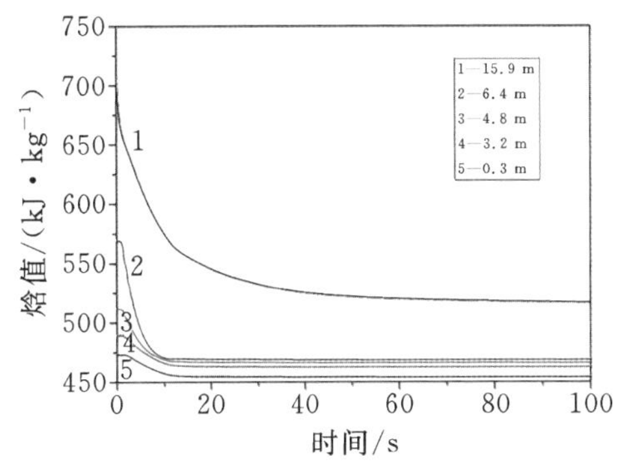

图 10－125　钠侧流体焓值随时间的变化

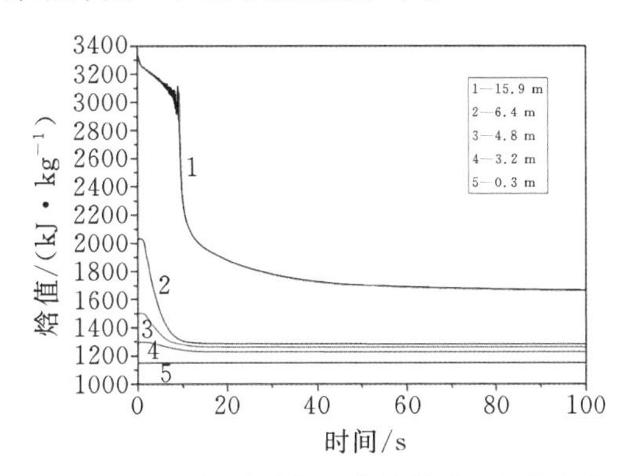

图 10－126　水/蒸汽侧流体焓值随时间的变化

2. 反应性引入事故

反应性引入也是钠冷快堆的设计基准事故，钠冷行波堆 TP－1 作为一种钠冷快堆，也需要分析在该事故下系统的热工水力特性，研究在瞬态超功率(Transient overpower)情况下钠冷行波堆的安全性。因此本节也对钠冷行波堆 TP－1 进行了反应性引入事故的计算。

利用程序 THACS 研究钠冷行波堆在给定反应性引入速率下的动态响应过程。计算可以分为两种情况，一种是保护停堆系统启用，设定某一功率值作为停堆保护触发信号，如 115％额定功率，当堆芯功率达到这一设定值时，启动紧急停堆以保护反应堆。另一种是保护停堆系统不启用，即使反应堆的功率达到了保护系统启用的限值，反应堆也不停堆，研究反应堆在反应性引入事故发生后堆芯固有的安全性能否保障反应堆的安全，分析在这种情况下堆芯内冷却剂、包壳和燃料芯块的温度变化及系统其它部件的响应。本节按照第二种情况进行研究。

行波堆在额定工况下运行时，突然发生反应性引入事故，反应性引入速率为 0.02 $・$s^{-1}$，在 5 s 内共线性引入 0.1 $反应性。一回路和二回路的钠机械泵正常运转，即流经堆芯的冷却剂流量不发生变化，二回路的液态金属钠的流动特性也不发生变化。蒸汽发生器的给水流量和入口温度也不发生变化。停堆保护系统失效，不能够紧急停堆。研究行波堆固有的中子动力学特性，分析多普勒反馈和堆芯膨胀等对堆芯功率变化产生的影响。

反应堆归一化功率的瞬态变化如图 10－127 所示，堆芯内燃料平均温度和冷却剂平均温度如图 10 - 128 所示,反应性变化如图 10 - 129 所示。

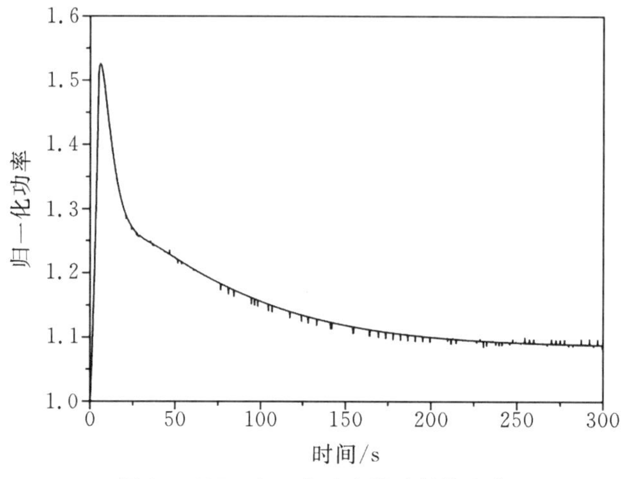

图 10 - 127　归一化功率随时间的变化

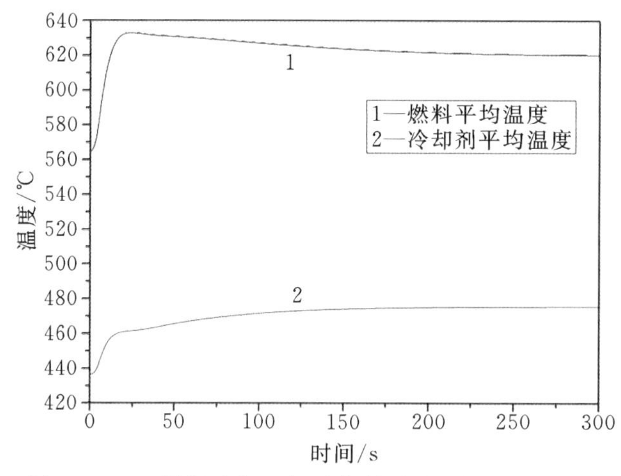

图 10 - 128　燃料平均温度、冷却剂平均温度随时间变化

反应性引入事故发生后,堆芯的功率迅速升高,在事故后 2.1 s 堆芯功率上升到 115%,在事故后 6.2 s 堆芯功率上升到最大值 152.6%。由于堆芯温度的升高,反应堆的固有安全性会导致冷却剂温度反应性和燃料温度反应性的引入,使反应堆的总反应性不断下降,最后由负反馈导致的反应性和引入的反应性相差不多,使总反应性趋于稳定。最终堆芯的功率稳定在额定值的 1.08 倍左右。达到另外一个稳定状态时,堆芯产生的热量比额定工况下要高,流经堆芯的冷却剂的流量不变,所以堆芯内冷却剂、包壳和燃料芯块的温度均会上升并达到另外一个稳定的状态。

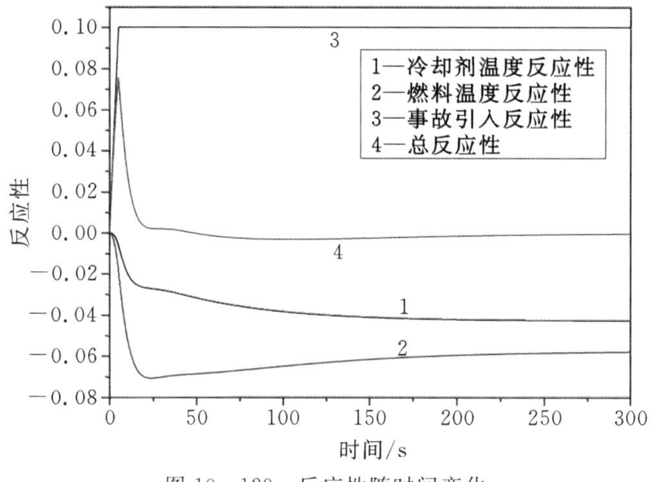

图 10－129　反应性随时间变化

堆芯出、入口温度变化如图 10－130 所示，发生事故后流经堆芯的液态金属钠的流量不变，但是堆芯产生的热量在增加，所以堆芯冷却剂出口温度快速上升，最终稳定在 556.3 ℃左右。蒸汽发生器的热阱作用并没有丧失，二回路的换热能力也没有丧失，所以堆芯冷却剂入口温度在事故后快速上升，中间热交换器温度变化如图 10－131 和图 10－132 所示，中间热交换器两侧的液态金属钠和换热管壁温度均有所上升，经过一段时间后温度趋于稳定。

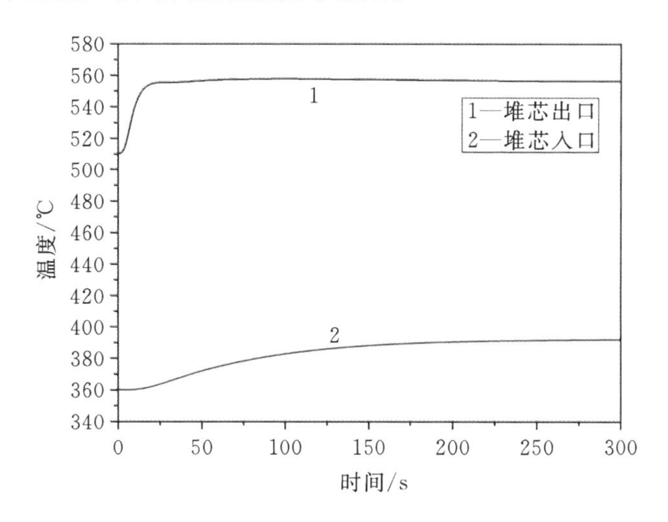

图 10－130　堆芯出、入口平均温度

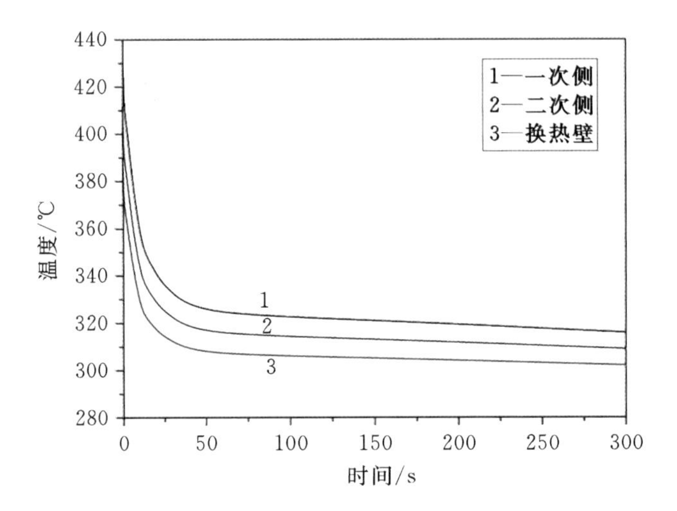

图 10－131　中间热交换器温度的变化

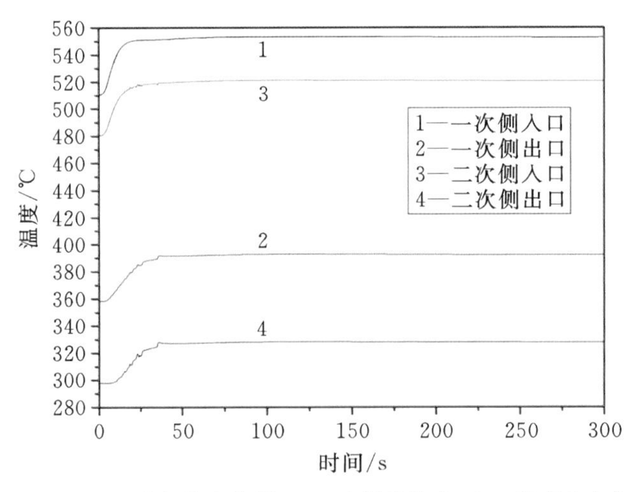

图 10－132　中间热交换器一、二次侧流体出、入口温度的变化

各个组件冷却剂出口温度随时间的变化如图 10－133 和图 10－134 所示，事故发生后各个组件液态金属钠的出口温度迅速上升并达到另一个稳定值。

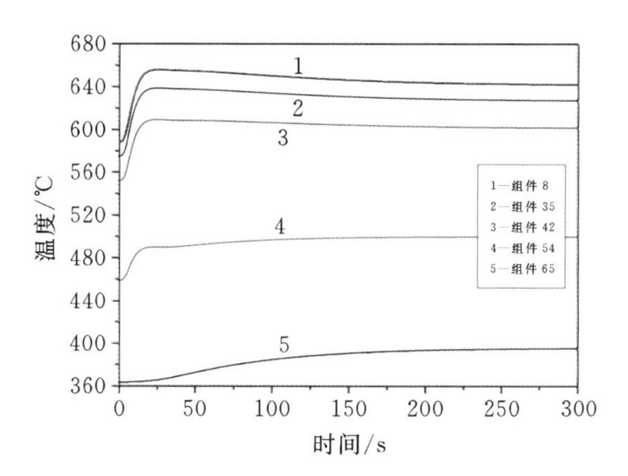

图 10 - 133 各个组件出口温度随时间变化

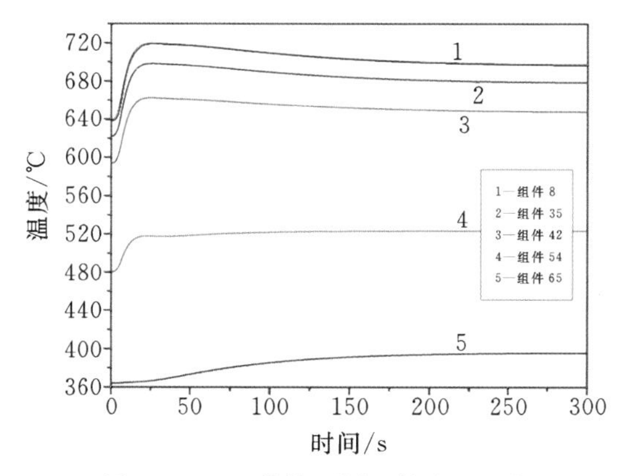

图 10 - 134 热管不同组件出口温度

热管各个组件包壳内表面最高温度和燃料芯块中心最高温度分别如图 10 - 135和图 10 - 136 所示，整个事故瞬态过程中包壳峰值温度为 725.3 ℃，燃料峰值温度为 1289.1 ℃。

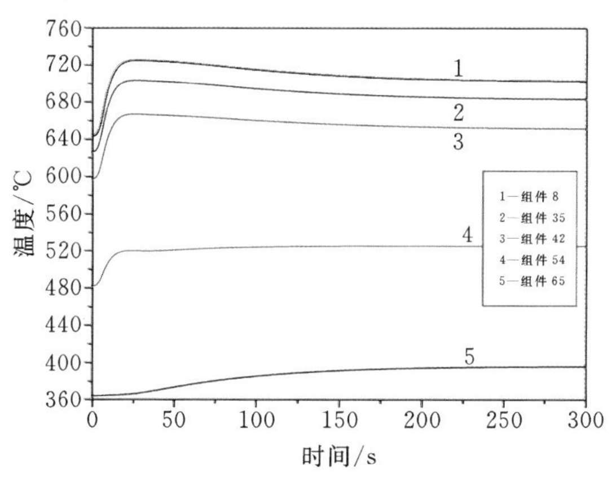

图 10 - 135 包壳最高温度(热管)

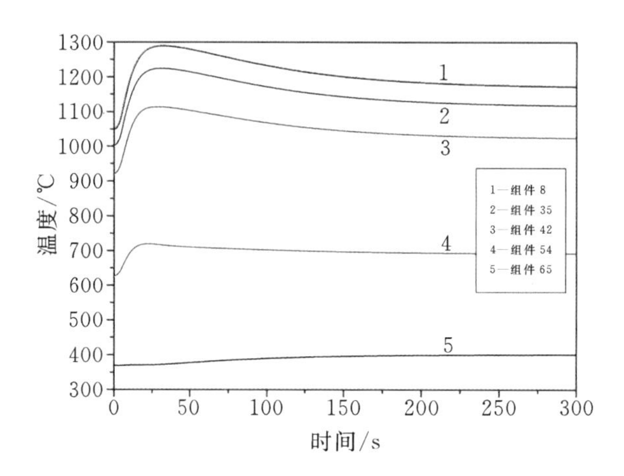

图 10 - 136　燃料中心最高温度(热管)

蒸汽发生器的平衡态含汽率和空泡份额沿轴向的变化如图 10 - 137 和图 10 - 138 所示,蒸汽发生器一次侧液态钠的温度变化如图 10 - 139 所示,二次侧流体的温度变化如图 10 - 141 所示,蒸汽发生器换热管壁的温度变化如图 10 - 141 所示。

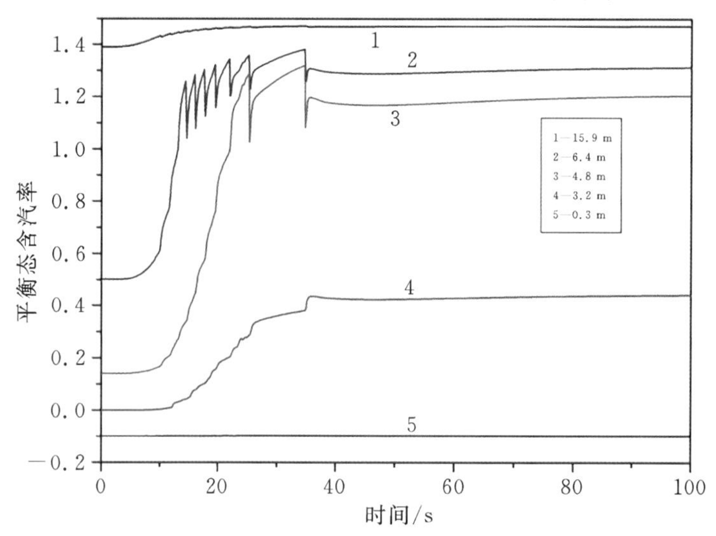

图 10 - 137　蒸汽发生器平衡态含汽率的变化

可以看出,蒸汽发生器各个控制体的温度在反应性引入事故发生后都出现了不同程度的上升,并最终稳定在一个定值。蒸汽发生器采用的是固定节点模型,依据该点含汽率的数值判断该控制体为过冷区、两相沸腾传热区或过热蒸汽区。如果中间某控制体由两相沸腾传热区变为过热蒸汽传热区,由于一次侧由钠侧传入该控制体的热量不会发生很大的变化,而该控制体的对流换热系数发生很大的变化，必然会导致水/蒸汽侧流体温度出现很大波动。可以看出，在事故发生后的初期，蒸汽发生器的各主要参数均出现不同程度的振荡。水/蒸汽侧的流体温度出现的振荡较大，受水/蒸汽侧流体温度的影响，蒸汽发生器传热管壁、钠侧流体温度也出现了一定程度的振荡，但幅度相对较小。4.8 m 高度处的传热管壁的温度在 13 s 出现飞升的主要原因是此时该处对应的水/蒸汽侧控制体由两相沸腾传热变为单相过热蒸汽传热，换热系数出现了很大的变化。

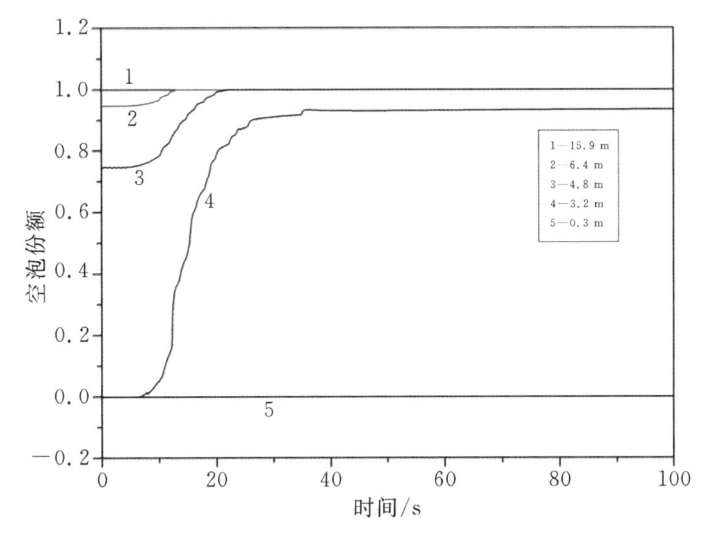

图 10-138　蒸汽发生器平衡态空泡份额的变化

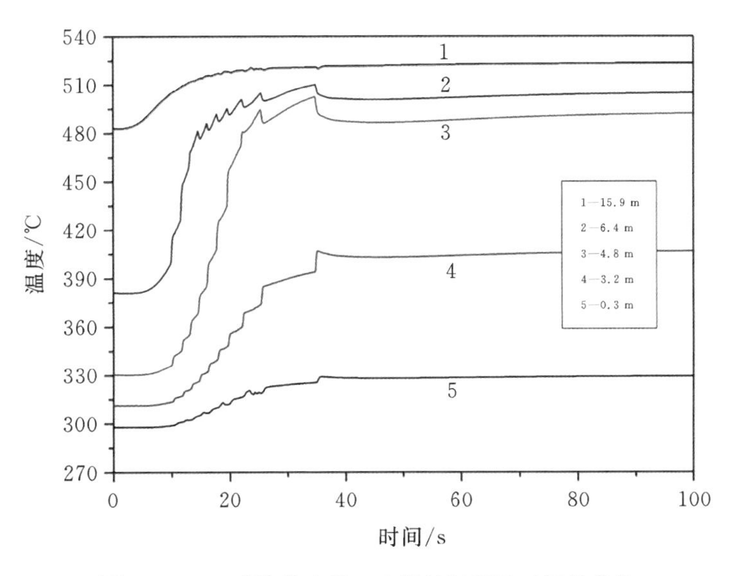

图 10-139　蒸汽发生器一次侧钠温度随时间的变化

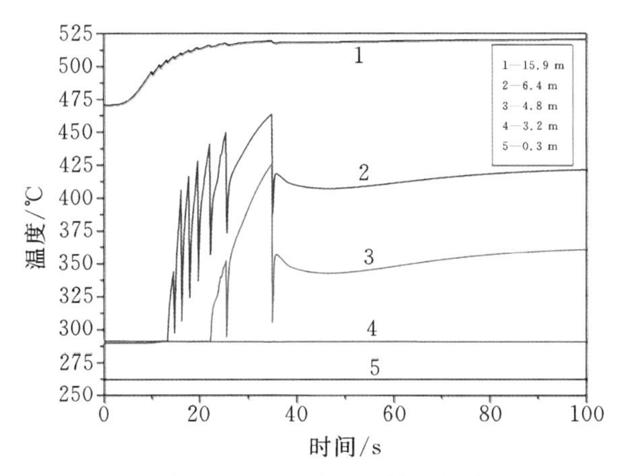

图 10-140　蒸汽发生器二次侧流体温度随时间的变化

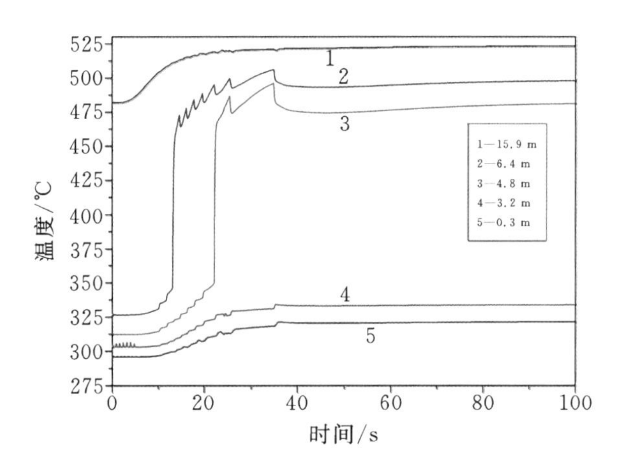

图 10-141　换热壁一次侧壁温

反应性引入事故发生 300 s 之后系统已经稳定到一个更高功率的运行工况，有必要对这个时候的系统各部件的重要参数进行分析。300 s 时各个组件的流体温度沿高度的变化如图 10-142 所示。各个组件在 300 s 时燃料元件中心温度如图 10-143 所示。300 s 时 29 号组件各控制体温度如图 10-144 所示。300 s 时热管不同组件冷却剂温度如图 10-145 所示。300 s 时热管燃料元件中心温度如图 10-146所示。300 s 蒸汽发生器沿轴向各控制体温度的分布如图 10-147 所示。可以看出此时各主要部件的温度分布和在额定工况下的温度分布类似，只是相对于额定工况各主要部件控制体对应的温度均上升到另外一个较高的水平。此时的反应堆系统各参数虽然没有超出钠冷行波堆设计的安全值，但是反应堆长期运行在该工况，对于反应堆的材料是一个考验，并且会相应地减少有关部件的使用寿命，从反应堆的长期运行和反应堆设计安全的角度考虑，此时需要停堆或者通过引入负反应性将功率水平降低到额定工况。

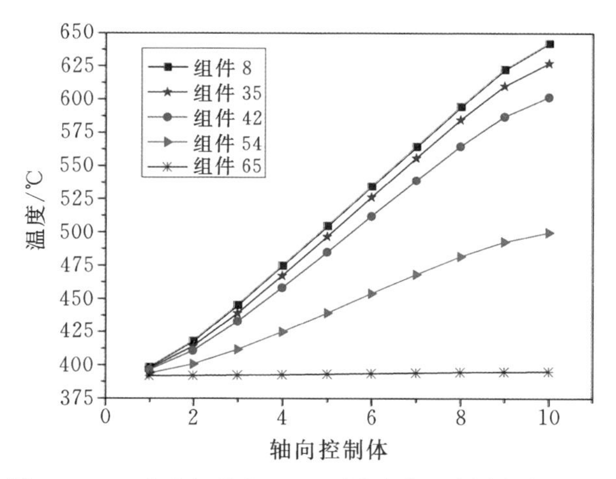

图 10－142　各个组件在 300 s 时的流体温度沿高度的变化

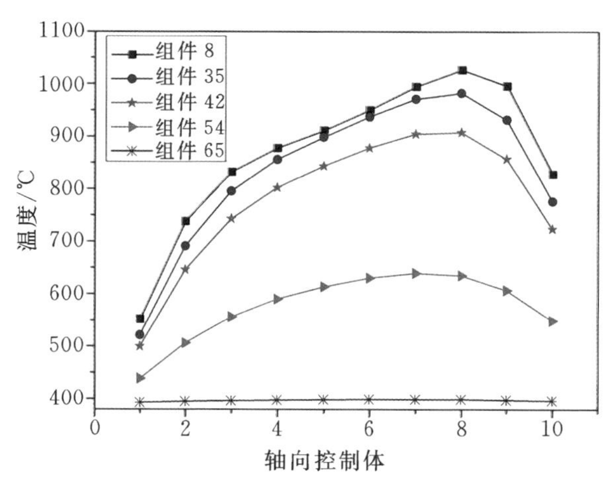

图 10－143　各个组件在 300 s 时燃料元件中心温度

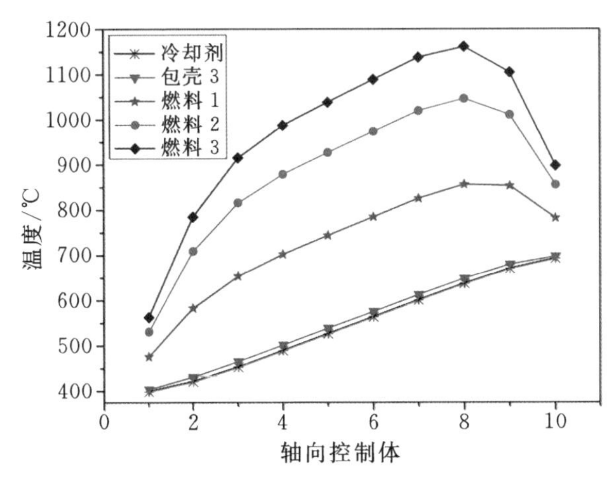

图 10-144　300 s时 29 号组件各控制体温度

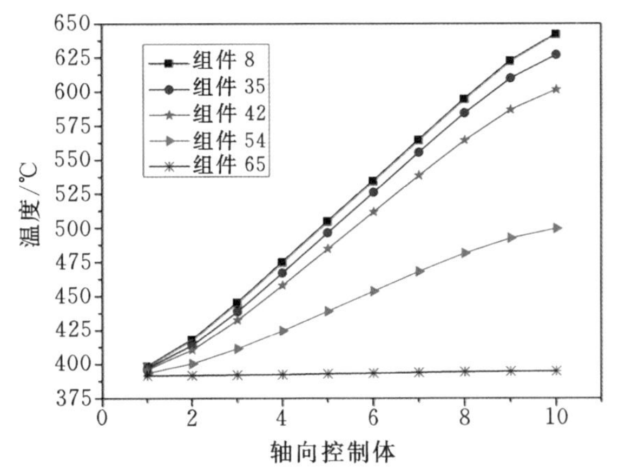

图 10-145　300 s时不同组件冷却剂温度(热管)

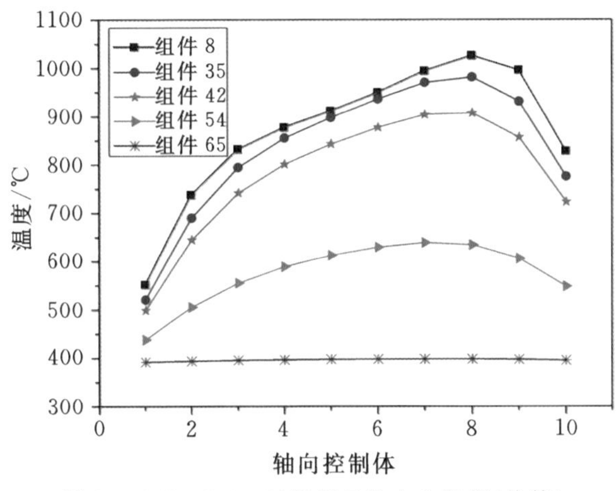

图 10-146　300 s时燃料元件中心温度(热管)

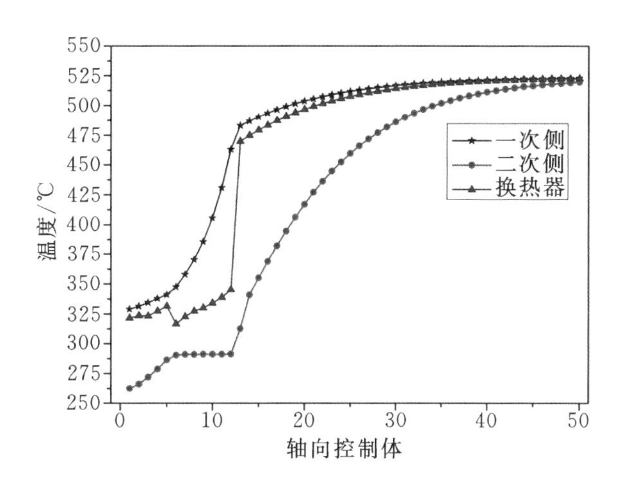

图 10－147　300 s 时蒸汽发生器各控制体温度沿轴向的分布

钠侧流体焓值沿高度的变化如图 10－148 所示，水/蒸汽侧流体焓值沿高度的变化如图 10－149 所示。

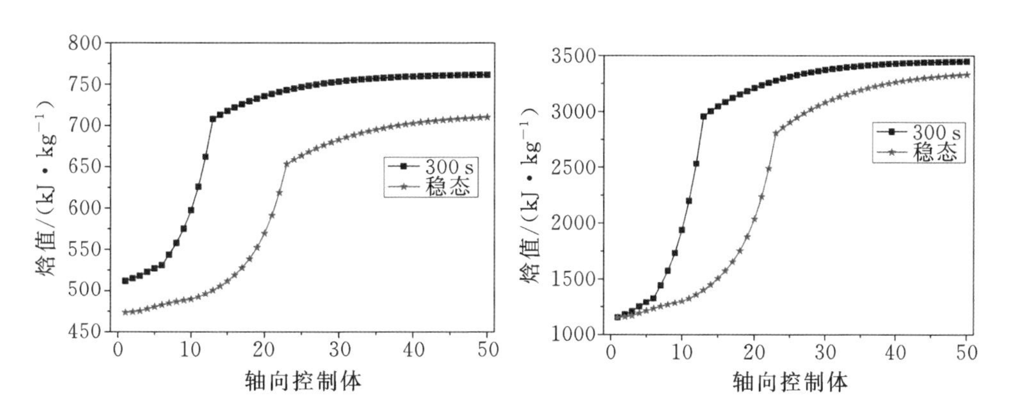

图 10－148　钠侧流体焓值随高度的变化　　图 10－149　水/蒸汽侧流体焓值沿高度的变化

可以看出与稳态相比，在 300s 时蒸汽发生器内的流体通过流动和传热达到另外一个稳定状态，对于钠侧流体在同一高度处液态金属钠的焓值均有不同程度的上升。由于给水入口为边界条件，所以在入口处水/蒸汽焓值没有发生变化，但是在其它位置水/蒸汽焓值均有一定程度的上升。

参考文献

[1] 娄磊,吴宏春,曹良志,等. 行波堆初步概念设计研究:第13届物理年会[C]. 西安:[s. n.],2010.

[2] 娄磊,吴宏春,曹良志,等. 行波堆可行方案研究:重点实验室会议[C]. 成都:[s. n.],2011.

[3] 刘松涛,张森如,张虹. 国外超临界轻水反应堆研究[J]. 东方电气评论,2005,19(2):69-74.

[4] ISHIWATARI Y, OKA Y, KOSHIZUKA S. Breeding ratio analysis of a fast reactor cooled by supercritical light water[J]. Nuclear Science and Technology, 2001, 38: 703-710.

[5] MORI M. Core design analysis of the supercritical water fast reactor[D]. Stuttgart: University of Stuttgart, 2005.

[6] CHEN X N, ZHANG D L, MASCHEK W. Solitary breeding/burning waves in a supercritical water cooled fast reactor[J]. Energy Conversion and Management, 2010, 51(9):1792-1798.

[7] AGRAWAL A K. Advanced thermo-hydraulic simulation code for pool-type LMFBRs (SSC-P code) [R]. [s. l.]: United States Department of Energy Office of Scientific and Technical Information, 1978.

[8] SSC-K Code User's Manual (Rev. 0) [R]. Korea Atomic Energy Research Institute, 2000.

[9] KHALIL H. Techniques for Computing Reactivity Changes Caused by Fuel Axial Expansion in LMRs (Liquid Metal Cooled Reactors): Proceedings of International Reactor Physics Conference[C]. Argonne: Argonne National Laboratory, 1988.

[10] 郭玉君. 核动力系统热工水力分析程序的研制与应用[D]. 西安:西安交通大学,1994.

[11] CHANG W P, KWON Y M, LEE Y B, et al. Model development for analysis of the Korea advanced liquid metal reactor[J]. Nuclear Engineering and Design, 2002, 217(1-2): 63-80.

[12] 居怀明. 载热质热物性计算程序及数据手册[M]. 北京:原子能出版社,1990.

[13] FINK J K, LEIBOWITZ L. Thermodynamic and transport properties of sodium liquid and vapor [M]. Argonne: Argonne National Laboratory, 1995.

[14] GOLDEN G H, TOKAR T V. Thermal Properties of Sodium[M]. Argonne: Argonne National Laboratory, 1967.

[15] LYON R N. Liquid metal heat transfer coefficients[J]. Chemical Engineering Progress, 1945, 47(2): 75-79.

[16] SEBAN R A, SHIMAZAKI T T. Hear Transfer to a Fluid Flowing Turbulently in a Smooth Pipe with Walls at Constant Temperature [M]. [s. l.]: Defense Technical Information Center, 1949.

[17] AOKI S, DWYER O E. Current liquid-metal heat transfer research in Japan[J]. Journal of Clinical Neuromuscular Disease, 2001,3(2):93-94.

[18] 石双凯,张振灿,张永吉,等. 液态金属钠在圆管和套管内的传热实验研究[J]. 工程物理

学报，1981，2：73 - 80.

[19] MS K，MD C. Heat transfer correlations for analysis of CRBRP assemblies[R]. 1976.

[20] GRABER H，RIEGER M. Experimental study of heat transfer to liquid metals flowing in line through tube bundles[C]. New York：[s. n.]，1973.

[21] BORISHANSKII V M，GOTOVSKII M A，FIRSOVA E V. Heat transfer to liquid metals in longitudinally wetted bundles of rods[J]. Atomnaya Energiya，1969，27(6)：549 - 552.

[22] COLEBROOK C F. Turbulent Flow in Pipes，with Particular Reference to the Transition Regime Between Smooth and Rough Pipe Laws[J]. Journal of the Institution of Civil Engineers，1938，11：133 - 156.

[23] ZIGRANG D J，SYLVESTER N D. A review of explicit friction factor equations[J]. Journal of Energy Resources Technology-Transactions of the ASME，1985，107 (2)：280 - 283.

[24] ENGEL F C，MARKLEY R A，BISHOP A A. Laminar，transition，and Turbulent parallel flow pressure drop cross wire-wrap-spaced rod bundles [J]. Nuclear Science and Engineering，1979，69：290 - 296.

[25] REHME K. Pressure drop correlations for fuel elements spacers[J]. Nuclear Technology，1972，17：15 - 23.

[26] NOVENDSTERN E H. Turbulent flow pressure drop model for fuel rod assemblies utilizing a helical wire-wrap spacer system[J]. Nuclear Engineering and Design，1972，22：19 - 27.

[27] CHENG S K，TODREAS N E. Hydrodynamic models and correlations for bare and wire-wrapped hexagonal rod bundles-bundle friction factors，subchannel friction factors and mixing parameters[J]. Nuclear Engineering and Design，1986，92 (2)：227 - 251.

[28] SOBLEV V. Fuel Rod and Assembly Proposal for XT-ADS Pre-design：Coordination meeting of WP1& WP2 IP Eurotrans[C]. Bologna：[s. n.]，2006.

[29] CHENG A，MIKITYUK K，CHAWLA R. Pressure drop modeling and comparisons with experiments for single-and two-phase sodium flow[J]. Nuclear Engineering and Design，2011，241(9)：3898 - 3909.

[30] 苏光辉，秋穗正，田文喜，等. 核动力系统热工水力计算方法[M]. 北京：清华大学出版社，2013.

>>> 索　引